普通高等教育“十一五”国家级规划教材

国家级精品资源共享课程配套教材
国家级精品课程配套教材
普通高等学校机械设计及其自动化专业新编系列教材

液压与气压传动

（应用型新工科专业线上-线下混合课程配套教材）

（第2版）

曾良才　雷　斌　邓江洪　主编
湛从昌　主审

武汉理工大学出版社
·武　汉·

内 容 提 要

本书是在普通高等教育“十一五”国家级规划教材《液压与气压传动》的基础上，针对线上-线下混合教学的需要专门编写的配套教材。全书共11章，主要内容包括：液压传动基础理论；液压元件（泵、马达、缸、方向控制阀、压力控制阀、流量控制阀、逻辑阀、比例阀、伺服阀和辅助元件）的结构、原理、性能及选用；液压基本回路，典型液压系统的组成、功能、特点及应用；液压系统的设计与计算；气压传动等。为实现线上-线下混合教学和“小班讨论”的需要，主要章节配有小班讨论题，并配有教学支持网站。

本书主要面向应用型大学的新工科专业，可作为高等学校机械类（包括机械工程、机械设计制造及其自动化、机械电子工程、车辆工程、智能制造工程、机械工艺技术、机器人工程、材料成型及控制工程等）本科专业教材，也可供从事液压相关工作的工程技术人员、研究人员和高等工科院校有关师生学习和参考。

图书在版编目（CIP）数据

液压与气压传动/曾良才，雷斌，邓江洪主编. —2版. —武汉：武汉理工大学出版社，2023.2
ISBN 978-7-5629-6408-7

Ⅰ.①液… Ⅱ.①曾… ②雷… ③邓… Ⅲ.①液压传动 ②气压传动 Ⅳ.①TH137 ②TH138

中国版本图书馆CIP数据核字（2021）第129048号

项目负责人：陈军东 陈 硕 徐 扬
责 任 编 辑：陈军东
责 任 校 对：余士龙
版 式 设 计：冯 睿
出 版 发 行：武汉理工大学出版社
地 址：武汉市洪山区珞狮路122号
邮 编：430070
网 址：http://www.wutp.com.cn
经 销 者：各地新华书店
印 刷 者：湖北恒泰印务有限公司
开 本：889×1194 1/16
印 张：14.75
字 数：387千字
版 次：2023年2月第2版
印 次：2023年2月第1次印刷
定 价：48.00元

出版说明

高等学校的教材建设向来是学科建设和教学改革的重要内容，其对教学过程和教学效果的重要影响是教育界所公认的。但教材建设与教学需要之间的矛盾永远存在也是一个客观的事实。正因为如此，教材建设才具有永恒的意义。特别是在这世纪交替的时期，中国的高等教育所面临的两个重大变革——高等学校本科专业目录调整和高等学校管理体制及布局结构调整，都对高校的教材建设提出了更高的要求。随着专业的合并，新专业的专业面拓宽，原有老专业的教材明显不能适应新专业的教学要求；调整后高校规模扩大，招生人数增加，对教材的需求也随之激增。在新的专业目录中，机械设计制造及其自动化专业与原有专业目录有了较大的变化，涵盖了原有的9个专业。相应的专业业务培养目标、教学要求、课程设置、学时数要求、主要实践性教学环节等都有了不同程度的变化。为适应新专业的培养目标和教学要求，武汉理工大学出版社在经过全面、细致和深入调研的基础上，组织编写了这套面向全国普通高等学校的新的系列教材。

本套教材面向全国普通高等学校，在保证内容要反映国内外机械学科最新发展的基础上，以满足一般院校的本科专业教学要求，实现专业的业务培养目标为基本原则。遵照全国高校机械工程类专业教学指导委员会制订的专业培养方案和教学计划设置课程体系，突出“系列”的特色，首批编写、出版的21种教材可基本满足一般院校本科教学需要。编写中强调各门课程之间的联系和衔接，强调教材整体风格的统一和协调，力求在加强基础、协调内容、适当降低难度、努力拓宽知识面向、适应科技发展、更新内容并大力引入多媒体教学手段等方面取得进展，以形成特色，更好地满足不同学校的教学需求。

本套教材集中了全国30多所著名大学的专家、教授和中青年教学骨干，分别担任系列教材的主编、主审和参编，组成了一个阵容强大、结构合理的编审委员会。特别是第二届全国高校机械工程类专业教学指导委员会主任委员杨叔子院士欣然出任编审委员会名誉主任，更增加了编审委员会的权威性。正是由于编委会成员务实、高效的工作，全体编审人员高度的责任心和严谨的治学精神，本套教材才能在这样短的时间内完成编写、出版的任务。杨叔子院士亲自为系列教材作序，更使全套教材光彩倍增！但我们深知，院士为一套教材作序，在国内是十分少见的，这充分体现了杨院士对教学改革及教材建设的热切关注和积极支持。这既是杨院士对编委会此前工作的鼓励和肯定，同时也是对编委会今后工作的指导和鞭策。我们一定不会辜负杨院士以及全国众多院校师生的期望。本套教材首期21种出齐后，一方面我们将在使用教材的广大师生提出意见和建议的基础上不断修订和完善，同时还将根据学校教学改革和课程设置的需要及时增补新的教材，使这套教材真正成为既能满足学校当前教学需要，又能起到推动专业教学内容和课程体系改革作用的一套精品教材。

武汉理工大学出版社
2001.6

序

20世纪，人类文明述到了前所未有的高度。由于相对论、量子论、基因论、信息论等科学技术成就的取得，现在人类在物质领域已深入到基本粒子世界，在生命科学领域已深入到分子水平，在思维科学领域则主要是数学和脑科学的巨大进步。科学技术的迅猛发展，促使科学技术综合化、整体化以及人文和科技相互渗透、相互融合的趋势加速。

近20年来，我们在经济战线上坚持市场取向的改革，实行以公有制为主体、多种所有制经济共同发展的基本经济制度，进行经济结构的战略性调整，推动两个根本性转变以及全方位、多层次、宽领域的对外开放，致使我国的经济体制也发生了巨大的变革。随着社会主义市场经济体制的建立和不断完善，社会对人才需求的多样性、适应性要求不断增强。

在人类即将跨入21世纪的时候，我国高等教育战线在教育要“面向现代化，面向世界，面向未来”的思想指引下，开展了起点高、立意新、系统性强、有组织、有计划、有步骤的教学改革工程。伴随着教学改革的不断深入，素质教育的观念、大工程的观念、终身教育以及回归工程的观念日益深入人心，人们对拓宽本科教育口径、加强和扩展本科教育共同基础的要求日益强烈。

1998年8月，教育部正式颁布了新的普通高等学校本科专业目录，专业总数由原来的500多种减少至249种。新专业目录的颁布，突破了传统的、狭隘的专业教育观念，拓宽了人才培养工作的视野，为人才培养能较好地适应科学技术和社会进步的需要创造了条件。许多学校也都以专业调整、改造和重组为契机，大力调整人才知识、能力和素质结构，拓宽基础，整合课程，构建新的专业平台，柔性设置专业方向，不断深化人才培养模式的改革。

教材建设是学校的最基本建设之一。教学改革的深入发展必然要求有相适应的教材。为适应新的专业培养目标和教学要求，组织编写出版供“机械设计制造及其自动化”新专业的教学用书，特别是系列教材就显得十分迫切和重要了。武汉理工大学出版社的领导和编辑们为改变目前国内已出版的机械类专业教材普遍存在的内容偏深、知识面偏窄的倾向，决定面向全国普通高等学校机械工程类专业的学生出版一套系列教材，这是一个非常好的决策。他们的这一决定也得到了全国几十所院校机械工程系的领导和众多专家、教授的积极响应和大力支持，并提出了许多建设性的意见，其中一些教授如合肥工业大学校长陈心昭教授、燕山大学校长王益群教授、江苏理工大学校长蔡兰教授、西安交通大学副校长束鹏程教授、西北工业大学常务副校长杨海成教授等还非常乐意地承担了该系列教材的主编、主审及编审委员会工作。

编写教材除了应该具有针对性外，还应努力编出特色。根据武汉理工大学出版社和教材编审委员会的决定，该系列教材将完全按照第二届全国高校机械工程类专业教学指导委员会提出的机械设计制造及其自动化宽口径专业培养方案中所设置的课程来编写，这就保证了该套教材可以具有课程体系新、专业口径宽、改革力度大的特点，并可以满足不同院校办出各自专业特色的需要。

按照教材编审委员会的规划，该套教材首批将推出21种，包括机械工程概论、画法几何及机械制图、画法几何及机械制图习题集、机械原理、机械设计、理论力学、材料力学、工程热力学、工程材料、机械制造技术基础、材料成型基础、工程测试、数控技术、机械工程控制基础、液压与气压传动、机械CAD/CAM、机械工程项目管理、机电系统设计、现代设计方法、精密与特种加工、机械工程专业英语等，涵盖了机械设计制造及其自动化专业的主要专业基础课和部分专业选修课而形成系列，因而可以较好地满足该专业的教学需要。也正是由于是系列教材，各门课程之间的联系和衔接在教材的策划、组织和编写过程中，都可开展充分的讨论和进行仔细的协调，因此有利于保证整套教材风格统一，内容分配合理，既相互呼应，又避免不必要的重复。

我殷切地希望，这套教材在加强基础、协调内容、适当降低难度、努力拓宽知识面向、适应科技发展、更新内容和大力引入多媒体等现代教育技术手段上取得进展，真正成为能满足普通高等学校本科生需要的优秀教学用书，在众多的机械类专业教材中，争芳斗艳，别具特色。

按照武汉理工大学出版社的计划，这套系列教材首批将在2001年秋季全部出齐。金无足赤，人无完人，书无完书。我相信，在读者的关心与帮助下，随着这套教材的不断发行、应用与改进，必将促进机械设计制造及其自动化专业教学用书质量的进一步提高，推动机械类专业教学内容和课程体系改革的进一步深入。

只木独秀难成林，千紫万红才是春！

面向21世纪，希望无限，谨为之序。

杨叔子

2000年11月18日

前　言

本书为高等学校机械类(包括机械工程、机械设计制造及其自动化、机械电子工程、车辆工程、智能制造工程、机械工艺技术、机器人工程、材料成型及控制工程等)本科专业教材，并配有多媒体电子教案和教学支持网站。

全书共11章，内容包括：液压元件(泵、马达、缸、方向控制阀、压力控制阀、流量控制阀和辅助元件)的结构、原理，液压基本回路，典型液压系统，液压系统的设计计算及气压传动等。附录为最新国家标准GB/T 786.1—2021有关流体传动系统及元件图形符号，通过扫描二维码即可查看。教材配有多媒体电子教案和配套的网络课程(https://coursehome.zhihuishu.com/courseHome/2066008#teachTeam)。

教材尽量反映国内外最新成就和发展趋势，有重点地引入了一些新的概念和方法。针对液压元件涉及的空间机构和控制反馈等难点问题，本教材采用双色立体机械图＋单元分解图等表达形式，并配有专门的讲解视频，通过扫描二维码即可获取。液压泵、液压马达和液压阀可以通过支持网站获取三维动画。

为实现线上-线下混合教学和“小班讨论”的需要，主要章节配有小班讨论题。

本书由武汉科技大学曾良才、雷斌、邓江洪任主编，燕山大学高殿荣、江苏大学王存堂参编。陈新元、邓江洪、金晓宏、傅连东、涂福泉、蒋林、许仁波、黄浩、朱学彪、雷斌、王念先、钱新博、朱建阳、田体先负责提供教学网站的支持。

武汉科技大学湛从昌教授为本书主审，对本书原稿进行了细致的审阅，提出了许多宝贵意见。

由于编者水平所限，书中难免存在缺点和错误，恳请广大读者批评指正。

编　者

2020年11月

目　录

1 液压传动概述

1.1 液压传动概述

1.1.1 液压传动的概念

一部完整的机器是由原动机部分、传动机构及控制部分、工作机部分(含辅助装置)组成。原动机包括电动机、内燃机等。由于原动机的功率和转速变化范围有限,为了适应工作机的输出力和速度变化的要求,通常需要在原动机和工作机之间设置传动机构。传动机构通常分为机械传动、电气传动和流体传动。流体传动又包括液压传动、液力传动和气压传动。液压传动和液力传动均是以液体作为工作介质来进行能量传递的传动方式。液力传动主要是利用液体的动能来传递能量,液压传动则是利用液体的压力能来传递能量。液压传动是利用密闭系统中的受压液体作为传动介质,通过"机械-液压"能量转换装置(液压泵)将原动机的机械能转变为液体的压力能,然后通过封闭管道、控制元件等,由另一"液压-机械"能量转换装置(液压马达或液压缸)将液体的压力能转变为机械能,以驱动负载,实现直线或旋转运动。

由于液压传动具有许多突出的优点,因此被广泛地应用于机械制造、工程建筑、石油化工、交通运输、军事器械、矿山冶金、轻工、农机、渔业、林业等各方面。

1.1.2 液压传动的发展概况

液压传动相对机械传动来说,是一门较新的技术。从 17 世纪中叶帕斯卡提出静压传动原理,18 世纪末英国制成第一台水压机算起,液压传动已有 200 多年的历史。然而,液压传动直到 20 世纪 30 年代才真正得到推广应用,特别是在第二次世界大战期间,军工需要反应快、精度高、功率大的传动装置,从而推动了液压传动技术的快速发展。第二次世界大战前后,人们成功地将液压传动装置用于舰艇炮塔转向器,其后出现了液压六角车床和磨床。由于在兵器上采用了功率大、反应快、动作准的液压传动和控制装置,因此使兵器的性能得到大大提高,也大大促进了液压技术的发展。第二次世界大战后,液压技术迅速转向民用,并随着各种标准的不断制定和完善及各类元件的标准化、系列化而在机械制造、工程机械、农业机械、汽车制造等行业中推广开来。

21 世纪后,随着原子能技术、航空航天技术、控制技术、材料科学、微电子技术等学科的发展,再次将液压技术推向前进,使它发展成为包括传动、控制、检测在内的一门完整的自动化技术,在国民经济的各个部门都得到了应用,如工程机械、数控加工中心、冶金自动生产线、石油机械、飞机舵机及起落架控制、轮船舵机控制等。目前,液压技术正向着高压、高速、大功率、高效率、低噪声、高寿命、高度集成化、复合化等方向发展;同时,电液复合控制、数字液压元件、液压元件及系统的计算机辅助测试、计算机仿真和优化设计技术、液压可靠性技术以及污染控制,也是当前液压技术发展和研究的重要方向。目前，采用液压传动的程度及液压元件的制造水平已经成为衡量一个国家工业水平的重要标志之一。

1.1.3 液压传动系统的工作原理及组成

图 1-1 为磨床工作台液压系统工作原理图，其符号化表示如图 1-2 所示。液压缸 8 固定在床身上，活塞 7 连同活塞杆带动工作台 9 做直线往复运动。

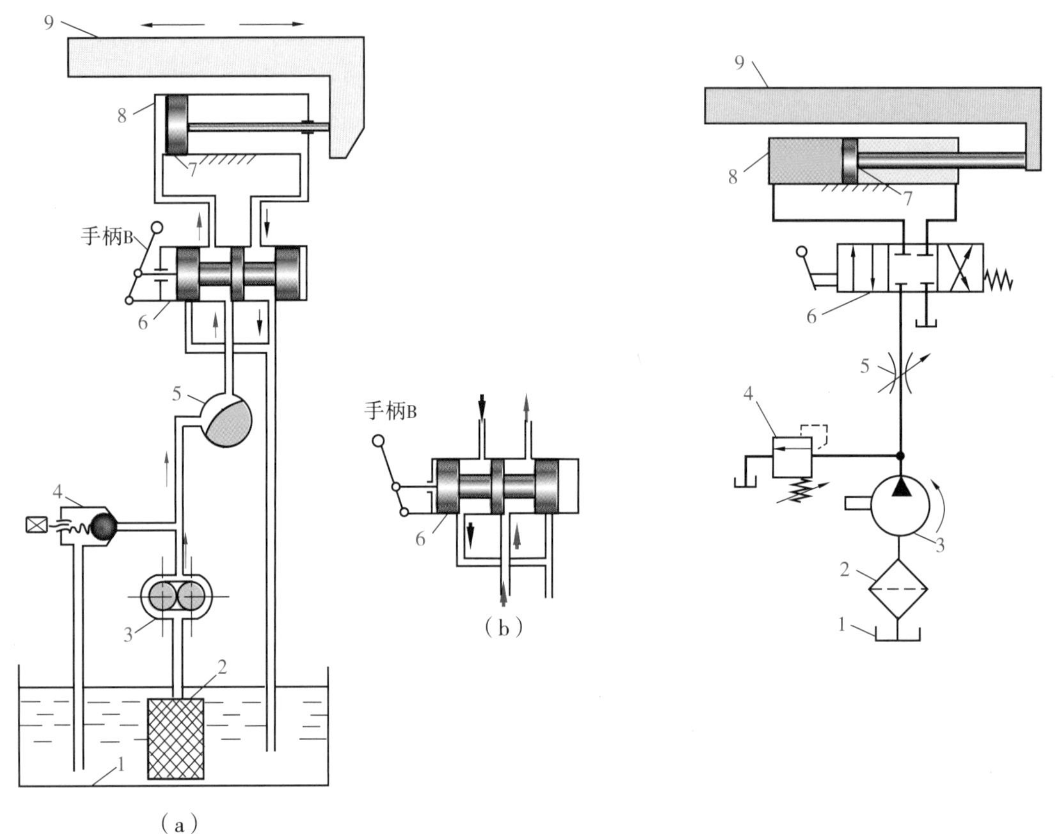

图 1-1 磨床工作台液压传动系统工作原理

1—油箱；2—过滤器；3—液压泵；4—溢流阀；5—节流阀；6—三位四通换向阀；7—活塞；8—液压缸；9—工作台

图 1-2 用图形符号表示的磨床工作台液压系统图

1—油箱；2—过滤器；3—液压泵；4—溢流阀；5—节流阀；6—三位四通换向阀；7—活塞；8—液压缸；9—工作台

液压泵 3 在电动机(图中未画出)的带动下旋转，经过滤器 2 从油箱 1 吸油，输出的压力油通过节流阀 5、三位四通换向阀 6 进入液压缸 8 的左腔，推动活塞 7 和工作台 9 向右移动，液压缸 8 右腔的油液经换向阀 6 排回油箱。

如果将换向阀 6 转换成如图 1-1(b)所示的状态，则压力油进入液压缸 8 的右腔，推动活塞 7 和工作台 9 向左移动，液压缸 8 左腔的油液经换向阀 6 排回油箱。

工作台 9 的移动速度由节流阀 5 来调节。当节流阀 5 开大时，进入液压缸 8 的油液增多，工作台 9 的移动速度增大；当节流阀 5 关小时，工作台 9 的移动速度减小。液压泵 3 输出的压力油除了进入节流阀 5 以外，其余的经打开的溢流阀 4 流回油箱 1。

通过上述分析可知：

(1)液压传动是依靠液体的压力能来传递动力的。

(2)液压系统工作时，液压泵将机械能(电机或柴油机输出)转变为压力能；再由执行元件(液压缸或液压马达)将压力能转变为机械能。

(3)液压传动系统中油液的压力、运动方向和流量大小是由各种液压阀调节、控制的。

从上述例子可以看出,一个完整的液压传动系统由以下几部分组成:

①液压泵(动力元件):是将原动机输出的机械能转换成液体压力能的元件,其作用是向液压系统提供压力油,液压泵是液压系统的心脏。

②执行元件:把液体压力能转换成机械能以驱动工作机构的元件,执行元件包括液压缸和液压马达。

③控制元件:包括压力、方向、流量控制阀,是对系统中油液压力、流量、方向进行控制和调节的元件。

④辅助元件:上述三个组成部分以外的其他元件,如管道、管接头、油箱、过滤器等为辅助元件。

图 1-1(a)所示的液压系统图是一种半结构式的工作原理图。它直观性强,容易理解,但难以绘制。在实际工作中,除特殊情况外,一般都采用国家标准《流体传动系统及元件　图形符号和回路图　第 1 部分:用于常规用途和数据处理的图形符号》(GB/T 786.1—2021)所规定的液压与气动图形符号来绘制,如图 1-2 所示。图形符号表示元件的功能,而不表示元件的具体结构和参数;反映各元件在油路连接上的相互关系,不反映其空间安装位置;只反映静止位置或初始位置的工作状态,不反映其过渡过程。使用图形符号既便于绘制,又可使液压系统简单明了。

1.1.4　液压传动的优缺点

1. 液压传动系统的主要优点

液压传动与机械传动、电气传动相比有以下主要优点:

(1)液压传动操纵控制方便,能在运行中实行无级调速,调速方便且调速范围比较大,可达 100∶1～2000∶1。

(2)在同等功率情况下,液压执行元件体积小、重量轻、惯性小、结构紧凑。例如同功率液压马达的重量约只有电动机的 1/6,而且能传递较大的力或转矩。

(3)液压传动工作比较平稳,反应较快,冲击小,能高速起动、制动和频繁地换向。

(4)液压传动的各种元件可根据需要方便、灵活地来布置,易于与电气控制相配合实现自动化,当采用电液联合控制甚至计算机控制后,可实现大负载、高精度远程自动控制。

(5)液压传动装置易于实现过载保护,若系统过载,油液经溢流阀回油箱。由于采用油液作为工作介质,能自行润滑,因此使用寿命长。

(6)液压元件实现了标准化、系列化、通用化,便于设计、制造和使用。

(7)液压传动中,由于功率损失所产生的热量可由流动着的油液带走,所以可以避免在系统局部位置产生过高的温升。

2. 液压传动系统的主要缺点

(1)液压传动不能保证严格的传动比,这是由于液压油的可压缩性和泄漏造成的。

(2)工作性能易受温度变化的影响,因此不宜在温度很高或很低的条件下工作。

(3)由于流体流动的阻力损失和泄漏较大,所以效率较低。如果处理不当,泄漏不仅污染场地,而且还可能引发火灾和爆炸事故。

(4)为了减少泄漏,液压元件在制造精度上要求较高,因此造价较高,且对油液的污染比较敏感。

总地来说,液压传动的优点突出,它的一些缺点有的已大为改善。

1.2 液体的物理性质

液压传动系统以液体作为工作介质传递能量，了解液体的物理性质，掌握流体（液体）的主要力学规律，对于正确理解液压传动的基本原理，合理地设计和使用液压系统都是非常必要的。

1.2.1 液体的密度

单位体积液体的质量称为液体的密度，通常用 ρ 表示。

$$\rho=\frac{m}{V} \tag{1-1}$$

式中：m——液体的质量（kg）；

V——液体的体积（m^3）。

密度是液体的一个重要的物理参数。密度的大小随着液体的温度或压力的变化会产生一定的变化，但其变化量较小，一般可忽略不计。常用液压油的密度约为 900 kg/m^3。

1.2.2 可压缩性

液体受压力作用而使体积减小的性质称为液体的可压缩性。体积为 V 的液体，当压力增大 Δp 时，体积减小 ΔV，则液体在单位压力变化下的体积相对变化率为

$$\beta=\frac{1}{V_0}\frac{\Delta V}{\Delta p} \tag{1-2}$$

式中：β——液体的体积压缩系数；

V_0——液体的初始总体积。

由于压力增大时，液体的体积减小，因此式(1-2)的右边须加一负号，以使 β 为正值。

β 的倒数称为液体的体积弹性模量，以 K 表示，即

$$K=\frac{1}{\beta}=-\frac{V_0\Delta p}{\Delta V} \tag{1-3}$$

K 表示液体产生单位体积相对变化量所需要的压力增量。在常温下，纯净液压油的体积弹性模量 $K=(1.4\sim2.0)\times10^9$ Pa，数值很大，故一般静态条件下，可认为液压油是不可压缩的。必须指出，当液体中混入空气时，其抗压缩能力会显著下降，并将严重影响液压系统的工作性能。考虑混入油中空气的影响后，等效体积弹性模量 $K'=(0.7\sim1.4)\times10^9$ Pa。

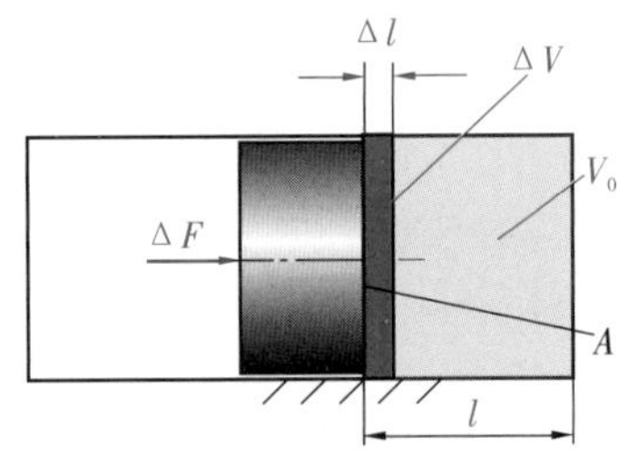

图 1-3 “液压弹簧”等效刚度计算图

在研究动态特性和高压情况时，必须考虑油液的压缩性，并且要求油液的 K 值越大越好。在动态条件下，液压油的可压缩性的作用极像一个弹簧，即压力升高，油液体积减小；压力降低，油液体积增大。如图 1-3 所示，当作用在封闭液体上的外力发生 ΔF 变化时，若承压面积为 A，液柱长度变化为 Δl，则体积变化 $\Delta V=A\Delta l$，产生的压力变化 $\Delta p=\Delta F/A$，体积弹性模量 K 为

$$K=-\frac{V_0\Delta F}{A^2\Delta l}$$

或
$$K_h=\frac{\Delta F}{\Delta l}=\frac{\Delta pA}{\Delta l}=\frac{A^2}{V_0}K \tag{1-4}$$

这里，K_h 是等效的“液压弹簧”刚度。

1.2.3 液体的黏性

黏性是液体的重要物理特性，也是选择液压油的主要依据。

1. 黏度的定义及其物理意义

液体流动时，由于油液分子与固体壁面之间的附着力和分子之间内聚力的作用，液体内各液层间的速度大小不等，从而在油液中产生内摩擦力，如图 1-4 所示。我们称油液在流动时产生内摩擦力的特性为黏性。

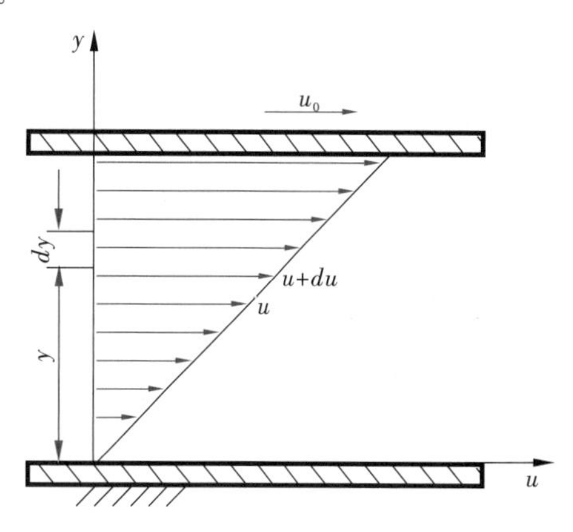

图 1-4 液体速度梯度与黏性示意图

设在两个平行平板之间充满液体，当上平板以速度 u_0 相对于静止的下平板向右移动时，在附着力的作用下，紧贴于上平板的液体层速度为 u_0，而中间各层液体的速度 u 则从上到下近似呈线性递减的规律分布。我们可将这种流动看作为许多薄流体层的运动。由于各层的流动速度不同，流动快的流层会拖动慢的流层，而流动慢的流层又会阻滞流动快的流层。这种流层之间的相互作用力称为内摩擦力。内摩擦力的大小不仅与油液的黏性大小有关，也与流层间的相对运动速度大小有关。

牛顿实验测定结果表明，液体流动时相邻液层间的内摩擦力 F_f 与液层接触面积 A、液层间的速度梯度 $\mathrm{d}u/\mathrm{d}y$ 成正比，即

$$F_f=\mu A\frac{\mathrm{d}u}{\mathrm{d}y} \tag{1-5}$$

式中：μ——比例系数，又称为黏度系数或动力黏度。

若以 τ 表示液层间在单位面积上的内摩擦力，则式(1-5)可写成

$$\tau=\frac{F_f}{A}=\mu\frac{\mathrm{d}u}{\mathrm{d}y} \tag{1-6}$$

这就是牛顿液体内摩擦定律。

由上式可知，在静止液体中，因速度梯度 $\mathrm{d}u/\mathrm{d}y=0$，故内摩擦力为零。所以只有在流动时，油液才有黏性，而静止时液体则不显示黏性。

实验证明上述假定对水、油、空气等流体是近似成立的。我们将 μ 为常数的流体称为牛顿流体。反之，则称为非牛顿流体。

2. 黏度的单位

液体黏性的大小用黏度来表示。常用的黏度有三种，即动力黏度、运动黏度和相对黏度。

(1)动力黏度 μ

动力黏度又称绝对黏度，它直接由式(1-6)得到，即

$$\mu=\frac{\tau}{\frac{\mathrm{d}u}{\mathrm{d}y}} \tag{1-7}$$

它表示，当速度梯度为 1 时，单位面积上的摩擦力，单位为达因·秒/厘米^2，称作 P(泊)，P(泊)的 1/100称为 cP(厘泊)。

在SI单位制中，动力黏度μ的单位是Pa·s(帕·秒)，它与P(泊)的换算式为1Pa·s(帕·秒)=10P(泊)=10^3cP(厘泊)。

(2)运动黏度v

运动黏度是动力黏度与密度之比，即

$$v=\frac{\mu}{\rho}\text{(厘米}^2\text{/秒)(St,斯)} \tag{1-8}$$

St(斯)的1/100称为cSt(厘斯)。在SI单位制中，运动黏度v的单位是m^2/s(米²/秒)，它与斯的换算式为

$$1m^2/s=10^4St=10^6cSt$$

运动黏度v没有明确的物理意义，只是由于在理论分析和计算时，黏度常以μ/ρ形式出现。为便于计算，引入了v这一概念。在v的量纲中只有运动学要素——长度和时间，故称为运动黏度。但它是工程实际中经常用到的物理量。例如：液压油的牌号，就是这种液压油在40 ℃时的运动黏度v(mm^2/s)的平均值，如L-AN32液压油，就是指这种液压油在40 ℃时的运动黏度v的平均值为32 mm^2/s。

(3)相对黏度

动力黏度与运动黏度难以直接测量，一般仅用于理论分析和计算。实际应用中，常用特定的黏度计在规定的条件下直接测量油液的黏度。根据测量条件的不同，各国采用的相对黏度的单位也不同，但基本原理是相同的，都是以相对于水的黏度大小来度量油的黏度大小。如我国、德国及俄罗斯等采用恩氏黏度(°E)，美国采用赛氏黏度(SSU)，英国采用雷氏黏度(R)。

我国采用恩氏黏度计来测定油的黏度。在某一特定温度t时200 cm^3被测油液在自重作用下流过ϕ2.8 mm的小孔所需的时间t_1，与20 ℃时同体积蒸馏水流过该小孔所需时间t_2之比，即为被测油液的恩氏黏度，用符号°E表示

$$^{\circ}E_t=\frac{t_1}{t_2} \tag{1-9}$$

工业上常用20 ℃、50 ℃、100 ℃作为恩氏黏度测定的标准温度，分别以°E20、°E50、°E100表示。°E与v之间的换算关系式为

$$v=\left(7.31^{\circ}E-\frac{6.31}{^{\circ}E}\right)\times 10^{-6} \tag{1-10}$$

3.黏度与压力的关系

在一般情况下，压力对黏度的影响较小。对大多数液体，随着压力增加，其分子之间距离缩小，内聚力增大，黏度也随之增大。在实际工程中，压力小于5 MPa时，一般均不考虑压力对黏度的影响。在压力较高或变化较大时，需考虑压力对黏度的影响，它们之间的关系是指数关系

$$\mu_p=\mu_0 e^{bp}\approx\mu_0(1+bp) \tag{1-11}$$

式中：μ_0——为一个大气压时的油液黏度；

b——指数，一般为0.002～0.003 cm^2/kgf；

p——压力；

μ_p——压力为p时的油液黏度。

4.黏度与温度的关系

温度对油液的黏度影响很大。随着温度增加，油液的黏度将下降。油液黏度与温度之间的关系称为油的黏温特性。不同的油有不同的黏温特性。在30 ℃～150 ℃范围内，对运动黏度v<76 cSt的矿物油，其黏度与温度的关系可用下述近似关系式表示

$$v_t = v_{50}\left(\frac{50}{t}\right)^n \tag{1-12}$$

式中：v_t——温度为 t 时油的黏度(cm^2/s)；

v_{50}——50 ℃时油的黏度(cm^2/s)；

n——指数，见表 1-1。

表 1-1　指数表

v_{50}/cSt	2.5	6.5	12	21	30	38	45	52	60	68	76
n	1.39	1.59	1.72	1.99	2.13	2.24	2.32	2.42	2.49	2.52	2.56

温度为 t 时的黏度，除用上述计算方法求得外，对国产油还可按其牌号由图 1-5 的国产油黏温特性图上直接查得。因黏度的变化直接影响液压系统的泄漏、速度稳定性、效率等性能，选用液压油时要特别注意黏温特性。

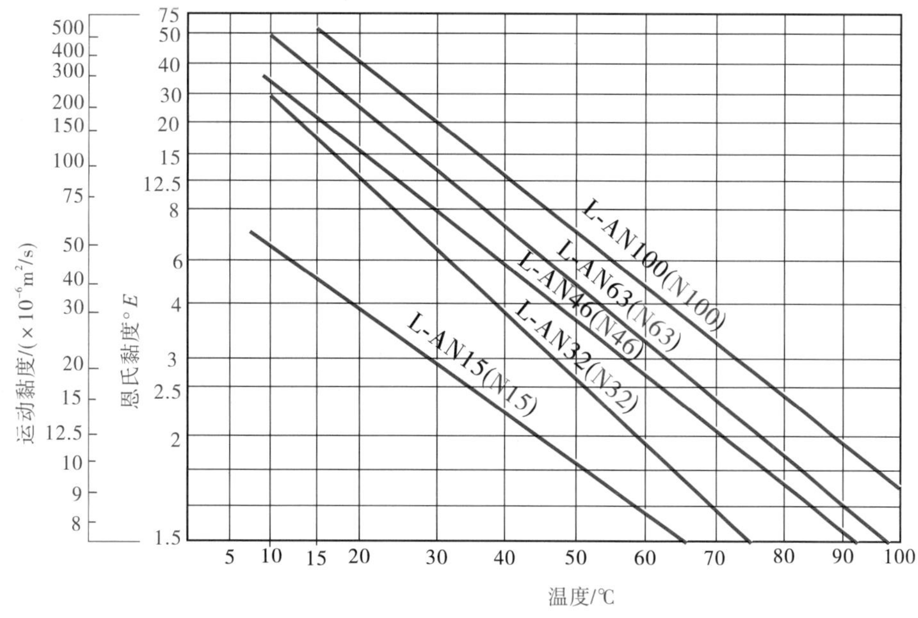

图 1-5　部分国产油黏温特性图

液压油液的选用还要考虑液压油的其他一些物理化学性质，如抗燃性、抗氧化性、抗凝性、抗泡沫性、抗乳化性、防锈性、润滑性、导热性、稳定性以及相容性（主要指对密封材料、软管等不侵蚀的性质）等，这些性质对液压系统的工作性能有重要影响。

5. 单位换算

研究液体的物理性质会涉及许多物理量的单位。我国目前使用的公制单位有绝对制和工程制两种。公制工程制(CGS)与国际单位制(SI)之间的换算关系参阅表 1-2。

表 1-2　公制工程制(CGS)与国际单位制(SI)之间的换算关系

物理量名称	国际单位制(法定计量单位)		公制工程制		换算关系
	名称	代号	名称	代号	
长度	米	m	米	m	
时间	秒	s	秒	s	
质量	千克	kg	质量工程单位	kgf×s²/m	
力	牛顿	N	公斤力	kgf	1 kgf=9.81 N≈10 N
压力	帕斯卡	Pa(N/m²)		kgf/cm²	1 kgf/cm²≈9.81×10⁴ Pa

续表 1-2

物理量名称	国际单位制(法定计量单位)		公制工程制		换算关系
	名称	代号	名称	代号	
密度		kg/m^3		$kgf\times s^2/m^4$	$1\ kgf\times s^2/m^4=9.81\ kg/m^3$
黏度	帕秒	Pa·s		$kgf\times s/m^2$	$1\ kgf\times s/m^2=9.81\ Pa\times s$
能、功	焦耳	J	公斤力×米	kgf×m	1 kgf×m=9.81 J
功率	瓦	W(J/s)		kgf×m/s	1 kg×m/s=9.81 W

1.3 液压传动的工作介质

1.3.1 液压系统对工作介质的要求

液压工作介质一般称为液压油(有部分液压介质不含油的成分)。液压介质的性能对液压系统的工作状态有很大影响,液压系统对工作介质的基本要求如下:

(1)有适当的黏度和良好的黏温特性

黏度是选择工作介质的首要因素。液压油的黏性,对减少间隙的泄漏、保证液压元件的密封性能都起着重要作用。黏度过高,各部件运动阻力增加,温升快,泵的自吸能力下降,同时,管道压力降和功率损失增大。反之,黏度过低会增加系统的泄漏,并使液压油膜支承能力下降,进而导致摩擦副间产生摩擦。所以工作介质要有合适的黏度范围,同时,要求在温度和压力变化时,以及在剪切力的作用下,油的黏度变化要小。液压介质黏度用运动黏度 v 表示,在国际单位制中的单位是 m^2/s,而在工程应用中用 mm^2/s(cSt,厘斯)表示。黏度是液压油(介质)划分牌号的依据。按国家标准《工业液体润滑剂》(GB/T 3141—1994)的规定,液压油产品的牌号用黏度的等级表示,即用该液压油在 40 ℃时的运动黏度中心值表示(表 1-3)。所有工作介质的黏度都随温度的升高而降低,黏温特性好是指工作介质的黏度随温度变化小,黏温特性通常用黏度指数表示。一般情况下,在高压或者高温条件下工作时,为了获得较高的容积效率,不使油的黏度过低,应采用高牌号液压油;低温时(包括泵的吸入条件不好时),应采用低牌号液压油。

(2)氧化安定性和剪切安定性好

工作介质与空气接触,特别是在高温、高压下容易氧化、变质,氧化后酸值增加会增强腐蚀性,氧化生成的黏稠状油泥会堵塞过滤器,妨碍部件的动作以及降低系统效率。因此,要求它具有良好的氧化安定性和热安定性。剪切安定性是指工作介质通过液压节流间隙时,要经受剧烈的剪切作用,会使一些聚合型增黏剂高分子断裂,造成黏度永久性下降,在高压、高速时,这种情况尤为严重。为延长使用寿命,要求工作介质剪切安定性好。

表 1-3 常用液压油的牌号和黏度

ISO 3448 黏度等级	GB/T 3141—1994 黏度等级	40 ℃的运动黏度(厘斯)
ISO VG15	15	13.5~16.5
ISO VG22	22	19.8~24.2
ISO VG32	32	28.8~35.2

续表 1-3

ISO 3448 黏度等级	GB/T 3141—1994 黏度等级	40 ℃的运动黏度(厘斯)
ISO VG46	46	41.4～50.6
ISO VG68	68	61.2～74.8
ISO VG100	100	90～110

(3)抗乳化性、抗泡沫性好

工作介质在工作过程中可能混入水或出现凝结水。混有水分的工作介质在泵和其他元件的长期剧烈搅拌下，易形成乳化液，使工作介质水解变质或生成沉淀物，引起工作系统锈蚀和腐蚀，所以要求工作介质有良好的抗乳化性。抗泡沫性是指空气混入工作介质后会产生气泡，混有气泡的介质在液压系统内循环，会产生异常的噪声、振动，所以要求工作介质具有良好的抗泡性和空气释放能力。

(4)闪点、燃点要高，能防火、防爆。

(5)有良好的润滑性和兼容性，不腐蚀金属和密封件。

(6)无毒无害，成本低。

1.3.2 液压介质的种类

液压传动介质按照国家标准《润滑剂、工业用油和相关产品(L 类)的分类　第二部分：H 组(液压系统)》(GB/T 7631.2—2003)进行分类，主要有石油基液压油和难燃液压液两大类。

1. 石油基液压油

(1)L-HL 液压油(又名普通液压油)：采用精制矿物油作基础油，加入抗氧、抗腐、抗泡、防锈等添加剂调和而成，是当前我国供需量最大的主品种，用于一般液压系统。其牌号有：HL-32、HL-46、HL-68。在其代号 L-HL 中，L 代表润滑剂类，H 代表液压油，L 代表防锈、抗氧化型，最后的数字代表运动黏度。

(2)L-HM 液压油(又名抗磨液压油，M 代表抗磨型)：其基础油与普通液压油相同，除加有抗氧、防锈剂外，主剂是极压抗磨剂，以减少液压件的磨损，适用于－15 ℃以上的高压、高速工程机械和车辆液压系统。其牌号有：HM-32、HM-46、HM-68、HM-100、HM-150。

(3)L-HG 液压油(又名液压-导轨油)：其基础油与普通液压油相同，除普通液压油所具有的全部添加剂外，还加有油性剂，用于导轨润滑时有良好的防爬性能。适用于机床液压和导轨润滑合用的系统。

(4)L-HV 液压油(又名低温液压油、稠化液压油、高黏度指数液压油)：用深度脱蜡的精制矿物油，加抗氧、抗腐、抗磨、抗泡、防锈、降凝和增黏等添加剂调和而成。其黏温特性好，有较好的润滑性，以保证不发生低速爬行和低速不稳定现象。适用于低温地区的户外高压系统及数控精密机床液压系统。

(5)其他专用液压油：如航空液压油(红油)、炮用液压油、舰用液压油等。

2. 难燃液压液

难燃液压液可分为合成型、油水乳化型和高水基型三大类。

(1)合成型抗燃工作液

①水-乙二醇液(L-HFC 液压液)：这种液体含有 35%～55%的水，其余为乙二醇及各种添加剂(增稠剂、抗磨剂、抗腐蚀剂等)。其优点是凝点低(－50 ℃)，有一定的黏性，而且黏度指数高，抗燃。适用于要求防火的液压系统，使用温度范围为－18～65 ℃。其缺点是价格高，润滑性差，只能用于中

等压力(20 MPa 以下)。这种液体密度大,所以吸入困难。水-乙二醇液能使许多普通油漆和涂料软化或脱离,可换用环氧树脂或乙烯基涂料。

②磷酸酯液(L-HFDR 液压液):这种液体的优点是,使用的温度范围宽(－54～135 ℃),抗燃性好,抗氧化安定性和润滑性都很好,允许使用现有元件在高压下工作。其缺点是价格昂贵(为液压油的 5～8 倍)、有毒性,且与多种密封材料(如丁腈橡胶)的相容性很差,而与丁基胶、乙丙胶、氟橡胶、硅橡胶、聚四氟乙烯等均可相容。

(2)油水乳化型抗燃工作液(L-HFB、L-HFAE 液压液)

油水乳化液是指互不相溶的油和水,使其中的一种液体以极小的液滴均匀地分散在另一种液体中所形成的抗燃液体,分水包油乳化液和油包水乳化液两大类。

(3)高水基型抗燃工作液(L-HFAS 液压液)

这种工作液不是油水乳化液。其主体为水,占 95%,其余 5%为各种添加剂(抗磨剂、防锈剂、抗腐剂、乳化剂、抗泡剂、极压剂、增黏剂等)。其优点是成本低,抗燃性好,不污染环境;其缺点是黏度低,润滑性差。由于绝大多数液压系统以石油基液压油作为液压介质,因此工程上常常把液压介质笼统称为液压油。

1.3.3 液压介质的污染及其控制

控制液压介质的污染十分重要,液压介质受到污染是系统发生故障的重要原因。

1. 污染的危害

液压油被污染,是指液压油中含有水分、空气、微小固体颗粒及胶状生成物等杂质。液压油污染对液压系统造成的危害主要有:

(1)液压系统中存在微小固体颗粒,通过反复循环,会加速零件的磨损,影响液压元件的正常工作;同时也会擦伤密封件,使泄漏增加。

(2)固体颗粒和胶状生成物堵塞过滤器,使液压泵吸油困难,产生噪声;堵塞阀类元件的小孔或缝隙,使其动作失灵。

(3)水分和空气的混入会降低液压油的润滑能力,并使其氧化变质;产生气蚀,加速液压元件的损坏;使液压系统出现振动、噪声和爬行等现象。

2. 污染的原因

液压油被污染的原因主要有以下几方面:

(1)侵入物污染。这主要是指周围环境中的污染物(空气、灰尘、水等)通过一切可能的侵入点,如油箱的进气孔或注油孔,外露的往复运动活塞杆等侵入系统,造成液压油污染。

(2)残留物污染。这主要是指液压元件在制造、储存、运输、安装、维修过程中带入的砂粒、铁屑、磨料、焊渣、锈片、油垢、棉纱和灰尘等,虽经清洗,但未清洗干净而残留下来,造成液压油污染。

(3)生成物污染。这主要是指液压系统在工作过程中产生的金属微粒、密封材料磨损颗粒、涂料剥离片、水分、气泡及油液变质后的胶状生成物等,造成液压油污染。

3. 污染的控制

液压油污染的原因很复杂。液压系统运行过程中,油液在温度的作用下会析出胶质;液压元件也有磨损颗粒,液压系统自身也在不断产生脏物,因此要彻底消除污染是很困难的。为了延长液压元件的使用寿命,保证液压系统正常工作,必须将液压油的污染程度控制在一定限度之内。在生产实际中,常采取如下几方面措施来控制液压油的污染:

（1）安装过滤器，滤除系统产生的杂质。应根据需要，在系统的有关部位设置适当精度的过滤器，并且要定期检查、清洗或更换滤芯。

（2）定期检查并更换液压油。应根据维护保养规程，定期检查并更换液压油。换油时要清洗油箱，冲洗系统管道及元件。

（3）消除残留物污染。液压装置组装前后，必须对其零部件进行严格清洗。

（4）力求减少外来污染。油箱通大气处要加空气过滤器，向油箱注油应通过过滤器，维修拆卸元件应在无尘区进行。

讨论与习题

一、讨论

讨论 1-1

请大家列举 2～3 种日常生活中常见的应用了液压传动技术的相关设备，介绍一下设备的工作过程和使用效果。讨论和交流液压传动技术在这些设备中的主要作用。

讨论 1-2

结合当前绿色、环保、低碳的工业发展理念，谈谈目前工业上常用的液压介质的缺点，讨论液压介质可持续的方向发展。

讨论 1-3

随着物联网、人工智能、大数据等新兴技术蓬勃发展，液压传动作为重工业的基础，又该怎样适应或引入这些新兴技术，使液压技术更智能、更友好地焕发生机。

讨论 1-4

行业内有人抛出这样的论断：液压技术已经是日薄西山，马上将被电动技术所替代。请大家讨论液压传动和电气传动两种工作方式的特点，并思考它们的发展前景如何。

二、习题

1-1 液压传动系统由哪几部分组成？各组成部分的作用是什么？

1-2 液压传动与机械传动（以齿轮传动为例）、电传动比较有哪些优点？为什么有这些优点？

1-3 试讨论液压传动系统图形符号的特点。

1-4 普通液压油与抗磨液压油有什么区别？

1-5 目前实用的难燃工作液有哪几种？

1-6 液压油的代号（如 HM-46）代表什么意义？

课程思政拓展阅读材料

材料一 帕斯卡：人只是一根会思考的芦苇

帕斯卡，法国数学家、物理学家、哲学家和散文家，1623 年 6 月 19 日生于克莱蒙费朗。帕斯卡自幼学习优异，善于思考，对数学和物理尤为喜爱，人称之神童，并在 16 岁时就参加巴黎数学家和物理

布莱士·帕斯卡

(Blaise Pascal,1623—1662)

学家小组,可惜,长期从事艰苦的研究损害了他的健康,1662年英年早逝,年仅39岁。

帕斯卡在物理学方面的研究中最重要的成果是于1653年首次提出了"帕斯卡定律"。定律指出:"加在密闭流体任一部分的压强,必然按照其原来的大小由流体向各个方向传递。"现代液压机械设备,都是帕斯卡定律的具体应用,压强的国际制单位是以帕斯卡的名字命名。他可以称为真正的天才,在其他领域也有建树。1971年发明的一种程序设计语言——PASCAL语言,其命名也是为了纪念这位计算科学先驱。

除了声名卓著的帕斯卡定律,作为哲学家和散文家,帕斯卡还留给了世人一句至理名言:"人好比是脆弱的芦苇,但是他又是有思想的芦苇。"

参考资料:

帕斯卡 Pascal[EB/OL].(2016-08-10).http://maths.hust.edu.cn/info/1187/3356.htm.

思考1:请举例说明帕斯卡定律在液压机械中的具体应用。

思考2:如何理解帕斯卡所说:"人只是一根会思考的芦苇"?

材料二 新中国第一台万吨水压机

1962年6月22日是中国工业史上一个值得纪念的日子,我国自行设计制造的第一台万吨水压机——12000吨自由锻造水压机建成并正式投产。过去60年来,它为我国的造船、电力、冶金、矿山、国防等行业锻造了许多重量级部件,为我国重工业发展作出了不可磨灭的贡献。同时,作为"万吨精神"的载体,以及屡屡被收入教科书的"国宝",这台水压机也一直在讲述一个动人的故事:无论面对何种困难,我国科研和技术工作者始终以"万吨重担万人挑,泰山压顶不弯腰"的劲头,知难而进、奋发图强,不断战胜挑战,突破壁垒,最终创造出技术奇迹。重温"万吨故事",感悟历久弥新的"万吨精神",将有助于我们更加从容自信地应对西方发达国家的技术封锁,不断书写关键核心技术自立自强新的辉煌。

新中国第一台万吨水压机

参考资料:

万吨水压机,一个跨越时代的符号[EB/OL].(2021-05-30).https://www.163.com/dy/article/GB7PGR8A05506BEH.html.

思考:你是如何理解"万吨精神"及其当代意义的?

2 液压泵和液压马达

2.1 液压泵、液压马达概述

2.1.1 液压泵和液压马达的工作原理

液压泵和液压马达都是液压传动系统中的能量转换元件,液压泵由原动机驱动,把输入的机械能转换为油液的压力能,再以压力、流量的形式输入系统中去,它是液压系统的动力源;液压马达则将输入的压力能转换成机械能,以扭矩和转速的形式输送到执行机构做功,是液压传动系统的执行元件。

容积式液压泵和液压马达,依靠容积变化进行工作。图 2-1 为容积式泵的工作原理简图,凸轮 1 旋转时,柱塞 2 在凸轮 1 和弹簧 3 的作用下,在缸体的柱塞孔内左、右往复移动,缸体与柱塞 2 之间构成了容积可变的密封工作腔 4。柱塞 2 向右移动时,工作腔容积变大,产生真空,油液便通过吸油单向阀 5 吸入;柱塞 2 向左移动时,工作腔容积变小,已吸入的油液便通过压油单向阀 6 排到系统中去。在工作过程中,吸、压油单向阀 5、6 在逻辑上互逆,不会同时开启。由此可见,泵是靠密封工作腔的容积变化进行工作的。

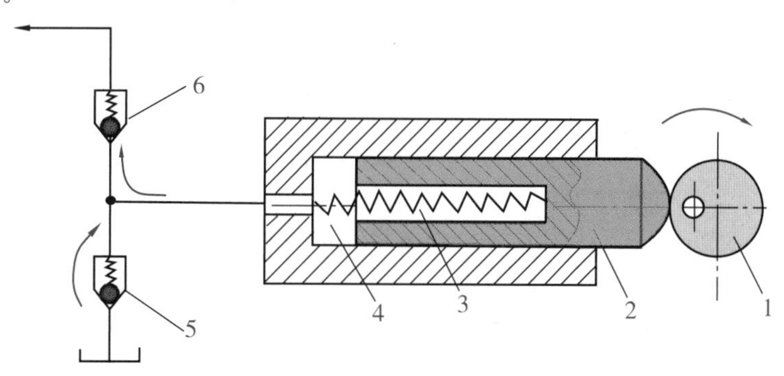

图 2-1 容积式泵的工作原理

1—凸轮;2—柱塞;3—弹簧;4—密封工作腔;5—吸油单向阀;6—压油单向阀

液压马达是实现连续旋转运动的执行元件,从原理上讲,向容积式泵中输入压力油,迫使其转轴转动,就成为液压马达,即容积式泵都可作为液压马达使用。但在实际中由于性能及结构对称性等要求不同,一般情况下,液压泵和液压马达不能互换。液压泵按其在单位时间内所能输出油液体积能否调节而分为定量泵和变量泵两类;按结构形式可以分为齿轮式,叶片式和柱塞式三大类;液压马达也具有相同的形式。依靠工作腔的容积变化而进行吸油和排油是液压泵的共同特点,因而这种泵又称为容积泵。

构成容积泵必须具备以下基本条件:

(1)结构上具有密封性能的可变工作容积。

(2)通过工作容积的变化实现吸油和排油，要有使工作容积实现变化的机构或措施。

(3)正确配流，即当工作容积增大时与吸油口相连，当工作容积减小时与排油口相通；吸油口与排油口不能沟通，即不能同时开启。

2.1.2 液压泵、马达的种类与符号

液压泵(液压马达)按其在每转一圈所能输出(输入)油液体积可否调节而分成定量泵(定量马达)和变量泵(变量马达)两类，用符号表示如图 2-2 所示。

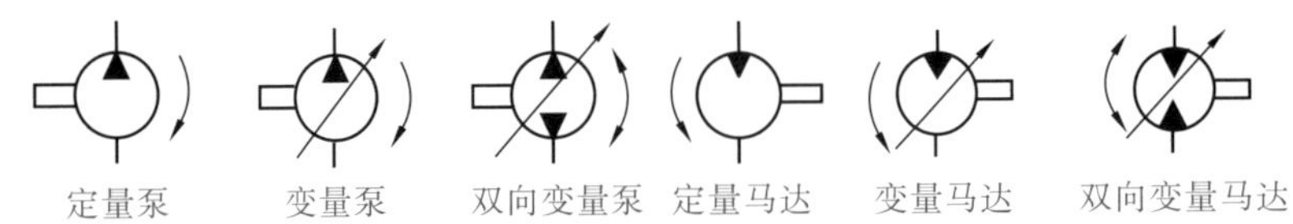

图 2-2 液压泵和液压马达的符号

液压泵和液压马达，按主要运动构件的结构形式可以分为齿轮泵、叶片泵和柱塞泵三大类，每一类又有多种型式结构，主要类型如表 2-1 所示。

表 2-1 液压泵和液压马达的种类

<table>
<tr><th colspan="4">齿轮泵(马达)</th><th colspan="2">叶片泵(马达)</th><th colspan="3">柱塞泵(马达)</th></tr>
<tr><td colspan="2">内啮合</td><td rowspan="2">外啮合</td><td rowspan="2">螺旋泵
(类似齿轮泵)</td><td rowspan="2">单作用</td><td rowspan="2">双作用</td><td colspan="2">轴向柱塞泵</td><td rowspan="2">径向柱塞泵</td></tr>
<tr><td>渐开线式</td><td>摆线式</td><td>斜盘式</td><td>斜轴式</td></tr>
</table>

2.1.3 液压泵、马达的基本性能参数

液压泵(马达)的基本性能参数主要是指液压泵的压力、排量、流量、功率和效率等。

1. 工作压力和额定压力

工作压力：液压泵和液压马达的工作压力是指泵(马达)实际工作时的压力，对泵来说，工作压力是指它的输出油液压力；对马达来说，则是指它的输入压力。在实际工作中，泵的压力是由负载决定的。

额定压力：在正常工作条件下连续运转允许达到的最高工作压力。

除此之外还有最高允许压力，它是指泵短时间内所允许超载使用的极限压力，它受液压泵本身密封性能和零件强度等因素的限制；吸入压力是指泵吸入口处的压力。

由于液压传动系统的用途不同，工作压力也不同，为了便于液压元件的设计、生产和使用，将压力分为五个等级，列于表 2-2 中。

表 2-2 液压压力分级

压力分级	低压	中压	中高压	高压	超高压
压力/MPa	≤2.5	>2.5~8	>8~16	>16~32	>32

2. 排量和流量

液压泵(液压马达)的排量有每转排量(V)和每弧度排量(V_d)之分。

每转排量 V：泵(马达)每转一圈，由其几何尺寸计算而得到排出(或吸入)液体的体积(即在无泄漏的情况下，其每转一圈所能输出的液体体积)，称为泵的每转排量，简称为排量(m^3/r)。

每弧度排量 V_d：泵(马达)每转一弧度，由其几何尺寸计算而得到的排出(或吸入)液体的体积，称

为泵（马达）的每弧度排量（m^3/rad）。每转排量 $V=2\pi V_d$。

理论流量 q_t：在不考虑泄漏的情况下，泵（马达）在单位时间内排出（吸入）的液体体积。设泵（马达）的角速度为 w（转速为 n），则 $q_t=V\times n=V_d\times\omega$。

实际流量 q：泵工作时实际排出的流量称为泵的实际流量。它等于泵的理论流量 q_t 减去泄漏流量 q_l（含压缩损失），即 $q=q_t-q_l$。q_l 为容积损失，它与工作油液的黏度、泵的密封性及工作压力 p 等因素有关。对于马达，实际流量与理论流量的关系为：$q=q_t+q_l$。

额定流量 q_n：指在额定转速和额定压力下泵输出（或输入到马达中去）的实际流量。

3. 功率和效率

液压泵由原动机驱动，输入量是转矩和角速度，输出量是液体的压力和流量；液压马达则刚好相反，输入量是液体的压力和流量，输出量是转矩和角速度。如果不考虑液压泵（液压马达）在能量转换过程中的损失，则输出功率等于输入功率（图 2-3），它们的理论功率是：

$$N_t=pq_t=T_t\omega \tag{2-1}$$

其中，理论输入（输出）转矩为

$$T_t=p\cdot V_d=p\cdot V/(2\pi)$$

工作压力为

$$p=T_t/V_d=2\pi T_t/V$$

理论流量为

$$q_t=\omega\cdot V_d=\omega\cdot V/(2\pi)=n\cdot V$$

式中：N_t——液压泵、马达的理论功率（W）；

T_t——液压泵、马达的理论转矩（Nm）；

n——液压泵、马达的转速（r/s）；

ω——液压泵、马达的角速度（rad/s）；

p——液压泵、马达的工作压力（或进、出口压差 Δp）（Pa）；

q_t——液压泵、马达的理论流量（m^3/s）；

V_d——液压泵、马达的每弧度排量（m^3/rad）；

V——液压泵、马达的每转排量（m^3/r）。

不考虑损失时，液压泵的理论流量 q_t 是由角速度 ω 转换而来，转换系数即为角度排量 V_d；输出压力 p 是由输入的理论转矩 T_t 转换而来，转换系数即为角度排量 V_d 的倒数，这种输入输出关系可用图 2-3 所示的方框图来表示。图 2-3（a）为液压泵的能量转换方框图，图 2-3（b）为液压马达的能量转换方框图。

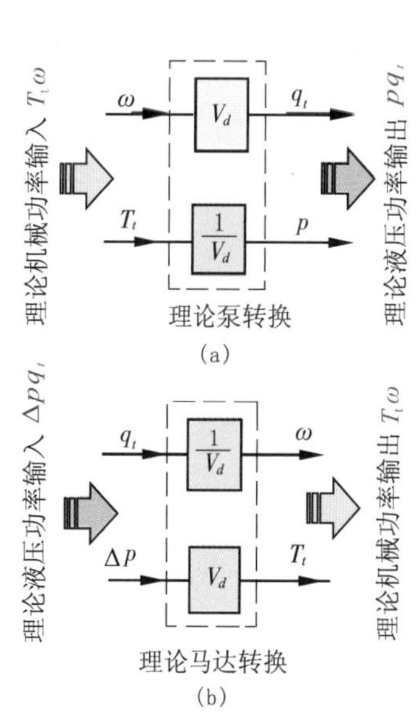

图 2-3　液压泵、马达能量转换方框图

（a）液压泵；（b）液压马达

实际上，液压泵和液压马达在能量转换过程中有损失，因此输出功率小于输入功率，两者之间的差值即为功率损失，功率损失可以分为容积损失和机械损失两部分。

容积损失是因泄漏、气穴和油液在高压下压缩等造成的流量损失，对液压泵来说，输出压力增大时，泵实际输出的流量 q 减小。设泵的流量损失为 q_l，则 $q_t=q+q_l$。而泵的容积损失可用容积效率 η_v 来表示：

$$\eta_v=\frac{q}{q_t} \tag{2-2}$$

对液压马达来说，输入液压马达的实际流量 q 必然大于它的理论流量 q_t，即 $q=q_t+q_l$，它的容积效率可表示为：

$$\eta_v=\frac{q_t}{q} \tag{2-3}$$

式中：η_v——液压泵、马达的容积效率；

q_t——液压泵、马达的理论流量(m^3/s)；

q——液压泵、马达的实际流量(m^3/s)。

机械损失是指因摩擦而造成的转矩损失。图 2-4 所示为考虑容积损失和机械损失后泵和马达的能量传递示意。对液压泵来说，泵的驱动转矩总是大于其理论上需要的驱动转矩，用机械效率 η_m 来表征泵的机械损失：

$$\eta_m=\frac{T_t}{T} \tag{2-4}$$

对于液压马达来说，由于摩擦损失的存在，使液压马达实际输出转矩小于理论转矩，它的机械效率为：

$$\eta_m=\frac{T}{T_t} \tag{2-5}$$

式中：η_m——液压泵、马达的机械效率；

T_t——液压泵、马达的理论转矩(Nm)；

T——液压泵、马达的实际转矩(Nm)。

液压泵的总效率是其输出功率和输入功率之比，由式(2-1)、式(2-2)、式(2-4)得

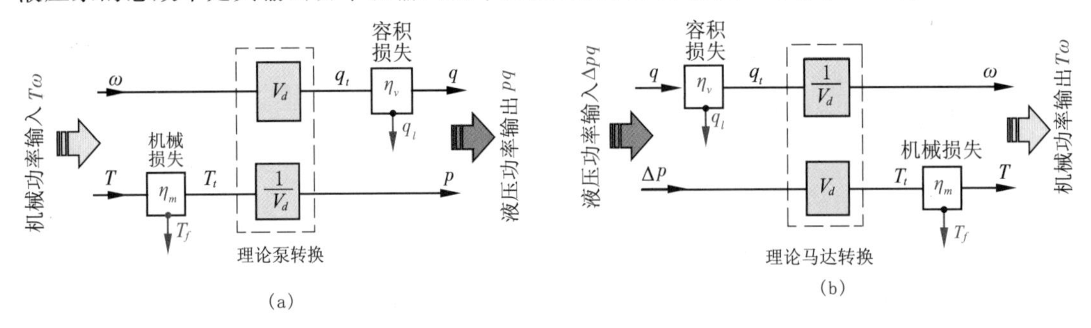

图 2-4　考虑容积损失和机械损失后，液压泵、马达的输入-输出关系

(a)液压泵；(b)液压马达

$$\eta=\eta_v\eta_m \tag{2-6}$$

式中：η——液压泵、马达的总效率。

液压马达的总效率同样也是其输出功率和输入功率之比，可由式(2-1)、式(2-3)、式(2-5)得到与式(2-6)相同的表达式。这就是说，液压泵或液压马达的总效率都等于各自容积效率和机械效率的乘积。

事实上，液压泵、马达的容积效率和机械效率在总体上与油液的泄漏和摩擦副的摩擦损失有关，而泄漏及摩擦损失则与泵(马达)的工作压力、油液黏度、转速有关。图 2-5 给出了液压泵、马达效率特性曲线。由图可见：在不同的压力下，液压泵和马达的效率是不同的；在不同的转速和黏度下，液压泵和液压马达的效率值也是不同的。液压泵、马达的使用转速、工作压力和传动介质均会影响其工作效率。

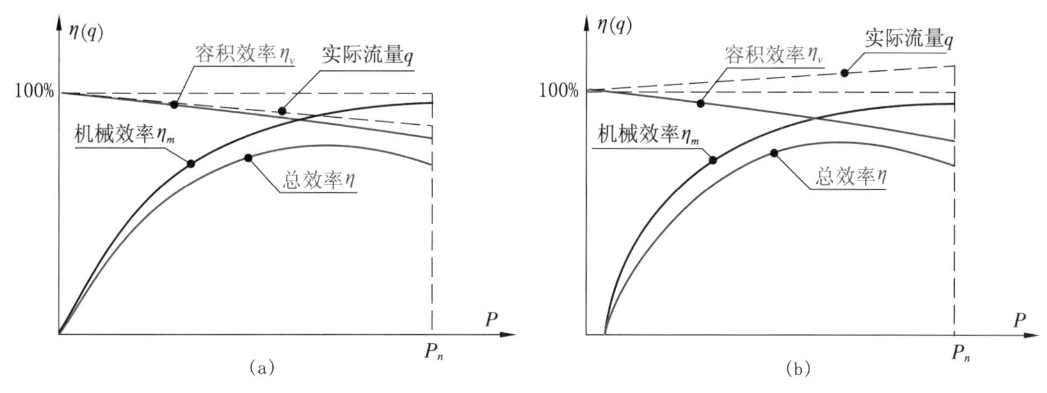

图 2-5 液压泵、马达的容积效率、机械效率和总效率

(a)液压泵;(b)液压马达

2.2 齿 轮 泵

齿轮泵是一种常用的液压泵,它的主要特点是结构简单,制造方便,价格低廉,体积小,重量轻,自吸性好,对油液污染不敏感,工作可靠;其主要缺点是流量和压力脉动大,噪声大,排量不可调。齿轮泵被广泛地应用于采矿设备、冶金设备、建筑机械、工程机械、农林机械等各个行业。

齿轮泵按照其啮合形式的不同,分为外啮合和内啮合两种,其中外啮合齿轮泵应用较广。

2.2.1 外啮合齿轮泵的结构及工作原理

外啮合齿轮泵如图 2-6 所示,这是 CB-B 型低压齿轮泵,额定压力为 2.5 MPa,排量为25～125 L/min。该泵采用了后泵盖、泵体及前泵盖所组成的三片式结构,泵体内相互啮合的主、从动齿轮 2 和 3 与两端盖及泵体一起构成密封容积,同时齿轮的啮合点将左、右两腔隔开,形成了吸、压油腔。当齿轮按图示方向旋转时,右侧吸油腔内的轮齿脱离啮合,密封工作腔容积不断增大,形成部分真空,油液在大气压力作用下从油箱经吸油管进入吸油腔,并被旋转的轮齿带入左侧的压油腔。左侧压油腔内的轮齿不断进入啮合,使密封工作腔容积减小,油液受到挤压被排往系统,这就是齿轮泵的吸油和压油过程。

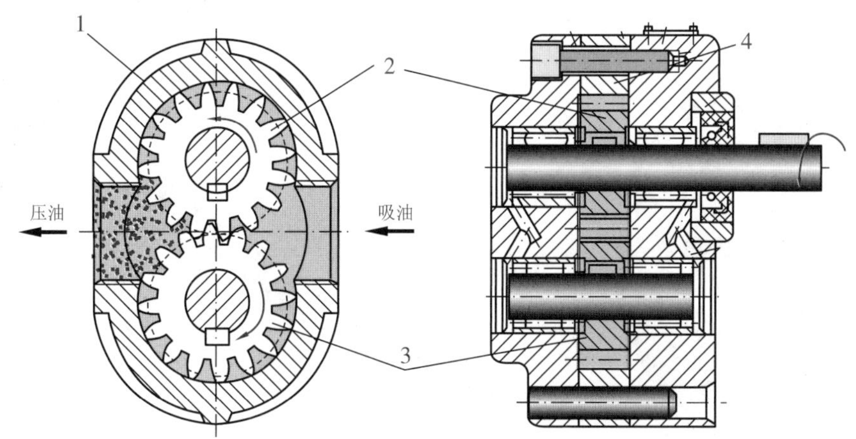

图 2-6 外啮合齿轮泵的工作原理

1—泵体;2—主动齿轮;3—从动齿轮;4—泵体

2.2.2 齿轮泵的流量和脉动率

外啮合齿轮泵的排量可近似看作是两个啮合齿轮的齿谷容积之和,若齿谷容积等于轮齿所占体积,齿轮泵的排量近似为:

$$V=\pi dhb=2\pi\cdot zm^2\cdot b \tag{2-7}$$

式中:V——液压泵的每转排量(m^3/r);

z——齿轮的齿数;

m——齿轮的模数(m);

b——齿轮的齿宽(m);

d——齿轮的节圆直径(m),根据齿轮参数计算公式有:$d=mz$;

h——齿轮的有效齿高(m),根据齿轮参数计算公式有:$h=2m$。

实际上,齿谷容积比轮齿体积稍大一些,并且齿数越少差值越大,因此,在实际计算中用3.33~3.50来代替上式中π值,齿数少时取大值,齿数多时取小值。齿轮泵的排量为

$$V=(6.66\sim7)zm^2b \tag{2-8}$$

由此得齿轮泵的输出流量为

$$q=(6.66\sim7)zm^2bn\eta_v \tag{2-9}$$

齿轮泵工作过程中,排量是转角的周期函数,存在排量脉动,所以瞬时流量也是脉动的。流量脉动会直接影响到系统工作的平稳性,引起压力脉动,使管路系统产生振动和噪声。如果脉动频率与系统的固有频率一致,还将引起共振,加剧振动和噪声。若用q_{max}、q_{min}来表示最大、最小瞬时流量,q_0表示平均流量,则流量脉动率为

$$\sigma=\frac{q_{max}-q_{min}}{q_0} \tag{2-10}$$

流量脉动率是衡量容积式泵流量品质的一个重要指标。在容积式泵中,齿轮泵的流量脉动最大,并且齿数愈少,脉动率愈大,这是外啮合齿轮泵的一个弱点。

2.2.3 齿轮泵的结构特点

如图2-7所示,齿轮泵因受其自身结构的影响,在结构和性能上有以下特征:

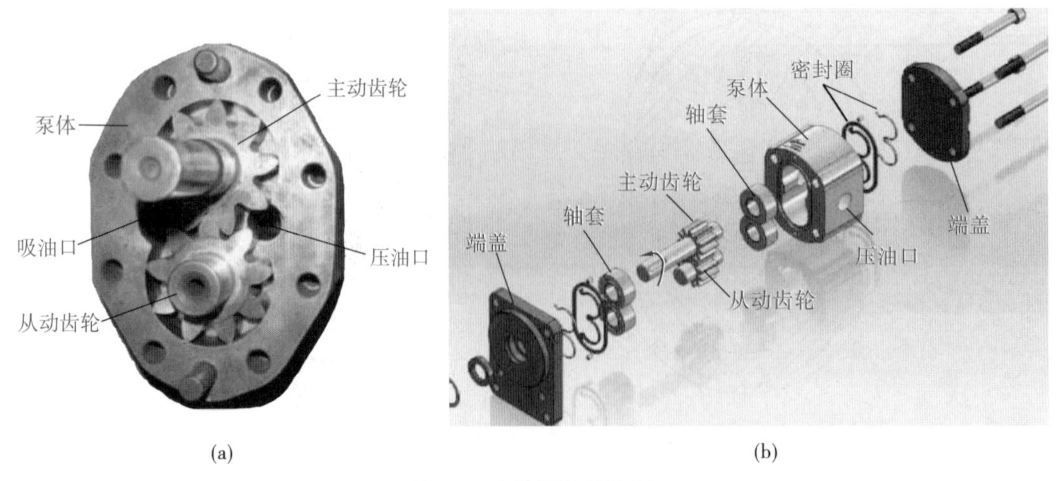

图2-7 齿轮泵的结构图

(a)外啮合齿轮泵结构;(b)带浮动轴套的外啮合齿轮泵立体装配

1. 困油现象

齿轮泵要平稳地工作,齿轮啮合时的重叠系数必须大于1,即至少有一对以上的轮齿同时啮合。因此工作过程中就有一部分油液困在两对轮齿啮合时所形成的封闭油腔之内,这个密封容积的大小随齿轮转动而变化。从图2-8(a)到图2-8(b),密封容积V_a逐渐减小;图2-8(b)到图2-8(c),密封容积V_a逐渐增大,如此产生了密封容积周期性的增大减小。当密封容积减小时,受困油液受到挤压而产生瞬间高压,若受困油液无油道与排油口相通,油液将从缝隙中被挤出,导致油液发热,轴承等零件也受到附加冲击载荷的作用;当密封容积增大时,若无油液补充,就会造成局部真空,使溶于油液中的气体分离出来,产生气穴。这就是齿轮泵的困油现象。

困油现象使齿轮泵产生强烈的噪声,并引起振动和气蚀,同时降低泵的容积效率,影响工作的平稳性和使用寿命。消除困油的方法,通常是在两端盖板上开卸荷槽,见图2-8(d)。当封闭容积减小时,通过右边的卸荷槽与压油腔相通,而封闭容积增大时,通过左边的卸荷槽与吸油腔通,两卸荷槽的间距必须确保在任何时候都不使吸、排油相通。

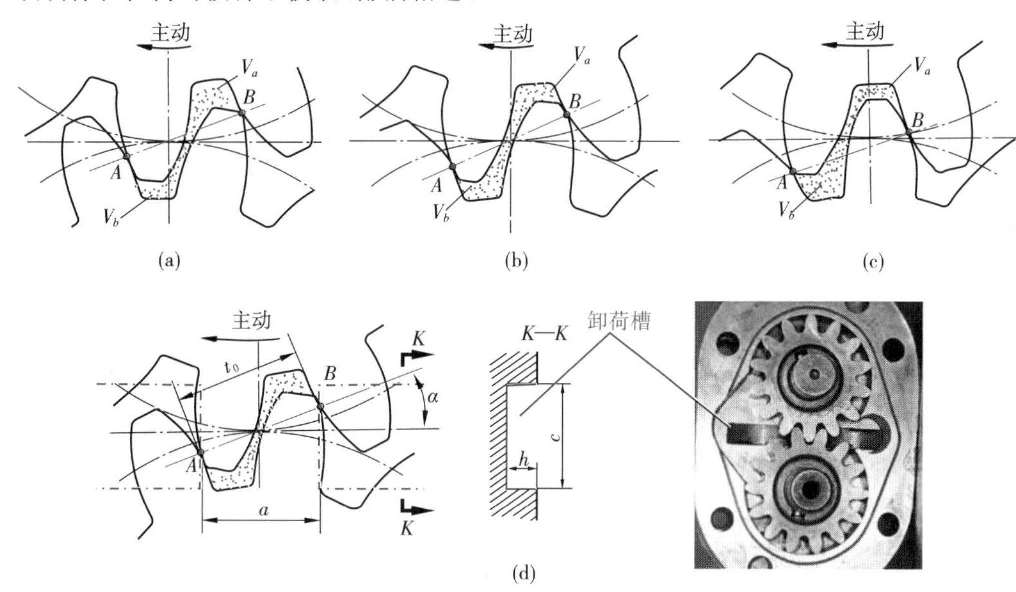

图2-8　齿轮泵的困油现象及消除措施

(a)开始进入啮合;(b)啮合中点;(c)退出啮合;(d)卸荷槽

2. 径向不平衡力

在齿轮泵中,油液作用在齿轮外缘的压力是不均匀的,从低压腔到高压腔,压力沿齿轮旋转的方向逐齿递增[图2-9(a)],齿轮和轴受到径向不平衡力的作用,工作压力越高,径向不平衡力越大,导致齿顶压向定子(泵体)的低压端,使泵轴弯曲、定子偏磨,同时也加速轴承的磨损,降低使用寿命。为了减小径向不平衡力的影响,常采取缩小压油口的办法,使压油腔的压力仅作用在一个齿到两个齿的范围内,同时,适当增大径向间隙,使齿顶不与定子内表面产生金属接触,并在支撑上多采用滚针轴承或滑动轴承。

3. 齿轮泵的泄漏通道及端面间隙的自动补偿

在液压泵中,运动件间的密封是靠微小间隙密封的,这些微小间隙从运动学上形成摩擦副,同时,高压腔的油液通过间隙向低压腔泄漏是不可避免的;齿轮泵压油腔的压力油可通过三条途径泄漏到吸油腔去:一是通过齿轮啮合线处的间隙——齿侧间隙;二是通过泵体定子内环和齿顶间的径向间隙——齿顶间隙;三是通过齿轮两端面和侧板间的间隙——端面间隙。在这三类间隙中,端面间隙的泄漏量最大,压力越高,由端面间隙泄漏的液压油就愈多。因此,为了提高齿轮泵的压力和容积效率,

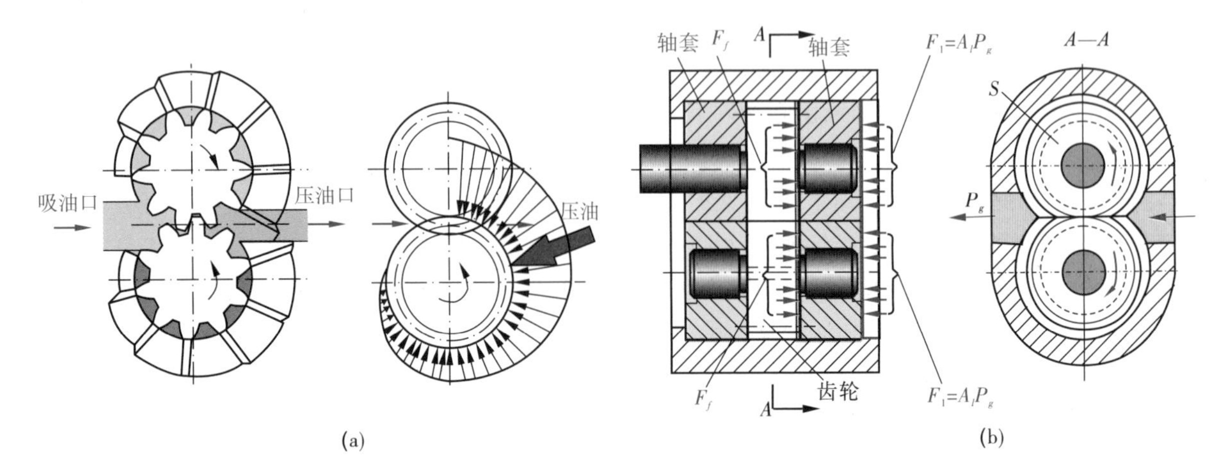

图 2-9　齿轮泵的径向力不平衡现象及端面间隙补偿原理

(a)齿轮泵径向力不平衡示意;(b)端面间隙的自动补偿原理

实现齿轮泵的高压化,需要从结构上采取措施,对端面间隙进行自动补偿。

自动补偿端面间隙的装置有两种:浮动轴套式和弹性侧板式。图 2-9(b)所示为浮动轴套间隙偿示意图,原理是将压力油 p_g 引入轴套(或侧板)外侧,产生使轴套紧贴齿轮端面的压紧力 F_1,当 F_1 大于撑开力 F_f 时,间隙就不会增大;压力愈高,间隙愈小,可自动补偿端面磨损。齿轮泵的轴套是浮动安装的,轴套外侧的空腔与泵的压油腔相通,当泵工作时,浮动轴套受油压的作用而压向齿轮端面,将齿轮两端面压紧,从而补偿了端面间隙,目前高压齿轮泵的压力已经可以达到 20～30 MPa。

外啮合齿轮泵具有尺寸小、重量轻、结构简单、制造方便、价格低廉、工作可靠、自吸性能好、抗污染性强及维护方便等优点。缺点是轴承等零件承受径向不平衡力,流量脉动和噪声都较大,排量不可变而只能做定量泵。外啮合齿轮泵主要用于低压系统或对流量脉动要求不高的场合。

2.2.4　内啮合齿轮泵

内啮合齿轮泵有渐开线齿形和摆线齿形两种。在图 2-10(a)所示渐开线齿形内啮合齿轮泵中,小齿轮和内齿轮之间装有一块月牙形隔板,以便把吸油腔和压油腔隔开。当传动轴带动小齿轮按图示方向旋转时,内齿轮(齿圈)同向旋转,图中上半部轮齿脱开啮合,密封容积逐渐增大,是吸油腔;下半部轮齿进入啮合,密封容积逐渐减小,是压油腔。内啮合渐开线齿轮泵与外啮合齿轮泵相比其流量脉动较小,仅是外啮合齿轮泵流量脉动率的 1/20～1/10。

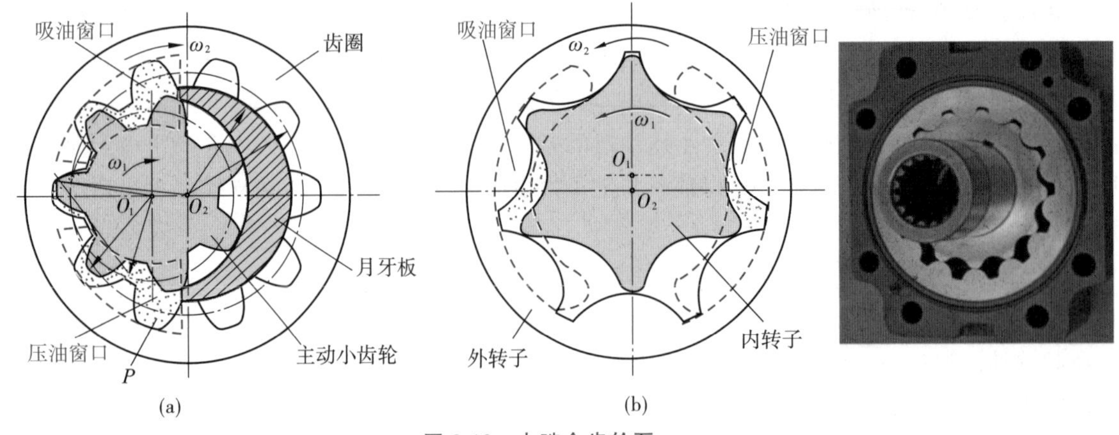

图 2-10　内啮合齿轮泵

(a)剖开线式内啮合齿轮泵;(b)摆线式内啮合齿轮泵

图 2-10(b)所示为摆线式内啮合齿轮泵，又称摆线转子泵。在这种泵中，外转子和内转子只差一个齿，没有中间月牙板，内、外转子的轴心线之间有一个偏心距 e，内转子为主动轮，内、外转子与两侧配流板间形成密封容积，内、外转子的啮合线又将密封容积分为吸油腔和压油腔。当内转子按图示方向转动时，左侧密封容积逐渐变大，是吸油腔；右侧密封容积逐渐变小，是压油腔。

内啮合摆线齿轮泵的优点是结构紧凑、零件少、工作容积大、运动平稳及噪声小。缺点是齿形复杂，加工困难，由于齿数较少，流量脉动比较大，如果加工精度不高，啮合处有间隙，泄漏较大，一般用于中、低压系统。在闭式系统中，常用这种泵作为补油泵。

2.2.5 螺杆泵

螺杆泵实质上是一种变形的外啮合摆线齿轮泵。按螺杆根数分，有单螺杆泵、双螺杆泵、三螺杆泵、四螺杆泵和五螺杆泵等；按螺杆的横截面分，有摆线齿形螺杆泵、摆线-渐开线齿形螺杆泵和圆弧齿形螺杆泵三种不同形式。

图 2-11 为三螺杆泵的结构简图。2 为三螺杆泵壳体，内部平行地安装着三根互为啮合的双头螺杆，3 为主动螺杆(中间的凸螺杆)，从动螺杆 4、5 分别为上、下凹螺杆。三根螺杆的外圆与壳体对应弧面保持着良好的配合，螺杆的啮合线将主动螺杆和从动螺杆的螺旋槽分割成多个互不相通的密封工作容腔。当传动轴(与凸螺杆为一整体)如图示方向转动时，密封工作容腔随着螺杆的转动一个接一个地在左端形成，并不断地从左向右移动，在最右端消失。主动螺杆每转一周，每个密封工作腔便移动一个导程。随着螺杆的旋转，左端密封工作容腔逐渐增大，形成吸油过程；右面的工作容腔逐渐减小，将油液压出，完成压油过程。螺杆直径越大，螺旋槽越深，螺杆泵的排量就越大；螺杆越长，吸、压油口之间的密封层次越多，密封就越好，螺杆泵的额定压力就越高。

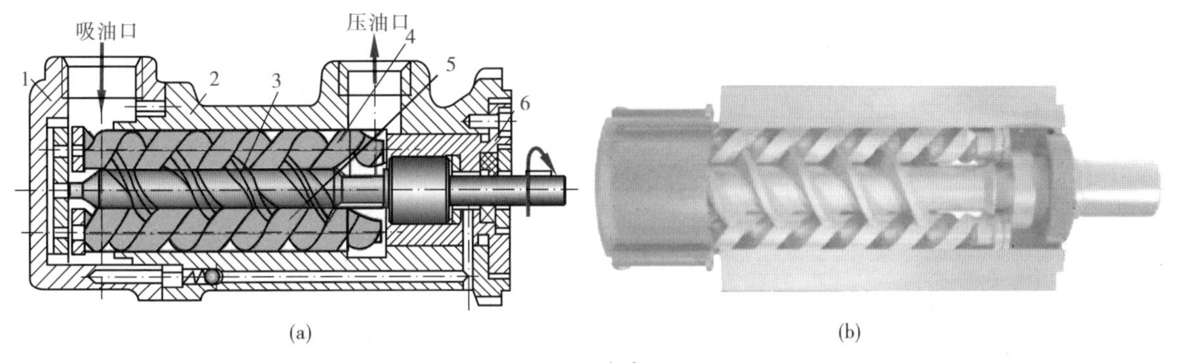

图 2-11 螺杆泵

(a)三螺杆泵工作原理；(b)螺杆立体结构

1—后盖；2—壳体；3—主动螺杆(凸螺杆)；4,5—从动螺杆(凹螺杆)；6—端盖

与其他容积式液压泵相比，螺杆泵具有排量大、结构紧凑、体积小、重量轻、自吸能力强、运转平稳、流量无脉动、噪声小、对油液污染不敏感及工作寿命长等优点。目前常用在精密机床上和用来输送黏度较大或含有颗粒物质的液体。螺杆泵的缺点是加工工艺复杂、加工精度高，所以其应用范围受到限制。

2.3 叶 片 泵

叶片泵有单作用式和双作用式两大类，它的输出流量均匀、脉动小、噪声小，但结构相对齿轮泵较复杂，对油液的污染比较敏感。

2.3.1 单作用叶片泵

1. 单作用叶片泵的工作原理

图 2-12 所示为单作用叶片泵的工作原理。泵由转子 2、定子 3、叶片 4 和配流盘等构件组成。定子的内表面是圆柱面，轴端的前后配流盘像盖子一样压在定子 3 的两端，转子和定子中心之间存在着偏心 e，叶片在转子的槽内可灵活滑动，在转子转动时的离心力以及叶片根部油压力作用下，叶片顶部紧贴在定子内表面上，于是，两相邻叶片间便形成密封工作腔。当转子按图 2-12(a)所示方向旋转时，右侧叶片向外伸出，密封工作容积逐渐增大，产生真空，油液通过吸油口 5、配油盘上的吸油窗口进入密封工作腔；此时左侧叶片缩进，密封工作容积逐渐缩小，油液通过配油盘排油窗口排出。因转子旋转一周时，吸油、压油各一次，故称单作用叶片泵。与齿轮泵类似，转子受到单方向的液压不平衡力，故又称非平衡式泵，其轴承负载较大。若改变定子与转子间的偏心距 e，便可改变泵的排量，形成变量叶片泵。在本章后面的分析中，设 B 为叶片宽度，n 为转速，η_v 为容积效率。

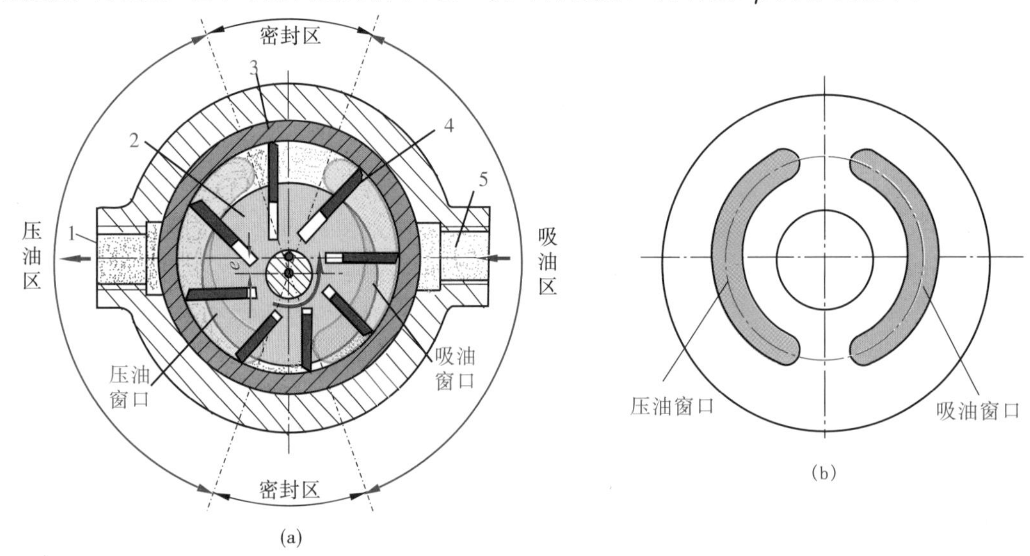

图 2-12 单作用叶片泵工作原理

(a)工作原理；(b)配流盘

1—压油口；2—转子；3—定子；4—叶片；5—吸油口

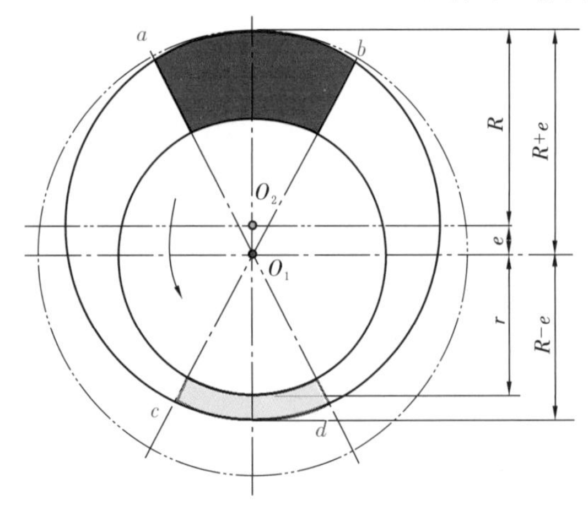

图 2-13 单作用叶片泵的流量计算原理

O_1—转子中心；r—转子半径；O_2—定子中心；R—定子半径；e—偏心距；B—转子宽

2. 单作用叶片泵的平均流量计算

图 2-13 为单作用叶片泵平均流量计算图，平均流量可以用图解法近似求出。假定两叶片正好位于过渡区 a、b 位置，此时两叶片间的容积为最大，当转子沿图示方向旋转 π 弧度，转到定子 c、d 位置时，两叶片间排出容积为 ΔV；当两叶从 c、d 位置沿图示方向再旋转 π 弧度，回到 a、b 位置时，两叶片间又吸满容积为 ΔV 的油液。由此可见，转子旋转一周，两叶片间排出油液容积为 ΔV。当泵有 z 个叶片时。就排出 z 块与 ΔV 相等的油液容积，将各块容积加起来，就可以近似为环形体积，环形的大半径为 $R+e$，小半径为 $R-e$，因此单作用叶片泵的排量为

$$V=\pi[(R+e)^2-(R-e)^2]B=4\pi eRB \tag{2-11}$$

单作用叶片泵的流量为

$$q=Vn\eta_v=4\pi eRBn\eta_v \tag{2-12}$$

式中：R——定子半径（m）；

e——定子相对转子偏心距（m）；

B——叶片宽度（m）。

单作用叶片泵的叶片底部小油室和工作油腔相通。当叶片处于吸油腔时，它和吸油腔相通，也参加吸油；当叶片处于压油腔时，它和压油腔相通，也向外压油，叶片底部的吸油和排油作用，正好补偿了工作油腔中叶片所占的体积，因此叶片对容积的影响可不考虑。

3. 变量叶片泵

叶片泵可以做成变量叶片泵，就变量工作原理来分，有内反馈式和外反馈式两种。

（1）限压式内反馈变量叶片泵

图 2-14 所示为限压式内反馈变量叶片泵，内反馈变量的操纵力 F_2 来自于泵本身的排油压力。

内反馈式变量叶片泵配流盘的吸、排油窗口的布置如图 2-14(b)所示。普通叶片泵的吸、排油窗口是对称于偏心距连线 OO_1 布置的；为了形成变量力，内反馈式变量叶片泵将其旋转了一个偏角 θ，结果，排油压力对定子 5 的作用力，可以分解为垂直于偏心距连线 OO_1 的分力 F_1 及与之平行的调节分力 F_2，F_2 与调节弹簧力相比较后，推动定子移动，改变排量大小。

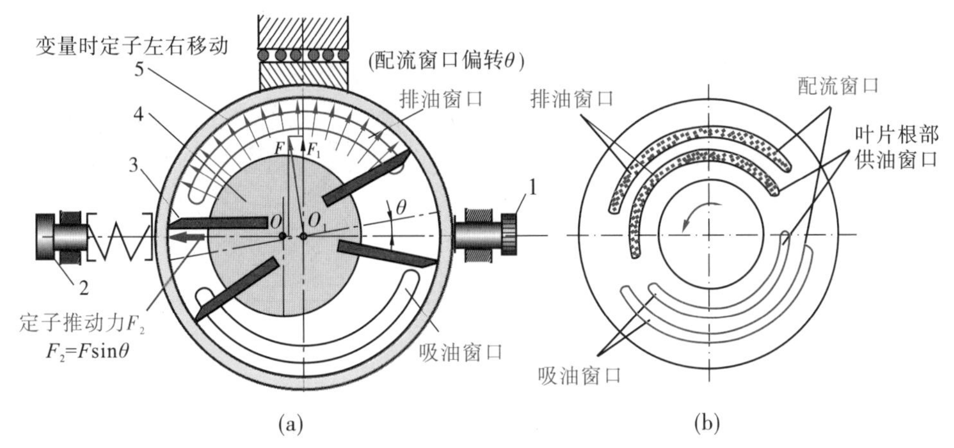

图 2-14　变量原理

(a)内反馈变量叶片泵变量原理；(b)内反馈变量叶片泵配流盘窗口

1—最大流量限定螺钉；2—变量压力设定调节螺钉；3—叶片；4—转子；5—定子

F_2 本质上是一种“压力-力”反馈，是利用泵的出口压力 p 反馈回来调节流量的大小，故称之为“内反馈”。若仅考虑液压力 F_2 与弹簧力的平衡，泵的排量大小（正比于偏心距 e）可由弹簧的压缩量来决定，其压力-流量关系曲线称为变量特性曲线，如图 2-15 所示。变量特性曲线说明如下：

定量段 AB　当调节分力 F_2 小于弹簧预紧力时，定子相对转子的偏心距 e 保持在最大值。但由于泄漏，泵实际输出流量随其压力增加而稍有下降，如图 2-15 中 AB 段。

变量段 BC　当工作压力超过 p_B 值后，调节分力 F_2 大于弹簧预紧力，随着工作压力的增加，力 F_2 增加，使定子环向减小偏

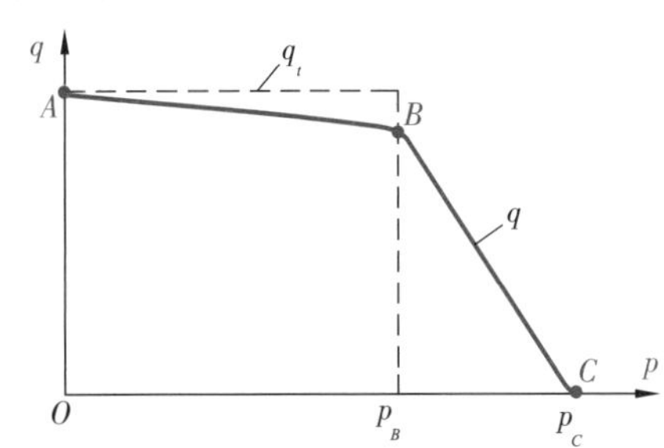

图中 A 点位置由图 2-14 最大流量限定螺钉 1 调节，B 点位置内调节螺钉 2 调节，C 点位置由调节螺钉 2 中的弹簧刚度确定

图 2-15　变量特性曲线

心距 e 的方向移动，泵排量开始下降。

限压点 C　当工作压力到达 p_C 时，与定子环的偏心量对应的泵的理论流量等于它的泄漏量，泵实际排出流量为零，此时泵的输出压力最大。

改变调节弹簧的预紧力，可以改变泵的特性曲线。增加调节弹簧的预紧力，使 p_B 点向右移，BC 线则向右平移。更换调节弹簧，改变其弹簧刚度，可改变 BC 段的斜率。调节最大流量调节螺钉，可以调节曲线 A 点在纵坐标上的位置。

(2)限压式外反馈变量叶片泵

图 2-16(a)为限压式外反馈变量叶片泵，图 2-16(b)是其原理图，它能根据泵出口压力大小自动调节排量。图中转子 1 的中心 O 是固定不动的，定子 3 可沿滑块滚针轴承 4 左右移动。定子 3 右边有反馈柱塞 5，与泵的排油腔 P 相通。设反馈柱塞 5 的受压面积为 A_x，当作用在定子上的反馈力 pA_x 小于作用在定子上的弹簧力 F_x 时，弹簧 2 将定子推向最右边，反馈柱塞 5 和流量调节螺钉 6 用以调节泵的初始偏心 e_0，进而设定最大流量。若只考虑反馈力和弹簧力，当泵的压力升高到 $pA_x>F_x$ 时，反馈力克服弹簧预紧力，推定子 3 左移距离 x，偏心距减小，泵的输出流量随之减小。压力愈高，偏心距愈小，输出流量也愈小。这种泵因设有反馈柱塞 5，所以被称为限压式外反馈变量叶片泵。

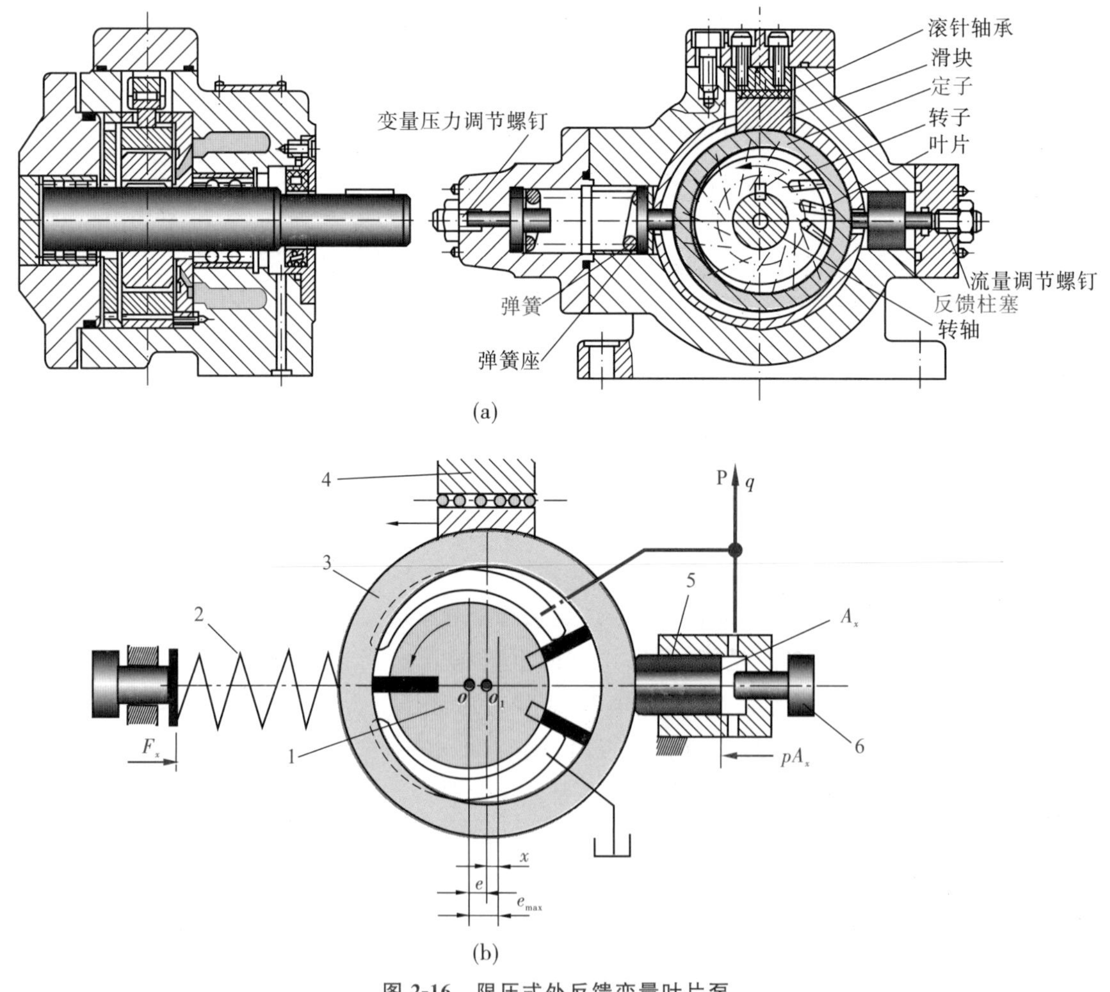

图 2-16　限压式外反馈变量叶片泵

(a)外反馈变量叶片泵结构；(b)外反馈变量叶片泵变量原理

1—转子；2—弹簧；3—定子；4—滑块滚针轴承；5—反馈柱塞；6—流量调节螺钉

对限压式外反馈变量叶片泵的变量特性分析如下：

当压力逐渐增大至 p_B，使定子处于开始移动的临界状态，其力平衡方程为：

$$p_B A_x = k_x (x_0 + e_{max} - e_0) \tag{2-13}$$

当泵的压力超过临界状态继续增加时，定子相对转子有移动距离，其力平衡方程为：

$$p A_x = k_x (x_0 + e_{max} - e_0 + x) \tag{2-14}$$

此时，定子的实际偏心距为：

$$e = e_0 - x \tag{2-15}$$

式中：x——弹簧压缩量增加值(m)；

x_0——弹簧的预压缩量(m)；

e——定子的实际偏心距(m)；

e_0——定子的初始偏心距值(m)；

e_{max}——泵转子和定子间的最大设计偏心距(m)；

A_x——反馈柱塞的有效作用面积(m^2)；

k_x——弹簧刚度(N/m)；

p——泵的实际工作压力(Pa)；

p_B——定子处于开始移动的临界状态的压力(Pa)。

由此式(2-13)得：

$$p_B = \frac{k_x}{A_x}(x_0 + e_{max} - e_0) \tag{2-16}$$

泵的实际输出流量为

$$q = k_q e_0 - k_l p \tag{2-17}$$

式中：k_q——泵的流量增益；

k_l——泵的泄漏系数。

当 $pA_x < F_x$ 时，定子处于最右端位置，弹簧的总压缩量等于其预压缩量，定子偏心量为 e_0，泵的流量为

$$q = k_q e - k_l p \tag{2-18}$$

而当 $pA_x > F_x$ 时，定子左移，泵的流量减小。由式(2-14)至式(2-17)得

$$q = k_q (x_0 + e_{max}) - \frac{k_q}{k_x}\left(A_x + \frac{k_x + k_l}{k_q}\right) p \tag{2-19}$$

外反馈限压式变量叶片泵的静态特性曲线参见图 2-15。

定量段 AB　不变量的 AB 段与式(2-18)相对应，压力增加时，实际输出流量因压差泄漏而减少。

变量段 BC　变量段 BC 与式(2-19)相对应，这一区段内泵的实际流量随着压力增大而迅速下降，叶片泵处变量泵工况。

B 点叫作曲线的拐点　拐点处的压力 p_B 主要由弹簧预紧力确定，并可以由式(2-16)算出。

限压式变量叶片泵对既要实现快速行程，又要实现保压和工作进给的执行元件来说是一种合适的油源。快速行程需要大的流量，负载压力较低，正好使用其 AB 段曲线部分；保压和工作进给时负载压力升高，需要流量减小，正好使用其 BC 段曲线部分。

2.3.2 双作用叶片泵

1. 双作用叶片泵的工作原理

双作用叶片泵(图 2-17)与单作用叶片泵相似，不同之处只在于定子内表面是由两段长半径圆弧、两段短半径圆弧和四段过渡曲线组成，且定子和转子是同心的。

在图 2-17(a)中，当转子顺时针方向旋转时，密封工作腔的容积在左上角和右下角处逐渐增大，为吸油区；在左下角和右上角处逐渐减小，为压油区。吸油区和压油区之间有一段封油区，将吸、压油区隔开。这种泵的转子每转一周，每个密封工作腔完成吸油和压油动作各两次，所以称为双作用叶片泵。泵的两个吸油区和两个压油区是径向对称的，作用在转子上的压力径向平衡，所以又称为平衡式叶片泵。

图 2-17(b)为双作用叶片泵的定子，图 2-17(c)为双作用叶片泵的配流盘，配流盘上有 2 个吸油窗口(为减小吸油阻力，外缘挖空)和 2 个压油窗口，并分别与定子的过渡曲线段相对应。

图 2-17(d)所示为双作用叶片泵的泵芯组件图，包括：前配流盘、后配流盘、转子、叶片和定子，并用长定位销将前、后配流盘和定子定位，以保证配流盘上吸、压油窗口位置与定子内表面曲线相对应，泵芯成组装配好后装入泵的壳体内。转子上均匀地开有叶片槽，叶片可以在槽内沿径向方向滑动，前、后配流盘如盖板一样压在定子-转子组件的两端，液压油沿轴向通过配流盘上的窗口进入定子和转子之间的密封容积，配流盘上开有与压油腔相通的环形槽，将液压油引入叶片底部。

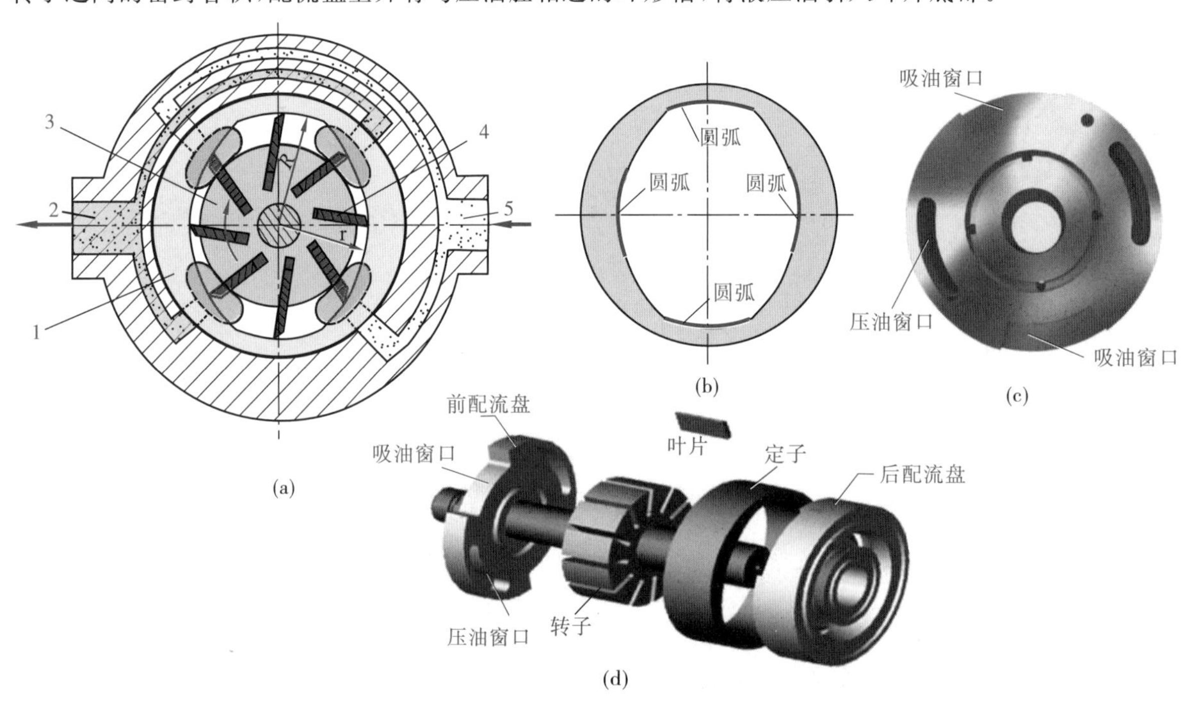

图 2-17 双作用叶片泵工作原理

(a)结构图；(b)定子；(c)配流量；(d)泵芯组件

1—定子；2—压油口；3—转子；4—叶片；5—吸油口

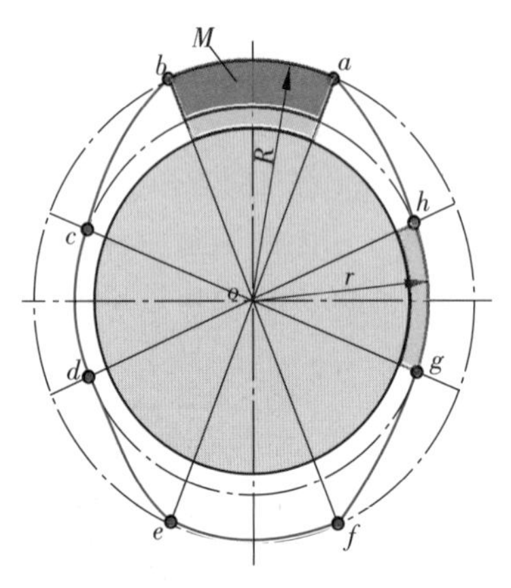

图 2-18 双作用叶片泵平均流量计算原理

由于 2 个压油窗口方向相对，径向作用力相互平衡，因此工作压力可以比单作用叶片泵更高。

2. 双作用叶片泵的平均流量计算

双作用叶片泵平均流量的计算方法和单作用叶片泵相似，也可以近似化为环形体积来计算。图 2-18 为双作用叶片泵平均流量计算原理图。当两叶片从 ab 位置转到 cd 位置时，排出容积为 M 的油液，从 cd 转到 ef 时，吸进了容积为 M 的油液。从 ef 转到 gh 时又排出了容积为 M 的油液；再从 gh 转回到 ab 时又吸进了容积为 M 的油液。这样转子转一周，两叶片间吸油两次，排油两次，每次容积为 M，当叶片数为 z 时，转子转一周。所有叶片的排量为 $2z$ 个 M 容积，若不计叶片厚度，此值正好为环形体积的 2 倍。所以，双作用叶片泵的理论排量为

$$V=2\pi(R^2-r^2)B \tag{2-20}$$

式中：R——定子长半径(m)；

r——定子短半径(m)；

B——叶片宽度(m)。

双作用叶片泵的平均实际流量为

$$q=2\pi(R^2-r^2)Bn\eta_v \tag{2-21}$$

式(2-21)是不考虑叶片几何尺寸时的平均流量计算公式。一般双作用叶片泵，在叶片底部都通以压力油，并且在设计中保证高、低压腔叶片底部总容积变化为零，也就是说叶片底部容积不参加泵的吸油和排油。因此在排油腔，叶片缩进转子槽的容积变化，对泵的流量有影响，在精确计算叶片泵的平均流量时，还应该考虑叶片容积对流量的影响。每转不参加排油的叶片总容积为

$$V_b=\frac{2(R-r)}{\cos\varphi}Bbz \tag{2-22}$$

式中：b——叶片厚度(m)；

z——叶片数；

φ——叶片相对于转子半径的倾角(°)。

则双作用叶片泵精确流量计算公式为

$$q=\left[2\pi(R^2-r^2)-\frac{2(R-r)}{\cos\varphi}bz\right]Bn\eta_v \tag{2-23}$$

对于特殊结构的双作用叶片泵，如双叶片结构，其叶片底部和单作用叶片泵一样也参加泵的吸油和排油，其平均流量计算方法仍采用式(2-21)。

双作用叶片泵如不考虑叶片厚度，则瞬时流量应是均匀的。这是因为图 2-18 中，在过渡曲线段上运动的叶片并不起密封作用，起密封作用的叶片只是在短半径圆弧和长半径圆弧上滑动的叶片，因此所构成的密封容腔的容积变化率是均匀的，因而泵的瞬时流量也是均匀的。但实际上叶片是有厚度的，长半径圆弧和短半径圆弧也不可能完全同心，尤其是当叶片底部槽设计成与压油腔相通时，泵的瞬时流量仍将出现微小的脉动，但其脉动率较其他形式的泵(螺杆泵除外)小得多，且在叶片数为 4 的倍数时最小，为此双作用叶片泵的叶片数量一般都取 12 或 16。

3. 双作用叶片泵的结构特点和高压化

(1)双作用叶片泵的结构

图 2-19(a)、(b)分别为双作用叶片泵的外形和结构图，双作用叶片泵还常常制成双联泵和多联泵(在一个泵壳内，一根转轴驱动多个泵芯)。

在图 2-19(b)中，泵体 6 内装有转子 4、定子 5 和配流盘 2 与 7。转子 4 由转轴 3 带着旋转，转轴 3 由滚针轴承 1 和滚珠轴承 9 支承。转子 4 上均匀地开有 12 条沿转子旋转方向倾斜 9°的槽，叶片 12 能在槽中滑动。前、后配流盘 2 和 7，与定子 5(红色)紧靠在一起，转子则相对于定子和配流盘转动。

叶片槽根部通过配流盘上的环槽与压油区相通。在压油区内，作用在叶片顶部和根部的液压力相互平衡，叶片仅在离心力作用下压向定子内表面，保证了可靠的密封；在吸油区内，叶片顶部没有液压油的作用，叶片在根部液压力和离心力的作用下压向定子内表面，产生非常大的接触力，加剧了定子这部分内表面的磨损，这是这种叶片泵压力提不高的重要原因之一。

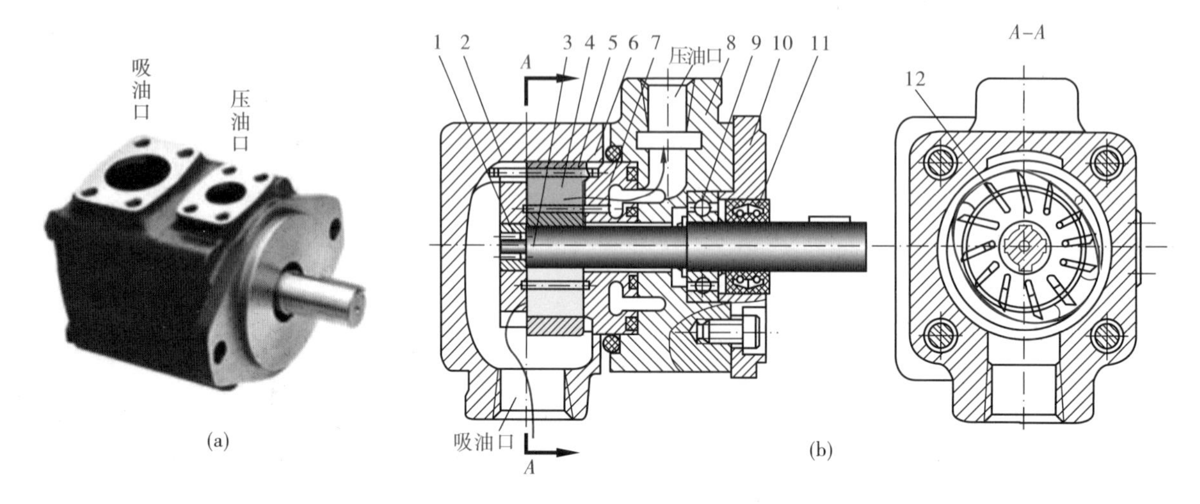

图 2-19 双作用叶片泵的结构

(a)外形图;(b)结构图

1—滚针轴承;2,7—配流盘;3—转轴;4—转子;5—定子;6—泵体;8—泵盖;9—滚珠轴承;10—端盖;11—轴封;12—叶片

(2)定子曲线

双作用叶片泵的定子曲线如图 2-20(a)所示,是由四段圆弧和四段过渡曲线组成的。过渡曲线的设计应使叶片运动时不要产生过大的加速度和冲击,要保证叶片紧贴在定子内表面上,保证叶片在转子槽中径向运动时速度和加速度变化均匀,使叶片对定子内表面的冲击尽可能小。早期的双作用叶片泵定子的过渡曲线主要采用阿基米德螺旋线,但叶片在大、小圆弧和过渡曲线连接点处会产生很大的径向加速度,对定子产生冲击,造成连接点处严重磨损,并产生噪声。在连接点处用小圆弧进行修正,可以改善这种情况。

实际的叶片泵中,为了进出油口布置的方便,定子是倾斜 45°安装的,如图 2-19(b)及图 2-20(b)所示。

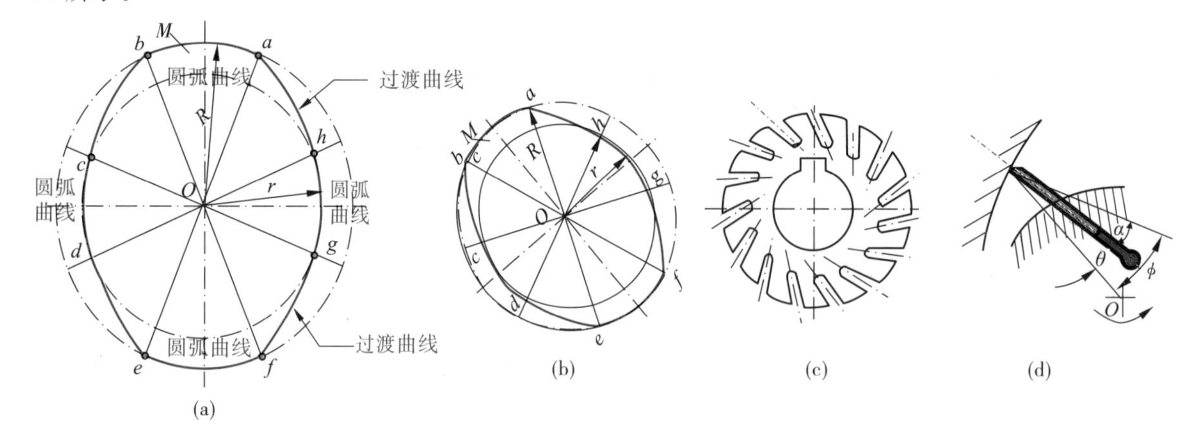

图 2-20 双作用叶片泵的结构与定子曲线

(a)定子曲线;(b)定子倾斜;(c)转子及叶片槽;(d)叶片倾角

双作用叶片泵的叶片也不是垂直安放的,从图 2-20(c)和(d)可以看出,叶片不是完全沿径向安放,而是有一个向转动方向倾斜的倾角,目的是减小叶片的压力角,使叶片能够顺利伸出,同时减小叶片对定子的作用力分力。

(3)双作用叶片泵的叶片设计

随着技术的发展,经不断改进,双作用叶片泵的最高工作压力已达到 20～30 MPa。这是因为双作用叶片泵转子上的径向力基本上是平衡的,因此不像高压齿轮泵和单作用叶片泵那样,工作压力的提高会受到径向承载能力的限制。叶片泵采用浮动配流盘对端面间隙进行补偿后，泵在高压下也能保持较高的容积效率，叶片泵工作压力提高的主要限制条件是叶片和定子内表面的磨损。为了解决定子和叶片的磨损，就必须减小在吸油区叶片对定子内表面的压紧力，目前采取的主要结构措施有以下几种：

①双叶片结构

如图 2-21 所示，转子的各个叶片槽内装有两个经过倒角的叶片。叶片底部不和高压油腔相通，两叶片的倒角部分构成从叶片底部通向头部的 V 形油道，因而作用在叶片底部、头部的油压力相等，合理设计叶片头部的形状，使叶片头部承压面积略小于叶片底部承压面积。这个承压面积的差值就形成叶片对定子内表面的接触力。也就是说，这个推力是能够通过叶片头部的形状来控制的，以便既保证叶片与定子紧密接触，又不至于使接触应力过大。同时，槽内两个叶片可以相互滑动，以保证在任何位置，两个叶片的头部和定子内表面紧密接触。

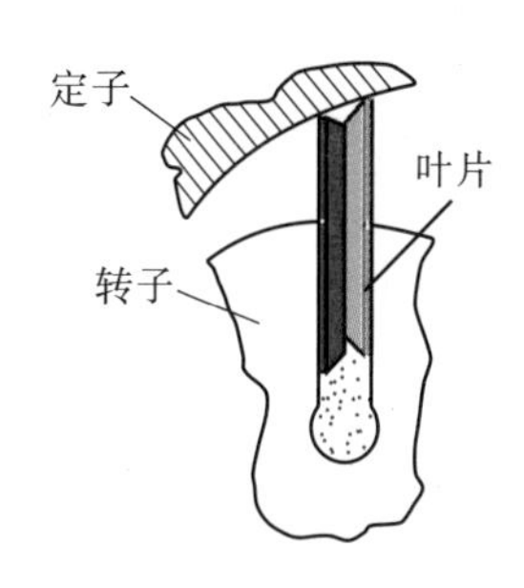

图 2-21 双叶片结构原理

②子母叶片结构

如图 2-22 所示，在转子叶片槽中装有母叶片和子叶片，母、子叶片能自由地相对滑动，为了使母叶片和定子的接触压力适当，须正确选择子叶片和母叶片的宽度比。转子上的压力平衡孔使母叶片的头部和底部液压力相等，泵的排油压力经过配流盘、转子槽通到母、子叶片之间的中间压力腔，如不考虑离心力和惯性力，由图 2-22 可知，叶片作用在定子上的力为

$$F=tb(p_2-p_1) \tag{2-24}$$

式(2-24)符号的意义见图 2-22，在吸油区，$p_1=0$，则 $F=p_2tb$；在排油区，$p_1=p_2$，故 $F=0$。由此可见，只要适当地选择 t 和 b 的大小，就能控制接触应力，一般取子叶片的宽度 b 为母叶片宽度的1/4～1/3。

在排油区 $F=0$，叶片仅靠离心力与定子接触。为防止叶片的脱空，在连通中间压力腔的油道上设置适当的节流阻尼，使叶片运动时中间油腔的压力高于作用在母叶片头部的压力，保证叶片在排油区时与定子紧密贴合。

③阶梯叶片结构

如图 2-23 所示，叶片做成阶梯形式，转子上的叶片槽亦具有相应的形状。它们之间的中间油腔经配流盘上的槽与压力油相通，转子上的压力平衡油道把叶片头部的压力油引入叶片底部，与母子叶片结构相似，在压力油引入中间油腔之前，设置节流阻尼，使叶片向内缩进时，此腔保持足够的压力，保证叶片紧贴定子内表面。这种结构由于叶片及槽的形状较为复杂，加工工艺性较差，应用较少。

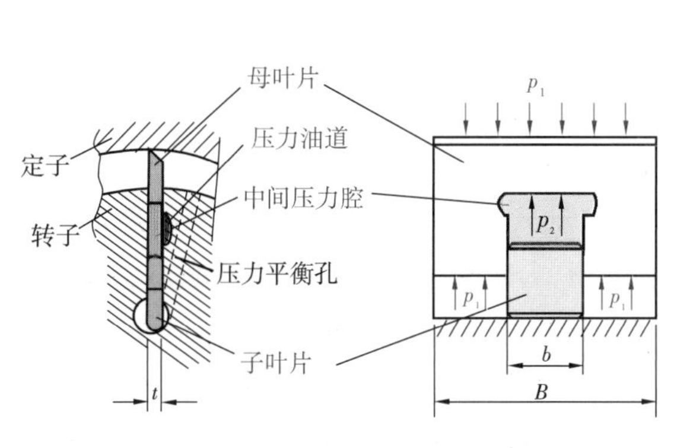

图 2-22 子母叶片结构

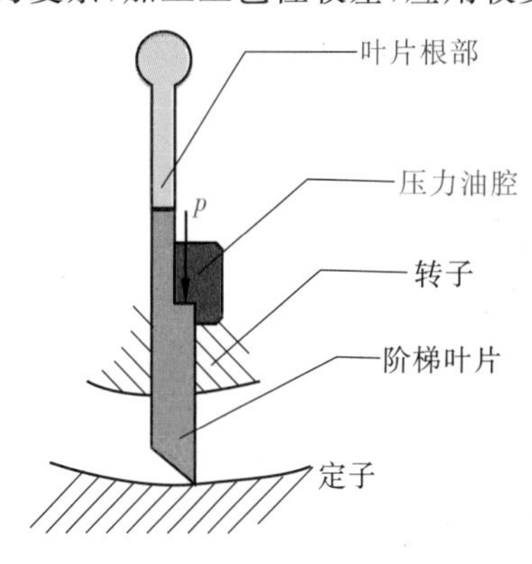

图 2-23 阶梯叶片结构

2.3.3 单作用叶片泵与双作用叶片泵的特点比较

1. 单作用叶片的特点

(1)存在困油现象　配流盘的吸、排油窗口间的密封角略大于两相邻叶片间的夹角，而单作用叶片泵的定子不存在与转子同心的圆弧段，因此，在吸、排油过渡区，当两叶片间的密封容腔发生变化时，会产生与齿轮泵相类似的困油现象，通常通过配流盘排油窗口边缘开三角卸荷槽的方法来消除困油现象。

(2)叶片沿旋转方向向后倾斜　叶片仅靠离心力紧贴定子表面，考虑到叶片上还受哥氏力和摩擦力的作用，为了使叶片所受的合力与叶片的滑动方向一致，保证叶片更容易从叶片槽滑出，叶片槽常加工成沿旋转方向向后倾斜。

(3)叶片根部的容积不影响泵的流量　由于叶片头部和底部同时处在排油区或吸油区中，所以叶片厚度对泵的流量没有多大影响。

(3)转子承受径向液压力　单作用叶片泵转子上的径向液压力不平衡，轴承负荷较大，使得泵的工作压力和排量的提高均受到限制。

2. 双作用叶片泵的结构特点

(1)定子过渡曲线　定子内表面的曲线由四段圆弧和四段过渡曲线组成，泵的动力学特性在很大程度上受过渡曲线的影响。理想的过渡曲线不仅应使叶片在槽中滑动时的径向速度变化均匀，而且应使叶片转到过渡曲线和圆弧段交接点处的加速度突变不大，以减小冲击和噪声，同时，还应使泵的瞬时流量的脉动最小。

②叶片安放角前倾　设置叶片安放角有利于叶片在槽内滑动，为了保证叶片顺利地从叶片槽滑出，减小叶片的压力角，根据过渡曲线的动力学特性，双作用叶片泵转子的叶片槽常做成沿旋转方向向前倾斜一个安放角 θ[见图 2-20(c)和(d)]。由于叶片有安放角时，叶片泵就不允许反转。

③端面间隙的自动补偿　为了提高压力，减少端面泄漏，采取的间隙自动补偿措施是将配流盘的外侧与压油腔连通，使配流盘在液压推力作用下压向转子。泵的工作压力愈高，配流盘就会愈加贴紧转子，对转子端面间隙进行自动补偿。

2.4 柱　塞　泵

柱塞泵是通过柱塞在柱塞孔内往复运动时密封工作容积的变化来实现吸油和排油的。由于柱塞与缸体内孔均为圆柱表面，滑动表面配合精度高，所以这类泵的特点是泄漏小，容积效率高，可以在高压下工作。

2.4.1 斜盘式轴向柱塞泵

轴向柱塞泵可分为斜盘式和斜轴式两大类，图 2-24 所示为斜盘式轴向柱塞泵的工作原理。泵由斜盘 1、柱塞 2、缸体 3、配流盘 4 等主要零件组成，斜盘 1 和配流盘 4 是不动的，传动轴 5 带动缸体 3 和柱塞 2 一起转动，柱塞 2 靠机械装置或在油压的作用压紧在斜盘上。当传动轴按图示方向旋转时，柱塞 2 在其沿斜盘自下而上回转的半周内逐渐向缸体外伸出，使孔内密封工作腔容积不断增加，产生局部真空，从而将油液经配流盘 4 上的吸油窗口吸入；柱塞在其自上而下回转的半周内又逐渐向里推入，使孔内密封工作腔容积不断减小，将油液从配油盘压油窗口向外排出，缸体每转一转，每个柱塞往复运动一次，完成一次吸、排油动作。改变斜盘的倾角 γ，就可以改变密封工作容积的有效变化量，实现泵的变量。

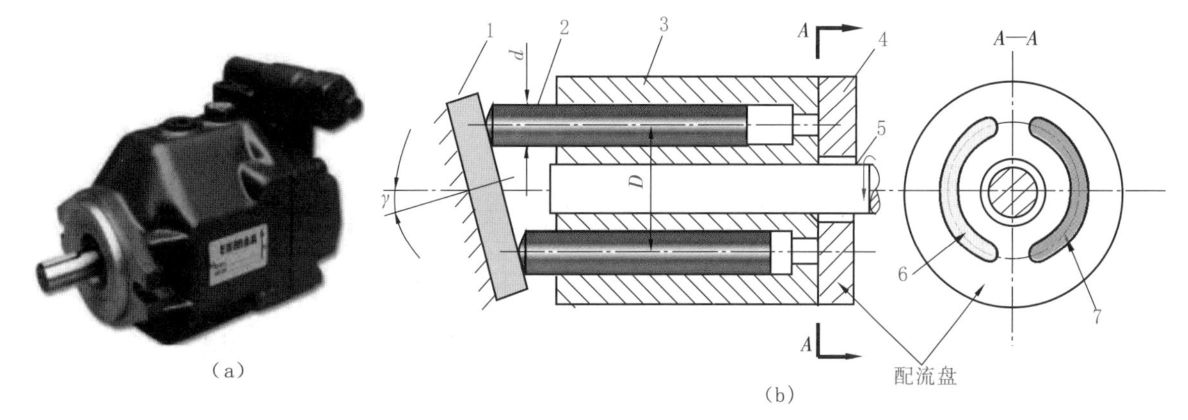

图 2-24 斜盘式轴向柱塞泵的工作原理

(a)外形图；(b)结构图

1—斜盘；2—柱塞；3—缸体；4—配流盘；5—传动轴；6—吸油窗口；7—压油窗口

1. 斜盘式轴向柱塞泵的排量和流量

如图 2-24 所示，设 z 为柱塞数，γ 为斜盘倾角，根据几何关系，斜盘式轴向柱塞泵的排量为

$$V=\frac{\pi}{4}d^2 zD\tan\gamma \tag{2-25}$$

斜盘式轴向柱塞泵的输出流量为

$$q=V_n\eta_v=n\eta_v\left(\frac{\pi}{4}d^2 zD\tan\gamma\right) \tag{2-26}$$

实际上，柱塞泵的排量是转角的函数，其输出流量是脉动的，就柱塞数而言，柱塞数为奇数时的脉动率比偶数柱塞小，且柱塞数越多，脉动越小，故柱塞泵的柱塞数一般都为奇数。从结构工艺性和脉动率综合考虑，常取 $z=7$ 或 $z=9$。

2. 斜盘式轴向柱塞的结构特点

(1)结构

如图 2-25 所示为 SCY14-1B 斜盘式手动变量柱塞泵，该泵由主体部分和变量机构两大部分组成，现分述如下：

主体部分　传动轴 6 通过花键连接而驱动缸体 7 转动，均匀分布在缸体中的七个柱塞 8(红色)绕传动轴做牵连旋转运动；每个柱塞的球头与滑靴 9(红色)铰接，回程弹簧 4 通过内套 3、钢球、回程盘 2 将滑靴紧紧压在斜盘及变量头组件 10 上，由于斜盘及变量头组件 10 的法线方向与传动轴的轴线方向有一夹角，当缸体旋转时，柱塞沿缸体上的柱塞孔做相对往复运动，通过配流盘 5(红色，不转动)完成吸、排油。与此同时，回程弹簧的反力又将缸体压在配流盘上，起预密封作用。由于柱塞 8 的中间加工有油孔，可将油液引向滑靴，滑靴和配流盘均采用静压支承结构，因此具有较高的性能参数。

变量机构　当旋转变量手轮 1 时，通过丝杆带动变量活塞 12 沿变量活塞壳体 11 上下运动，活塞通过拨叉 13 使斜盘及变量头组件绕其自身的旋转中心摆动，改变斜盘及变量头组件的法线方向与传动轴的轴线方向的夹角，可达到变量的目的。

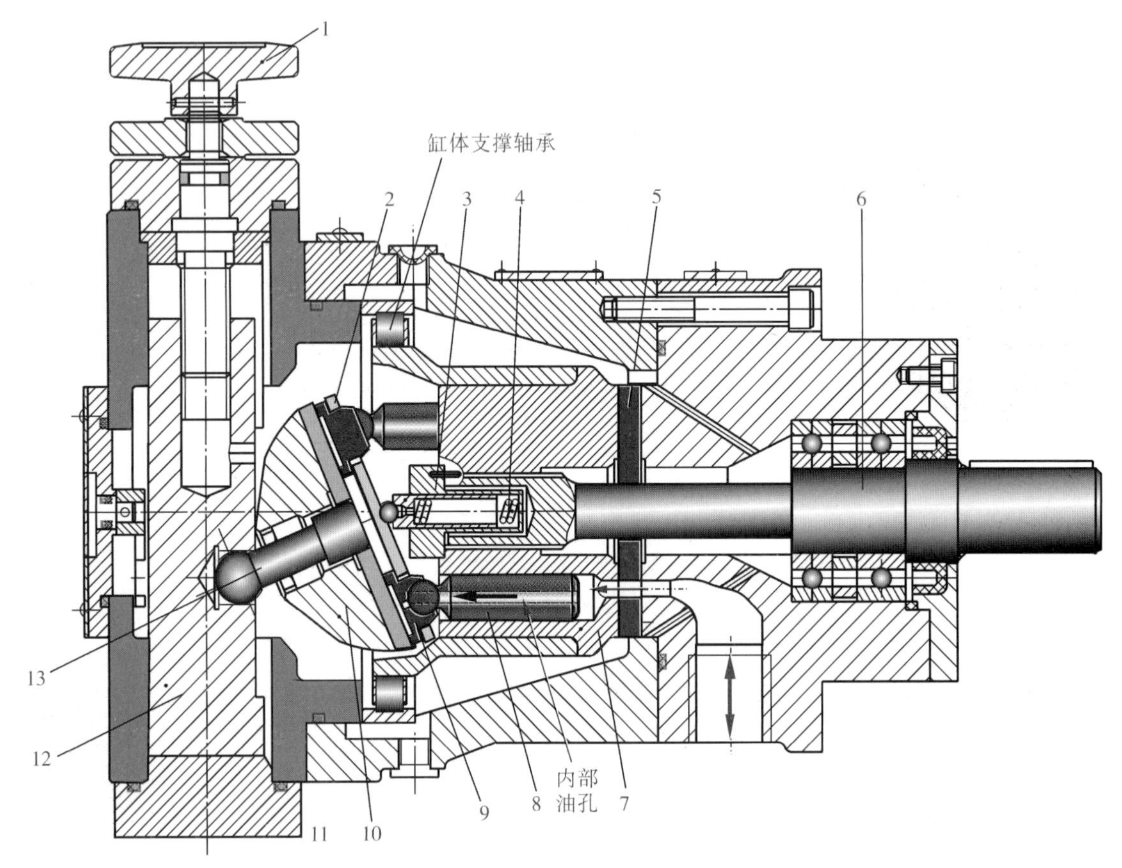

图 2-25　SCY14-1B 斜盘式变量柱塞泵

1—变量手轮；2—回程盘；3—内套；4—回程弹簧；5—配流盘；6—传动轴；7—缸体；
8—柱塞；9—滑靴；10—斜盘及变量头组件；11—壳体；12—变量活塞；13—拨叉(或球铰)

(2)特点

①滑靴及静压支承结构

在斜盘式轴向柱塞泵中，若各柱塞以球形头部直接接触斜盘而滑动，这种泵称为点接触式轴向柱塞泵。点接触式轴向柱塞泵在工作时，由于柱塞球头与斜盘平面理论上为点接触，因而接触应力大，极易磨损。一般轴向柱塞泵都在柱塞头部装一滑靴，如图 2-26 所示，滑靴是按静压支承原理设计的，缸体中的压力油经过柱塞球头中间小孔流入滑靴油室，使滑靴和斜盘间形成液体润滑，改善了柱塞头部和斜盘的接触情况。有利于提高轴向柱塞泵的压力和其他参数，使其能在高压、高速下工作。

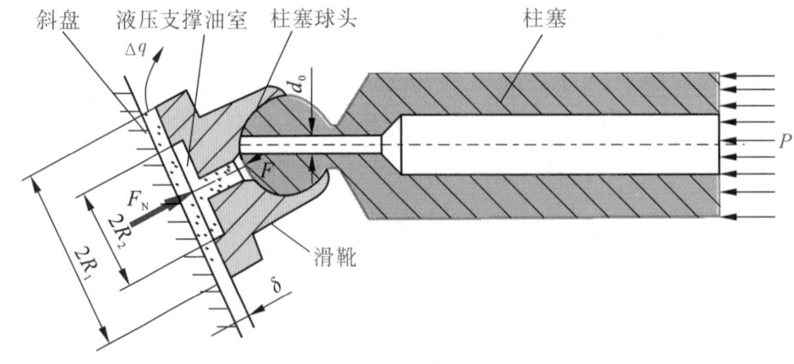

图 2-26　滑靴的静压支承原理

②手动伺服变量机构

在斜盘式轴向柱塞泵中，通过改变斜盘倾角的大小就可调节泵的排量，变量机构的结构形式多种多样，图2-25的左边部分为手动变量机构。手动变量机构是依靠手轮和调节螺丝来调节斜盘的倾角，由于压力的作用，高压下调节阻力很大，一般只能在停机时调节。而图2-27所示伺服变量机构可以在高压下调节斜盘。下面以图2-27所示手动伺服变量机构和图2-28所示压力补偿伺服变量机构为例说明变量机构的工作原理。

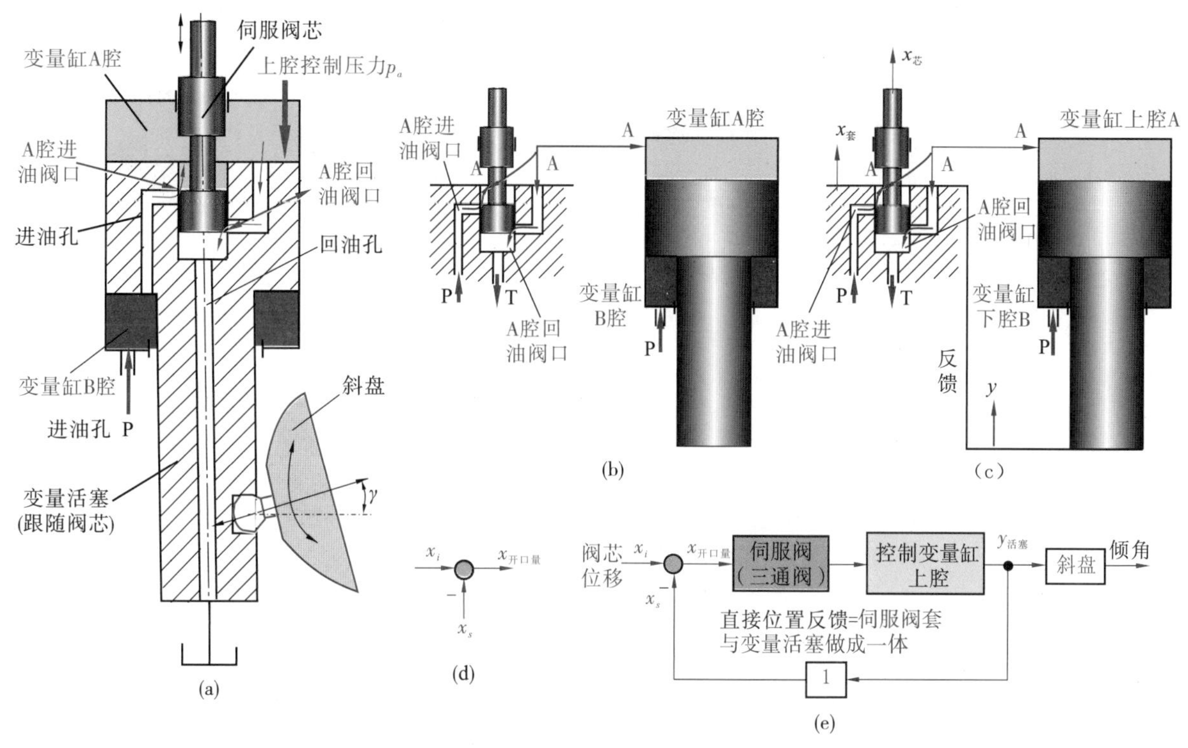

图2-27 手动伺服变量机构

(a)手动伺服变量机构；(b)不带反馈的阀控缸；(c)带位置反馈的变量缸；(d)阀芯阀套位置比较；(e)直接位置反馈方框图

图2-27所示为手动伺服变量机构原理图，它比图2-25所示手动变量方式更加省力方便。变量活塞通过销轴带动斜盘绕耳轴转动(耳轴未画出)，从而改变斜盘倾角γ。γ的变化范围为0～20°。伺服变量机构主要由变量活塞和伺服阀芯组成。活塞内腔构成了伺服阀的阀套，并有三个孔道分别沟通“变量缸A腔”、油源P和油箱T，构成图2-27(b)所示“三通阀阀控缸”。泵上的斜盘通过拨叉机构(或球铰)与变量活塞下端铰接，利用活塞的上下移动来改变斜盘倾角γ。变量活塞A腔为伺服阀的控制腔，变量活塞与伺服阀芯，通过图2-27(c)所示“位置反馈”(活塞与阀套连接)，构成随动关系。

“阀芯-阀套”位置比较　如图2-27(d)所示，阀芯和阀套起着“位置比较单元”的作用($x_v=x_{芯}-x_{套}$，x_v为阀的开口量)，阀套与活塞做成一体，实现了位置反馈($y=x_{套}$)，其控制原理如图2-27(e)所示方框图。

变量活塞随伺服阀下行　当用手柄使伺服阀芯向下移动时，“A腔进油阀口”打开，“A腔回油阀口”关闭，压力油P经进油孔和A腔进油阀口流向A腔(上腔)，因A腔活塞有效面积大于B腔(下腔)，推动活塞向下移动，变量活塞移动时又使伺服阀“上腔进油阀口”趋于关闭，最终使变量活塞下移到新的平衡位置后自动停止运动。

变量活塞随伺服阀上行　同理，当手柄使伺服阀芯向上移动时，“上腔回油阀口”打开，A腔通过变量活塞中间的油孔接通油箱，活塞在B腔压力P的作用下向上移动，并在该阀口关闭时自行停止运动。可见，变量活塞与伺服阀芯是随动关系，用较小的力驱动阀芯，就可以调节斜盘的倾角。

2.4.2 斜轴式轴向柱塞泵

图2-28(a)为斜轴式轴向柱塞泵的典型结构，图2-28(b)为斜轴式轴向柱塞泵的外形，图2-28(d)为斜轴式轴向柱塞泵的工作原理图。

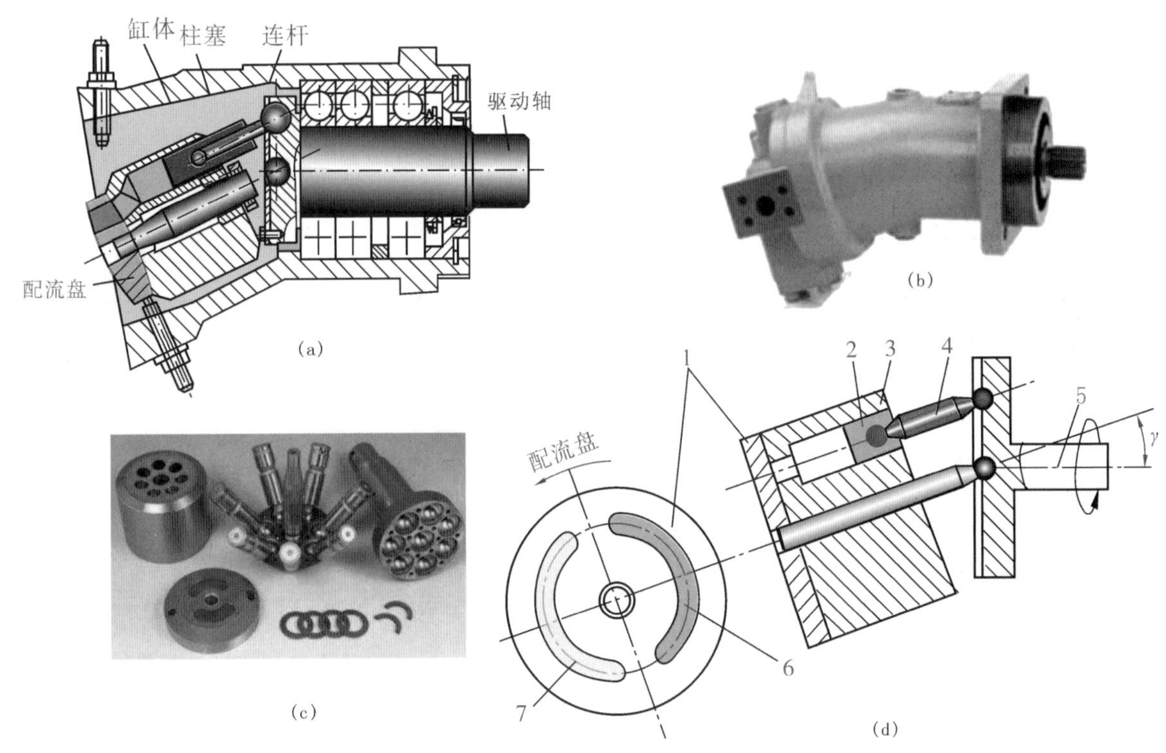

图2-28　斜轴式轴向柱塞泵的工作原理图

(a)结构图；(b)外形图；(c)零件外形图；(d)工作原理图

1—配流盘；2—柱塞；3—缸体；4—连杆；5—传动轴；6—压油窗口；7—吸油窗口

图2-28(d)中，传动轴5的轴线相对于缸体3有倾角γ，柱塞2与传动轴圆盘之间用相互铰接的连杆4相连。当传动轴5沿图示方向旋转时，连杆4就带动柱塞2连同缸体3一起绕缸体轴线旋转，柱塞2同时也在缸体的柱塞孔内做往复运动，使柱塞孔底部的密封腔容积不断发生增大和缩小的变化，通过配流盘1上的窗口7和6实现吸油和压油。

图2-28(c)为斜轴式轴向柱塞泵的主要零件，图左边的缸体和配流盘都是带球面的，中间是柱塞和连杆，右边的传动轴和驱动盘(相当于斜盘式泵的斜盘)，斜轴式轴向柱塞泵的倾角γ较大，驱动盘和轴承的结构也较粗大。

与斜盘式泵相比较，斜轴式泵由于缸体所受的不平衡径向力较小，故可以有较大的设计参数，其缸体轴线与驱动轴的夹角γ较大，变量范围较大；但外形尺寸较大，结构也较复杂。目前，斜轴式轴向柱塞泵的使用相当广泛。

在变量形式上，斜盘式轴向柱塞泵靠斜盘摆动变量，斜轴式轴向柱塞泵则为摆缸变量，因此，后者的变量系统的响应较慢。关于斜轴泵的排量和流量可参照斜盘式泵的方法计算。

2.4.3 径向柱塞泵

图 2-29 所示为径向柱塞泵的工作原理图，柱塞径向布置在缸体上，在转子 2 的径向均匀分布着数个柱塞孔，孔中装有柱塞 5；转子 2 的中心与定子 1 的中心之间有一个偏心量 e。配流轴 3 在最中间处固定不动。配流轴上、下有两个配流窗口，上面为吸油窗口（吸油腔 b），下面为压油窗口（红色，压油腔 c），中间由隔板隔开密封。配流窗口又分别通过轴向的进油孔 a 和排油孔 d，分别与泵的吸、排油口连通。

注意配流轴 3 不是转子的转轴。转子 2 是由另外的驱动轴驱动，配流轴和外圈的定子 1 都不转动。当转子 2 旋转时，柱塞 5 在离心力及机械回程力作用下，它的头部与定子 1 的内表面紧紧接触，由于转子 2 与定子 1 存在偏心，所以柱塞 5 在随转子转动时，又在柱塞孔内做径向往复滑动，当转子 2 按图示箭头方向旋转时，上半周的柱塞皆往外滑动，柱塞孔的密封容积增大，通过轴向进油孔 a 吸油；下半周的柱塞皆往里滑动，柱塞孔内的密封工作容积缩小，通过配流轴的排油孔 d 向外排油。

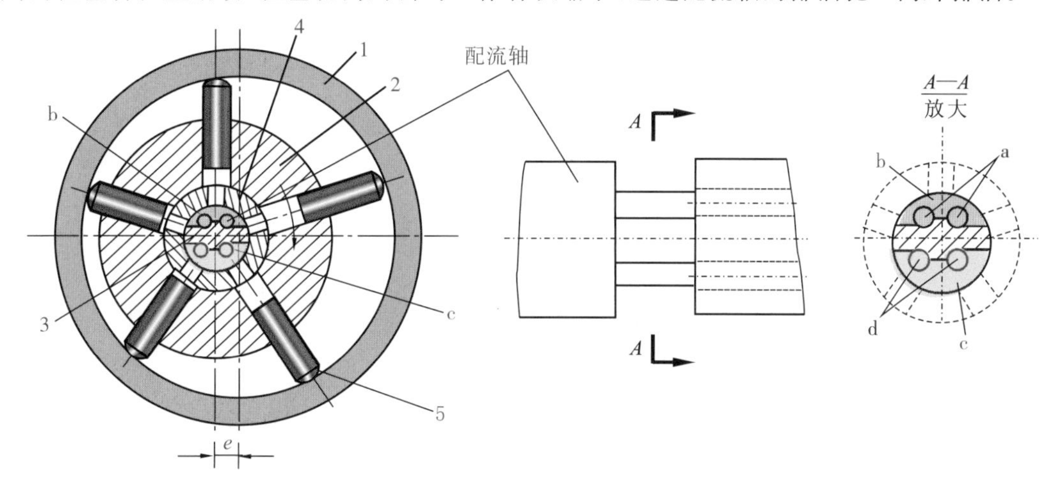

图 2-29 径向柱塞泵的工作原理图

1—定子；2—转子；3—配流轴；4—衬套；5—柱塞；a—进油孔；b—吸油腔；c—压油腔；d—排油孔

若移动定子，改变偏心量 e 的大小时，泵的排量就发生改变；当移动定子使偏心量从正值变为负值时，泵的吸、排油口就互相调换，因此，径向柱塞泵可以是单向或双向变量泵，为了流量脉动率尽可能小，通常采用奇数柱塞数。

径向柱塞泵的径向尺寸大，结构较复杂，自吸能力差，并且配流轴受到径向不平衡液压力的作用，易于磨损，这些都限制了它的速度和压力的提高。最近发展起来的带滑靴连杆-柱塞组件的非点接触径向柱塞泵，改变了这一状况，出现了低噪声，耐冲击的高性能径向柱塞泵，并在凿岩、冶金机械等领域获得应用，它代表了径向柱塞泵发展的趋势。径向泵的流量可参照轴向柱塞泵和单作用叶片泵的计算方法计算。

泵的平均排量为

$$q=\frac{\pi}{2}d^2 ezn\eta_v \tag{2-27}$$

泵的输出流量为

$$V=\frac{\pi}{4}d^2(2ez)=\frac{\pi}{2}d^2 ez \tag{2-28}$$

液压泵的品种很多，是液压传动系统必不可少的主要元件，合理地选用非常重要。液压泵的选用主要考虑压力、流量和工况要求。在各个工程领域中，液压设备的使用工况大致可归纳为两大类：一类统称为固定设备用液压装置，如各类机床、液压机、注塑机、轧钢机等；另一类统称为移动设备用液压装置，如起重机、挖掘机、各种工程机械、汽车、飞机等。

2.5 液压马达

液压马达是将液压能转换为机械能的装置，其结构与液压泵相似。常见的液马达也有齿轮式，叶片式和柱塞式等几种主要形式；从转速、转矩范围分，可有高速马达和低速（大扭矩）马达之分。马达和泵在工作原理上是互逆的，当向泵输入压力油时，其轴输出转速和转矩就成为马达。但由于二者的任务和要求有所不同，故在实际结构上只有少数泵能作为马达使用。

2.5.1 液压马达的扭矩和转速

马达入口油液的实际压力称为马达的工作压力，马达入口压力和出口压力的差值称为马达的工作压差。在马达出口直接接油箱的情况下，为便于定性分析问题，通常近似认为马达的工作压力等于工作压差。

马达入口处的流量称为马达的实际流量。由于马达实际存在泄漏，由实际流量 q 计算转速 n 时，应考虑马达的容积效率 η_v。根据图 2-3(b)可得

$$q_t = q \cdot \eta_v \tag{2-29}$$

马达的输出转速等于理论流量 q_t 与排量 V（每转排量）的比值，即

$$n = \frac{q_t}{V} = \frac{q}{V}\eta_v \tag{2-30}$$

若马达的出口压力为零，入口工作压力为 p，排量为 V，则马达的理论输出转矩与泵有相同的表达形式，即

$$T_t = \frac{pV}{2\pi} \tag{2-31}$$

马达的实际输出转矩为

$$T = \frac{pV}{2\pi}\eta_m \tag{2-32}$$

2.5.2 高速液压马达

一般来说，额定转速高于 500 r/min 的马达属于高速马达，额定转速低于 500 r/min 的马达属于低速马达。高速液压马达的基本形式有齿轮式、叶片式和轴向柱塞式等。它们的主要特点是转速高，转动惯量小，便于起动、制动、调速和换向，通常高速马达的输出转矩不大，最低稳定转速较高，只能满足高速小扭矩工况。下面以图 2-30 所示的轴向柱塞马达为例说明高速马达的工作原理，其他形式高速马达可进行类似分析。如图所示，当压力油输入液压马达时，处于压力腔的柱塞 2 被顶出，压在斜盘 1 上，设斜盘 1 作用在柱塞 2 上的反力为 F_N，F_N 可分解为轴向分力 F_a 和垂直于轴向的分力 F_r。其中，轴向分力 F_a 和作用在柱塞后端的液压力相平衡，垂直于轴向的分力 F_r 使缸体 3 产生转矩。当液压马达的进、出油口互换时，马达将反向转动，当改变马达斜盘倾角时，马达的排量便随之改变，从而可以调节输出转速或转矩。

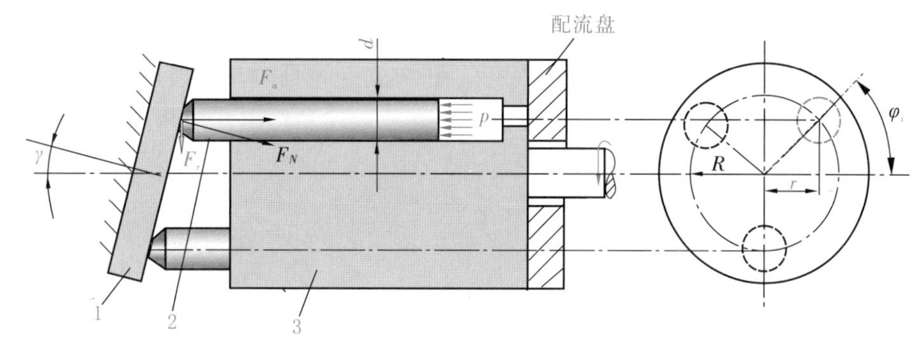

图 2-30 轴向柱塞马达工作原理

1—斜盘;2—柱塞;3—缸体

从图 2-30 可以看出,当压力油输入液压马达后,所产生的轴向分力 F_a 为

$$F_a=\frac{\pi}{4}d^2 p \tag{2-33}$$

使缸体 3 产生转矩的垂直分力为

$$F_r=F_a\cdot\tan\gamma=\frac{\pi}{4}d^2\cdot p\cdot\tan\gamma \tag{2-34}$$

单个柱塞产生的瞬时转矩为

$$T_i=F_rR\sin\varphi_i=\frac{\pi}{4}d^2 pR\tan\gamma\sin\varphi_i \tag{2-35}$$

液压马达总的输出转矩为

$$T=\sum_{i=1}^{N}T_i=\frac{\pi}{4}d^2 pR\tan\gamma\sum_{i=1}^{N}\sin\varphi_i \tag{2-36}$$

式中:R——柱塞在缸体的分布圆半径;

d——柱塞直径;

φ_i——柱塞的方位角;

N——压力腔半圆内的柱塞数。

可以看出,液压马达总的输出转矩等于处在马达压力腔半圆内各柱塞瞬时转矩的总和。由于柱塞的瞬时方位角呈周期性变化,液压马达总的输出转矩也周期性变化,所以液压马达输出的转矩是脉动的,通常只计算马达的平均转矩。液压马达的平均转矩可以根据排量和压力参照图 2-4(b)进行计算。

2.5.3 低速大扭矩液压马达

低速大扭矩液压马达是相对于高速马达而言的,通常这类马达在结构形式上多为径向柱塞式,其特点是:最低转速低,在 5～10 r/min 之间;输出扭矩大,可达几万牛顿米;径向尺寸大,转动惯量大。由于上述特点,它可以与工作机构直接连接,不需要减速装置,使传动结构大为简化。低速大扭矩液压马达广泛用于起重、运输、建筑、矿山和船舶等机械上。

低速大扭矩液压马达的基本形式有三种:分别是曲柄连杆马达、静力平衡马达和多作用内曲线马达。低速液压马达按其每转作用次数,还可以分为单作用式和多作用式。若马达每旋转一周,柱塞做一次往复运动,称为单作用式;若马达转一周,柱塞做多次往复运动,称为多作用式。

1. 曲柄连杆式低速大扭矩液压马达

图 2-31 所示是一种单作用曲柄连杆式径向柱塞液压马达的结构图。马达的外形呈五角星状(或

七星状)，壳体内有五个或七个沿径向均匀分布的柱塞缸，柱塞与连杆铰接，连杆的另一端与曲轴的偏心轮外圆接触。这是一种轴配流的径向柱塞马达。图中，红色的曲轴旋转时，带动灰色的配流轴同步旋转。在配流轴随同曲轴旋转时，各柱塞缸将依次与高压进油和低压回油相通，保证曲轴连续旋转。若进、回油口互换，则液压马达反转。

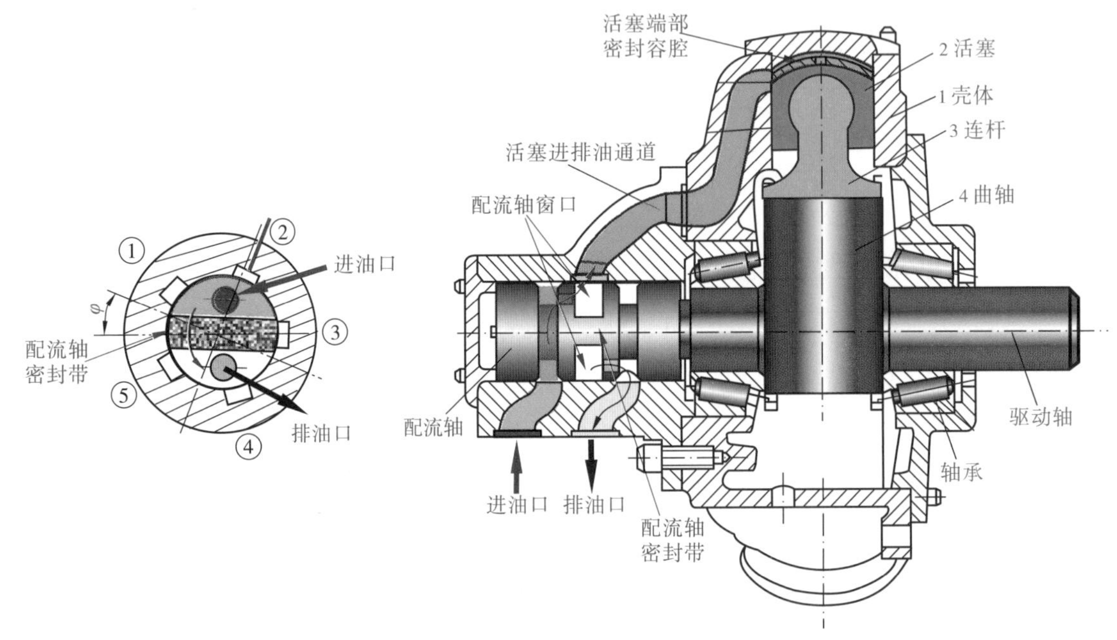

图 2-31　单作用曲柄连杆式液压马达结构图

配流轴的结构比较复杂，我们通过原理图进行说明。图 2-32 是曲柄连杆式液压马达的工作原理图，马达由壳体、连杆、活塞组件、配油轴组成，壳体 1 内沿圆周呈放射状均匀布置了五只缸体，形成星形壳体；缸体内装有活塞 2，活塞 2 与连杆 3 通过球铰连接，连杆大端做成鞍形圆柱瓦面紧贴在曲轴 4 的偏心圆上，其圆心为 O_1，它与曲轴旋转中心 O 的偏心距 $OO_1=e$，液压马达的配流轴 5 与曲轴 4 通过十字键连接在一起，随曲轴一起转动，马达的压力油经过配流轴通道，由配流轴分配到对应的柱塞腔中，图中，柱塞腔①、②、③通压力油，柱塞受到压力油的作用；其余的柱塞腔则与排油窗口接通；根据曲柄连杆机构运动原理，受油压作用的柱塞就通过连杆对偏心圆中心 O_1 作用一个力 N，推动曲轴绕旋转中心 O 转动，对外输出转速和扭矩。如果进、排油口对换，液压马达也就反向旋转。随着驱动轴、配流轴转动，配流状态交替变化。在曲轴旋转过程中，位于高压侧的柱塞腔容积逐渐增大，而位于低压侧的柱塞腔容积逐渐缩小，因此，在工作时高压油不断进入液压马达，然后由低压腔不断排出。

由于配流轴密封间隔的方位和曲轴的偏心距连线 OO_1 的方向一致(方位角为 φ)，并且同时旋转，所以配流轴颈的进油窗口始终对着偏心线 OO_1 一侧的二只或三只柱塞，排油窗对着偏心线 OO_1 另一侧的其余柱塞，总的输出扭矩是所有柱塞对曲轴中心所产生的扭矩的叠加，该扭矩使得旋转运动得以持续下去。

上面讨论的是壳体固定、曲轴旋转的情况，若将曲轴固定，进、回油口直接接到固定的配流轴上，可使壳体旋转。这种壳体旋转的液压马达可作驱动车轮、卷筒之用。

2. 静力平衡式低速大扭矩液压马达

静力平衡式低速大扭矩马达也叫无连杆马达，是从曲柄连杆式液压马达改进、发展而来的，它的主要特点是取消了连杆，并且在主要摩擦副之间实现了油压静力平衡，所以改善了工作性能。这种液压马达的工作原理用图 2-33 来说明，液压马达的偏心轴，既是输出轴，又是配流轴，五星轮 3 套在偏心轴的凸轮上，在它的五个平面中各嵌装一个压力环 4，压力环的上平面与空心柱塞 2 的底面接触，柱塞

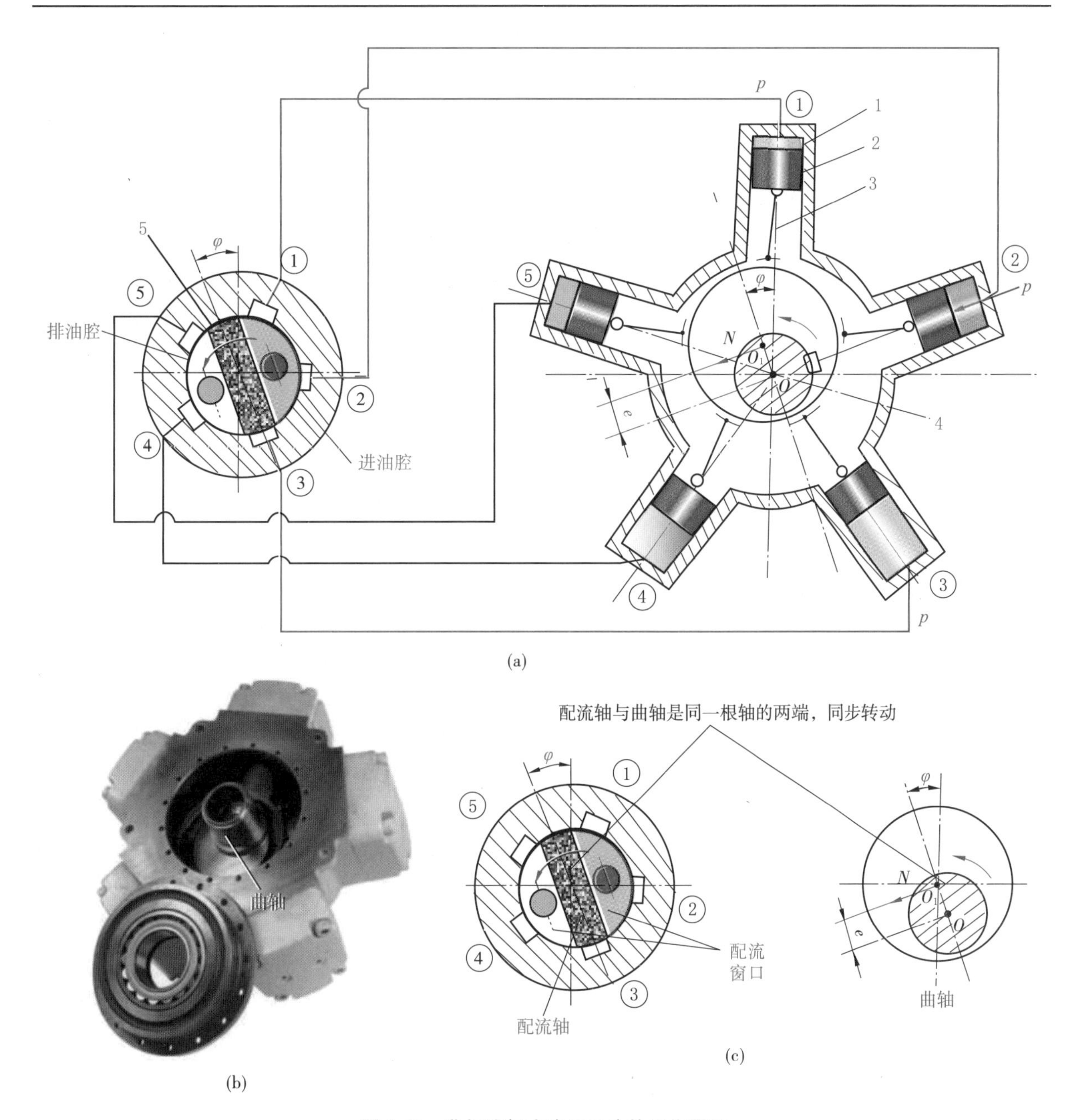

图 2-32　曲柄连杆式液压马达的工作原理

(a)连杆马达原理;(b)曲轴结构;(c)配流轴、曲轴同轴(同步转动)

1—壳体;2—活塞;3—连杆;4—曲轴;5—配流轴

中间装有弹簧以防止液压马达启动或空载运转时柱塞底面与压力环脱开，高压油经配流轴中心进油孔道 c 通到曲轴的偏心配流部分的进油窗口 a，然后经五星轮中的径向孔，压力环，柱塞底部的贯通孔而进入柱塞的工作腔内；在图示位置时，配流轴上方的三个柱塞腔通进油窗口 a(高压油)，下方的两个柱塞腔通过排油窗口 b，并经中心回油孔道 d 排到马达出口，接回油箱。

在这种结构中，五星轮取代了曲柄连杆式液压马达中的连杆(可以将五星轮看成 5 个柱塞的公共滑靴)，压力油经过配流轴和五星轮再到空心柱塞中去，液压马达的柱塞与压力环，五星轮与曲轴之间可以大致做到静压平衡，在工作过程中，这些零件又要起密封和传力作用。由于是通过油压直接作用于偏心轴而输出扭矩，因此，称其为静力平衡液压马达。事实上，只有当五星轮上液压力达到完全平衡，使得五星轮处于“悬浮”状态时，液压马达的扭矩才是完全由液压力直接产生的；否则，五星轮与配

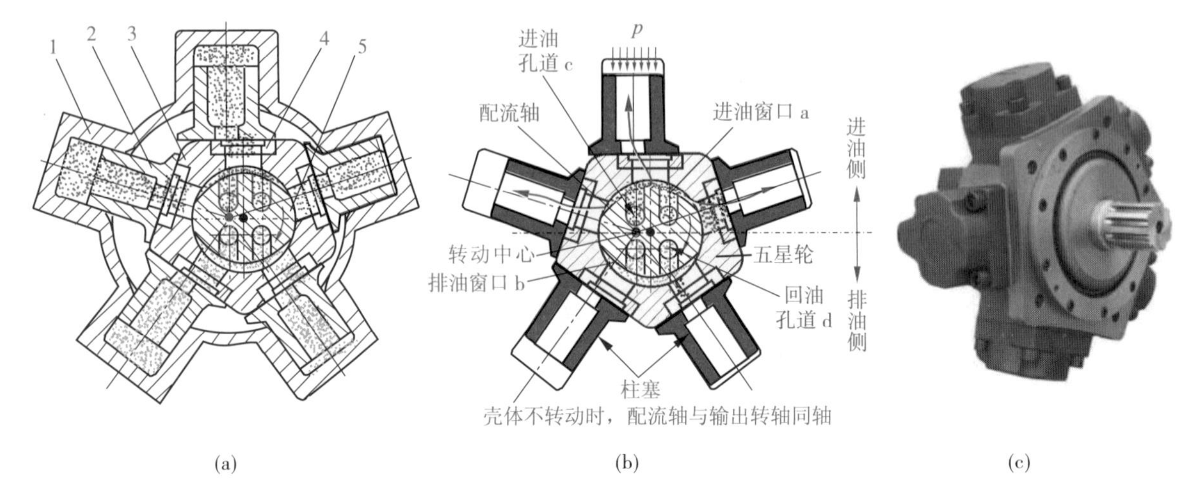

(a)　　　　(b)　　　　(c)

图 2-33　静力平衡式低速大扭矩马达

(a)结构图；(b)配流原理；(c)外形图

1—壳体；2—柱塞；3—五星轮；4—压力环；5—配流轴

流轴之间仍然有机械接触的作用力及相应的摩擦力矩存在。

3. 多作用内曲线马达

多作用内曲线马达的结构形式很多，就使用方式而言，有轴转、壳转与直接装在车轮轮毂中的车轮式液压马达等形式。而从内部的结构来看，根据不同的传力方式和柱塞部件的结构可有多种形式。但是，液压马达的主要工作过程是相同的。现以图 2-34 为例来说明其基本工作原理。

液压马达由定子(凸轮环)1、转子 2、配流轴 4 与柱塞 5 等主要部件组成，定子 1 的内壁有若干段均布的、形状完全相同的曲面组成，每一相同形状的曲面又可分为对称的两边，其中允许柱塞副向外伸的一边称为“进油工作段”，与它对称的另一边称为“排油工作段”，每个柱塞在液压马达每转中往复的次数就等于定子曲面数 x，我们将 x 称为该液压马达的作用次数；在转子的径向有 z 个均匀分布的柱塞孔，每个孔的底部都有一配流窗口，并与它的中心配流轴 4 相配合的配流孔相通。配流轴 4 中间有进油和回油的孔道，它的配流窗口的位置与导轨曲面的进油工作段和回油工作段的位置相对应，所以在配流轴圆周上有 $2x$ 个均布配流窗口。柱塞沿转子 2 中的柱塞孔做往复运动。作用在柱塞上的液压力经滚轮 3 传递到定子的曲面上。

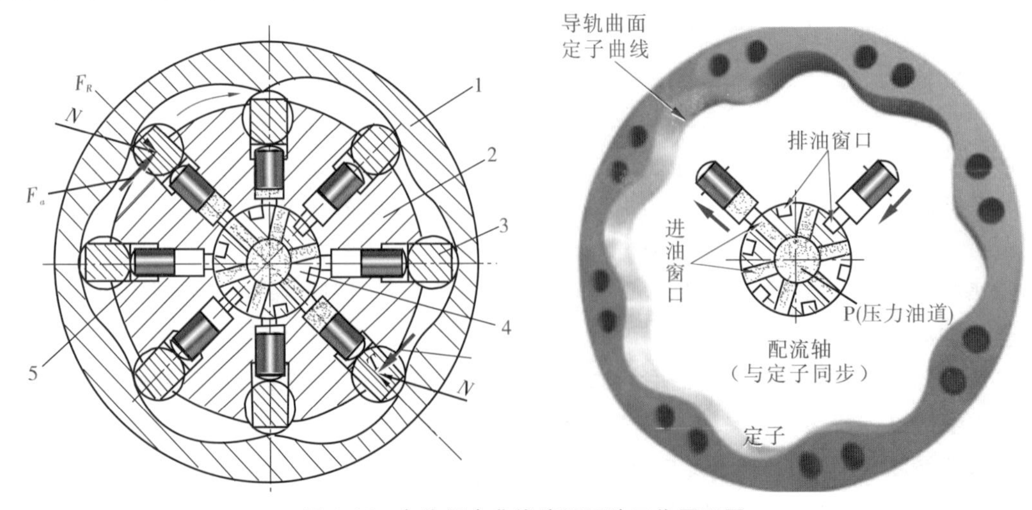

图 2-34　多作用内曲线液压马达工作原理图

1—定子；2—转子；3—滚轮；4—配流轴；5—柱塞

来自液压泵的高压油首先进入配流轴，经配流轴窗口进入处于“进油工作段”的各柱塞孔中，使相应的柱塞组的滚轮顶在定子曲面上，在接触处，定子曲面给柱塞组一反力 N，该反力 N 作用在定子曲面与滚轮接触处的公法面上，此法向反力 N 可分解为径向力 F_R 和圆周力 F_a，F_R 与柱塞底面的液压力以及柱塞组的离心力等相平衡，而 F_a 所产生的驱动力矩则克服负载力矩使转子 2 旋转。柱塞所做的运动为复合运动，即随转子 2 旋转的同时，在转子的柱塞孔内做往复运动，定子和配流轴是不转的。而对应于定子曲面“排油工作段”的柱塞做相反方向运动，通过配流轴通回油箱。当柱塞 5 经定子曲面的“进油工作段”过渡到“排油工作段”的瞬间，供油和排油通道被闭死。

多作用内曲线液压马达的结构如图 2-35 所示。图中，该马达的缸体上径向开有 8 个柱塞孔，每个柱塞孔内安放一个柱塞。柱塞的顶部为球面，与滚轮组一起组成柱塞组件。每个柱塞孔的底部开有配流窗孔。马达的配流轴与壳体连接在一起，与转子内环形成相对转动。配流轴圆周方向均布有 12 个配流窗孔，分成两组。一组窗孔通马达进油口，另一组窗孔通马达排油口。

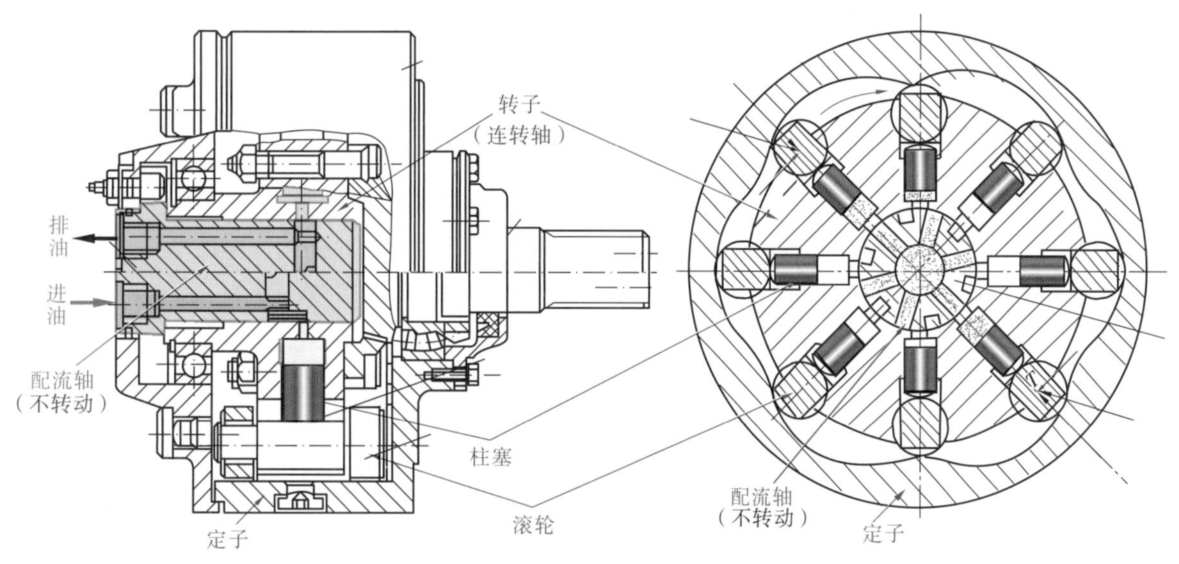

图 2-35　多作用内曲线液压马达结构图

多作用内曲线马达因作用次数多，在径向尺寸一定的情况下可以做成多排柱塞，因此可以获得大排量，即得到大的输出转矩，加之低速稳定、脉动小、径向液压力平衡、起动时机械效率高等优点，故广泛用于工程、建筑、起重运输、矿山、船舶、农业等机械中，它一般不需要减速装置即可直接驱动工作机械。若将液压马达的进出油方向对调，液压马达将反转；若将驱动轴固定，则定子、配流轴和壳体将旋转，通常称为壳转工况，变为车轮马达。

除了上述几种典型低速大扭矩马达外，尚有介于高速马达和低速马达中间的摆线液压马达，此处不再赘述。

讨论与习题

一、讨论

讨论 2-1

叙述构成容积式泵必须具备的基本条件。医用注射器是不是一台容积式泵，请阐述理由。讲述柱塞泵的容积效率、机械效率定义及其主要影响因素。柱塞泵设计、制造过程中容积效率和机械效率需要怎么平衡。

讨论 2-2

叙述外啮合齿轮泵的工作原理。叙述外啮合齿轮泵的困油现象及解决方法。请给出两种减小齿顶泄漏量的方案，并讲述各自减小泄漏量的工作原理。

讨论 2-3

叙述单作用叶片泵的工作原理。解释单作用叶片泵压力脉动的原因，并至少给出一种改善方法。

讨论 2-4

叙述单作用叶片泵的变量机构的工作原理。解释各调节部件的功能。改变定子安装的偏转角 θ，变量曲线将会发生什么变化。

讨论 2-5

叙述双作用叶片泵的工作原理。比较单、双作用叶片泵的异同点。请设计一种 3 作用叶片泵方案。

讨论 2-6

叙述轴向柱塞泵的工作原理。解释柱塞数量一般是奇数的原因。请设计一套轴向柱塞泵的变量机构，并说明其变量原理。

讨论 2-7

叙述多作用内曲线径向柱塞马达的工作原理。解释工作时配流轴旋转状态、配流轴上高、低压窗口的数量和位置的设置要求。列举该类马达的 1 种典型应用场景，并定性分析该应用中马达的转速、转矩、工作压力、流量等主要参数的特征。

讨论 2-8

请构思一种容积式液压泵，给出设计方案，初步结构化，并进行排量计算。

讨论 2-9

请设计一种适用于电动远程控制的轴向柱塞泵变量机构，给出设计方案，解释关键性参数选取的基本原则。

二、习题

2-1 要提高齿轮泵的压力须解决哪些关键问题？通常都采用哪些措施？

2-2 叶片泵能否实现正、反转？请说出理由并进行分析。

2-3 简述齿轮泵、叶片泵、柱塞泵的优缺点级应用场合。

2-4 齿轮泵的模数 $m=4$ mm，齿数 $z=9$，齿宽 $B=18$ mm，在额定压力下，转速 $n=2000$ r/min 时，泵的实际输出流量 $Q=30$ L/min，求泵的容积效率。

2-5 YB63 型叶片泵的最高压力 $p_{max}=6.3$ MPa，叶片宽度 $B=24$ mm，叶片厚度 $\delta=2.25$ mm，叶片数 $z=12$，叶片倾角 $\theta=13^\circ$，定子曲线长径 $R=49$ mm，短径 $r=43$ mm，泵的容积效率 $\eta_v=0.90$，机械效率 $\eta_m=0.90$，泵轴转速 $n=960$ r/min，试求：(1)叶片泵的实际流量是多少？(2)叶片泵的输出功率是多少？

2-6 斜盘式轴向柱塞泵的斜盘倾角 $\beta=20^\circ$，柱塞直径 $d=22$ mm，柱塞分布圆直径 $D=68$ mm，柱塞数 $z=7$，机械效率 $\eta_m=0.90$，容积效率 $\eta_v=0.97$，泵转速 $n=1450$ r/min，泵输出压力 $p=28$ MPa，试计算：(1)平均理论流量；(2)实际输出的平均流量；(3)泵的输入功率。

课程思政拓展阅读材料

材料一　盾构机的逆袭

盾构机是基建中的核心装备，有“工程机械之王”的称号，还被誉为“地下蛟龙”，是衡量一个国家地下施工装备制造水平的标志。盾构机的绝大部分工作机构主要由液压系统驱动来完成，这些系统按其机构的工作性质可分为：1. 盾构机液压推进及铰接系统；2. 刀盘切割旋转液压系统；3. 管片拼装机液压系统；4. 管片小车及辅助液压系统；5. 螺旋输送机液压系统；6. 液压油主油箱及冷却过滤系统。液压系统可以说是盾构机的心脏，起着非常重要的作用。

盾构机

盾构机研发生产，集合了力学、光学、机械、土木、电气、液压、传感等学科，涉及的知识领域广，技术工艺要求高，研发设计困难大。“再给中国工程师一百年，他们也无法玩转盾构机！”这是一句曾经被德国工程师用来嘲讽中国的话。虽然我国的盾构机起步落后了西方国家很多年，但是在10多年时间里，我国不仅打破了外国垄断，还成为了盾构机出口数量世界第一的国家。

参考资料：

中国盾构机为何逆袭成功？曾花7亿从德国租用，被指技术落后100年[EB/OL].(2022－09－09). https://3g.163.com/dy/article/HGRK76LH05369SE2.html.

思考1：盾构机的刀盘切割旋转系统采用了什么液压元件？为什么盾构机的绝大部分工作机构以液压系统驱动？

思考2：站在新时代的起点上，中国如今一次取得技术上的突破，靠的是什么？

材料二　高铁架桥机

中国的高铁技术处在世界领先水平，具备高舒适度、运量大、时速高的优点，最高时速350公里的高铁已运行2亿多公里。中国高铁如今中国科技实力和经济实力的代表，是中国一张靓丽的名片。建设高铁，就离不开架桥机。中铁集团依托石家庄铁道大学国防交通研究所进行科研攻坚，经过大量的现场试验和施工实践后，SLJ900/32型流动式架桥机终于了通过专利评审。这种架桥机的一个关键技术就是利用主支腿托轮系统上设置液压恒定驱动力装置，该装置由定量泵和定量马达组成，通过驱动力的优化将支腿作用于桥墩的纵向水平力限制在一个安全的范围内，减轻了对桥墩的不利作用，同时提高了主支腿的稳定性。

高铁架桥机

SLJ900/32型流动式架桥机打破了国外运架一体机在我国高铁建设市场上的垄断地位，并且性能更优、安全性更好、造价更低。它的成功研制，为我国铁路在山区桥隧相连段的施工提供了有利的条件，使得工期缩短，社会经济效益显著，推广应用前景广阔，中国的高铁的建设将迈向更耀眼的辉煌。

参考资料：

[1] 徐光兴，王海林，刘嘉武. SLJ900/32 型流动式架桥机研究[J]. 国防交通工程与技术，2014，12(02)：1-3. DOI：10. 13219/j. gjgyat. 2014. 02. 001.

[2] 中国建造大桥一座接一座，这 1 大国重器曝光，老外直呼无法超越[EB/OL]. https://new.qq.com/rain/a/20220121A0BYYG00.

思考 1：架桥机液压恒定驱动力装置的工作原理是什么？

思考 2：中国高铁技术的发展历程对你有什么启发？

3 液 压 缸

3.1 液压缸的类型及特点

3.1.1 液压缸的工作原理

液压缸(又称油缸)是液压系统中常用的一种执行元件,是把液体的压力能转变为机械能的装置,主要用于实现机构的直线往复运动,也可以实现摆动,其结构简单,工作可靠,应用广泛。

液压缸按作用方式可分为单作用式和双作用式两种。单作用式液压缸只能实现单向运动,即压力油只是通向液压缸的一腔,而反方向运动则必须依靠外力来实现,如复位弹簧力、自重或其他外部作用;双作用式液压缸在两个方向上的运动都由液压推动来实现,可实现双向运动。

如图 3-1 所示,液压缸由缸筒 1、活塞 2、活塞杆 3、端盖(缸底)4、密封件 5 等主要部件组成。液压缸可以缸筒固定,活塞杆运动;也可以缸筒运动,活塞杆固定。本章所论及的液压缸,除特别指明外,均以缸筒固定、活塞杆运动的液压缸为例。

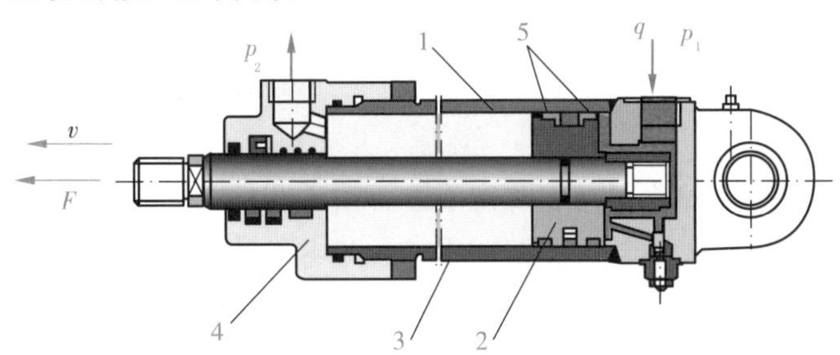

3-1　液压缸的工作原理图

1—缸筒;2—活塞;3—活塞杆;4—端盖;5—密封件

以图 3-2(a)所示双活塞杆液压缸为例,如果将液压缸看作是直线马达,其单位位移排量即为液压缸的有效作用面积 A(即活塞面积)。

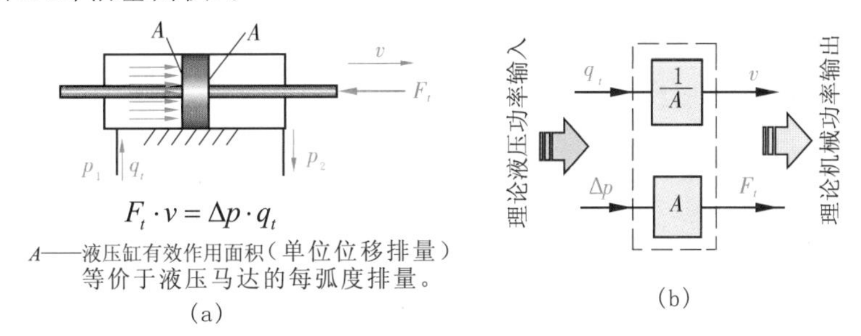

图 3-2　液压缸能量转换方框图

(a)双杆缸输入输出关系;(b)不计效率时缸的能量转换方框图

不计损失时,输出速度 v 等于输入流量 q 除以排量 A,输出推力 F 等于输入压力 p 乘以排量 A,即输入液压功率 pq 等于输出机械功率 Fv,能量转换关系可用图 3-2(b)所示方框图来表示:作用面积

A是液压缸的能量转换系数(理想变压器中匝数),缸的输入压力 p 取决于活塞负载力 F 的大小,活塞的运动速度 v 是输入流量 q 换来的。

由于各种机械用途不同,执行元件的运动形式也各不相同,因此液压缸的种类比较多,一般根据供油方式、结构、作用特点和用途来分类,各种液压缸的符号见表 3-1。

表 3-1　液压缸的种类及符号

名称及描述	符号	名称及描述	符号
单作用单杆缸,靠弹簧力返回行程	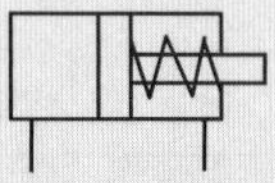	双作用单侧缓冲缸 右图的左侧可调节	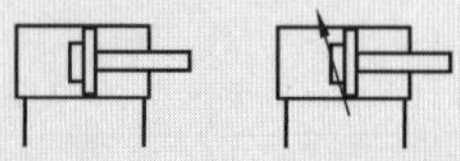
单作用柱塞缸	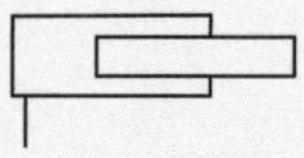	双作用双侧缓冲缸 左图的右侧可调节	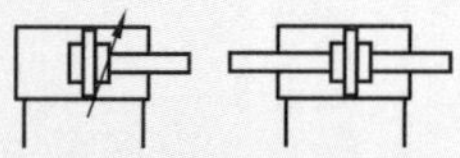
单作用伸缩缸	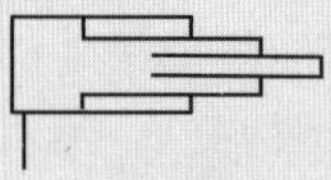	行程两端定位的双作用单杆缸	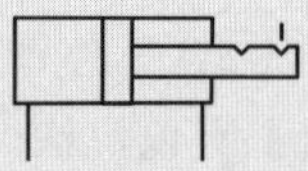
双作用伸缩缸	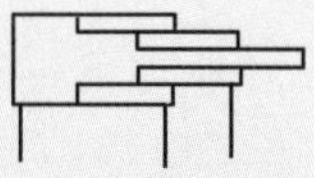	双向摆动缸(摆动马达)	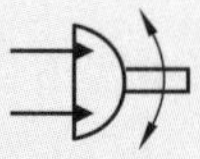
双作用单杆缸	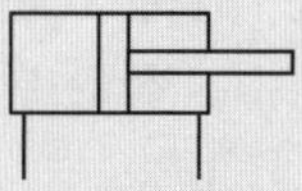	单作用增压缸	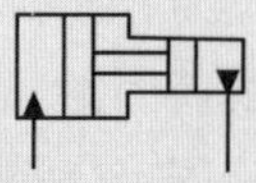
双作用双杆缸	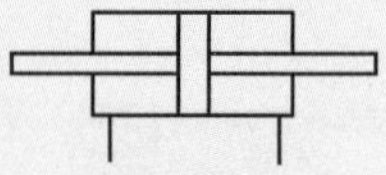	齿轮传动缸	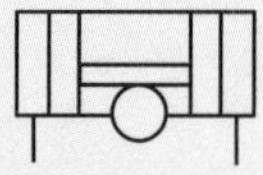

液压缸按作用方式,可分为单作用缸和双作用缸。按活塞杆的形式,可分为单活塞杆缸和双活塞杆缸。按结构特点可分为活塞式、柱塞式和摆动式三类基本形式。除此以外,还有在基本形式上发展起来的各种组合液压缸。如伸缩套筒缸、齿轮传动缸、增压缸、串联缸、增速缸、步进缸等。此类缸都不是一个单纯的液压缸,而是和其他构件组合而成的,所以从结构的观点看,这类缸又称组合缸。

按液压缸所使用压力又可分为低压液压缸、中压液压缸、高压液压缸和超高压液压缸。对于机床类机械设备而言,一般采用中、低压液压缸,其额定压力为 2.5～8 MPa;对于建筑机械、工程机械、石油机械和轧钢机械等机械设备,多数采用中、高压液压缸,其额定压力多为 8～21 MPa;对于液压机、挖掘机一类机械,大多数采用高压液压缸,其额定压力多为 16～35 MPa。

3.1.2　双杆活塞式液压缸

图 3-3 所示为双杆活塞式液压缸的工作原理图,活塞两侧都有活塞杆伸出。当两活塞杆直径相同,供油压力和流量不变时,液压缸在两个方向上的运动速度和推力都相等,即

$$v=\frac{q}{A}=\frac{4q\eta_v}{\pi(D^2-d^2)} \tag{3-1}$$

$$F=\frac{\pi}{4}(D^2-d^2)(p_1-p_2)\eta_m \tag{3-2}$$

式中:v——液压缸的运动速度(m/s);

F——液压缸的推力(N);

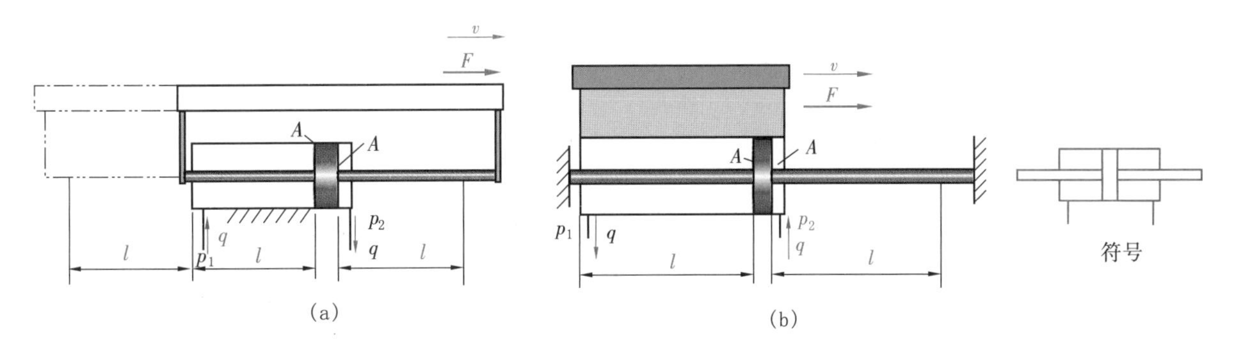

图 3-3 双杆活塞式液压缸

(a)缸体固定；(b)活塞杆固定

η_v——液压缸的容积效率；

η_m——液压缸的机械效率；

q——输入流量(m^3/s)；

A——活塞有效作用面积(m^2)；

p_1——进油压力(Pa)；

p_2——回油压力(Pa)；

D——活塞直径，即缸筒直径(m)；

d——活塞杆直径(m)。

双杆液压缸常用于要求往返运动速度相同的场合，例如飞机舵机控制、汽车转向控制。

图 3-3(a)为缸体固定式结构；图 3-3(b)为活塞杆固定式结构，当液压缸的左腔进油时，推动缸体向左移动，右腔回油；反之，当液压缸的右腔进油时，缸体则向右运动。

3.1.3 单活塞杆液压缸

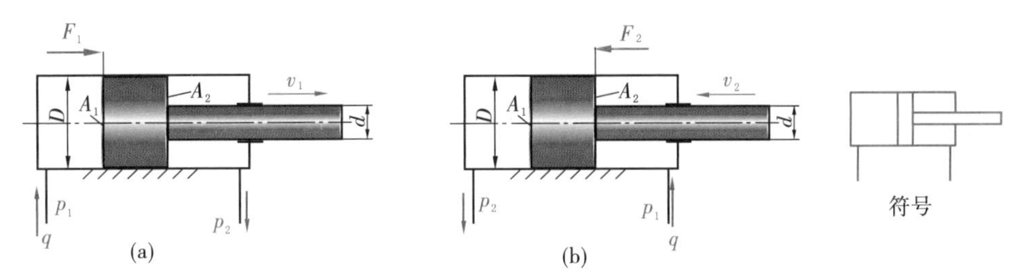

图 3-4 双作用单活塞杆液压缸计算简图

(a)无杆腔进油；(b)有杆腔进油

图 3-4 所示为双作用单活塞杆液压缸，活塞杆只从液压缸一端伸出，液压缸的活塞在两腔有效作用面积不相等，当向液压缸两腔分别供油，且压力和流量都不变时，活塞在两个方向上的运动速度和推力都不相等，即运动具有不对称性。如图 3-4(a)所示，当无杆腔进油时，活塞的运动速度 v_1 和推力 F_1 分别为

$$v_1=\frac{q}{A_1}\eta_v=\frac{4q}{\pi D^2}\eta_v \tag{3-3}$$

$$F_1=(p_1A_1-p_2A_2)\eta_m=\frac{\pi}{4}[D^2p_1-(D^2-d^2)p_2]\eta_m \tag{3-4}$$

如图 3.4(b)所示，当有杆腔进油时，活塞的运动速度 v_2 和推力 F_2 分别为

$$v_2=\frac{q}{A_2}\eta_v=\frac{4q}{\pi(D^2-d^2)}\eta_v \tag{3-5}$$

$$F_2=(p_2A_2-p_1A_1)\eta_m=\frac{\pi}{4}[(D^2-d^2)p_1-D^2p_2]\eta_m \tag{3-6}$$

式中符号意义同式(3-1)、式(3-2),参见图 3-4。

比较上述各式,可以看出:$v_2>v_1$,$F_1>F_2$;液压缸往复运动时的速度比为

$$\psi=\frac{v_2}{v_1}=\frac{D^2}{D^2-d^2} \tag{3-7}$$

上式表明,当活塞杆直径愈小,速度比愈接近 1,液压缸在两个方向上的速度差值就愈小。

当单杆活塞缸两腔同时通入压力油时(图 3-5),由于无杆腔的有效作用面积更大,使得活塞向右的作用力大于向左的作用力。因此,活塞向右运动,活塞杆向外伸出;与此同时,又将有杆腔的油液挤出,使其流进无杆腔,从而加快了活塞杆的伸出速度,单活塞杆液压缸的这种连接方式被称为差动连接。

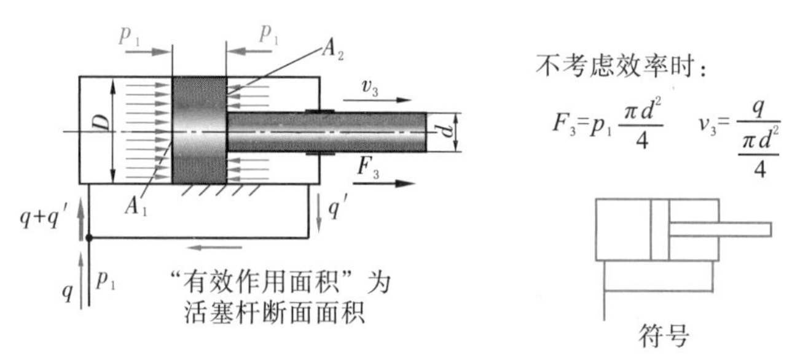

图 3-5 差动连接

差动连接时,有杆腔排出流量进入无杆腔,根据流量连续性方程可导出液压缸的运动速度 v_3 为

$$v_3=\frac{q}{A_1-A_2}\eta_v=\frac{4q}{\pi d^2}\eta_v \tag{3-8}$$

在忽略两腔连通油路压力损失的情况下,差动连接液压缸的推力 F_3 为

$$F_3=p_1(A_1-A_2)\eta_m=\frac{\pi}{4}d^2p_1\eta_v \tag{3-9}$$

由式(3-8)和式(3-9)可知,差动连接时,液压缸的有效作用面积是活塞杆的横截面积,与非差动连接无杆腔进油工况相比,在输入压力和流量不变的条件下,活塞杆伸出速度较大,而推力较小。实际应用中,液压传动系统常通过控制阀来改变单活塞杆液压缸的油路连接,使它有不同的工作方式,从而获得快进→工进→快退的工作循环。

差动连接是在不增加液压泵容量和功率的条件下,实现快速运动的有效办法。

不难看出:差动连接使缸的有效作用面积 A 减小(为活塞杆的横截面积),提高输出速度的同时,也降低了输出推力,实际输出功率并没有变化。

3.1.4 柱塞缸

前面所讨论的活塞式液压缸的应用非常广泛,但这种液压缸由于缸孔加工精度要求很高,当行程较长时,加工难度大,使得制造成本增加。在生产实际中,某些场合所用的液压缸并不要求双向控制,柱塞式液压缸正是满足了这种使用要求的一种价格低廉的液压缸。

如图 3-6(b)所示,柱塞缸由缸筒、柱塞、导套、密封圈和压盖等零件组成,图 3-6(a)为柱塞缸的原理和符号。柱塞和缸筒内壁不接触,因此缸筒内孔不需精加工,工艺性好,成本低。单一的柱塞缸只能制成单作用缸,如果要获得双向运动,可采用图 3-6(c)所示的复合式柱塞缸结构,即将两柱塞液压缸成对使用,每个柱塞缸控制一个方向的运动。柱塞缸的柱塞端面是受压面,其面积大小决定了柱塞

缸的输出速度和推力，为保证柱塞缸有足够的推力和稳定性，一般柱塞较粗，重量较大，水平安装时易产生单边磨损，故柱塞缸适宜于垂直安装使用。为减轻柱塞的重量，有时制成空心柱塞，如图 3-6(b)。柱塞缸结构简单，制造方便，常用于工作行程较长的场合，如大型拉床，矿用液压支架等。

柱塞缸的“有效作用面积 A”就是柱塞的横截面积，其推力和速度可参考图 3-2 计算。

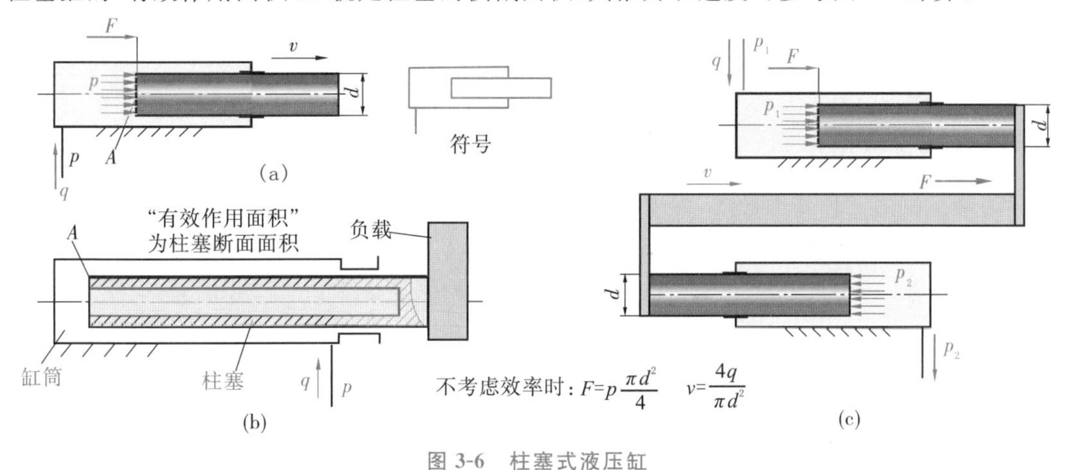

图 3-6 柱塞式液压缸

3.1.5 摆动缸

摆动缸输出转矩，并实现往复摆动，有时也称为摆动马达，在结构上有单叶片式和双叶片式两种结构形式，如图 3-7 所示。

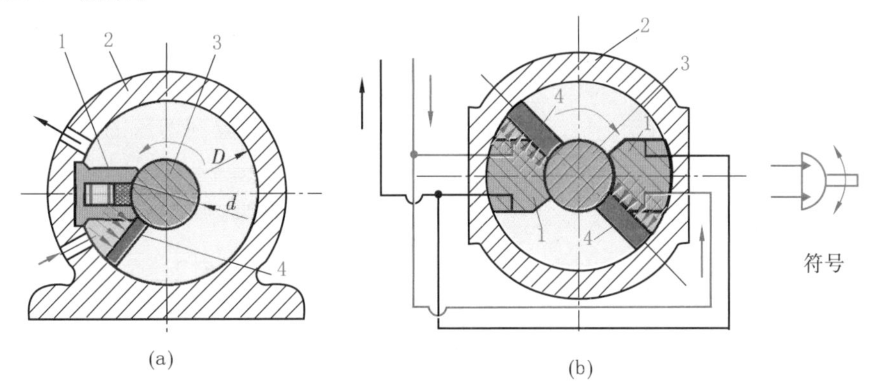

图 3-7 摆动液压缸

(a)单叶片摆动缸；(b)双叶片摆动缸

1—定子块；2—缸体；3—摆动轴；4—叶片

图 3-7(a)所示单叶片摆动液压缸主要由定子块 1、缸体 2、摆动轴 3、叶片 4、左右支承盘和左右盖板等主要零件组成。定子块固定在缸体上，叶片和摆动轴固连在一起，当两油口相继通以压力油时，叶片即带动摆动轴做往复摆动；当考虑到机械效率时，单叶片缸的摆动轴输出转矩为

$$T=\frac{b}{8}(D^2-d^2)(p_1-p_2)\eta_m \tag{3-10}$$

根据能量守恒原理，结合式(3-10)得输出角速度为

$$\omega=\frac{8q}{b(D^2-d^2)}\eta_v \tag{3-11}$$

式中：D——缸体内孔直径(m)；

d——摆动轴直径(m)；

b——叶片宽度(m)。

式中未说明符号同式(3-1)、式(3-2)。

单叶片摆动液压缸的摆角一般不超过280°,图3-7(b)所示双叶片摆动液压缸的摆角一般不超过150°。当输入压力和流量不变时,双叶片摆动液压缸摆动轴输出转矩是相同参数单叶片摆动缸的两倍,而摆动角速度则是单叶片摆动缸的一半。

摆动缸结构紧凑,输出转矩大,但密封困难,一般只用于中、低压系统,用作往复摆动,转位或间歇运动。

3.1.6 组合式液压缸

上述为液压缸的三种基本形式,为了满足特定的需要,还可以在三种基本液压缸的基础上构成各种组合式液压缸。

1. 增压缸

增压缸也称增压器,它能将输入的低压油转变为高压油供液压系统中的高压支路使用,增压缸有单作用和双作用之分,图3-8所示为单作用增压缸。它由有效面积为 A_1 的大液压缸和有效面积为 A_2 的小液压缸在机械上串联而成。大缸作为原动缸,输入压力为 p_1;小缸作为输出缸,输出压力为 p_2。若不计摩擦力,根据力平衡关系,可有如下等式:

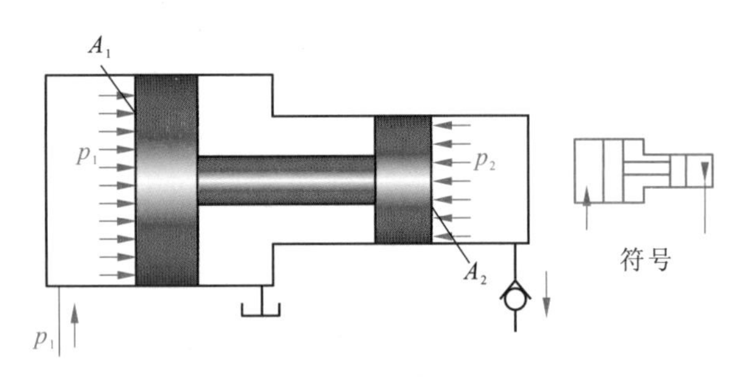

图3-8 单作用增压缸

$$A_1 \times p_1 = A_2 \times p_2 \tag{3-12}$$

或

$$p_2 = p_1 (A_1 / A_2) \tag{3-13}$$

比值 A_1/A_2 称为增压比,由于 $A_1/A_2>1$,压力 p_2 被放大,从而起到增压的作用。

2. 多级缸

多级缸又称伸缩缸。它由两级或多级活塞缸套装而成,图3-9(a)为单作用伸缩缸,图3-9(b)为双

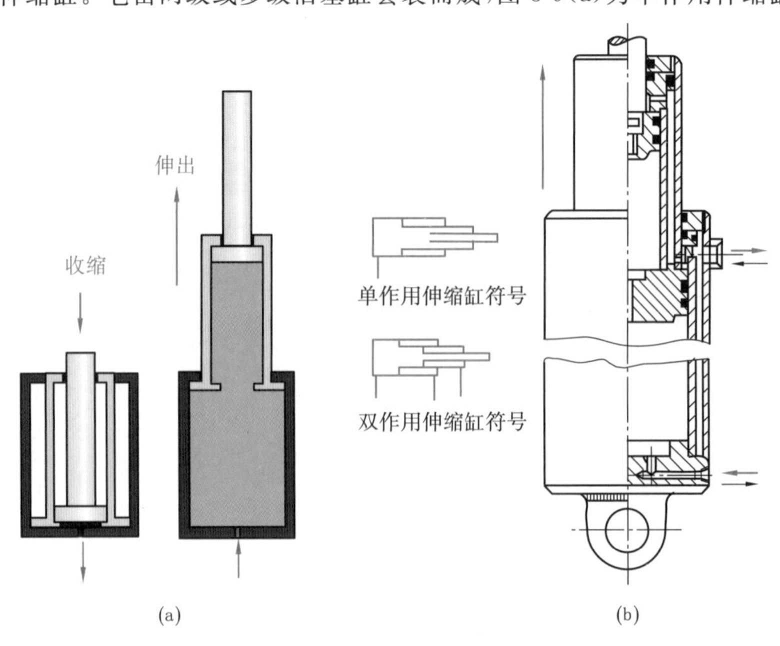

图3-9 多级液压缸

(a)单作用伸缩缸;(b)双作用伸缩缸

作用伸缩缸。前一级缸活塞就是后一级缸的缸套，活塞伸出的顺序是从大到小，相应的推力也是从大到小，而伸出的速度则是由慢到快。空载缩回的顺序一般是从小活塞到大活塞，收缩后液压缸总长度较短，占用空间较小，结构紧凑。多级缸适用图 3-10 所示工程机械和其他行走机械，如起重机伸缩臂、车辆自卸等。

图 3-10 多级液压缸的应用

3. 齿条活塞缸

齿条活塞缸由带有齿条杆的双作用活塞缸和齿轮齿条机构组成，如图 3-11 所示，齿条活塞往复移动带动齿轮 9 并驱动传动轴 10 往复摆动，它多用于自动线、组合机床等转位或冶金高炉阀门控制中。

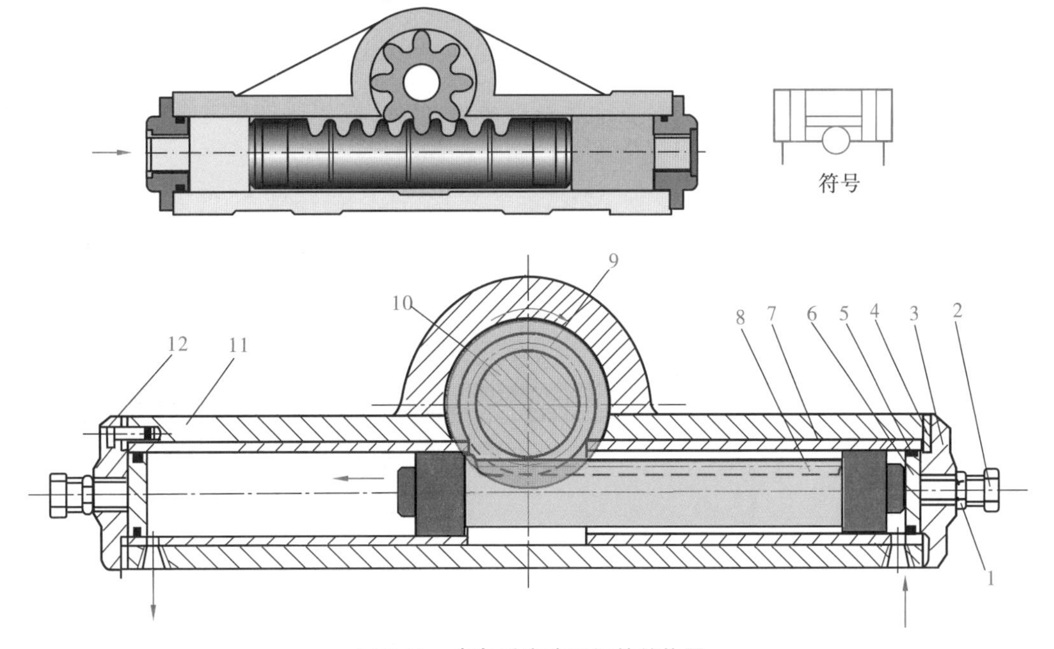

图 3-11 齿条活塞液压缸的结构图

1—紧固螺帽；2—调节螺钉；3—端盖；4—垫圈；5—O 形密封圈；6—挡圈；7—缸套；8—齿条活塞；9—齿轮；10—传动轴；11—缸筒；12—螺钉

3.2 液压缸的结构

液压缸通常由后端盖、缸筒、活塞杆、活塞组件、前端盖等主要部分组成；为防止油液向液压缸外泄或由高压腔向低压腔泄漏，在缸筒与端盖、活塞与活塞杆、活塞与缸筒、活塞杆与前端盖之间均设置有密封装置，在前端盖外侧，还有防尘装置；为防止活塞快速退回到行程终端时撞击缸盖，液压缸端部还设置缓冲装置；有时还需设置排气装置。

图 3-12 为一种双作用单活塞杆液压缸结构图。该液压缸主要由缸底 1、缸筒 6、缸盖 10、活塞 4、活塞杆 7 和导向套 8 等组成。缸筒一端与缸底焊接，另一端与缸盖采用螺纹连接。活塞与活塞杆采用卡键连接。为了保证液压缸的可靠密封，在相应部位设置了密封圈 3、5、9、11 和防尘圈 12。现对液压缸的结构具体分析如下。

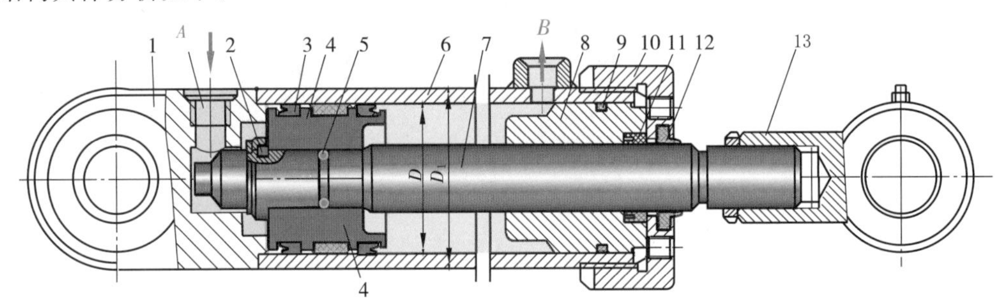

图 3-12 双作用单活塞杆液压缸结构图

1—缸底；2—卡键；3,5,9,11—密封圈；4—活塞；6—缸筒；7—活塞杆；
8—导向套；10—缸盖；12—防尘圈；13—耳轴

3.2.1 缸体组件

缸体组件与活塞组件形成的密封容腔承受油压作用，因此，缸体组件要有足够的强度，较高的表面精度和可靠的密封性。

1. 缸筒与端盖的连接形式

常见的缸体组件的连接形式如表 3-2 所示。

表 3-2 液压缸缸体与缸盖的连接结构

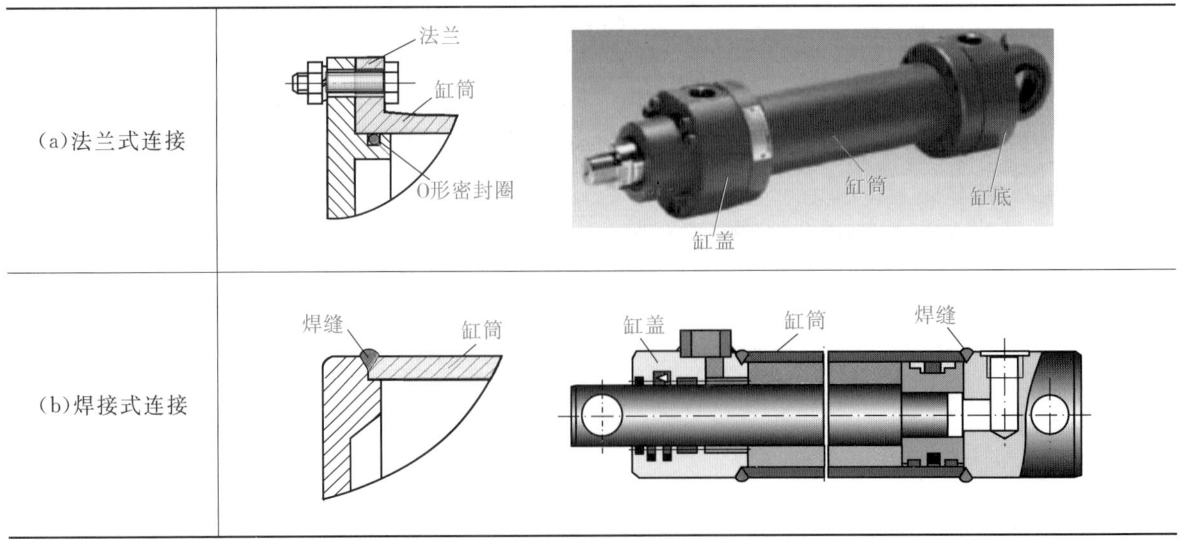

续表 3-2

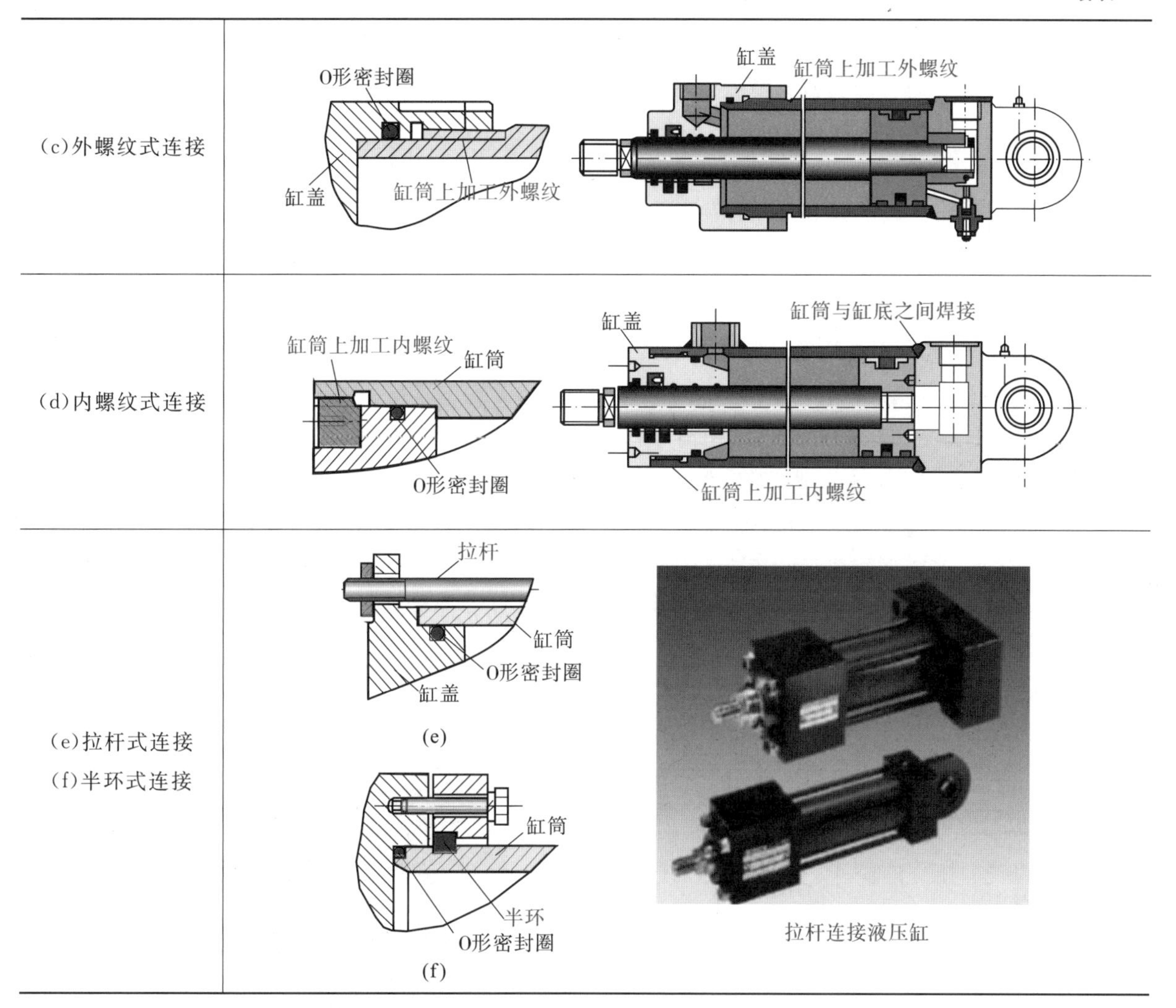

(1)法兰式连接　结构简单,加工方便,连接可靠,但是要求缸筒端部有足够的壁厚,用以安装螺栓或旋入螺钉。缸筒端部一般用铸造、镦粗或焊接方式制成粗大的外径,它是常用的一种连接形式。

(2)焊接式连接　强度高,制造简单,但焊接时易引起缸筒变形。

(3)螺纹式连接　有外螺纹连接和内螺纹连接两种,其特点是体积小,重量轻,结构紧凑,但缸筒端部结构较复杂,这种连接形式一般用于要求外形尺寸小,重量轻的场合。

(4)拉杆式连接　结构简单,工艺性好,通用性强,但端盖的体积和质量较大,拉杆受力后会拉伸变长,影响密封效果。只适用于长度不大的中、低压液压缸。

(5)半环式连接　分为外半环连接和内半环连接两种连接形式,半环连接工艺性好,连接可靠,结构紧凑,但削弱了缸筒强度。半环连接应用十分普遍,常用于无缝钢管缸筒与端盖的连接中。

2. 缸筒、端盖和导向套的基本要求

缸筒是液压缸的主体,其内孔一般采用镗削、铰孔、滚压或珩磨等精密加工工艺制造,要求表面粗造度在0.1～0.4 μm,使活塞及其密封件、支承件能顺利滑动,从而保证密封效果,减少磨损;缸筒要承受很大的液压力,因此,应具有足够的强度和刚度。

端盖装在缸筒两端,与缸筒形成封闭油腔,同样承受很大的液压力,因此,端盖及其连接件都应有足够的强度。设计时既要考虑强度,又要选择工艺性较好的结构形式。

导向套对活塞杆或柱塞起导向和支承作用，有些液压缸不设导向套，直接用端盖孔导向，这种结构简单，但磨损后必须更换端盖。

缸筒，端盖和导向套的材料选择和技术要求可参考《液压设计手册》。

3.2.2 活塞组件

活塞组件由活塞、活塞杆和连接件等组成。随液压缸的工作压力、安装方式和工作条件的不同，活塞组件有多种结构形式。

1. 活塞与活塞杆的连接形式

如图 3-13 所示，活塞与活塞杆的连接最常用的有螺纹连接和半环连接形式，除此之外还有整体式结构、焊接式结构、锥销式结构等。

螺纹式连接如图 3-13(a)所示，结构简单，装拆方便，但一般需要螺母防松装置；半环（卡键）式连接如图 3-13(b)、(c)所示，连接强度高，但结构复杂，装拆不便，半环连接多用于高压和振动较大的场合；整体式和焊接式连接结构简单，轴向尺寸紧凑，但损坏后需整体更换，对活塞截面尺寸与活塞杆截面尺寸比值较小、行程较短或尺寸不大的液压缸，其活塞与活塞杆可采用整体或焊接式连接；锥销式连接加工容易，装配简单，但承载能力小，且需要有必要的防止脱落措施，在轻载情况下可采用锥销式连接。

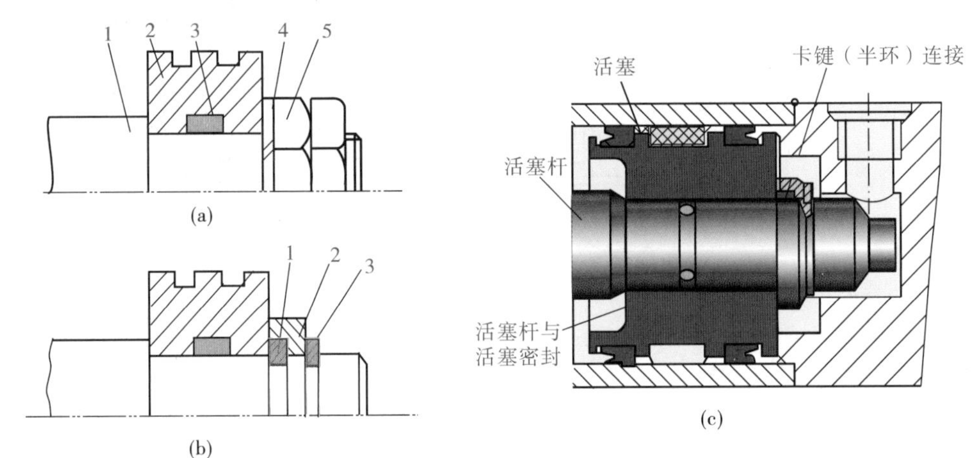

图 3-13 活塞与活塞杆的连接形式

(a)螺纹式连接；(b)半环(卡键)式连接；(c)半环(卡键)式连接结构图

(a)图：1—活塞杆；2—活塞；3—密封圈；4—弹簧圈；5—螺母 (b)图：1—卡键；2—套环；3—弹簧卡圈

2. 活塞组件的密封

密封装置主要用来防止液压油的泄漏，良好的密封是液压缸的传递动力、正常动作的保证，根据两个需要密封的耦合面间有无相对运动，可把密封分为动密封和静密封两大类。设计或选用密封装置的基本要求是具有良好的密封性能，并随压力的增加能自动提高密封性，除此以外，摩擦阻力要小，耐油，抗腐蚀，耐磨，使用寿命长，制造简单，拆装方便。常见的密封方法有以下几种。

(1)间隙密封

间隙密封是一种常用的密封方法，它依靠相对运动零件配合面间的微小间隙来防止泄漏，由环形缝隙轴向流动理论可知，泄漏量与间隙的三次方成正比，因此可用减小间隙的方法来减小泄漏。一般间隙为 0.01～0.05 mm，这就要求配合面有很高的加工精度。

在活塞的外圆表面一般开几道宽 0.3～0.5 mm、深 0.5～1 mm、间距 2～5 mm 的环形沟槽，称均压槽

(平衡槽),其作用为:使活塞具有自位性能,由于活塞的几何形状和同轴度误差,工作压力油在密封间隙中的不对称分布将形成一个径向不平衡力,称为液压卡紧力,它使摩擦力增大,开平衡槽后,使得径向油压力趋于平衡,使活塞能够自动对中,减小了摩擦力;由于同心环缝隙的泄漏量小得多,活塞的对中减小了油液的泄漏量,提高了密封性能;自润滑作用,油液储存在平衡槽内,使活塞能自动润滑。

间隙密封的特点是结构简单、摩擦力小、耐用,但对零件的加工精度要求较高,且难以完全消除泄漏。故只适用于低压、小直径的快速液压缸。

(2)活塞环密封

活塞环密封依靠装在活塞环形槽内的弹性金属环紧贴缸筒内壁实现密封,如图 3-14 所示。它的密封效果较间隙密封好,适用的压力和温度范围很宽,能自动补偿磨损和温度变化的影响,能在高速条件下工作,摩擦力小,工作可靠,使用寿命长,但不能完全密封。活塞环的加工复杂,缸筒内表面加工精度要求高,一般用于高压、高速和高温场合。

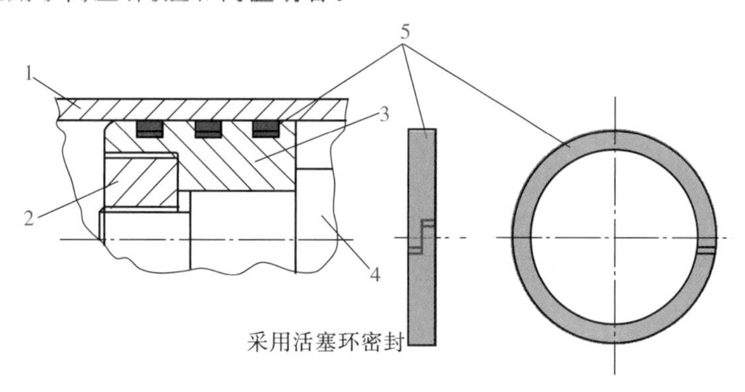

3-14　活塞环密封

1—缸筒;2—螺母;3—活塞;4—活塞杆;5—活塞环

(3)密封圈密封

密封圈密封是液压系统中应用最广泛的一种密封,密封圈有 O 形、V 形、Y 形及组合式等型式,其材料为耐油橡胶、尼龙、聚氨酯等。它利用橡胶或聚氨酯的弹性,使各种截面的环形密封圈贴紧在过盈配合、间隙配合面之间来防止泄漏。密封圈结构简单、制造方便,磨损后有自动补偿能力,性能可靠,在缸筒和活塞之间、活塞和活塞杆之间、缸筒和缸盖之间都能使用。

如图 3-15 所示,活塞与缸筒之间的“动密封”采用 Y 形密封圈;活塞与活塞杆之间的“静密封”采用 O 形密封圈,这是最常见的密封方式。

①Y 形密封圈

Y 形密封圈的截面为 Y 形[图 3-15(b)],属唇形密封圈。它是一种密封性、稳定性和耐压性较好、摩擦阻力小、使用寿命较长的密封圈,故应用也很普遍。Y 形密封圈主要用于往复运动的密封,根据截面长宽比例的不同,Y 形密封圈可分为宽断面和窄断面两种形式。

Y 形密封圈的密封作用依赖于它的唇边对耦合面的紧密接触程度,并在压力油作用下,唇边对耦合面产生较大的接触压力,从而达到密封的目的。当液压力升高时,唇边与耦合面贴得更紧,接触压力更高,密封性能更好。

Y 形密封圈安装时,唇口端面应对着液压力高的一侧,当压力变化较大,滑动速度较高时,要使用支承环,以固定密封圈,如图 3-15(a)所示。

宽断面 Y 形密封圈一般适用于工作压力 $p<20$ MPa、工作温度为 $-30\sim100$ ℃、使用速度小于 0.5 m/s的场合。

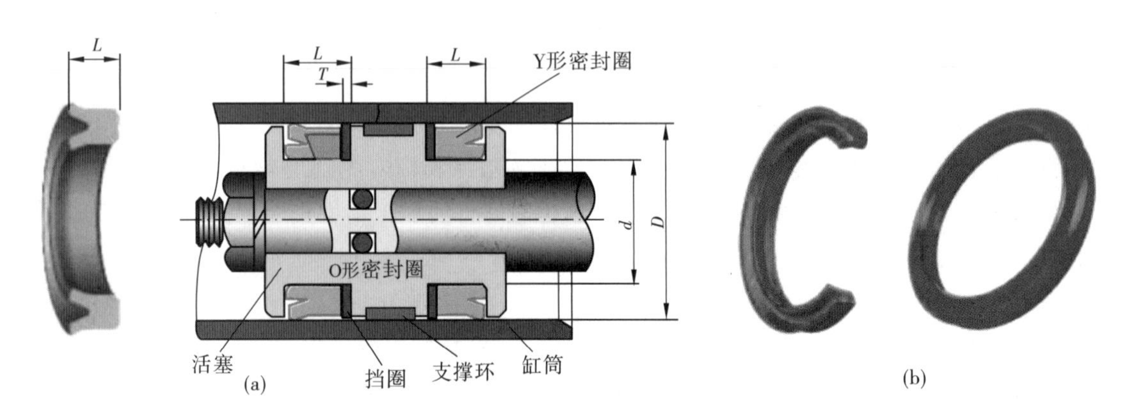

图 3-15　密封圈密封

(a)液压缸中的密封圈安装;(b)Y 形密封圈

窄断面 Y 形密封圈一般适用于工作压力 $p<32$ MPa、使用温度为 $-30\sim40$ ℃的场合,详细结构参见《液压工程手册》。

②V 形密封圈

V 形密封圈的截面为 V 形,耐高压,使用寿命长,通过调节压紧力,可获得最佳的密封效果,安装时 V 形密封圈的开口应面向压力高的一侧,具体参见第 4 章。但 V 形密封装置的摩擦阻力及结构尺寸较大,主要用于活塞杆的往复运动密封,它适宜在工作压力为 $p>50$ MPa,温度 $-40\sim80$ ℃的条件下工作。

③O 形密封圈

O 形密封圈的截面为圆形,结构简单紧凑,安装方便,价格便宜,主要用于静密封和速度较低的滑动密封,液压缸活塞上一般不考虑采用 O 形密封圈作为运动密封。因为与唇形密封圈相比,启动阻力较大,容易扭转损坏,使用寿命较短。

3.2.3　缓冲装置

当液压缸拖动负载的质量较大时,一般应在液压缸中设缓冲装置,必要时还需在液压传动系统中设缓冲回路,以免在行程终端发生过大的机械碰撞,导致液压缸损坏。缓冲的原理是当活塞或缸筒接近行程终端时,在排油腔内增大回油阻力,从而降低液压缸的运动速度,避免活塞与缸盖相撞。液压缸中常用的缓冲装置如图 3-16 所示。

1. 圆柱形环隙式缓冲装置

如图 3-16(a)所示,当缓冲柱塞进入缸盖上的内孔时,缸盖和缓冲活塞间形成缓冲油腔,被封闭油液只能从环形间隙 δ 排出,产生缓冲压力,从而实现减速缓冲。这种缓冲装置在缓冲过程中,由于其节流面积不变,故缓冲开始时,产生的缓冲制动力很大,但很快就降低了。其缓冲效果较差,但这种装置结构简单,制造成本低,所以在系列化的成品液压缸中多采用这种缓冲装置。

2. 圆锥形环隙式缓冲装置

如图 3-16(b)所示,由于缓冲装置为圆锥形,所以缓冲环形间隙 δ 随位置位移量而改变,即节流面积随缓冲行程的增大而缩小,使机械能的吸收较均匀,其缓冲效果较好。

3. 可变节流槽式缓冲装置

如图 3-16(c)所示,在缓冲柱塞上开有由浅入深的三角节流槽,节流面积随着缓冲行程的增大而逐渐减小,缓冲压力变化平缓。

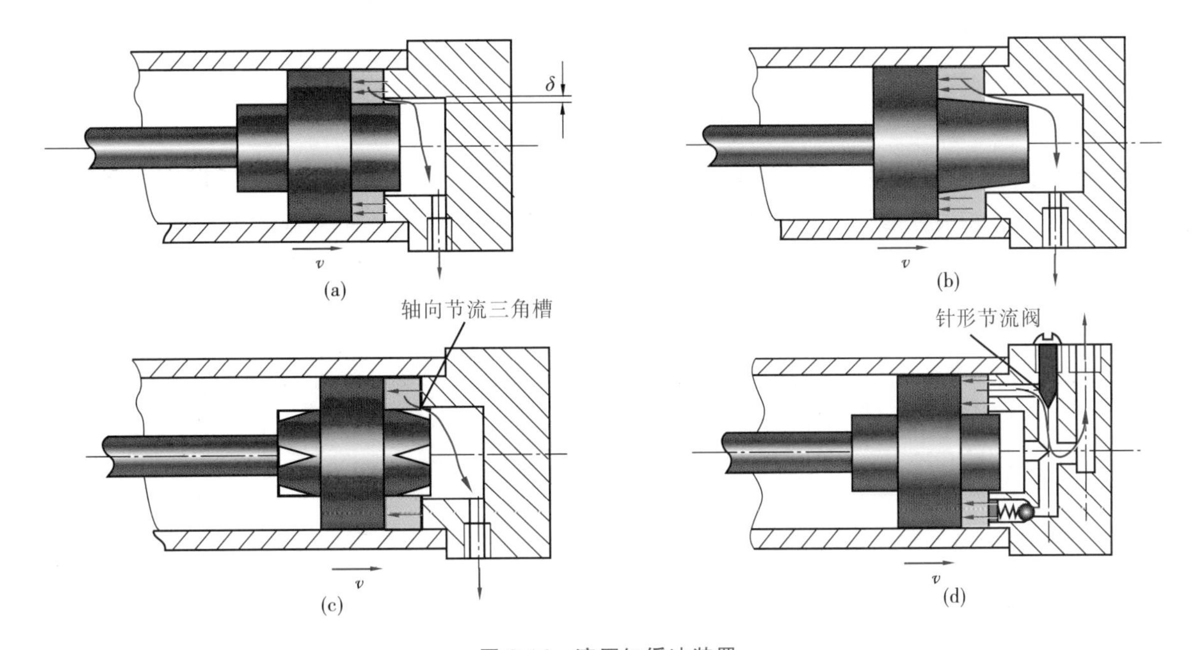

图 3-16 液压缸缓冲装置

(a)圆柱形环隙式;(b)圆锥形环隙式;(c)可变节流槽式;(d)可调节流孔式

4. 可调节流孔式缓冲装置

如图 3-16(d),在缓冲过程中,缓冲腔油液经节流口排出,调节节流口的大小,可控制腔内缓冲压力的大小,以适应液压缸不同的负载和速度工况对缓冲的要求,同时当活塞反向运动时,高压油从单向阀进入液压缸内,活塞也不会因推力不足而产生启动缓慢或困难等现象。

3.2.4 排气装置

液压传动系统往往会混入空气,使系统工作不稳定,产生振动、爬行或前冲等现象,严重时会使系统不能正常工作。因此,设计液压缸时,必须考虑空气的排除。

液压缸中的排气装置通常有两种形式:一种是在缸盖的最高处开排气孔,用长管道接向远处排气阀排气[图 3-17(a)];另一种是在缸盖最高处安装排气塞[图 3-17(b)]。两种排气装置都是在液压缸排气时打开(让活塞杆全行程往复运动数次),排气完毕关闭。

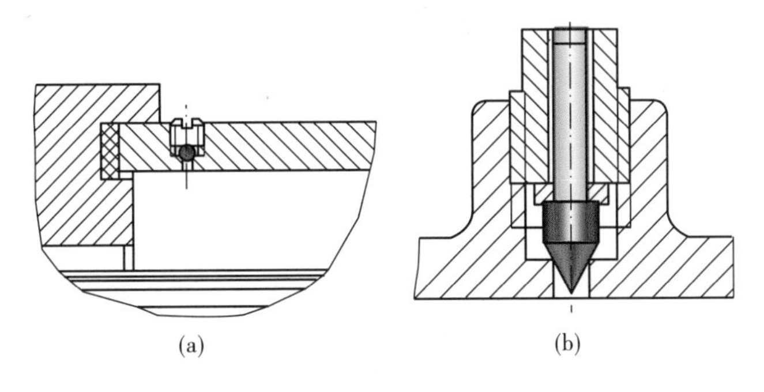

图 3-17 液压缸缓冲装置

(a)管道外排;(b)直排式

3.3 液压缸的设计与计算

液压缸的设计是在对整个液压系统进行了工况分析、编制了负载图、选定了工作压力之后进行的:先根据使用要求选择结构类型,然后按负载情况、运动要求、最大行程等确定其主要工作尺寸,进行强度、稳定性和缓冲等计算,最后进行结构设计。本节主要介绍液压缸主要尺寸的计算及强度、刚度的验算方法。

表 3-3 液压缸缸筒内径系列(单位:mm)

8	10	12	16	20	25	32	40	50	63
80	100	125	160	200	250	320	400		

3.3.1 液压缸主要尺寸的确定和计算

液压缸内径 D 和活塞杆直径 d 可根据最大总负载和选取的工作压力来确定,计算得到的 D 和 d,需按表 3-3、表 3-6 进行圆整。

对单杆缸而言,无杆腔进油且不考虑机械效率时,由式(3-4)可得式(3-14)

$$D=\sqrt{\frac{4F_1}{\pi(p_1-p_2)}-\frac{d^2p_2}{p_1-p_2}} \tag{3-14}$$

有杆腔进油且不考虑机械效率时,由式(3-6)可得

$$D=\sqrt{\frac{4F_2}{\pi(p_1-p_2)}+\frac{d^2p_1}{p_1-p_2}} \tag{3-15}$$

一般情况下,选取回油背压 $p_2=0$,这时,上面两式便可简化,即无杆腔进油时

$$D=\sqrt{\frac{4F_1}{\pi p_1}} \tag{3-16}$$

有杆腔进油时

$$D=\sqrt{\frac{4F_2}{\pi p_1}+d^2} \tag{3-17}$$

式(3-17)中的杆径 d 可根据工作压力及速度比选取,见表 3-4、表 3-5;当液压缸的往复速度比有一定要求时,由式(3-7)得杆径为

$$d=D\sqrt{\frac{\psi-1}{\psi}} \tag{3-18}$$

液压缸活塞杆直径计算后,应圆整至表 3-6 所示系列。

表 3-4 液压缸往复速度比推荐值

液压缸工作压力 p/MPa	≤10	10~20	>20
往复速度比 ψ	1.33	1.46~2	2

表 3-5 液压缸活塞杆直径推荐值

活塞杆受力情况	受拉伸	受压缩		
		$p_1<5$ MPa	5 MPa $\leqslant p_1<7$ MPa	$p_1\geqslant 7$ MPa
活塞杆直径	$(0.3\sim0.5)D$	$(0.5\sim0.55)D$	$(0.6\sim0.7)D$	$0.7D$

表 3-6 液压缸活塞杆直径系列(单位:mm)

4	5	6	8	10	12	14	16	18	20
22	25	28	32	36	40	45	50	56	63
70	80	90	100	110	125	140	160	180	200
220	250	280	320	360					

液压缸的缸筒长度由活塞最大行程、活塞长度、活塞杆导向套长度、活塞杆密封长度和特殊要求的长度确定。其中活塞长度为$(0.6\sim1.0)D$;导向套长度为$(0.6\sim1.5)d$。为减少加工难度,一般液压缸缸筒长度不应大于内径的20～30倍。

3.3.2 液压缸缸筒壁厚的校核

中、高压液压缸一般用无缝钢管做缸筒,大多属薄壁筒,即 $\delta/D\leqslant0.08$,此时,可根据材料力学中薄壁圆筒的计算公式验算缸筒的壁厚,即

$$\delta\geqslant\frac{p_{\max}}{2[\sigma]} \tag{3-19}$$

当 $\delta/D\geqslant0.3$ 时,可用下式校核缸筒壁厚:

$$\delta\geqslant\frac{D}{2}\left(\sqrt{\frac{[\sigma]+0.4p_{\max}}{[\sigma]-1.3p_{\max}}}-1\right) \tag{3-20}$$

当液压缸采用铸造缸筒时,壁厚由铸造工艺确定,这时应按厚壁圆筒计算公式验算壁厚。当 $\delta/D=0.08\sim0.3$ 时,可用下式校核缸筒的壁厚:

$$\delta\geqslant\frac{p_{\max}}{2.3[\sigma]-3p_{\max}} \tag{3-21}$$

3.3.3 液压缸稳定性验算

尽量使活塞杆在受拉状态下承受最大负载,或在受压状态下具有良好的纵向稳定性。当液压缸的计算长度$l\geqslant10d$时,需要进行液压缸纵向稳定性的验算。

活塞杆受轴向压缩负载时,它所承受的轴向力 F 不能超过使它保持稳定工作所允许的临界负载 F_k,以免发生纵向弯曲,破坏液压缸的正常工作。F_k 的值与活塞杆材料性质、截面形状、直径和长度以及液压缸的安装方式等因素有关。

活塞杆稳定性的校核依下式(稳定条件)进行,即

$$F\leqslant\frac{F_k}{N_k} \tag{3-22}$$

式中:N_k——安全系数,一般取 $N_k=2\sim4$。

当活塞杆的细长比 $l/r_k>\psi_1\sqrt{\psi_2}$时,则

$$F_k=\frac{\psi_2\pi^2EJ}{l^2} \tag{3-23}$$

当活塞杆的细长比 $l/r_k\leqslant\psi_1\sqrt{\psi_2}$,且 $\psi_1\sqrt{\psi_2}=20\sim120$ 时,则

$$F_k=\frac{fA}{1+\frac{\alpha}{\psi_2}\left(\frac{l}{r_k}\right)^2} \tag{3-24}$$

式中：l——安装长度(m)，其值与安装方式有关；

r_k——活塞杆截面最小回转半径(m)，$r_k=\sqrt{J/A}$；

ψ_1——柔性系数，见表 3-7；

α——系数，其值见表 3-7；

ψ_2——由液压缸支承方式决定的末端系数，其值见表 3-8；

E——活塞杆材料的弹性模量(Pa)；

J——活塞杆横截面惯性矩(m^4)；

A——活塞杆横截面面积(m^2)；

f——由材料强度决定的实验值(N/m^2)，其值见表 3-8。

表 3-7 液压缸稳定性校核取值表

材料	$f/(\times 10^8 N/m^2)$	α	ψ_1
铸铁	5.6	1/1600	80
锻钢	2.5	1/9000	110
软钢	3.4	1/7500	90
硬钢	4.9	1/5000	85

表 3-8 液压缸支撑方式和末端系数

支承方式	说明	末端系数 ψ_2
l	一端自由、一端固定	1/4
l	两端铰接	1
l	一端铰接、一端固定	2

3.3.4 缓冲计算

液压缸的缓冲计算主要是估计缓冲时缸内出现的最大缓冲压力，以便用来校核缸筒强度、制动距离是否符合要求。缓冲计算中如发现工作腔中的液压能和工作部件的动能不能被缓冲腔所吸收，制动中就可能产生活塞和缸盖相碰现象。

液压缸缓冲计算具体过程请参考设计手册。

讨论与习题

一、讨论

讨论 3-1

液压缸为什么要设置缓冲装置？液压马达是否需要缓冲？

讨论 3-2

结合图 3-18(a)、(b)、(c)分析三种液压缸，研讨缸的有效作用面积在能量转换中所起的作用，分析液压缸差动连接时能够增加速度的实质。

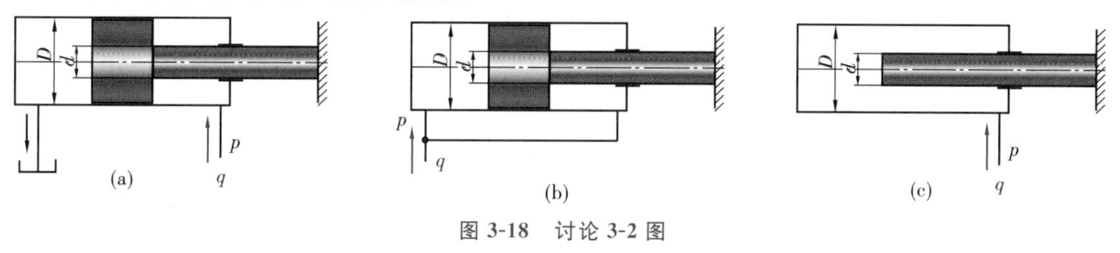

图 3-18 讨论 3-2 图

讨论 3-3

单作用伸缩缸和双作用伸缩缸有什么不同？伸缩缸应用在哪些场合。

二、习题

3-1 多级伸缩缸在外伸、内缩时，不同直径的柱塞以什么样的顺序运动？为什么？

3-2 已知单杆液压缸缸筒直径 $D=50$ mm，活塞杆直径 $d=35$ mm，液压泵供油流量 $q=10$ L/min，试求：(1)液压缸差动连接时的运动速度；(2)若缸在差动阶段所能克服的外负载 $F=1000$ N，缸内油液压力有多大(不计管内压力损失)？

3-3 一柱塞缸的柱塞固定，缸筒运动，压力油从空心柱塞中通入，压力为 $p=10$ MPa，流量为 $q=25$ L/min，缸筒直径为 $D=100$ mm，柱塞外径 $d=80$ mm，柱塞内孔直径为 $d_0=30$ mm，试求柱塞缸所产生的推力和运动速度。

3-4 设计一单杆活塞液压缸，要求快进时差动连接，快进和快退(有杆腔进油)时的速度均为 6 m/min。工进时(无杆腔进油，非差动连接)可驱动的负载 $F=25\ 000$ N，回油背压为 0.25 MPa，采用额定压力为 6.3 MPa、额定流量为 25 L/min 的液压泵，试确定：(1)缸筒内径和活塞杆直径各是多少？(2)缸筒壁厚最小值(缸筒材料选用无缝钢管)是多少？

课程思政拓展阅读材料

材料一 扬眉吐气！世界最大模锻液压机在中国问世

2016 年 6 月 5 日，世界最大模锻液压机，在四川德阳中国第二重型机械集团生产。这台 8 万吨级模锻液压机，地上高 27m、地下 15m，总高 42m，设备总重 2.2 万吨。该液压机采用了目前国际一流设计和控制系统，是中国大飞机项目的重要基础装备。有人把大型模锻液压机形象地比喻为揉面机，只不过前者揉的是钢铁，而且像“压月饼”一样精密。本体结构拥有完全自主知识产权，由清华大学以其在钢丝预应力缠绕领域数十年的技术积累为基础，应用最先进的预应力钢丝缠绕剖分-坎合技术、机

中国第二重型机械集团生产的世界最大模锻液压机

器人智能缠绕技术等设计而成，解决了压机承载机架、400 MN 主工作缸、动梁等关键部件的设计和制造问题。

巨型模锻液压机，是象征重工业实力的国宝级战略装备，是衡量一个国家工业实力的重要标志。目前，世界上拥有4万吨级以上模锻压机的国家，只有中国、美国、俄罗斯和法国。中国的这台8万吨级模锻液压机，一举打破了前苏联保持了51年的世界纪录，这也标志着中国关键大型锻件受制于外国的时代彻底结束。

参考资料：

压力高达8万吨！中国造世界最大液压机，能将钻石瞬间压成粉末？[EB/OL]. https://new.qq.com/rain/a/20210922A0FUNI00.

思考1：模锻液压机的液压缸是如何实现同步运动的？

思考2：近年来，中国在工业领域已经逐渐进入由大转为精的过程，身为工程专业的大学生，你有什么感想？

材料二　世界最高液压支架是如何"炼成的"？

煤矿液压支架

液压支架是一种利用液体压力产生支撑力并实现自动移设来进行顶板支护和管理的一种液压动力装置，是综合机械化采煤不可缺少的配套设备。上世纪50年代，中国煤炭开采还停留在用筐背的阶段，这时西方已经出现了液压支架，有一套完整的煤炭开采工业体系。为了缩小差距，来自五湖四海的青年聚集在郑州煤矿机械集团公司，他们凭着一股子钻劲，十年磨一剑，于1964年制造出了中国第一台自移式支架样机，并在之后打破国际的技术垄断，研发出中国第一台放顶煤综合采煤液压支架，随后中国在液压支架的研发方面开始走上逆袭之路，2005年，郑州煤矿机械集团公司为国内最大的煤炭企业神华集团成功研制出4.5 m液压支架。之后，郑州煤矿机械集团公司连续保持了在世界液压支架研发和制造方面的绝对优势。6.5 m、7 m、8 m……纪录不断被刷新，直至2018年，在神东煤炭集团上湾煤矿，郑州煤矿机械集团公司的液压支架顶起了"世界第一高"的综合采煤工作面。

从"中国第一架"到"世界第一高"，背后是数代煤机人的奋斗历程，是一次又一次自主创新、自我超越的精神缩影。不断升级迭代的煤机装备，始终守护着生命的"地下钢铁长城"，守护着国家能源安全。

参考资料：

李瑞. 解码郑煤机[EB/OL].（2019－10－30）. https://www.henan.gov.cn/2019/10－30/991404.html.

思考1：密封件是液压缸的重要组成部件之一，请思考液压缸为什么要密封，液压缸哪些部位需要密封？

4　液压辅助元件

4.1　过　滤　器

液压系统的液压油中，经常存在颗粒性污染物。颗粒性污染物会加速液压元件的阀芯磨损、节流小孔堵塞、阀芯卡滞，导致液压阀失效，造成系统故障。工程上，一般采用过滤器滤除液压油中的颗粒性污染物，保证油液清洁度。

4.1.1　液压油液的污染及其控制

据统计70%的液压系统故障是由于油液污染导致的，因此，必须对油液污染程度进行控制。

1. 液压油液的污染及其危害

(1)固体颗粒污染物进入液压泵、液压阀等元件后，加速元件的磨损，导致卡滞，降低使用寿命；

(2)液压油自身氧化并析出胶质样氧化物，使油液变质，堵塞节流小孔，加速元件腐蚀；

(3)油液中侵入空气后，产生气蚀和噪声；

(4)油液中混入水分后，加速油液的氧化、腐蚀金属。

2. 液压油液污染控制

液压油液污染控制，通常采取以下措施：

(1)选用合适的过滤器，合理设计过滤回路。

(2)防止外界污物侵入。为防止外界灰尘从油箱进入系统，油箱应密封并安装空气过滤器；由于新油在运输、储存等过程中会受到各种污染，所以新油液注入系统前必须进行过滤；拆卸管道或液压元件时，应注意防止污染物侵入，严禁用棉纱擦洗，以免纤维和油泥等污物进入液压系统。

(3)对液压元件和系统进行清洗。在液压元件加工过程中的每道工序后，都应清洗净化；系统在组装前，管道和油箱必须经过清洗，系统组装后要进行全面的清洗。

(4)定期检查和更换液压油液。液压系统工作一定时间，要对液压油液进行抽样检查，注意油液的污染是否超过允许使用范围。若不符合要求，应立即更换。

4.1.2　过滤器的功用和类型

过滤器是液压系统污染控制的重要元件，其功用就是滤除油液中的杂质，维护油液的清洁，保证液压系统正常工作。

过滤器按过滤原理来分，可分为表面型、深度型和磁性过滤器等三种；按滤芯的材料和结构形式，过滤器又可分为网式、线隙式、纸质滤芯式、烧结式及磁性过滤器等；按过滤器安放的位置不同，还可以分为吸油过滤器、压油过滤器和回油过滤器。

1. 网式过滤器

图4-1所示为网式过滤器，它是用细铜丝网作为过滤材料，包在圆周开有很多窗孔的金属或塑料

筒形骨架上。一般用于滤除粒径在0.08～0.18 mm的杂质颗粒，阻力小，压力损失不超过0.01 MPa，主要是安装在液压泵吸油口处，保护泵不受大粒度固体杂质的损坏。此种过滤器结构简单，通流能力大，清洗方便，但过滤精度低，常作吸油过滤器。

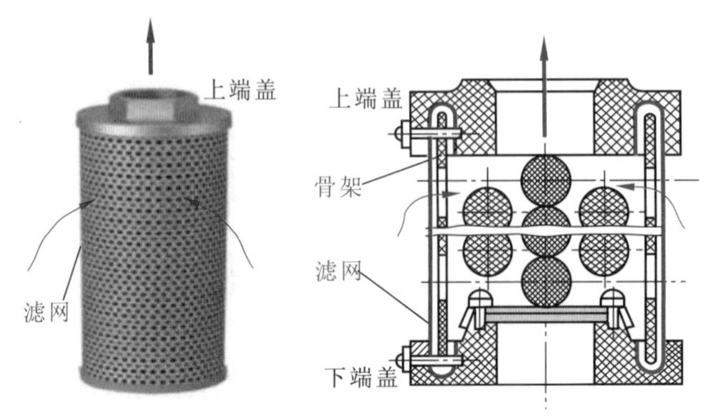

图 4-1　网式过滤器

2. 线隙式过滤器

图4-2所示为线隙式过滤器，滤芯用铜或铝线绕在筒形骨架的外圆上，利用线间的缝隙进行过滤。一般用于滤除粒径在0.03～0.1 mm的杂质颗粒，压力损失为0.07～0.35 MPa，常用在回油的低压管路或泵吸油口。此种过滤器结构简单，滤芯材料强度低，不易清洗。

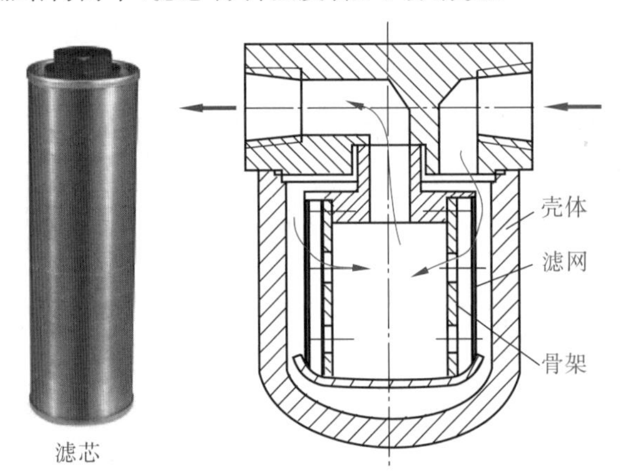

图 4-2　线隙式过滤器

网式和线隙式过滤器均属于表面型过滤器，被滤除的微粒污物，截留在滤芯朝向油液上游那一面，整个过滤作用是由一个几何面来实现的，就像丝网一样把污物阻留在其外表面。滤芯材料具有均匀的标定小孔，可以滤除大于标定小孔的污物杂质。由于污物杂质积聚在滤芯表面，所以此种过滤器极易堵塞。

3. 纸质过滤器

纸质过滤器装有纸质滤芯，以滤纸为过滤材料，结构类同于线隙式，只是滤芯为纸质。纸质滤芯是把厚度为0.35～0.7 mm的平纹或波纹的酚醛树脂或木浆的微孔滤纸，环绕在带孔的镀锡铁皮骨架上制成滤芯。为了增大滤纸的过滤面积，纸芯一般都做成折叠式。纸质过滤器特点是过滤精度高，可在32 MPa的高压下工作，缺点是堵塞后无法清洗，需定期更换滤芯，强度低(压力损失过大会破坏)，一般用于对油液清洁度要求较高的场合。通用型ZU系列纸质过滤器的过滤精度为3～40 μm，压力损失与通过流量的大小有关。

图4-3所示为纸质过滤器的结构，滤芯外层为折叠成星状的滤纸，内层为带孔的镀锡铁皮骨架。油液从滤芯外面经滤纸进入滤芯内，然后从中间通油孔道流出。为了保证过滤器能正常工作，不致因

杂质逐渐聚积在滤芯上引起压差增大而损坏纸芯，过滤器顶部装有堵塞状态压差报警器，当滤芯逐渐堵塞时，进出口压差增大，感应活塞推动电气开关并接通电路，发出堵塞报警信号，提醒操作人员更换滤芯。

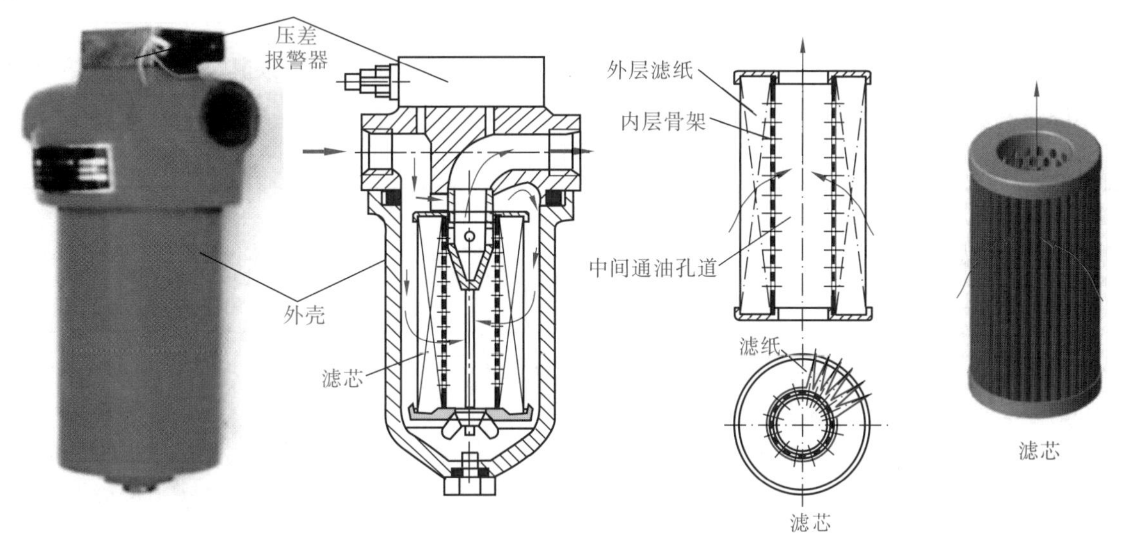

图 4-3 纸质过滤器

4. 烧结式过滤器

图 4-4 所示为金属烧结式过滤器，它的滤芯是用颗粒状青铜粉烧结而成的。选择不同粒度的粉末烧结成不同厚度的滤芯，可以获得不同的过滤精度，其范围在 10～100 μm 之间。烧结式过滤器压力损失较大，为 0.03～0.2 MPa，多用在回油路上。此种过滤器制造简单，耐腐蚀，强度高，但金属颗粒有时会脱落，堵塞后清洗困难。

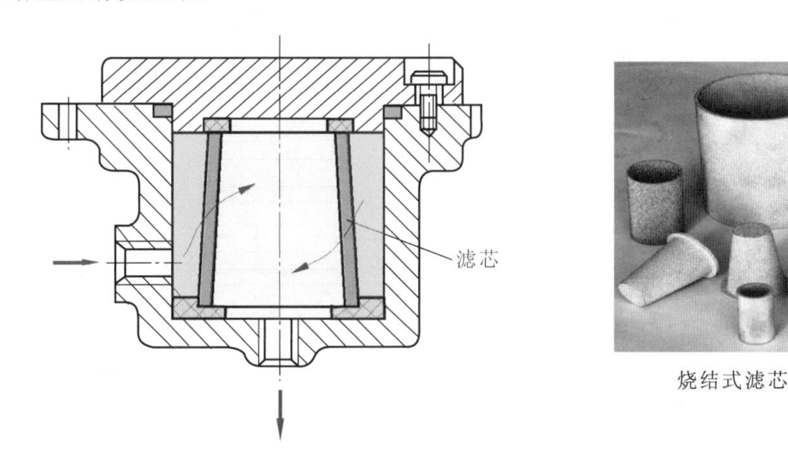

图 4-4 烧结式过滤器

纸质过滤器和烧结式过滤器属于深度型过滤器。过滤材料内部具有曲折迂回的通道，大于表面孔径的粒子直接被拦截在朝油液上游的外表面，而较小污染粒子进入过滤材料内部，撞到通道壁上，滤芯的吸附及迂回曲折通道有利于污染粒子的沉积和截留。深度型过滤器的滤芯材料有纸芯、烧结金属、毛毡和各种纤维类等。

5. 磁性过滤器

磁性过滤器的滤芯采用永磁性材料，将油液中对磁性敏感的金属颗粒吸附到上面。它常与其他形式的滤芯一起制成复合式过滤器，对加工金属的机床液压系统特别适用。

4.1.3 过滤器的选用

过滤器按其过滤精度的不同，有粗过滤器、普通过滤器、精密过滤器和特精过滤器四种。在选用过滤器时，应注意以下几点：

（1）有足够的过滤精度。过滤精度是指通过滤芯的最大颗粒的大小，以其直径 d 的公称尺寸表示。其颗粒越小，精度越高。各种系统对过滤精度有不同的要求，参见表 4-1。

表 4-1 各种液压系统的过滤精度要求

系统类别	润滑系统	传动系统			伺服系统
工作压力/MPa	0～2.5	<14	14～32	>32	≤21
精度/μm	≤100	25～50	≤25	≤10	≤5

实践证明，采用高精度过滤器，液压泵、液压马达的使用寿命可延长(约 4～10 倍)，能基本消除液压阀因污染产生故障，并延长液压油的使用寿命。

（2）有足够的通油能力。通油能力是指在一定压降和过滤精度下允许通过过滤器的最大流量。不同类型和规格的过滤器可通过的流量值有一定的限制，应结合过滤器在液压系统中的安装位置，根据过滤器样本来选取。

（3）滤芯便于清洗或更换。对于不能停机的液压系统，必须选择切换式结构的过滤器，可以不停机更换滤芯；对于需要滤芯堵塞报警的场合，则可选择带发讯装置的过滤器。

4.1.4 过滤器的安装位置

1. 泵入口的吸油过滤器

如图 4-5(a)所示，在泵的吸油口安装网式或线隙式的粗过滤器，防止大粒径杂质进入泵内，同时有较大的通流能力，防止发生气穴现象。为了不影响泵的吸油性能，过滤器的过滤能力应为泵流量的两倍以上，压力损失一般不得超过 0.03 MPa。

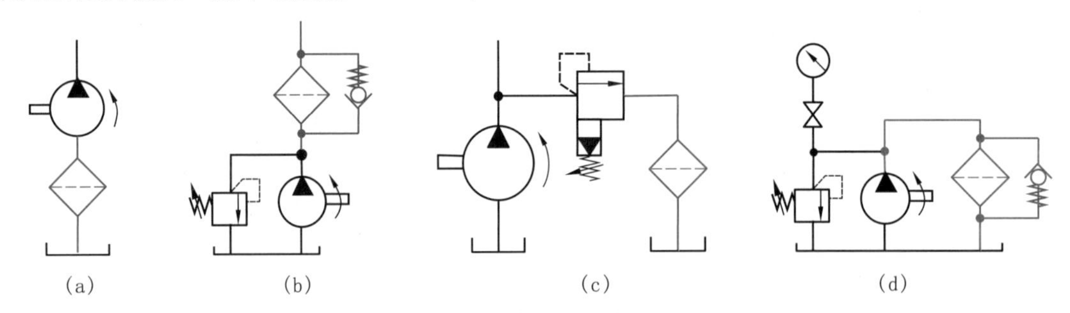

图 4-5 过滤器的安装位置

(a)吸油过滤；(b)压油过滤；(c)回油过滤；(d)独立循环过滤

2. 泵出口油路上的高压过滤器

如图 4-5(b)所示，安装在泵的出口可保护除泵以外的元件，一般采用过滤精度 10～15 μm 的精过滤器，注意选择过滤精度高、能承受油路上工作压力和冲击压力的过滤器，压力损失一般小于 0.35 MPa，并应有安全阀(多用单向阀作安全阀)或堵塞状态发讯装置，以防滤芯损坏。

3. 回油路上的低压过滤器

如图 4-5(c)所示，安装在主回油路上或溢流阀回油路上，可滤除油液回油箱前侵入系统或系统生成的污物，为液压泵提供清洁的油液。由于回油压力低，可采用滤芯强度低的精过滤器，并允许过滤器有较大的压力降。为了防止过滤器阻塞，一般与过滤器并联一安全阀或安装堵塞发讯装置。

4. 独立设置的旁路过滤系统

大型液压系统可单独设置由液压泵和过滤器构成的滤油子系统，通过不断循环，提高油液清洁度，如图 4-5(d)所示。研究表明，在压力和流量波动较大时，过滤器的过滤效果会大幅度降低，显然，前面的过滤器安装方式都会受到影响，而独立于主系统外的过滤回路却不受影响，故过滤效果较好。

使用时还应注意过滤器只能单向通油，应按规定的液流方向安装，以利于滤芯清洗和安全。清洗或更换滤芯时，要防止外界污染物侵入液压系统。

4.2 蓄 能 器

4.2.1 蓄能器的类型及特征

蓄能器是液压系统中储存和释放油液压力能的装置。按其储存能量的方式不同分为重力式（重锤式）、弹簧加载式（弹簧式）和气体加载式。气体加载式又分为非隔离式（气瓶式）和隔离式，结构上又有皮囊式、活塞式和薄膜式（隔膜式）之分。目前最常用的还是利用气体压缩和膨胀来储存、释放液压能的充气式蓄能器。图 4-6 为几种常用结构形式的蓄能器及其符号，分述如下：

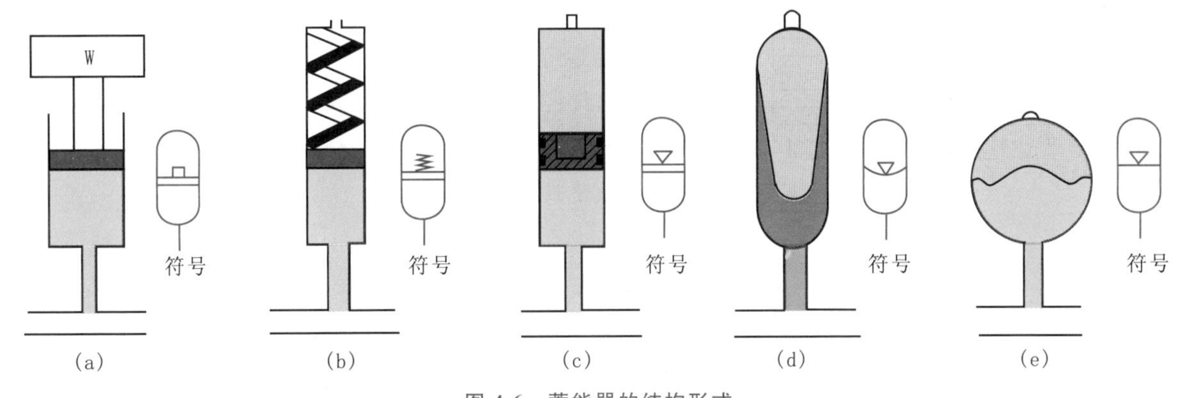

图 4-6 蓄能器的结构形式

(a)重力式蓄能器；(b)弹簧式蓄能器；(c)活塞式蓄能器；(d)皮囊式蓄能器；(e)隔膜式蓄能器

1. 活塞式蓄能器

活塞式蓄能器如图 4-6(c)和 4-7(a)所示，气体和油液由活塞 1 隔开。活塞 1 的上部为压缩空气，气体由充气阀 3 充入，其下部经油口通向液压系统，活塞 1 随下部压力油的储存和释放而在缸筒 2内来回滑动。为了防止活塞上、下两腔相通而使气液混合，在活塞上装有 O 形密封圈。这种蓄能器结构简单，主要用于大体积和大流量要求的场合。但因活塞有一定的惯性和 O 形密封圈存在较大的摩擦力，所以反应不够灵敏。

2. 隔膜式蓄能器

隔膜式蓄能器，又称薄膜式蓄能器，如图 4-6(e)和 4-7(b)所示，主要用于体积和流量较小的情况，如用作减震器，缓冲器等。

3. 皮囊式蓄能器

皮囊式蓄能器如图 4-6(d)、4-7(c)所示，气体和油液用皮囊 2 隔开，皮囊用耐油橡胶制成，固定在耐高压的壳体的上部，皮囊内充入惰性气体，壳体 1 下端的提升阀 4 是一个用弹簧复位的菌形阀，压

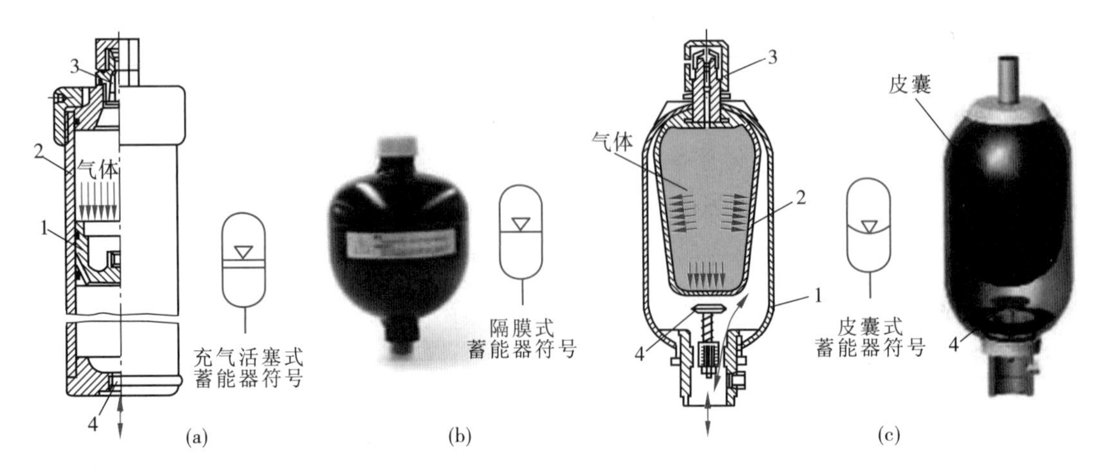

图 4-7 气体加载式蓄能器

(a)活塞式蓄能器;(b)隔膜式蓄能器;(c)皮囊式蓄能器

(a)1—活塞;2—缸筒;3—充气阀;4—提升阀;(c)1—壳体;2—皮囊;3—充气阀;4—提升阀

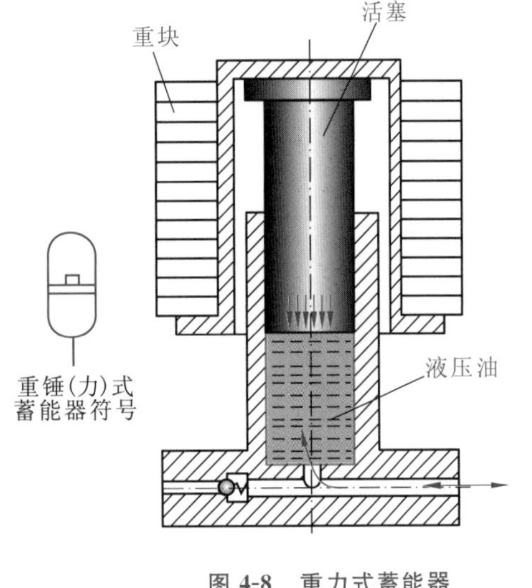

图 4-8 重力式蓄能器

力油由此通入,并能在油液全部排出时下降封堵油口,防止皮囊膨胀挤出。这种结构使气、液隔离可靠,并且因皮囊惯性小而克服了活塞式蓄能器响应慢的弱点,因此,它的应用范围非常广泛。

4. 重力式(重锤式)蓄能器

重力式蓄能器如图 4-8 所示,主要用在冶金等大型液压系统的恒压供油,其缺点是反应慢,体积庞大。

5. 弹簧式蓄能器

弹簧式蓄能器及其符号如 4-6(b)所示,它是利用弹簧的压缩和伸长来储存、释放压力能,它的结构简单,反应灵敏,但容量小,可用于小容量、低压回路起缓冲作用,不适用于高压或高频的工作场合。

4.2.2 蓄能器的功能

1. 作辅助动力源

若液压系统的执行元件是间歇性工作且与停顿时间相比工作时间较短,或液压系统的执行元件在一个工作循环内运动速度相差较大,为节省液压系统的动力消耗,可在系统中设置蓄能器作为辅助动力源。在系统不需要大流量时,可以把液压泵输出的多余压力油储存在蓄能器内,当需要时再由蓄能器快速向系统释放,这样可以减少液压泵的容量以及电动机的功率消耗,系统可采用一个功率较小的液压泵,从而降低液压系统温升。

2. 补偿泄漏和保持恒压

若液压系统的执行元件需长时间保持某一工作状态,如夹紧工件或举顶重物,为节省动力消耗,要求液压泵停机或卸荷。此时可在执行元件的进口处并联蓄能器,由蓄能器补偿泄漏、保持恒压,以保证执行元件的工作可靠性。

图 4-9 所示为一液压机的液压系统,当液压缸保压时,泵的流量进入蓄能器 4 被储存起来,达到设

定压力后卸荷阀 3 打开，泵卸荷；当液压缸快速进退时，蓄能器与泵一起向液压缸供油。因此，系统设计时可按平均流量选用较小排量规格的泵。

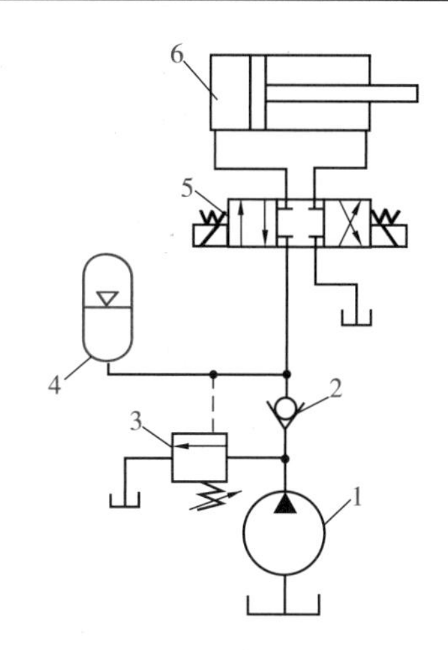

图 4-9　液压机液压系统

1—液压泵；2—单向阀；3—卸荷阀；4—蓄能器；5—换向阀；6—液压缸

3. 作应急动力源

某些液压系统要求在液压泵发生故障或失去动力时，执行元件应能继续完成必要的动作以紧急避险、保证安全，如在高炉煤气管道检修阀门的液压驱动中常常有此要求，液压电梯要能在失电时自动平层，这时可在系统中设置适当容量的蓄能器作为紧急动力源，避免事故发生。

4. 吸收脉动，缓和液压冲击

当液压系统泵源的流量脉动和压力脉动较大时，易导致振动和噪声。此时可在液压泵的出口安装蓄能器吸收脉动（相当于电容器滤波）、降低噪声，减少因振动损坏仪表和管接头等元件。

有时因突然换向、液压泵的突然停车、执行元件运动的突然停止等原因，液压系统管路内的液体流动会发生急剧变化，产生液压冲击。这类液压冲击大多发生于瞬间，系统的安全阀来不及开启，因此常造成系统中的仪表、密封损坏或管道破裂。若在冲击源的前端管路上安装蓄能器，则可以吸收或缓和这种压力冲击。

4.2.3　蓄能器的容量计算及选用安装

容量是选用蓄能器的依据，其大小视用途而异，现以皮囊式蓄能器为例加以说明。

1. 作辅助动力源时的容量计算

当蓄能器作动力源时，蓄能器储存和释放的压力油容量和皮囊中气体体积的变化量相等，而气体状态的变化遵守玻义耳定律，即

$$p_0V_0^n=p_1V_1^n=p_2V_2^n \tag{4-1}$$

式中：p_0——皮囊的充气压力；

V_0——皮囊充气的体积，由于此时皮囊充满壳体内腔，故 V_0 亦即蓄能器容量；

p_1——系统最高工作压力，即泵对蓄能器充油结束时的压力；

V_1——气体压缩后相应于 p_1 时的体积；

p_2——系统最低工作压力，即蓄能器向系统供油结束时的压力；

V_2——气体膨胀后对应于 p_2 时的体积。

体积差 $\Delta V=V_2-V_1$ 为供给系统油液的有效体积，将它代入式(4-1)，可求得蓄能器容量 V_0，即

$$V_0=\frac{\Delta V\left(\dfrac{p_2}{p_0}\right)^{1/n}}{1-\left(\dfrac{p_2}{p_1}\right)^{1/n}} \tag{4-2}$$

充气压力 p_0 在理论上可与 p_2 相等，但是为保证在 p_2 时蓄能器仍有能力补偿系统泄漏，则应使 $p_0<p_2$，一般取 $p_0=(0.6\sim0.65)p_2$，有利于提高其使用寿命。

如已知 V_0，也可反过来求出蓄能器的供油体积，即

$$\Delta V=V_0\,p_0{}^{1/n}\left[\left(\frac{1}{p_2}\right)^{1/n}-\left(\frac{1}{p_1}\right)^{1/n}\right] \tag{4-3}$$

在以上各式中，n 是与气体变化过程有关的指数。当蓄能器用于保压和补充泄漏时，气体压缩过程缓慢，与外界热交换得以充分进行，可认为是等温变化过程，这时取 $n=1$；而当蓄能器作辅助或应急动力源时，释放液体的时间短，气体快速膨胀，热交换不充分，这时可视为绝热过程，取 $n=1.4$。在实际工作中，气体状态的变化在绝热过程和等温过程之间，因此，$n=1\sim1.4$。

2. 作吸收冲击用时的容量计算

当蓄能器用于吸收冲击时，其容量的计算与管路布置、液体流态、阻尼及泄漏大小等因素有关，最小容量计算式如下：

$$V_0=\frac{mv^2}{2}\times\frac{0.4}{p_0}\times\frac{10^3}{\left(\frac{p_1}{p_0}\right)^{0.285}-1}$$

式中：p_1——允许的最大冲击压力(Pa)；

p_0——充气压力(Pa)，一般取 $p_0=p_1\times90\%$；

v——管中液体流速(m/s)；

m——管中液体总质量(kg)。

由上式准确计算 v_0 比较困难，一般按经验公式计算缓冲最大冲击力时所需要的蓄能器最小容量，即

$$V_0=\frac{0.004qp_1(0.0164L-t)}{p_1-p_2} \tag{4-4}$$

式中：p_1——允许的最大冲击压力，一般取 $p_1\approx1.5p_2$(MPa)；

p_2——阀口关闭前管内压力(MPa)；

q——阀口关闭前管道流量(L/min)；

V_0——用于冲击的蓄能器的最小容量(L)；

L——发生冲击的管长，即压力油源到阀口的管道长度(m)；

t——阀口关闭过程的时长(s)。

3. 蓄能器的选用与安装

(1)选择蓄能器时必须考虑与液压系统工作介质的相容性。当系统采用非矿物基液压油时，订购蓄能器时应特别加以说明。

(2)蓄能器与管路之间应安装截止阀，以便于充气、检修；蓄能器与液压泵之间应安装单向阀，以防止液压泵停车或卸荷时，蓄能器内的压力油倒流回液压泵。

(3)在液压站设计中，皮囊式蓄能器应垂直安放，油口向下，否则会影响皮囊的正常伸缩。

(4)蓄能器用于吸收液压冲击和压力脉动时，应尽可能安装在振源附近；用于补充泄漏、使执行元件保压时，应尽量靠近该执行元件。

(5)蓄能器作为一种压力容器，必须选用有完善质量体系保证并取得有关部门认可的产品。

4.3 油　箱

按油面是否与大气相通，可分为开式油箱与闭式油箱。开式油箱广泛用于一般的液压系统；闭式油箱则用于水下和高空无稳定气压的场合，这里仅介绍开式油箱。

4.3.1 油箱的功用及结构形式

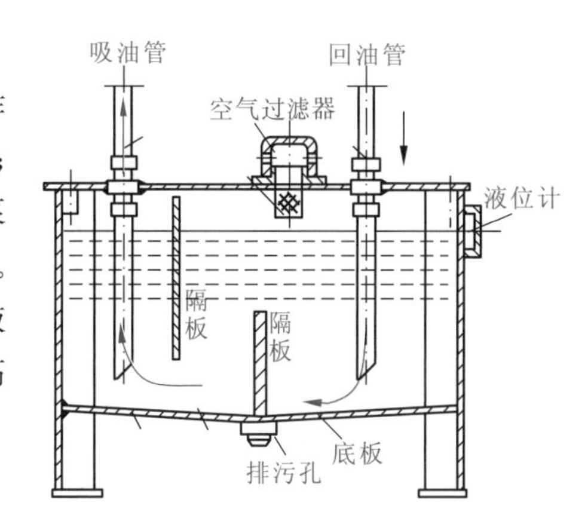

图 4-10 油箱结构示意图

小型油箱如图 4-10 所示。油箱的基本功能是：储存工作介质；散发系统工作中产生的热量；分离油液中混入的空气；沉淀污染物及杂质。另外，对于中小型液压系统，往往把泵装置和一些元件安装在油箱顶板上使液压系统结构紧凑。当液压泵-电动机安装在油箱侧面时，称为旁置式油箱；当液压泵-电动机安装在油箱下面时，称为下置式油箱（高架油箱）。

4.3.2 油箱容量的确定

油箱容量是油箱设计的关键。主要根据热平衡来确定（详见设计手册）。在初步设计时，油箱的容量通常按液压泵每分钟流量的倍数进行估算：

$$V=mq_p \tag{4-5}$$

式中：V——油箱的有效容量（L）；

q_p——液压泵的流量（L/min）；

m——经验系数，低压系统：$m=2\sim4$，中压系统：$m=5\sim10$，中高压或高压系统：$m=6\sim15$。

对功率较大且连续工作的液压系统，必要时还要进行热平衡计算，以此确定油箱容量。

此外，还要考虑到液压系统回油到油箱不致溢出，油面高度一般不超过油箱高度的 80%。

4.3.3 油箱设计要点

下面根据图 4-10 所示的油箱结构示意图分述设计要点：

（1）基本结构

为了在相同的容量下得到最大的散热面积，油箱外形以立方体或长六面体为宜。油箱的顶盖上有时要安放泵和电机，阀的集成装置有时也安装在箱盖上。油箱一般用钢板焊接而成，四周要有吊耳，以便起吊装运，底脚高度应在 150 mm 以上，以便散热、搬移和放油。

（2）吸油、回油和泄油管道的设置

油箱中如果设吸油过滤器，要有足够的通流能力。因需经常清洗或更换过滤器，所以要考虑拆卸方便。泵的吸油管与系统回油管之间的距离应尽可能远，管口都应插于最低液面以下，但离油箱底要大于管径的 2～3 倍，以免吸空和飞溅起泡。吸油管端部所安装的过滤器，离箱壁要有 3 倍管径的距离，以便四面进油。回油管口应截成 45°斜角，以增大回流截面，并使斜面对着箱壁，以利散热和沉淀杂质。液压马达和泵的泄油管则应引入液面之下，以免吸入空气。为防止油箱表面泄油落地，必要时要在油箱下面或顶盖四周设泄油回收盘。

（3）隔板的设置

吸油管及回油管要用隔板分开，增加油液循环的距离，使油液有足够时间分离气泡、沉淀杂质和散热。隔板高度一般取油面高度的 3/4，可设置一至两个隔板。为了使散热效果好，应使液流在油箱中有较长的流程，如果与四壁都接触，效果更佳。

（4）空气过滤器与液位计的设置

油箱盖上应安装空气过滤器，空气过滤器的作用是使油箱与大气相通，保证泵的自吸能力，滤除进入油箱的空气中的灰尘杂物，有时兼作加油口，它一般布置在顶盖上靠近油箱边缘处，其通气流量要较大，最少不小于泵流量的1.5倍。液位计用于监测油面高度，其安装位置应方便观察最高、最低液位。两者皆为标准件，可按需要选用。

(5)放油口与清洗窗口的设置

油箱底面宜做成斜面，在最低处设放油口，平时用螺塞或放油阀堵住，换油时将其打开放走油污。为了便于换油时清洗油箱，大容量的油箱一般均在侧壁设清洗窗口。

(6)密封装置

油箱盖板和窗口连接处均需加密封垫，各进、出油管通过的孔都需要装有密封垫，确保连接处严格密封。

(7)油温控制

油箱正常工作温度应在15～65 ℃之间，必要时应安装温度控制系统，或设置加热器和冷却器。

(8)油箱材料和内壁加工

为了防锈，油箱选用不锈钢板材焊接为宜。若选用炭钢材料，内壁一般要经喷丸、酸洗和表面清洗。

4.4 管　　件

管件包括管道、管接头和法兰等，其作用是保证油路的连通，并便于拆卸、安装；一般根据工作压力、安装位置等确定管件的连接结构。

4.4.1 管道

1. 管道特点、种类和适用场合(表4-2)。

表4-2 管道的种类和适用场合

种类	特点和适用场合
钢管	价廉、耐油、抗腐、刚性好，但装配不易弯曲成型。常在拆装方便处用作压力管道，中压以上用无缝钢管，低压用焊接钢管。
紫铜管	价格高，抗震能力差，易使油液氧化，但易弯曲成型。用于仪表和装配不便处。
尼龙管	半透明材料，可观察流动情况，加热后可任意弯曲成型和扩口，冷却后即定型，承压能力较低，一般在2.8～8 MPa之间。
塑料管	耐油、价廉、装配方便，长期使用会老化。只用于压力低于0.5 MPa的回油或泄油管路。
橡胶管	用耐油橡胶和钢丝编织层制成，价格高，多用于高压管路；还有一种用耐油橡胶和帆布制成，用于回油管路。

2. 管道尺寸的计算

管道流量、压力分别为q、p时，内径d和壁厚可采用下列两式计算，并需圆整为标准数值，即

$$d=2\sqrt{\frac{q}{\pi[v]}} \tag{4-6}$$

$$\delta=\frac{pdn}{2[\sigma_b]} \tag{4-7}$$

式中：$[v]$——允许流速，推荐值：吸油管为0.5～1.5 m/s，回油管为1.5～2 m/s，压力油管为

2.5～5 m/s,控制油管取 2～3 m/s,橡胶软管应小于 4 m/s。

n——安全系数,对于钢管:$p \leqslant 7$ MPa 时,$n=8$;7 MPa$<p \leqslant 17.5$ MPa 时,$n=6$;$p>17.5$ MPa 时,$n=4$。

$[\sigma_b]$——管道材料的抗拉强度(Pa),可由《材料手册》查出。

3. 安装要求

管道应尽量短,最好横平竖直,拐弯少。为避免管道皱褶,减少压力损失,管道装配的弯曲半径要足够大,管道悬伸较长时要适当设置管夹及支架。

管道尽量避免交叉,平行管距要大于 100 mm,以防接触振动,并便于安装管接头和管夹。

软管直线安装时要有 30%左右的余量,以适应油温变化、受拉和振动的需要。弯曲半径要大于 9 倍软管外径,弯曲处到管接头的距离至少等于 6 倍外径。

4.4.2 管接头

管接头是管道与管道、管道和其他元件的可拆卸连接件,如泵、阀、集成块等的连接。下面介绍在液压系统中常用的几种管接头。

1. 硬管接头

按管接头和管道的连接方式分,有扩口式管接头、卡套式管接头和焊接式管接头三种。

扩口式管接头 如图 4-11(a)所示。先将接管 5 的端部用扩口工具扩成 74°～90°的喇叭口,再拧紧螺母 2,通过衬套(导套)3 压紧接管 5 的扩口部分,并与接头体 1 的相应锥面连接与密封。这种接头不用密封圈,是靠拧紧接头螺母,通过衬套使管子压紧密封的,结构简单,重复使用性好,适用于紫铜管、薄钢管等低压管道的连接以及一般不超过 8 MPa 的中低压系统。

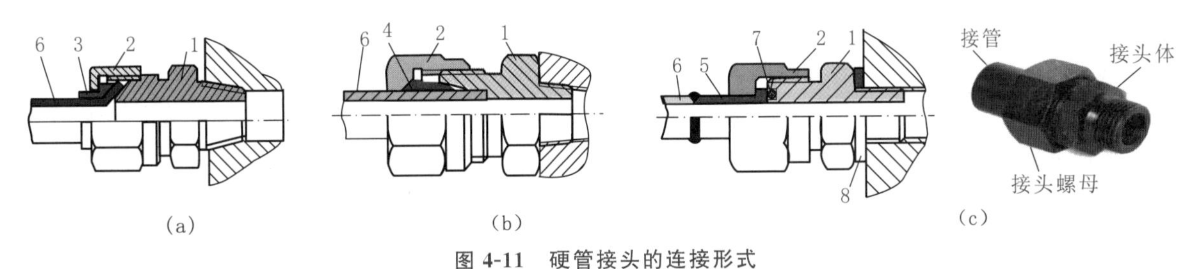

图 4-11 硬管接头的连接形式

(a)硬管接头;(b)卡套式接头;(c)焊接式管接头

1—接头体;2—螺母;3—衬套;4—卡套;5—接管;6—管道;7—O 形密封圈;8—组合密封圈

卡套式管接头 如图 4-11(b)所示。接头与油管的密封,是靠拧紧接头螺母 2 后,卡套 4 发生弹性变形便将管道 6 夹紧。

焊接式管接头如图 4-11(c)所示,管道 6 与接管 5 之间靠焊接,接头体 1 与接管 5 之间的密封靠 O 形密封圈 7 密封,接头体 1 与阀块之间靠组合密封圈 8 密封。接头体与接管之间的密封方式,也有通过球面、锥面接触密封,接触密封有自位性,适用于工作压力不高的液压系统;O 形圈密封的密封性好,可用于高压系统。

法兰式管接头如图 4-12 所示。法兰成对使用,两边油管分别与两片法兰焊接,再用螺栓将焊有管道的一对法兰连接在一起,两片法兰之间通过 O 形密封圈密封,大口径管道一般采用法兰连接。

此外尚有二通、三通、四通、铰接等数种形式的管接头,供不同情况下选用,具体可查阅有关手册。

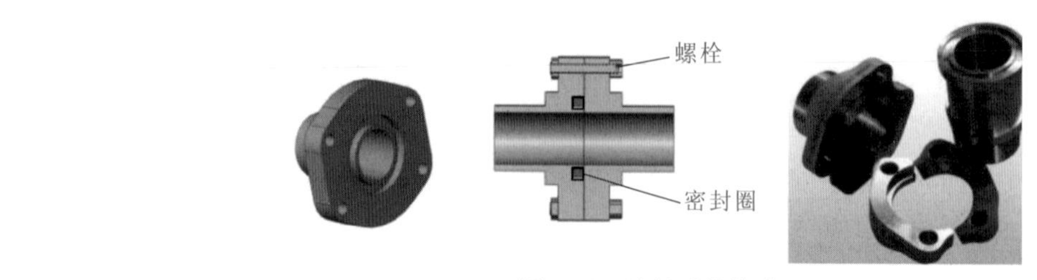

图 4-12　法兰式管接头

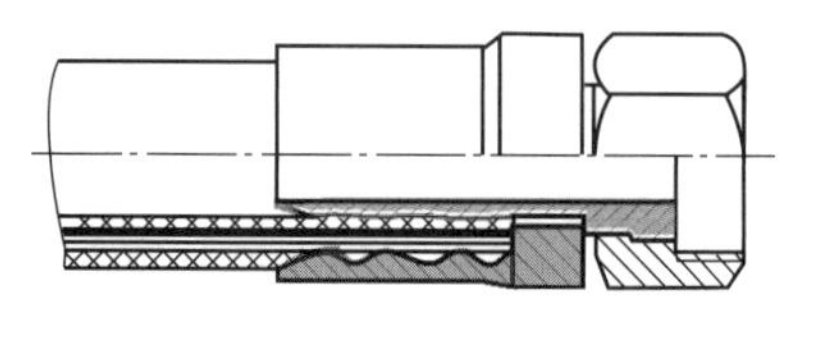

图 4-13　扣压式胶管接头

2. 胶管接头

胶管接头有扩口式和扣压式两种，随管径和所用胶管钢丝层数的不同，工作压力在 6～40 MPa 之间，图 4-13 为扣压式胶管接头，扩口式胶管接头与其类似，可参见《液压工程手册》。

4.5　热交换器

液压系统的大部分能量损失转化为热量后，除部分散发到周围空间外，大部分使油液温度升高。若长时间油温过高，则油液黏度下降，泄漏增加，密封材料老化，油液氧化，严重影响液压系统正常工作。液压系统的工作温度一般希望保持在 30～50 ℃的范围之内，最高不超过 65 ℃，最低不低于 15 ℃，如果液压系统靠自然冷却仍不能使油温控制在上述范围内时，就需要安装冷却器；反之，如在冬季户外作业时，油温过低，油液黏度过大，会导致设备起动困难，压力损失加大，并引起过大的振动，在此种情况下，系统中应安装加热器，将油液升高到适合的温度。热交换器是冷却器和加热器的总称，下面分别予以介绍。

4.5.1　冷却器

根据冷却介质不同，冷却器有风冷式、冷媒式和水冷式三种。风冷式利用自然通风来冷却，常用在行走设备上。冷媒式利用冷媒介质（如氟里昂）在压缩机中做绝热压缩，散热器放热，蒸发器吸热的原理，把热油的热量带走，使油冷却，此种方式冷却效果最好，但价格昂贵，常用于精密机床等设备上。水冷式是一般液压系统常用的冷却方式。

水冷式冷却器利用水进行冷却，分为板式、多管式和翅片式。图 4-14 所示为多管式冷却器。油从壳体进油口 5 流入，由于挡板 4 的作用，热油循环路线加长，这样有利于和水进行热量交换，最后从出油口 3 流出。水从右端盖的进水口 7 流入，通过水管后由出水口 1 流出，由水将油中热量带出。水管外面可增加横向或纵向散热翅片，以扩大散热面积和热交换效果，其散热面积可达光滑管的8～10倍。

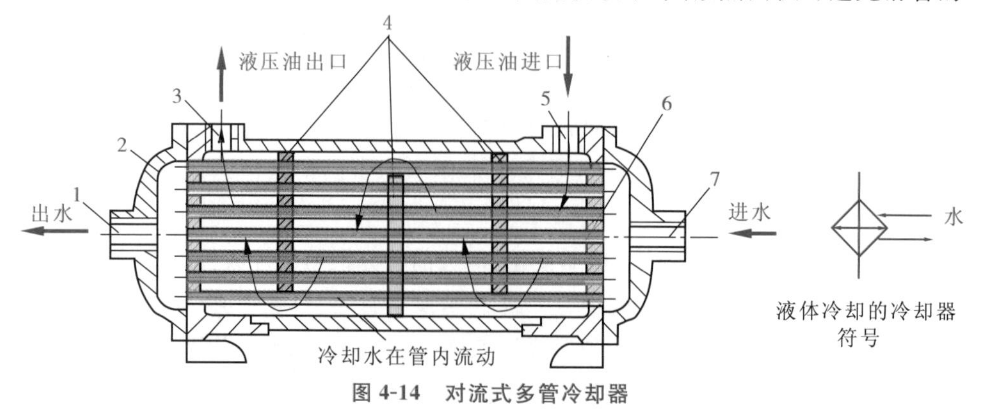

图 4-14　对流式多管冷却器

1—出水口；2—壳体；3—出油口；4—挡板；5—进油口；6—散热管；7—进水口

冷却器不能耐高压，一般冷却器的最高工作压力在 1.6 MPa 以内，使用时应安装在回油管路或低压管路上，压力损失一般为 0.01～0.1 MPa。当液压系统散热量较大时，可使用化工行业中的水冷式板式换热器。

4.5.2 加热器

油液加热的方法有热水或蒸汽加热和电加热两种方式。由于电加热器使用方便，易于自动控制温度，故应用较广泛。如图 4-15 所示，电加热器用法兰盘水平安装在油箱侧壁上，发热部分全部浸在油液内，加热器应安装在油液流动处，以利于热量的交换。由于油液是热的不良导体，单个加热器的功率不能太大，电加热器表面功率密度不得超过3 W/cm^2，以免油液局部温度过高而变质。为安全起见，可设置联锁保护装置，在没有足够的油液循环经过加热器、或者在加热器没有被系统油液完全包围时，及时切断加热器回路。

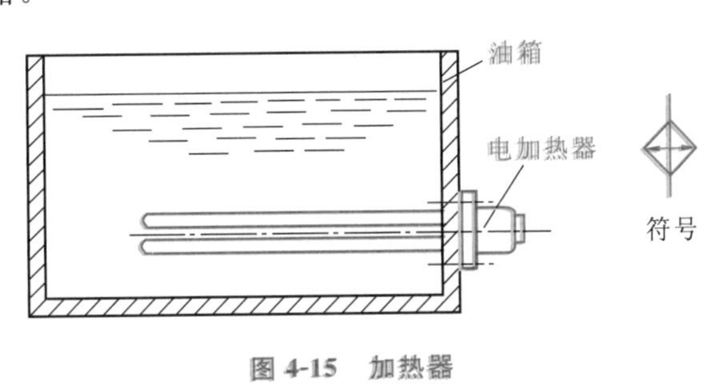

图 4-15 加热器

讨论与习题

一、讨论

讨论 4-1

针对液压系统的污染问题，讨论污染的来源及其危害，争取提出具体的防治措施。

讨论 4-2

皮囊式蓄能器如何充气？如何确定充气压力，充气采用什么工具呢？

讨论 4-3

液压油的污染程度如何衡量？清洁度如何检测？

讨论 4-4

讨论油箱的结构设计要点。

二、习题

4-1 过滤器有哪些种类？安装时要注意什么？

4-2 根据哪些原则选用过滤器？

4-3 举例说明油箱的典型结构及各部分的作用。

4-4 设蓄能器的充气压力为 6 MPa，求工作压力在 7～13 MPa 之间时，可供出 2 L 油液的蓄能器的容积(按等温充油、绝热放油和等温过程两种情况分别计算)。

4-5　为什么在液压泵的吸油口不安装精过滤器？

课程思政拓展阅读材料

无人机液压蓄能器弹射起飞

材料一　液压蓄能器的无人机弹射领域的应用

无人机液压弹射起飞方式是20世纪90年代国际上发展起来的一种先进的导轨弹射起飞方式，这种起飞方式不需要滑跑跑道。液压弹射起飞与常用的火箭助推起飞方式相比，具有安全隐蔽性好、经济性好、适应性好等优点。这种发射方式可适用于不同起飞重量和起飞速度的无人机发射要求，使得同一台发射装置可以发射不同种类的无人机。液压弹射起飞装置可安装在车上，具有良好的机动灵活性，此装置可适用于各类低速、中小型无人机的机动性导轨发射。液压蓄能器作为无人机液压弹射装置的动力源核心部分，为无人机弹射起飞提供动力。因此，液压蓄能器的研究对整个装置的设计和改进具有重要的意义。

参考资料：

前瞻产业研究院. 液压蓄能器的应用情况和市场分析[EB/OL].（2015－08－02）. https://www.qianzhan.com/analyst/detail/329/150802－2ee666d0.html.

思考：你还知道哪些液压储能器在生活中的应用？

南仁东在大窝凼施工现场与工程技术人员讨论
（2013年12月31日摄）

材料二　人民工程师南仁东和中国天眼

人民工程师南仁东的一生，可说是“用知识发电”，他在无线电事业上倾注了整整二十二年的心血。1963年，南仁东以高考平均98.6分（百分制）的成绩成为吉林省理科第一名并升入清华大学，在无线电专业学习，之后又进入中国科学院研究生院，获得了理学硕士和博士学位。

为了将尖端的科研引入到中国天文界，南仁东在1994年提出了500 m口径球面射电望远镜（FAST）工程概念，他将项目取名为FAST，就蕴含着“追赶”“跨越”“领先”之义。但是在当时国内技术力量不够、经济条件不足的窘境下，这一项目遭到了诸多质疑，好友甚至直言：“一个连汽车都做不好的国家，怎么能造得了大型的射电望远镜？”南仁东却忧国家之忧、尽自己之力，一心要让中国在天文行业居于强国之林。为了选址，他在中国西南大山里跋涉了十二年，有的地方完全是荒山野岭，无路可走，南仁东却坚持一步一个脚印地寻找。最后，终于在391个备选洼地里选到了最适合FAST建设的台址，即贵州省的喀斯特洼地。

2017年南仁东先后获“CCTV2016年度科技创新人物”“2017年全国创新争先奖章”，创新既是南老的治学态度，也是他对于国家做出的科学贡献。对于FAST，南老曾说：“这个东西如果有一点瑕疵，我对不起国家。”对于整个天文学，南老也为这个时代留下了铿锵有力的余音：“在我眼中知识没有国界，但国家要有知识。”2017年9月15日，那个最懂“天眼”的人，永远离开了我们。2018年10月15日，中科院国家天文台宣布将一颗国际永久编号为“79694”的小行星正式命名为“南仁东星”。

材料三 中国天眼：人类看得最远的眼睛

“中国天眼”是什么？，它的全名是“500米口径球面射电望远镜”，英文名为 Five hundred meter Aperture Spherical radio Telescope（简称 FAST）。发射面积相当于30个标准足球场那么大，如果在里面倒满矿泉水，全世界70亿人平均每人可分4瓶。它能看到130多亿光年的区域，接近宇宙边缘。它是我国具有自主知识产权、用于探索宇宙的单口径球面射电望远镜。有了它，可以推动对宇宙深空的了解与探测，为天文学的发展提供新的可能。

中国天眼

中国天眼采用集成式 EHA 的技术来实现整个反射面的调整。EHA 是电动静液伺服系统，EHA 作动器本体由电机、电控单元、液压泵、液压油箱、检测阀、油滤、释放阀、管道和液压作动器组成，采用电机、液压泵一体化结构的集成设计制造。创新的运用此技术，反射面可以实现主动调整，根据观测需求，可以调节反射面的焦距和焦点。其中，电机采用无刷直流270 V电机，液压泵采用定量泵，泵完全封闭于液压油箱内，全封闭式的结构有效保证了泵在理想的条件下运行，可提供长久、免维护的使用寿命。

“中国天眼”可以说是一个现代工程奇迹，它凝结了20多个科研机构、上百名科研人员的心血，汇聚了几千名一线工人的汗水。建造条件艰苦，很多人在现场工作几天，身上就会起满红疙瘩。潮湿、阴冷的工棚没有空调或暖气，每个人的被子潮湿得快要挤出水来。正是这种永不言弃、众志成城的精神共同造就了“中国天眼”。

参考资料：

[1] 侯茜.“人民科学家”南仁东——建“天眼”望宇宙[EB/OL].（2019-10-31）. https://www.cas.cn/xzfc/201910/t20191031_4722086.shtml.

[2] 人物特辑|时代的“最美奋斗者”南仁东，作文提升5分的绝佳人物素材！[EB/OL].（2020-07-01）. https://zhuanlan.zhihu.com/p/151651540.

[3] 侯茜.“中国天眼”，聆听宇宙的声音[EB/OL].（2021－04－29）. https://www.cas.cn/cm/202104/t20210429_4786266.shtml.

思考1：你是如何理解南仁东说的：“在我眼中知识没有国界，但国家要有知识。”？

思考2：天眼为什么要使用集成式 EHA？

5　方向控制阀

液压控制阀(简称液压阀)在液压系统中用来控制液流的压力、流量和方向,保证执行元件按照负载的需求进行工作。液压阀的品种繁多,即使同一种阀,因应用场合不同,用途也有差异。因此,掌握液压阀的控制机理是第5、6、7章学习的关键。

本章学习方向控制阀,用来控制和改变液压系统中各油路之间液流的方向,以满足对执行元件的起动、停止和运动方向进行控制的要求。按其用途可分为单向阀和换向阀两大类。

5.1　液压控制阀概述

5.1.1　液压控制阀的分类

1. 根据用途不同分类

液压控制阀按其作用可分为方向控制阀、压力控制阀和流量控制阀三大类。

(1)方向控制阀　简称方向阀,用来控制和改变液压系统中液流方向的阀类,如单向阀、液控单向阀、换向阀等。

(2)压力控制阀　简称压力阀,用来控制或调节液压系统压力以及利用压力实现控制的阀类,如溢流阀、减压阀、顺序阀等。

(3)流量控制阀　简称流量阀,用来控制或调节液压系统流量的阀类,如节流阀、调速阀、比例流量阀、溢流节流阀等。

2. 根据结构形式分类

液压阀的基本结构主要包括阀芯、阀体和驱动阀芯在阀体内做相对运动的装置。阀芯的主要形式有滑阀、锥阀和球阀;液压阀是利用阀芯在阀体内的相对运动来控制阀口的通断及开口大小,从而实现压力、流量和方向的控制。因此,液压阀依据结构形式的不同,有滑阀、锥阀和球阀之分,方向控制阀中以滑阀居多。

液压阀工作时始终满足压力流量方程,即流经阀口的流量与阀口前后压差Δp和阀的开口面积有关。对于各种滑阀、锥阀和球阀,通过阀口的流量均可用下式表示:

$$q=c_q A_0\sqrt{2\Delta p/\rho} \tag{5-1}$$

式中:c_q——流量系数;

A_0——阀口通流面积;

Δp——阀口前、后压差;

ρ——液体密度。

3. 根据控制方式不同分类

液压阀作为控制元件，可用于普通液压传动系统（开关式控制）、电液比例控制系统（连续控制）和液压伺服系统（高精度、高速地连续控制），相应的液压阀分为开关控制阀、比例控制阀和伺服控制阀。

（1）定值或开关控制阀　被控制量为定值或通断控制的阀类，包括普通控制阀、插装阀和叠加阀。

（2）电液比例控制阀　被控制量与输入电信号成比例且连续变化的阀类，包括普通比例阀和带内反馈的电液比例阀（在第 8 章介绍）。

（3）伺服控制阀　用于闭环控制，输出量与输入信号成比例，连续变化，包括机液伺服阀和电液伺服阀（在第 8 章介绍）。

4. 根据安装连接形式不同分类

根据安装形式不同，液压阀还可分为管式、板式和插装式和叠加式等若干种，具体将在 5.5 节中介绍。

5.1.2　液压控制阀的基本参数

各种类型的液压阀的基本工作参数主要为额定压力和额定流量，不同的额定压力和额定流量使得每种液压阀具有多种规格。

1. 公称通径

公称通径代表阀的通流能力大小，对应于阀的额定流量。与阀的进出油口连接的油管的规格应与阀的通径相一致。阀工作时的实际流量应小于或等于它的额定流量，最大不得大于额定流量的1.1 倍。

2. 额定压力

额定压力是表征液压阀承载能力大小的参数，有时用公称压力表示。液压阀的额定压力，是指液压阀在额定工作状态下可以长期工作的压力，单位为 MPa。对压力控制阀，实际最高压力有时还与阀的调压范围有关；对换向阀，实际最高压力还可能受其功率极限的限制。

5.1.3　节流边与液压桥路

1. 阀口与节流边

阀中的可变节流口，可以看成是由两条作相对运动的边线构成的（图 5-1），因此一个可变节流口可以看成是一对节流边。其中固定不动的节流边在阀体上，可以移动的节流边则在阀芯上。这一对节流边之间的距离就是阀的开度 Δx。为了讨论问题的方便，我们约定，x 增大、阀口也增大时为正作用节流边；x 增大、阀口关小时为反作用节流边。

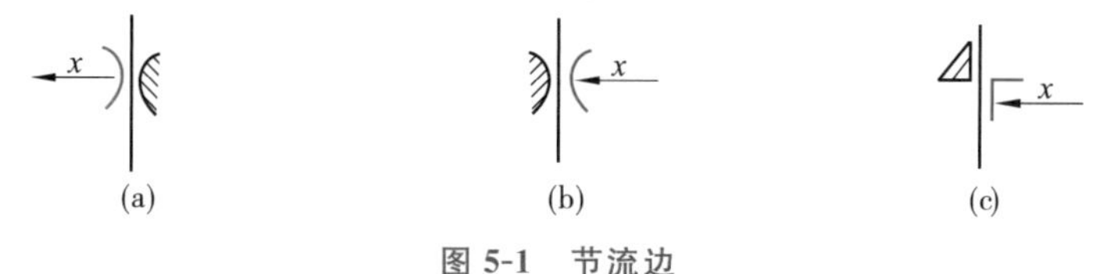

图 5-1　节流边

（a）正作用节流边；（b）反作用节流边；（c）滑阀节流边

阀体的节流边是在阀体孔中挖一个环形槽（或方孔、圆孔）后形成的图[5-2(b)]，阀芯的节流边也是在阀芯中间挖出一个环形槽后形成的[图 5-2(a)]，阀芯环形槽与阀体环形槽相配合就可以形成一个可变节流口（即阀口）。若进油道与阀芯环形槽相通，那么出油道应该与阀体的环形槽相通，阀口正好将两个通道隔开[图 5-2(c)]。

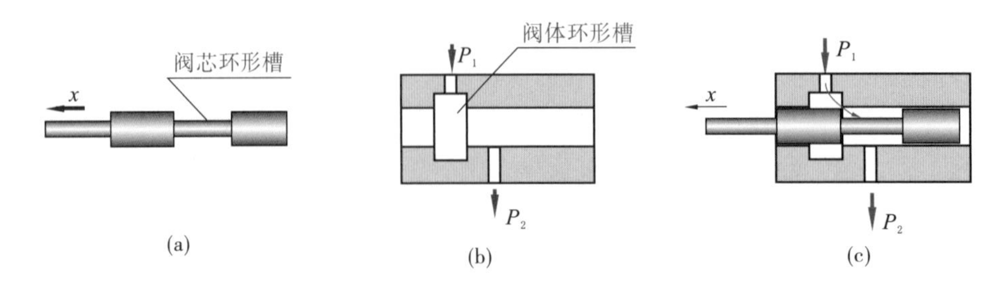

图 5-2 环形槽结构

(a)阀芯节流边;(b)阀体节流边;(c)阀口

如果在阀芯上不开环形槽,而是直接利用阀芯的轴端面作为阀芯节流边[图 5-3(a)],则阀芯受到液压力的作用后不能平衡,会给控制带来困难。通过在阀芯上开设环形槽,形成图 5-3(b)所示平衡活塞,则阀芯上所承受的液压力大部分可以得到平衡,施以较小的轴向力即可驱动阀芯。

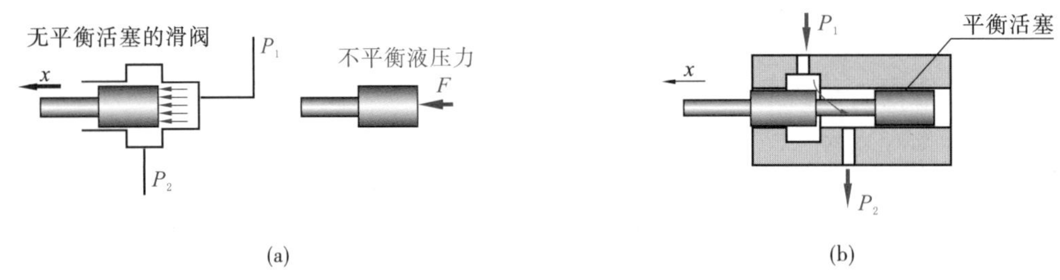

图 5-3 阀芯的平衡活塞

(a)无平衡活塞(受力不平衡);(b)带有平衡活塞

2. 液压半桥与三通阀

利用阀口(节流边)的有效组合,可以构成类似于电桥的液压桥路。液压桥路也有半桥和全桥之分。液压全桥有 A、B 两个控制油口,用于控制具有两个工作腔的双作用液压缸或双向液压马达;液压半桥只有一个控制油口 A(或 B),只能用于控制有一个工作腔的单作用缸或单向马达。

图 5-4(a)所示液压半桥是由一个进油阀口和一个回油阀口构成的,它有三个通道——进油通道 P、回油通道 T 和控制通道 A,并且进、回油阀口是反向联动布置的,即一个阀口增大时,另一阀口减小。三通换向阀就是液压半桥。

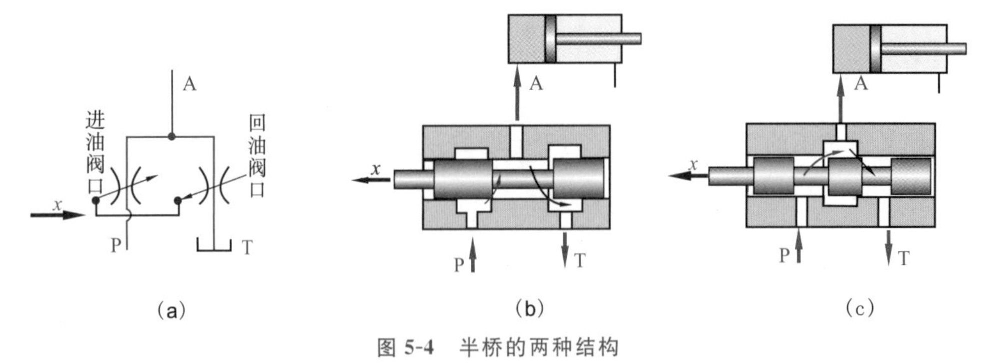

图 5-4 半桥的两种结构

(a)半桥的节流边;(b)工作腔 A 布置在阀芯环形槽中;(c)工作腔 A 布置在阀体环形槽中

由于液压半桥有三个通道(即三个不同的压力,其中 A 为被控压力),因此必须在阀芯和阀体上共开出三个环形槽,让 P、T、A 分别与三个环形槽相通,并且受控压力 A 要放在 P 和 T 的中间,以便于 A 能分别与 P 和 T 接通。液压半桥有两种布置方案,第一种方案是将 A 放在阀芯环形槽中,而将 P、T 两腔放在阀体环形槽中[如图 5-4(b)];另一种方案是将 A 放在阀体环形槽中,而将 P、T 两腔放在阀芯环形槽中[如图 5-4(c)],但无论怎么布置,A 腔的进油节流边和回油节流边是必不可少的。

3. 液压全桥与四通阀

图 5-5(a)所示全桥回路有 4 个控制阀口,由两个半桥构成。四通换向阀就是液压全桥。在全桥中,左半桥有 P、A、T 三个压力通道,右半桥有 P、B、T 三个压力通道,如果把 P 布置在中间,则两个半桥可共用一个 P 通道。因此全桥应该有 T_1、A、P、B、T_2 等 5 个通道。相应地,阀芯和阀体应共有 5 个环形槽。液压全桥有两种布置方案。第一种方案如图 5-5(b)所示,将 A、B 通道布置在阀体环形槽中,将 T_1、P、T_2 布置在阀芯环形槽中,这种方案的四通阀称为四台肩式四通阀;另一种方案如图 5-5(c)所示,将阀芯槽与阀体槽所对应的油口对换,让 A、B 通道布置在阀芯环形槽中,T_1、P、T_2 布置在阀体环形槽中,这种方案的四通阀称为三台肩式四通阀。

上述四通阀中的各环形槽用于构成阀口节流边时,称为工作环形槽。在实际阀的结构中除工作形槽外,还加工有其他与工作原理无关的环形沟槽,这些环形沟槽不构成节流边(不构成阀口),仅起油道作用。如图 5-5(d)为阀体中加工有 3 个工艺槽的四台肩式四通阀,图 5-5(e)为阀体中加工有个工艺槽的三台肩式四通阀。工艺槽的作用是增加阀腔的通流面积,防止油孔加工时所形成的毛刺对阀芯运动产生卡滞,结果阀体 T_1、A、P、B、T_2 各油口对应处皆有环形沟槽,要注意分辨它们之中谁是构成阀口的工作槽。

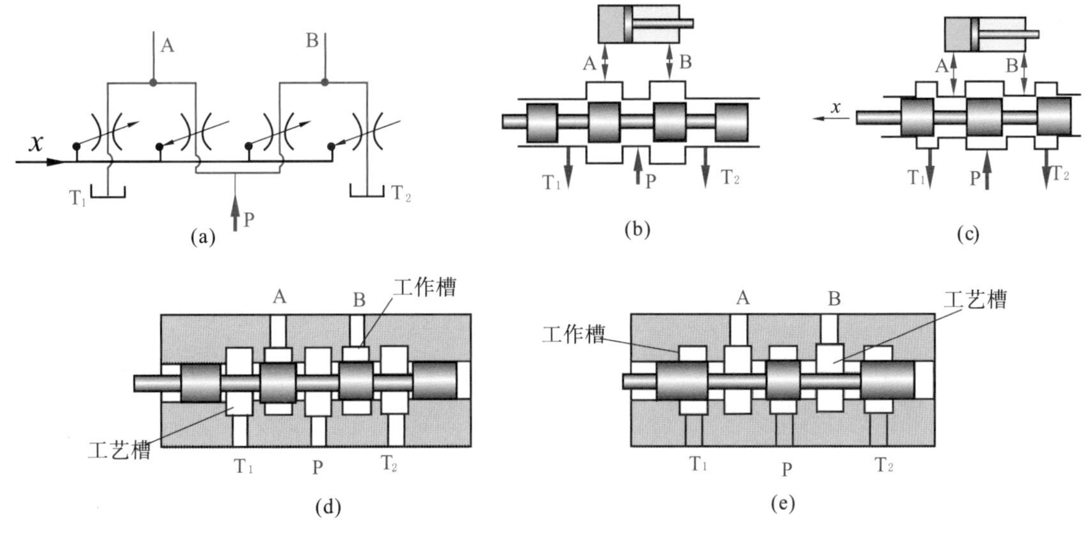

图 5-5　全桥的两种结构

(a)全桥的节流边;(b)工作腔 P_A、P_B 布置在阀体环形槽中;(c)工作腔 P_A、P_B 布置在阀芯环形槽中;

(d)阀体中有 3 个工艺槽的四台肩式四通阀;(e)阀体中有 2 个工艺槽的三台肩式四通阀

5.1.4　阀芯驱动与阀芯运动阻力

驱动阀芯的方式有手动、机动、电磁驱动、液压驱动等多种。其中手动最简单,电磁驱动易于实现自动控制,但高压、大流量时手动和电磁驱动方式常常无法克服巨大的阀芯阻力,这时不得不采用液压驱动方式。稳态时,阀芯运动的主要阻力为:液压不平衡力,稳态液动力,摩擦力(含液压卡紧力);动态时还有瞬态液动力、惯性力等。若阀芯设计时静压力不平衡,高压下阀芯可能无法移动。因此阀芯设计时尽可采取静压力平衡措施,如在阀芯上设置平衡活塞。阀芯静压力平衡后,阀芯的稳态液动力和液压卡紧力又成为主要矛盾,高压、大流量时阀芯稳态液动力和液压卡紧力可达数百至数千牛,手动时感到十分吃力。

1. 作用在圆柱滑阀上的稳态液动力

液流经过阀口时，由于流动方向和流速的改变，阀芯上会受到附加的作用力。

在阀口开度一定的稳定流动情况下，液动力为稳态液动力。当阀口开度发生变化时，还有瞬态液动力作用。限于篇幅，这里仅研究稳态液动力。

稳态液动力可分解为轴向分力和径向分力。由于一般将阀体的油腔对称地设置在阀芯的周围，因此沿阀芯的径向分力互相抵消了，只剩下沿阀芯轴线方向的稳态液动力。

对于某一固定的阀口开度 x 来说，根据动量定理(参考图 5-6 中虚线所示的控制体积)可求得流出阀口时[图 5-6(a)]的稳态液动力为

$$F_s=-\rho q(v_2\cos\theta-v_1\cos 90^\circ)=-\rho q v_2\cos\theta \tag{5-2}$$

可见，液动力指向阀口关闭的方向。

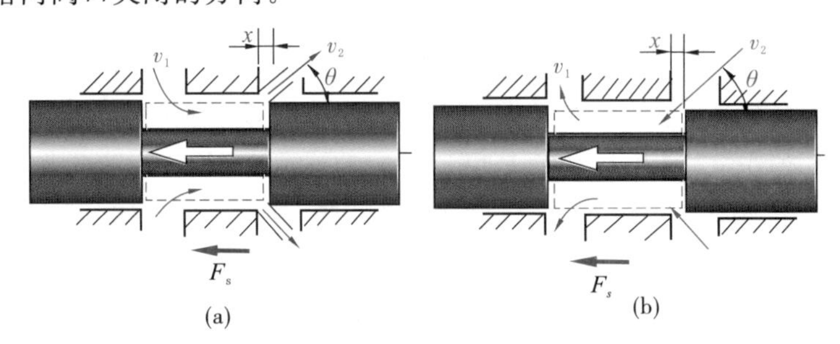

图 5-6 作用在带平衡活塞的滑阀上的稳态液动力

(a)流出式；(b)流入式

流入阀口时[图 5-6(b)]的稳态液动力为

$$F_s=-\rho q(v_1\cos 90^\circ-v_2\cos\theta)=\rho q v_2\cos\theta \tag{5-3}$$

可见，液动力仍指向阀口关闭的方向。

考虑到 $v_2=C_v\sqrt{2\Delta p/q}$，$q=C_qWx\sqrt{2\Delta p/q}$，所以式(5-3)又可写成

$$F_s=\pm(2C_qC_vW\cos\theta)\Delta p x \tag{5-4}$$

考虑到阀口的流速较高，雷诺数较大，流量系数 C_q 可取为常数，且令液动力系数 $K_s=2C_qC_vW\cos\theta=$常数，则式(5-4)又可写成

$$F_s=\pm(K_s\Delta p)x \tag{5-5}$$

当压差 ΔP 一定时，由式(5-5)可知，稳态液动力与阀口开度 x 成正比。此时液动力相当于刚度为 $K_s\Delta p$ 的液压弹簧的作用。因此，$K_s\Delta p$ 被称为液动力刚度。

液动力的方向这样判定：对带平衡活塞的完整阀腔而言，无论液流方向如何，其方向总是力图使阀口趋于关闭。

此力的方向使阀芯进一步开启，是一个不稳定因素。故在先导型溢流阀的主阀芯上，常在锥阀下端加尾碟(防振尾)的办法，来保证使作用其上的液动力指向阀口关闭的方向，以增加主阀芯工作的稳定性。

2. 作用在滑阀上的液压卡紧力

如果阀芯与阀孔都是完全精确的圆柱形，而且径向间隙中不存在任何杂质、径向间隙处处相等，就不会存在因泄漏而产生的径向不平衡力。但事实上，阀芯或阀孔的几何形状及相对位置均有误差，使液体在流过阀芯与阀孔间隙时产生了径向不平衡力，称之为侧向力。由于这个侧向力的存在，从而引起阀芯移动时的轴向摩擦阻力，称之为卡紧力。如果阀芯的驱动力不足以克服这个阻力，就会发生所谓的卡紧现象。

阀芯上的侧向力如图5-7所示。图中 p_1 和 p_2 分别为高、低压腔的压力。图5-7(a)表示阀芯因加工误差而带有倒锥(锥部大端在高压腔),同时阀芯与阀孔轴心线平行但不重合而向上有一个偏心距 e,如果阀芯不带锥度,在缝隙中压力呈三角形分布(图中点划线所示)。现因阀芯有倒锥,高压端的缝隙小,压力下降较快,故上侧压力(黑色)分布呈凹形,如图5-7(a)中黑实线所示;而阀芯下部间隙较大,缝隙两端的相对差值较小,所以B(下侧,红色)比A(上侧,黑色)凹得较小。这样,阀芯上就受到一个不平衡的侧向力,且指向偏心增大,直到二者接触为止。图5-7(b)所示为阀芯带有顺锥(锥部大端在低压腔),这时阀芯如有偏心,也会产生侧向力(相当于上侧压力变为进口压力 p_1),但此力恰好是使阀芯恢复到中心位置,从而避免了液压卡紧。图5-7(c)所示为阀芯倾斜时的情况,由图可见,该情况的侧向力较大。

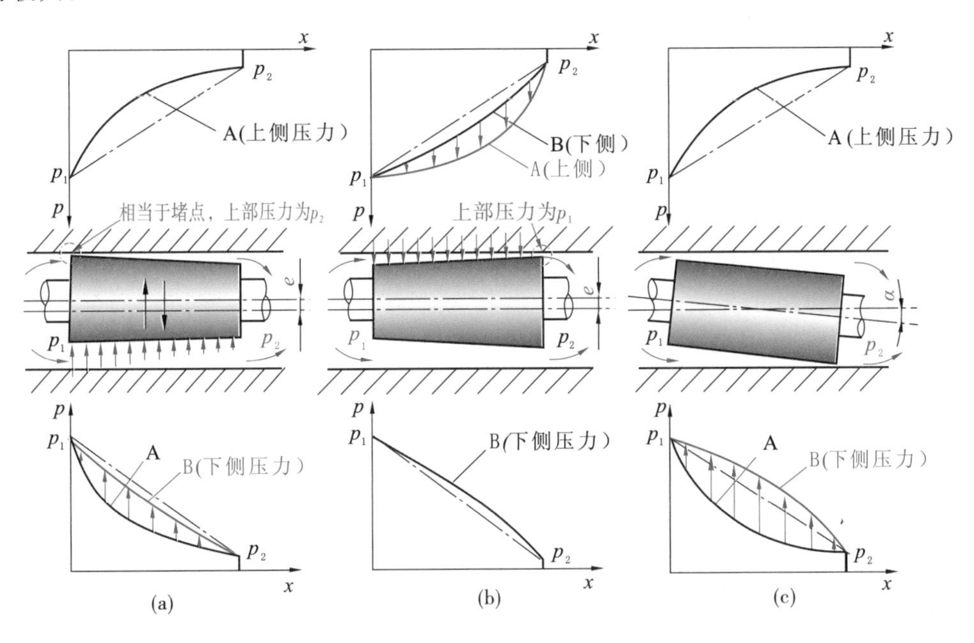

图5-7 滑阀上的侧向力

(a)倒锥;(b)顺锥;(c)倾斜

根据流体力学对偏心环形间隙流动的分析,可计算出侧向力的大小。当阀芯完全偏向一边时,阀芯出现卡紧现象,此时的侧向力最大。最大液压侧向力为

$$F_{max} \leqslant 0.27ld(p_1-p_2) \tag{5-6}$$

则移动滑阀需要克服的卡紧摩擦力为

$$F_t \leqslant 0.27fld(p_1-p_2) \tag{5-7}$$

式中:f——摩擦系数,介质为液压油时,取 $f=0.04\sim0.08$。

为了减小液压卡紧力,可采取以下措施:

①尽可能地减小倒锥,即严格控制阀芯或阀孔的锥度,但这将给加工带来困难。

②在阀芯凸肩上开均压槽。均压槽可使同一圆周上各处的压力油互相沟通,并使阀芯在中心定位。开了均压槽后,引入液压卡紧力修正系数为 K,可将式(5-7)修正为

$$F_t \leqslant 0.27Kfld(p_1-p_2) \tag{5-8}$$

开一条均压槽时,$K=0.4$;开3条等距槽时,$K=0.063$;开7条槽时,$K=0.027$。槽的深度和宽度至少为间隙的10倍,通常取宽度为0.3~0.5 mm,深度为0.8~1 mm。槽的边缘应与孔垂直,并呈锐缘,以防脏物挤入间隙。槽的位置尽可能靠近高压腔;如果没有明显的高压腔,则可均匀地开在阀

芯表面上。开均压槽虽会减小封油长度,但因减小了偏心环形缝隙的泄漏,所以开均压槽反而使泄漏量减少。

③采用顺锥。

④在阀芯的轴向加适当频率和振幅的颤振。

⑤精密过滤油液。

5.2 单 向 阀

5.2.1 单向阀

单向阀有普通单向阀和液控单向阀两种。

1. 普通单向阀

单向阀又称止回阀,它使液体只能沿一个方向通过。单向阀可用于液压泵的出口。防止系统油液倒流;用于隔开油路之间的联系,防止油路相互干扰;也可用作旁通阀,与其他类型的液压阀并联,从而构成组合阀。对单向阀的主要性能要求是:油液向一个方向通过时压力损失要小;反向不通时密封性要好;动作灵敏,工作时无撞击和噪声。

(1)单向阀的工作原理图和图形符号

图 5-8 为单向阀的工作原理图和图形符号。当液流由 A 腔流入时,克服弹簧力将阀芯顶开,于是液流由 A 流向 B;当液流反向流入时,阀芯在液压力和弹簧力的作用下关闭阀口,使液流截止,液流无法流向 A 腔。单向阀实质上是利用流向所形成的压力差使阀芯开启或关闭,实际的锥阀芯四周必须开有油孔,将压力引入弹簧腔才能正常工作。

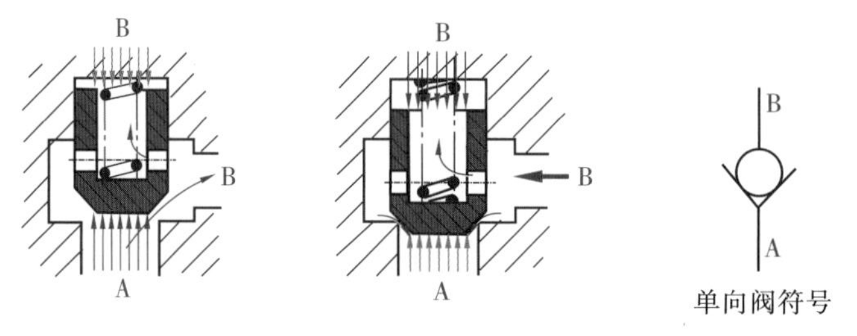

图 5-8 单向阀的工作原理图和图形符号

(2)单向阀的典型结构与主要用途

单向阀的结构如图 5-9、图 5-10 所示。按进出口流道的布置形式,单向阀可分为直通式和直角式两种。直通式单向阀进口和出口流道在同一轴线上;而直角式单向阀进出口流道成直角布置。图 5-9 为管式连接的直通式单向阀,它可直接装在管路上,比较简单,但液流阻力损失较大,而且维修装拆及更换弹簧不便。

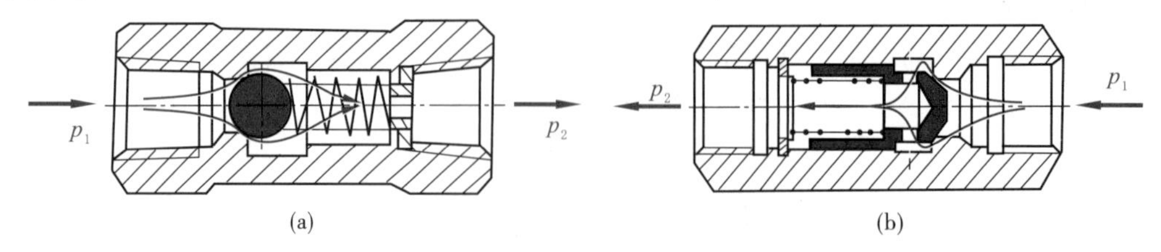

图 5-9 直通式单向阀

(a)阀芯为球阀芯的直通式单向阀(管式连接);(b)阀芯为锥阀芯的直通式单向阀(管式连接)

图 5-9(a)为板式连接的直角式单向阀，在该阀中，液流顶开阀芯后，直接从阀体内部的铸造通道流出，压力损失小，而且只要打开端部螺塞即可对内部进行维修，十分方便。

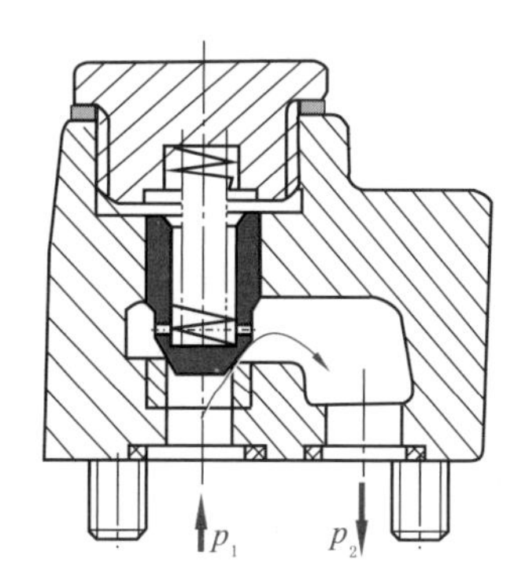

图 5-10 板式连接直角式单向阀

按阀芯的结构形式，单向阀又可分为钢球式和锥阀式两种。图 5-9(a)是阀芯为球阀的单向阀，其结构简单，但密封容易失效，工作时容易产生振动和噪声，一般用于流量较小的场合。图 5-9(b)、图 5-10是阀芯为锥阀的单向阀，这种单向阀导向性和密封性较好，工作比较平稳。

单向阀开启压力一般为 0.035～0.05 MPa，所以单向阀中的弹簧很软。单向阀也可以用作背压阀。将软弹簧更换成合适的硬弹簧，就成为背压阀。这种阀常安装在液压系统的回油路上，用以产生 0.2～0.6 MPa的背压力。

单向阀的主要用途如下：

①安装在液压泵出口，防止系统压力突然升高而损坏液压泵。防止系统中的油液在泵停机时倒流回油箱。

②安装在回油路中作为背压阀。

③与其他阀组合成单向控制阀。

2. 液控单向阀

液控单向阀是允许油液流向一个方向流动，反向开启则必须通过液压控制来实现的单向阀。液控单向阀可用作二通开关阀，也可用作保压阀，用两个液控单向阀还可以组成“液压锁”。

(1)液控单向阀的工作原理图和图形符号

图 5-11 为液控单向阀的工作原理和符号。当控制油口 K 无压力油($p_k=0$)通入时，它和普通单向阀一样，压力油只能从由 A 腔流向 B 腔，不能反向倒流。若从控制油口 K 通入控制油 p_k 时，即可推动控制活塞，将单向阀芯顶开，从而实现液控单向阀的反向开启，此时液流可从 B 腔流向 A 腔。

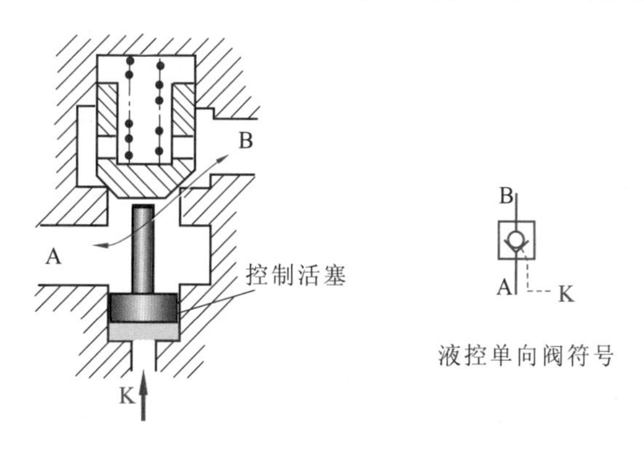

图 5-11 液控单向阀的工作原理图和图形符号

(2)液控单向阀的典型结构与主要用途

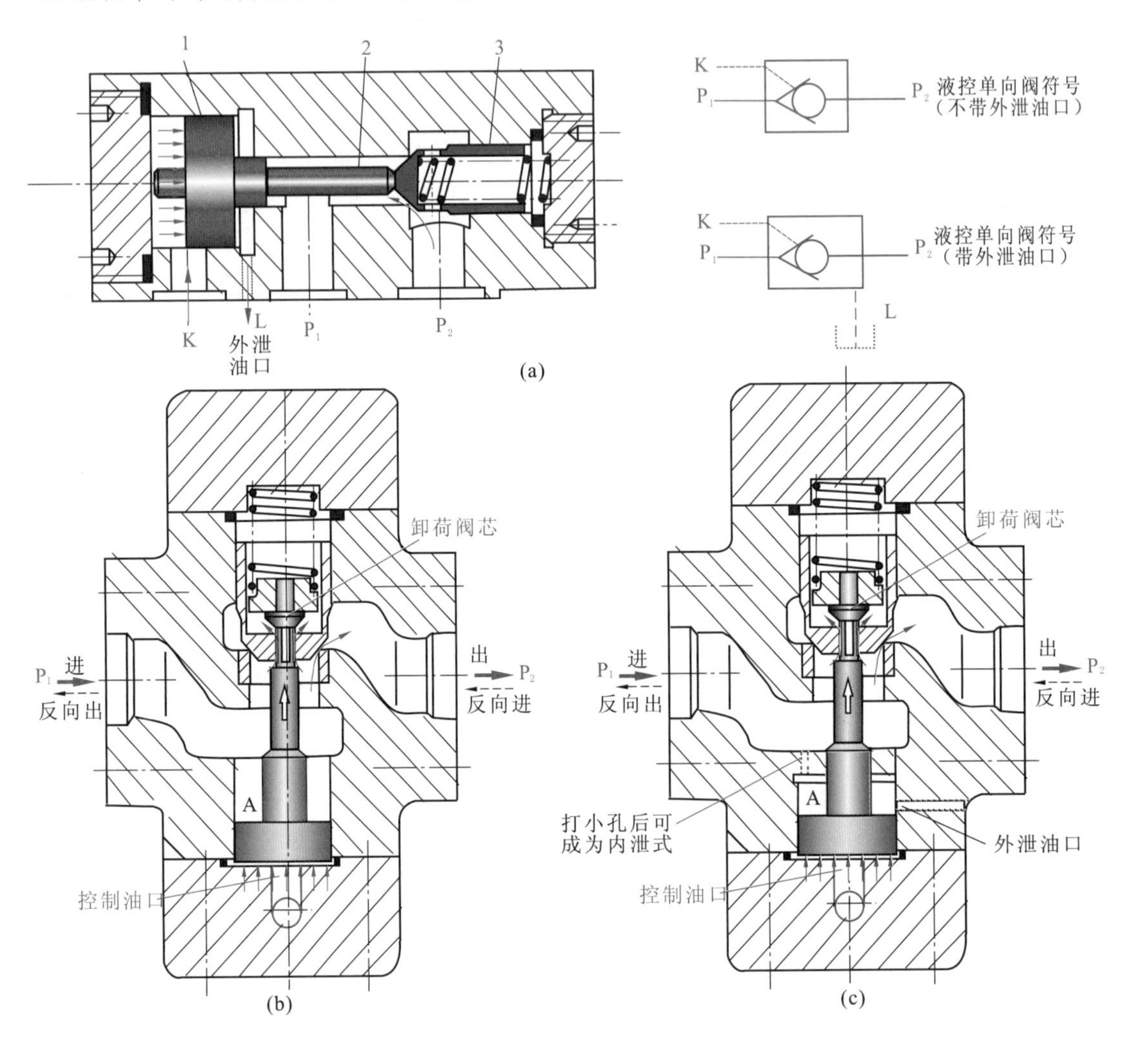

图 5-12 液控单向阀的结构特点

(a)简式液控单向阀;(b)带卸荷阀芯的内泄式液控单向阀;(c)带卸荷阀芯的外泄式液控单向阀

液控单向阀有带卸荷阀芯的卸载式液控单向阀[图 5-12(b)、(c)]和不带卸荷阀芯的简式液控单向阀[图 5-12(a)]两种结构形式。卸载式阀中,当控制活塞上移时先顶开卸载阀的小阀芯,使主油路卸压,然后再顶开单向阀芯。这样可大大减小控制压力,使控制压力与工作压力之比降低到 4.5%,因此可用于压力较高的场合,同时可以避免简式液控单向阀阀芯被控制活塞推开时,高压封闭回路内油液的压力将突然释放,产生巨大冲击和响声的现象。

上述两种结构形式按其控制活塞处的泄油方式,又均有内泄式和外泄式之分。图 5-12(b)为内泄式,其控制活塞的背压腔与进油口 P_1 相通。外泄式[5-12(c)]的活塞背压腔直接通油箱,这样反向开启时就可减小 P_1 腔压力对控制压力的影响,从而减小控制压力 p_k。故一般在反向出油口压力 p_1 较低时采用内泄式,高压系统采用外泄式。

3. 双液控单向阀

双液控单向阀又称液压锁。如图 5-13 所示,双液控单向阀是由两个液控单向阀共用一个阀体和控制活塞(顶杆)组成的。当液压油从油口 A 流入时,依靠油压自动将左边的单向阀阀芯顶开,使油液从 A 到 A_1 导通。同时液压油向右推动控制活塞,使之向右运动,把右边单向阀顶开,使 B_1 到 B 接通。由此可见，当一个油口正向进油时（A 连通 A_1），另一个油口就反向出油（B_1 与 B 接通），反之亦然；当 A、B 口都没有液压油时，卸荷阀芯（即顶杆）在弹簧力的作用下使锥面与阀座严密接触而封闭 A、B 口的反向油液，这样执行元件被双向锁住（如汽车式起重机的液压支腿油路）。

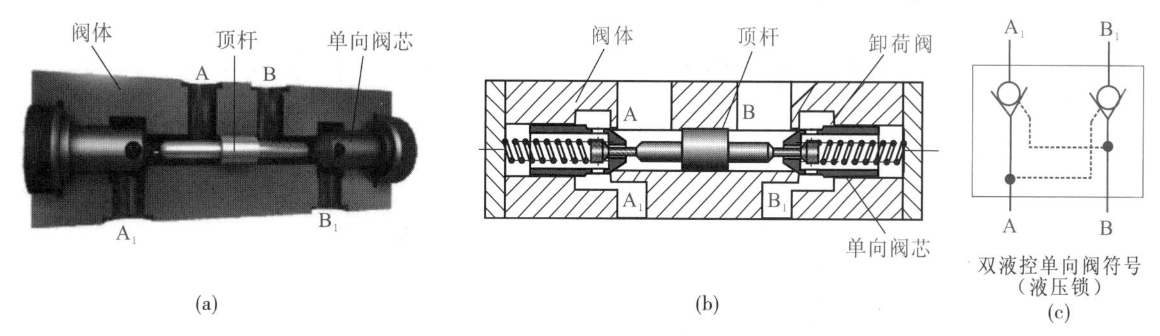

图 5-13 双液控单向阀

(a)零件图；(b)结构图；(c)符号图

5.3 换 向 阀

换向阀是利用阀芯和阀体间相对位置的不同来变换不同管路间的通断关系，实现接通、切断，或改变液流方向的阀类。它的用途很广，种类也很多。

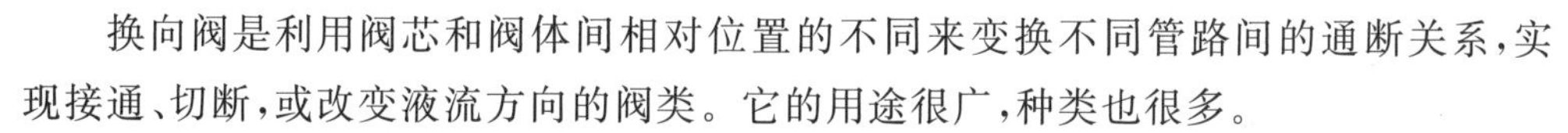

对换向阀性能的主要要求是：(1)油液流经换向阀时的压力损失要小（一般小于 0.3 MPa）；(2)互不相通的油口间的泄漏小；(3)换向可靠、迅速且平稳无冲击。

换向阀按阀的结构形式、操纵方式、工作位置数和控制的通道数的不同，可分为各种不同的类型。

按阀的结构形式有：滑阀式、转阀式、球阀式、锥阀式。

按阀的操纵方式有：手动式、机动式、电磁式、液动式、电液动式、气动式。

按阀的工作位置数和控制的通道数有：二位二通阀、二位三通阀、二位四通阀、三位四通阀、三位五通阀等。

5.3.1 换向机能

1. 换向阀的“通”和“位”

“通”和“位”是换向阀的重要概念。不同的“通”和“位”构成了不同类型的换向阀。通常所说的“二位阀”“三位阀”是指换向阀的阀芯有两个或三个不同的工作位置。所谓“二通阀”“三通阀”“四通阀”是指换向阀的阀体上有两个、三个、四个各不相通且可与系统中不同油管相连的油道接口，不同油道之间只能通过阀芯移位时阀口的开关来沟通。

几种不同“通”和“位”的滑阀式换向阀主体部分的结构形式和图形符号如表 5.1 所示。

表 5-1 不同的“通”和“位”的滑阀式换向阀主体部分的结构形式和图形符号

名　称	结构原理图	符　号
二位二通	A B	B A

续表 5-1

名　　称	结构原理图	符　　号
二位三通	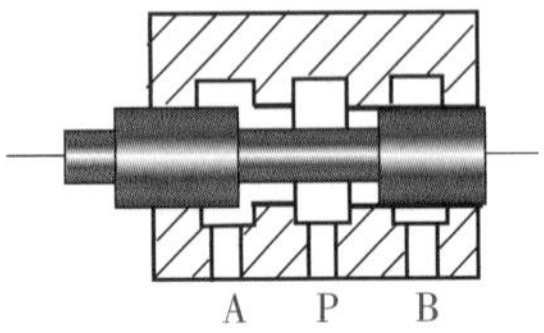 A P B	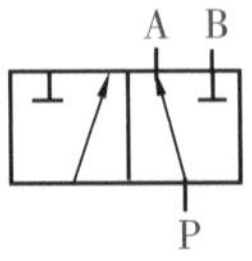 A B P
二位四通	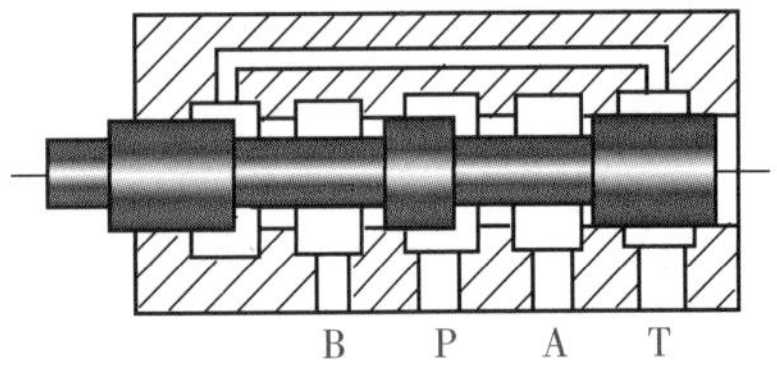 B P A T	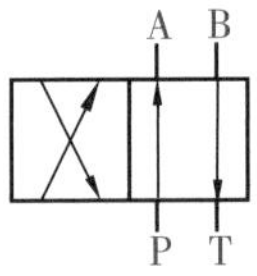 A B P T
三位四通	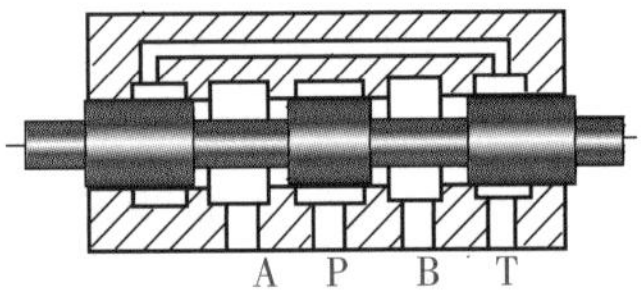 A P B T	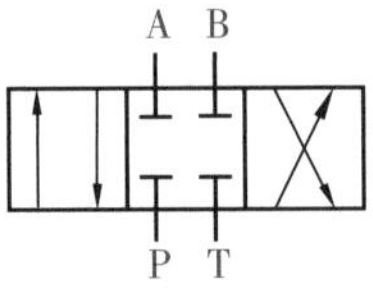 A B P T

表 5-1 中图形符号的含义如下：

(1)用方框表示阀的工作位置，有几个方框就表示有几“位”；

(2)方框内的箭头↑表示油路处于接通状态，但箭头方向不一定表示液流的实际方向；

(3)方框内符号“┴”或“┬”表示该通路不通；

(4)方框外部连接的接口数有几个，就表示几“通”；

(5)一般，阀与系统供油路连接的进油口用字母 P 表示；阀与系统回油路连通的回油口用 T(有时用 O)表示；而阀与执行元件连接的油口用 A、B 等表示。有时在图形符号上用 L 表示泄漏油口；

(6)换向阀都有两个或两个以上的工作位置，其中一个为常态位，即阀芯未受到操纵力时所处的位置。图形符号中的中位是三位阀的常态位。利用弹簧复位的二位阀则以靠近弹簧的方框内的通路状态为其常态位。绘制系统图时，油路一般应连接在换向阀的常态位上。

2. 滑阀机能

滑阀式换向阀处于中间位置或原始位置时，阀中各油口的连通方式称为换向阀的滑阀机能。滑阀机能直接影响执行元件的工作状态，不同的滑阀机能可满足系统的不同要求。正确选择滑阀机能是十分重要的。这里介绍二位二通和三位四通换向阀的滑阀机能。

(1)二位二通换向阀

二位二通换向阀其两个油口之间的状态只有两种：通或断[图 5.14(a)]。自动复位式(如弹簧复位)的二位二通换向阀的滑阀机能有常闭式(O 型)和常开式(H 型)两种见[图 5.14(c)]。

(2)三位四通换向阀

三位四通换向阀的滑阀机能有很多种，常见的有表 5-2 中所列的几种[以图 5-5(c)所示三台肩式四通阀为例]。中间一个方框表示其原始位置，左右方框表示两个换向位，其左位和右位各油口的连通方式均为直通或交叉相通，所以只用一个字母来表示中位的形式。不同机能的滑阀，其阀体是通用件，而区别仅在于阀芯台肩结构、轴向尺寸及阀芯上径向通孔的个数。

表 5-2　三位四通换向阀的滑阀机能

型　　式	结构原理图	符　　号	中位机能及应用
O 型	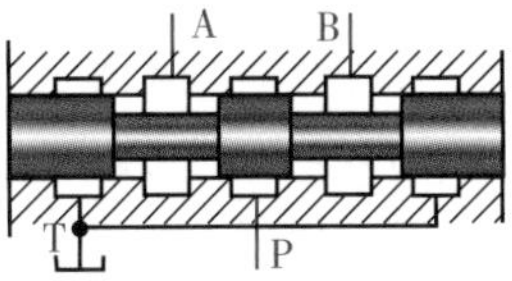	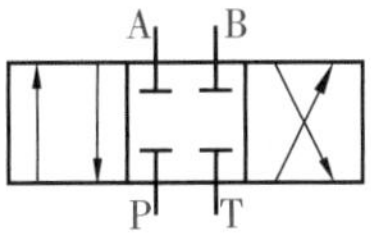	P、A、B、T 四口全封闭，液压缸闭锁，可用于多个换向阀并联工作。
H 型	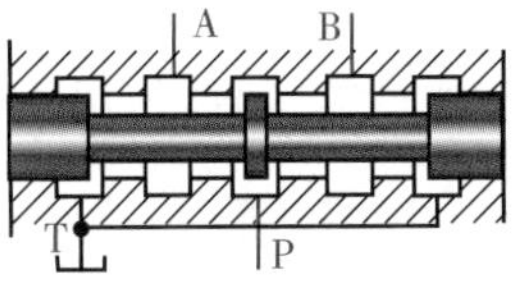	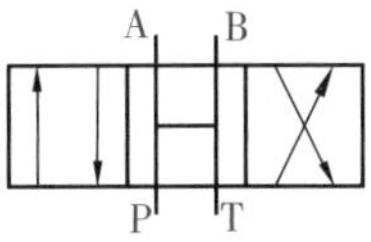	P、A、B、T 四口全通；A、B 回油箱，活塞浮动，在外力作用下可移动，泵卸荷。
Y 型	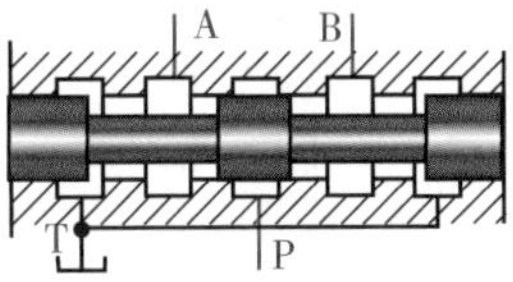	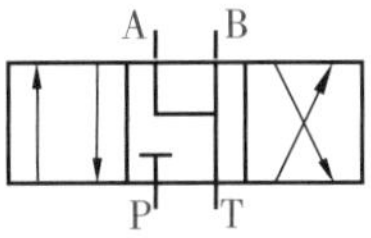	P 封闭，A、B、T 口相通；A、B 回油箱，活塞浮动，在外力作用下可移动，泵不卸荷。
K 型	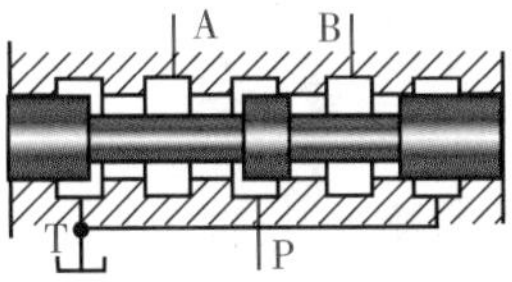	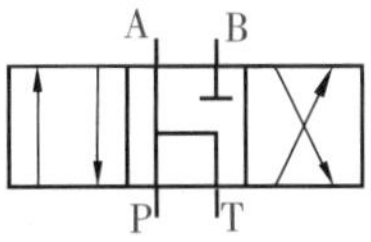	P、A、T 口相通，B 口封闭；活塞 B 腔处于闭锁状态，泵卸荷。
M 型	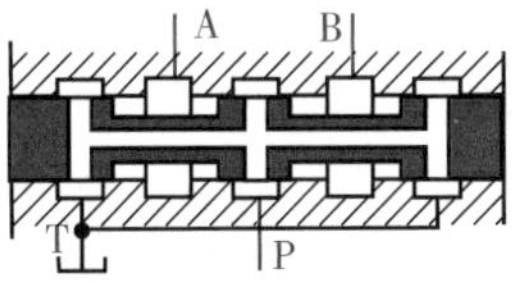	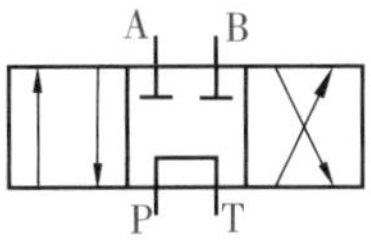	A、B 口封闭，液压缸闭锁，P 通 T，泵卸荷。
X 型	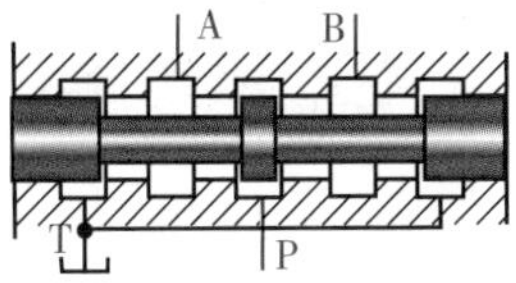	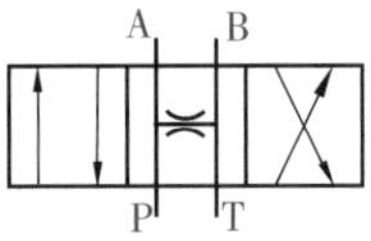	P、A、B、T 四口处于半开启状态，泵基本上卸荷，但仍保持一定压力。
P 型	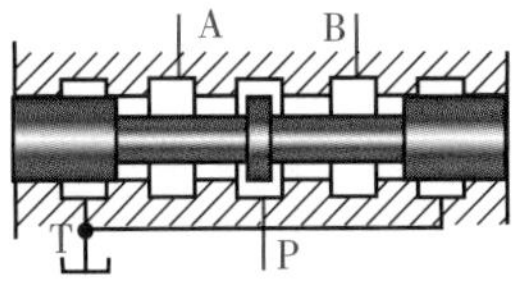	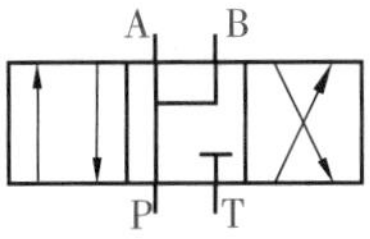	P、A、B 口互通，T 封闭，泵与液压缸 A、B 腔相通，可组成差动回路。

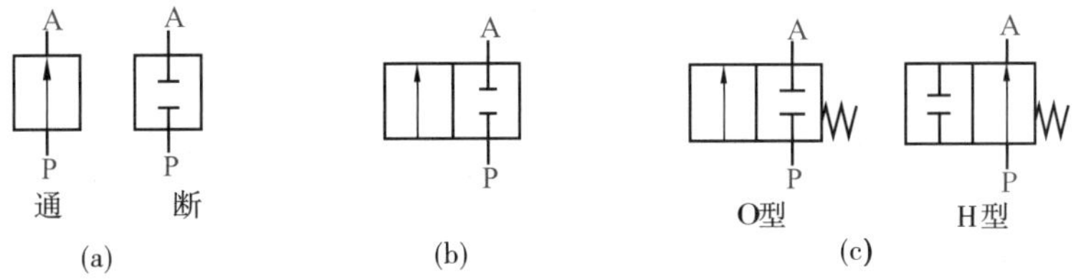

通　断　O型　H型

(a)　(b)　(c)

图 5-14　二位二通换向阀的滑阀机能

(a)通断状态；(b)二位二通阀；(c)自动复位二位二通阀

5.3.2 换向阀的操纵方式

1. 手动换向阀

手动换向阀主要有弹簧复位和钢珠定位两种型式。图5-15(a)所示为钢球定位式三位四通手动换向阀符号，用手操纵手柄推动阀芯相对阀体移动后，可以通过钢球使阀芯稳定在三个不同的工作位置上。图5-15(b)则为弹簧自动复位式三位四通手动换向阀。通过手柄推动阀芯后，要想维持在极端位置，必须用手扳住手柄不放，一旦松开了手柄，阀芯会在弹簧力的作用下，自动弹回中位。

图5-16所示为旋转移动式手动换向阀，旋转手柄可通过螺杆推动阀芯改变工作位置。这种结构具有体积小、调节方便等优点。由于这种阀的手柄带有锁，不打开锁不能调节，因此使用安全。

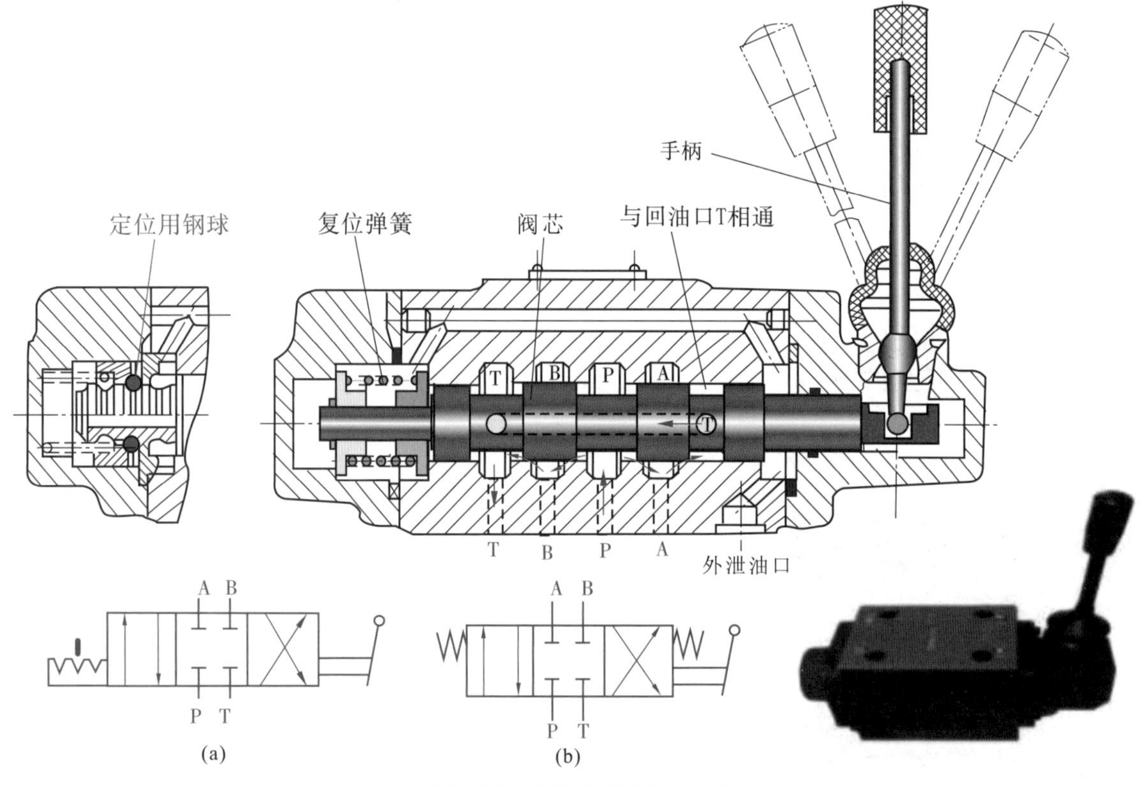

图5-15 三位四通手动换向阀

(a)钢球定位式结构及符号；(b)弹簧复位式结构及符号

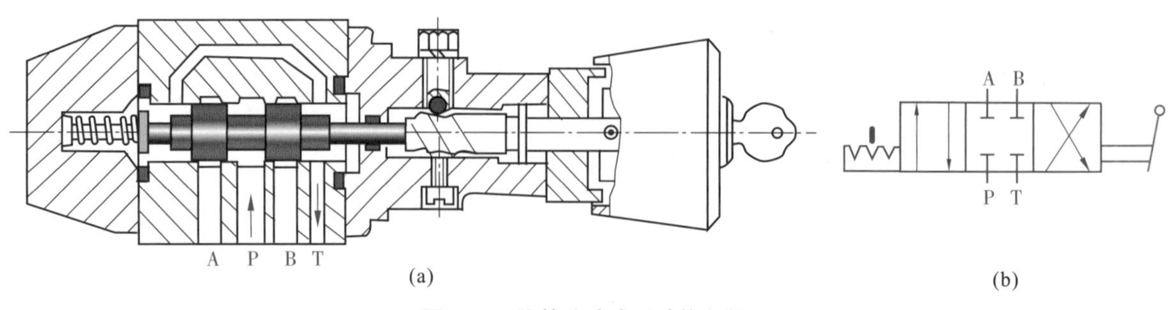

图5-16 旋转移动式手动换向阀

(a)旋转移动式手动换向阀结构；(b)符号

2. 机动换向阀

机动换向阀又称行程换向阀，它是用挡铁或凸轮推动阀芯实现换向。机动换向阀多为图5-17所示二位阀。

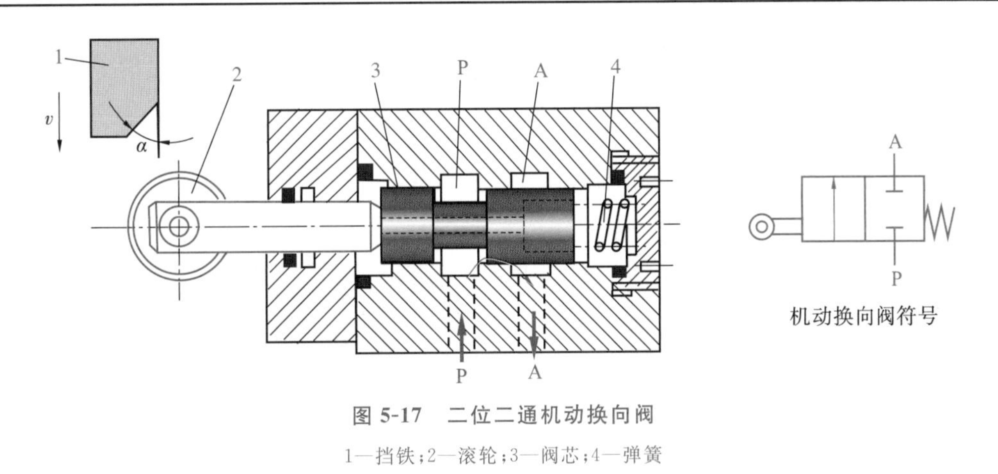

图 5-17 二位二通机动换向阀

1—挡铁；2—滚轮；3—阀芯；4—弹簧

3. 电磁换向阀

电磁换向阀是利用电磁铁吸力推动阀芯来改变阀的工作位置。由于它可借助于按钮开关、行程开关、限位开关、压力继电器等发出的信号进行控制，所以操作轻便，易于实现自动化，因此应用广泛。

(1)工作原理

电磁换向阀的品种规格很多，但其工作原理是基本相同的。现以图 5-18 所示三位四通 O 形滑阀机能的电磁换向阀为例来说明。图中，阀体 1 内有三个环形沉割槽，中间为进油腔 P，与其相邻的是工作油腔 A 和 B。两端还有两个互相连通的回油腔 T。这里阀芯 2 选用二台肩式设计，是因为电磁铁推力小，尽可能减小长度(越长摩擦卡紧越严重)。二台肩式是图 5-5(b)所示四台肩式四通阀的简化版本，减去了两端的平衡活塞。电磁阀阀芯两端分别装有弹簧座 3、复位弹簧 4 和推杆 5，阀体两端各装一个电磁铁。

当两端电磁铁都断电时，阀芯处于中间位置，此时 P、A、B、T 各油腔互不相通；若左端电磁铁通电吸合时，推动阀芯向右移动，使 P 和 B 连通，A 和 T 连通；若右端电磁铁通电，其衔铁 7 将通过推杆推动阀芯向左移动，P 和 A 相通、B 和 T 相通；若左、右电磁铁均断电，阀芯则在左、右弹簧的作用下回到中间位置，恢复原来四个油腔相互封闭的状态。

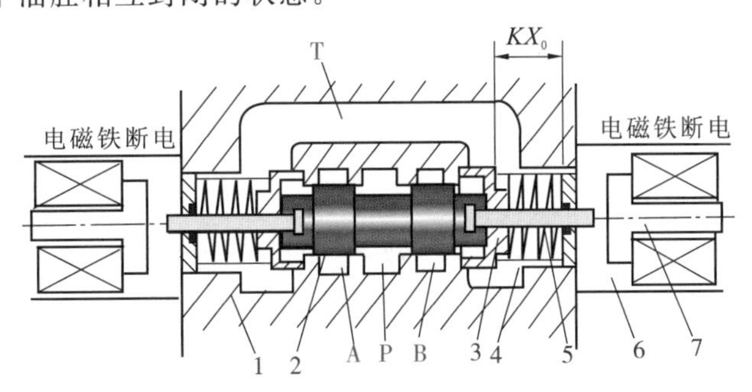

图 5-18 电磁换向阀的工作原理图

1—阀体；2—阀芯；3—弹簧座；4—复位弹簧；5—推杆；6—铁芯；7—衔铁

(2)直流电磁铁和交流电磁铁

阀用电磁铁根据所用电源的不同，有以下三种：

①交流电磁铁。图 5-19(a)所示，阀用交流电磁铁的使用电压一般为交流 220 V，电气线路配置简单。交流电磁铁启动力较大，换向时间短。但换向冲击大，工作时温升高(故其外壳设有散热筋)；当阀芯卡住时，电磁铁因电流过大易烧坏，可靠性较差，所以切换频率不许超过 30 次/min；使用寿命较短。

②直流电磁铁。图 5-19(b)所示，直流电磁铁一般使用 24 V 直流电压，因此需要专用直流电源。

其优点是不会因铁芯卡住而烧坏(故其圆筒形外壳上没有散热筋),体积小,工作可靠,允许切换频率为 120 次/min,换向冲击小,使用寿命较长。但起动力比交流电磁铁小。

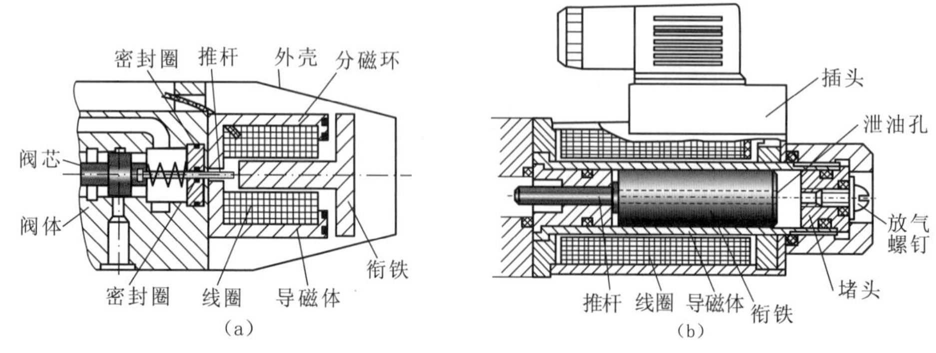

图 5-19　阀用电磁铁

(a)交流电磁铁;(b)直流电磁铁

③本整型电磁铁。本整型指交流本机整流型。这种电磁铁本身带有半波整流器,可以在直接使用交流电源的同时,具有直流电磁铁的结构和特性。

(3)干式、油浸式、湿式电磁铁

不管是直流电磁铁还是交流电磁,都可做成干式的、油浸式的和湿式的。

①干式电磁铁。干式电磁铁的线圈、铁芯与轭铁处于空气中不和油接触,电磁铁与阀连接时,在推杆的外周有密封圈。由于回油有可能渗入对中弹簧腔中,所以阀的回油压力不能太高。此类电磁铁附有手动推杆,一旦电磁铁发生故障可使阀芯手动换位。此类电磁铁是简单液压系统常用的一种形式。

②油浸式电磁铁。油浸式电磁铁的线圈和铁芯都浸在无压油液中。推杆和衔铁端部都装有密封圈。油可帮助线圈散热,且可改善推杆的润滑条件,所以其使用寿命远比干式电磁铁长。因有多处密封,此种电磁铁的灵敏性较差,造价较高。

③湿式电磁铁。湿式电磁铁也叫耐压式电磁铁,它和油浸式电磁铁不同处是推杆处无密封圈。线圈和衔铁都浸在有压油液中,故散热好,摩擦小。还因油液的阻尼作用而减小了切换时的冲击和噪声。所以湿式电磁铁具有吸着声小、使用寿命长、温升低等优点。是目前应用最广的一种电磁铁。也有人将油浸式电磁铁和耐压式电磁铁都叫作湿式电磁铁。

(4)电磁换向阀的典型结构

图 5-20 所示为交流式二位三通电磁换向阀。当电磁铁断电时,阀芯 2 被弹簧 7 推向左端,P 和 A 接通;当电磁铁通电时,铁芯通过推杆 3 将阀芯 2 推向右端,使 P 和 B 接通。

图 5-21 为直流湿式三位四通电磁换向阀。当两边电磁铁都不通电时,阀芯 3 在两边对中弹簧 4 的作用下处于中位,P、T、A、B 口互不相通;当右边电磁铁通电时,推杆将阀芯 3 推向左端,P 与 A 通,B 与 T 通,当左边电磁铁通电时,P 与 B 通,A 与 T 通。

必须指出,由于电磁铁的吸力有限(60 N),因此电磁换向阀只适用于流量不太大的场合。当流量较大时,需采用液动或电液动控制。

4. 液动换向阀

液动换向阀是利用控制压力油来改变阀芯位置的换向阀。对三位阀而言,按阀芯的对中形式,分为弹簧对中型和液压对中型两种。图 5-22(a)所示为弹簧对中型三位四通液动换向阀,阀芯两端分别接通控制油口 K_1 和 K_2。当 K_1 通压力油时,阀芯右移,P 与 B 通,A 与 T 通;当 K_2 通压力油时,阀芯左移,P 与 A 通,B 与 T 通;当 K_1 和 K_2 都不通压力油时,阀芯在两端对中弹簧的作用下处于中位。当对液动滑阀换向平稳性要求较高时,还应在滑阀两端 K_1、K_2 控制油路中加装阻尼调节器

[图 5-22(c)]。阻尼调节器由一个单向阀和一个节流阀并联组成，单向阀用来保证滑阀端面进油畅通，而节流阀用于滑阀端面回油的节流，调节节流阀开口大小即可调整阀芯的动作时间。

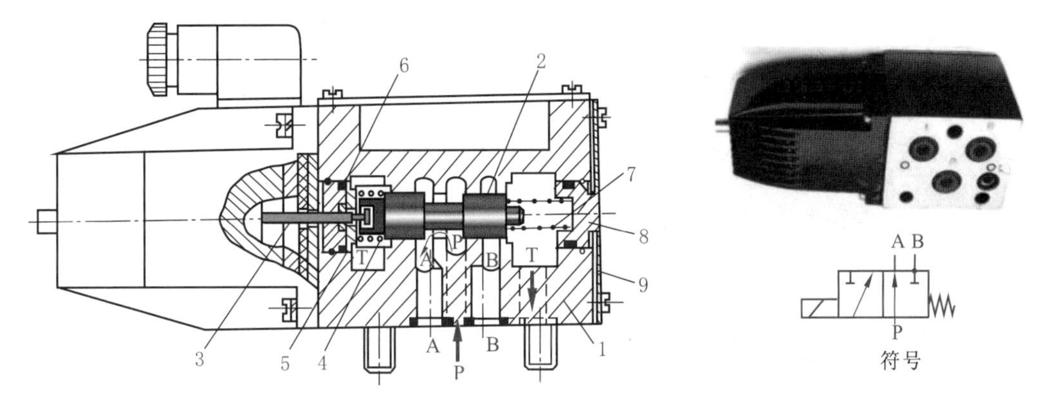

图 5-20　交流式二位三通电磁换向阀

1—阀体；2—阀芯；3—推杆；4，7—弹簧；5，8—弹簧座；6—O 形圈；9—后盖

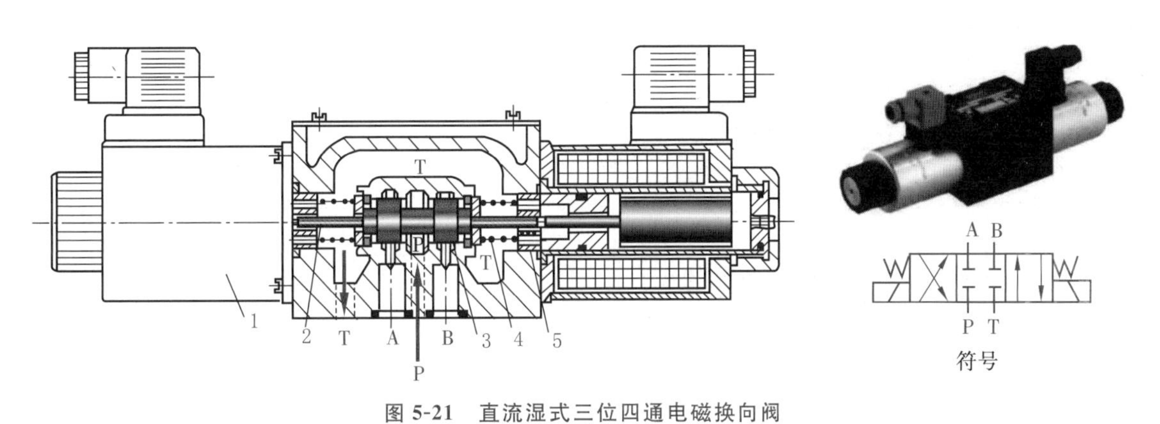

图 5-21　直流湿式三位四通电磁换向阀

1—电磁铁；2—推杆；3—阀芯；4—弹簧；5—挡圈

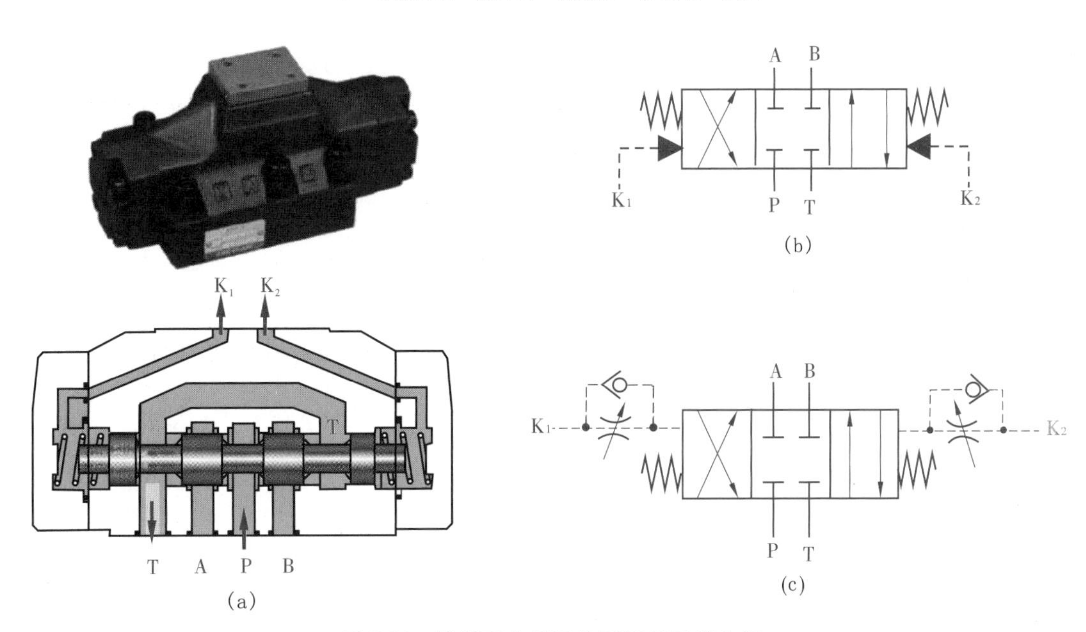

图 5-22　弹簧对中型三位四通液动换向阀

(a)结构；(b)不带换向缓冲的符号；(c)带缓冲的符号

5. 电液换向阀

电液换向阀是电磁换向阀和液动换向阀的组合。其中，电磁换向阀起先导作用，控制液动换向阀的动作，改变液动换向阀阀芯的工作位置；液动换向阀作为主阀，用于控制液压系统中的执行元件。

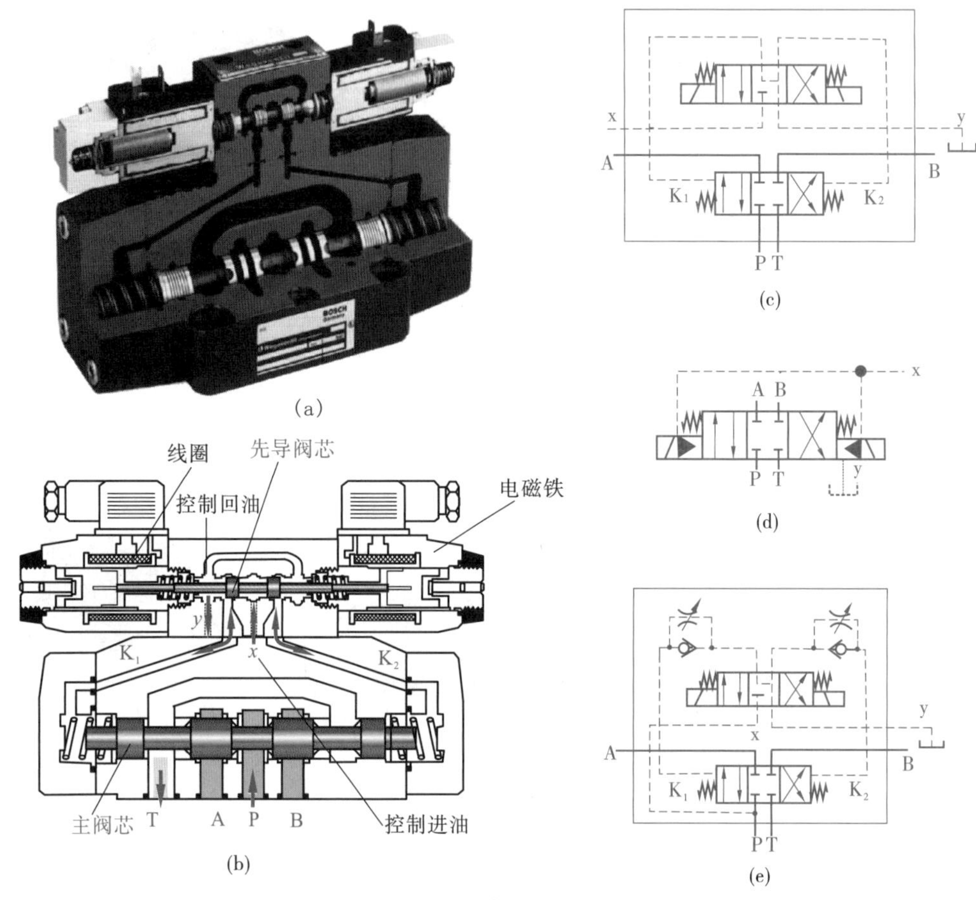

图 5-23 电液换向阀

(a)外形结构；(b)外部控制、外部回油电液动换向阀；(c)详细符号(外部控制、外部回油)；
(d)简化符号(外部控制、外部回油)(e)带阻尼缓冲的电液动换向阀符号(内部控制、外部加油)

由于液压力的驱动，主阀芯的尺寸可以做得较大，允许大流量通过。因此，电液换向阀主要用在流量超过电磁换向阀额定流量的液压系统中，从而用较小的电磁铁就能控制较大的流量。电液换向阀的使用方法与电磁换向阀相同。

电液换向阀有弹簧对中和液压对中两种型式。若按控制压力油及其回油方式进行分类则有：外部控制、外部回油；外部控制、内部回油；内部控制、外部回油；内部控制、内部回油等四种类型。

图 5-23(a)为弹簧对中型三位四通电液换向阀外型结构和原理，图 5-23(b)是外部控制、外部回油型电液动换向阀，图 5-23(c)为电液动换向阀的详细符号，图 5-23(d)为电液动换向阀的简化符号，图 5-23(e)是内部控制、外部回油且带换向缓冲的电液动换向阀的详细符号。

设计和选用电液动换向阀时须注意：

①当液动主阀为弹簧对中型时，作为前置级的电磁换向阀的中位机能必须是能让油口 K_1、K_2 与回油 y(或 T)相通，以保证液动主阀的左、右两端油室通回油箱，否则，液动主阀无法回到中位。

②控制压力油可以取自主油路的 P 口(内控)，也可以另设控制油源 x(外控)。采用内控而主油路又需要卸载时，必须在主阀的 P 口处安装一预控压力阀，以保证最低控制压力，预控压力阀可以是开启压力为0.4 MPa的单向阀。采用外控时，控制油源的流量不得小于主阀最大通流量的 15%，以保证换向时间要求。

6. 换向阀的性能

①换向可靠性

换向阀的换向可靠性包括两个方面:换向信号发出后,阀芯能灵敏地移到预定的工作位置;换向信号撤出后,阀芯能在弹簧力的作用下自动恢复到常位。

换向阀换向需要克服的阻力包括摩擦力(主要是液压卡紧产生的)、液动力和弹簧力。其中摩擦力与压力有关,液动力除与压力、通过流量有关外,还与阀的中位机能有关。同一通径的电磁换向阀,机能不同,可靠换向的压力和流量范围不同,一般用工作性能极限曲线表示。

②压力损失

换向阀的压力损失包括阀口压力损失和流道压力损失。当阀体采用铸造流道,流道形状接近于流线时,流道压力损失可降到很小。

对电磁换向阀,因电磁铁行程较小,因此阀口开度较小,阀口流速较高,阀口压力损失较大。

换向阀的压力损失除与通过流量有关外,还与阀的机能、阀口流动方向有关,选用时要考虑通径和压力损失的大小。

③内泄漏

滑阀式换向阀为间隙密封,内泄漏不可避免。一般应尽可能减小阀芯与阀体孔的径向间隙,并保证其同心,同时阀芯台肩与阀体间要有足够的封油长度。在间隙和封油长度一定时,内泄漏量随工作压力的增高而增大。泄漏不仅带来功率损失,而且引起油液发热,影响系统性能。

5.3.3 电磁球式换向阀

球式换向阀与滑阀式换向阀相比,具有以下优点:①不会产生液压卡紧现象,动作可靠性高;②密封性好;③对油液污染不敏感;④切换时间短;⑤使用介质黏度范围大,介质可以是水、乳化液和矿物油;⑥工作压力可高达 63 MPa;⑦球阀芯可直接从轴承厂获得,精度很高,价格便宜。

图 5-24 为常开型二位三通电磁球式换向阀。它主要由左、右阀座 4 和 6,球阀芯 5,复位弹簧 7,操纵杆 2 和杠杆 3 等零件组成。图示为电磁铁断电状态,即常态位。P 口的压力油一方面作用在球阀 5 的右侧,另一方面经通道 b 进入操纵杆 2 的空腔而作用在球阀 5 的左侧,以保证球阀 5 两侧承受的液压力平衡。球阀 5 在弹簧 7 的作用下压在左阀座 4 上,P 与 A 通,A 与 T 切断。当电磁铁 8 通电时,衔铁推动杠杆 3,以支点 1 推动操纵杆 2,克服弹簧力,使球阀 5 压在右阀座 6 上,实现换向,P 与 A 切断,A 与 T 通。

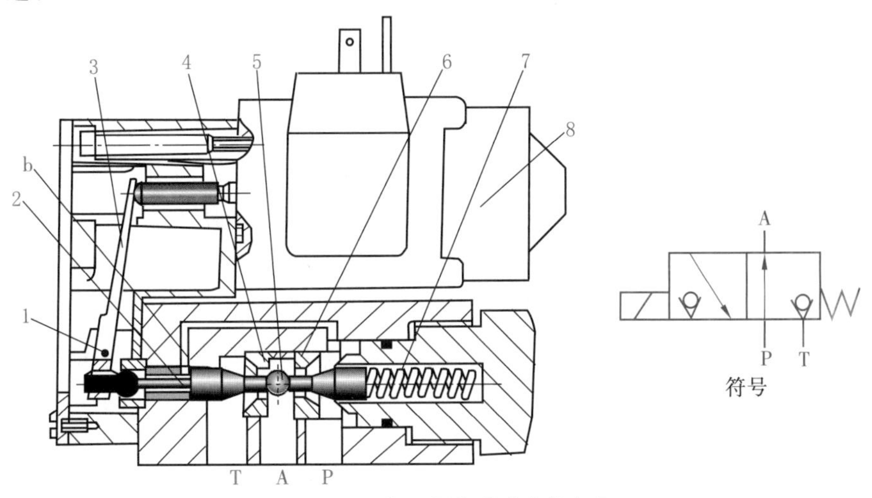

图 5-24 二位三通电磁球式换向阀

1—支点;2—操纵杆;3—杠杆;4—左阀座;5—球阀芯;6—右阀座;7—复位弹簧;8—电磁锁

电磁球式换向阀主要用在要求密封性很好的场合。

讨论与习题

一、讨论

讨论 5-1

分别叙述外泄式和内泄式液控单向阀的工作原理。在本书第 8 章图 8-25(c)液压回路中,为了保证内泄式液控单向阀[参考图 5-12(a)]能正常反向开启,液控单向阀的先导控制活塞有效作用面积、主阀芯有效作用面积、先导控制压力、主回路上的工作压力、主回路上的回油背压之间必需满足一定的关系,请定性分析上述因素之间的关系。

讨论 5-2

在工程应用中,液压缸经常有锁紧定位的需求。请拟定并绘制出三种不同的锁紧回路原理图:要求三种锁紧回路均由 1 个双液控单向阀、1 个三位四通电磁换向阀(分别选用 M、Y、X 型中位机能)和 1 条单出杆双作用液压缸组成。从油液泄漏途径、定位精度、锁紧时长等方面讨论所拟定的三种不同回路的锁紧定位特点。

讨论 5-3

在工程应用中,液压缸经常有锁紧定位的需求,请拟定并绘制出三种不同的锁紧回路原理图:其中两种回路由 1 个三位四通电磁换向阀(分别选用 *O*、*U* 形中位机能)和 1 条单出杆双作用液压缸组成;另外一种回路由 1 个双液控单向阀、1 个三位四通电磁换向阀(中位机能任选)和 1 条单出杆双作用液压缸组成。从油液泄漏途径、定位精度、锁紧时长等方面讨论所拟定的三种不同回路的锁紧定位特点。

讨论 5-4

叙述图 5-23(b)所示的电液换向阀的工作原理。如果将该阀的先导级更换为 O 或 H 形中位机能的三位四通电磁换向阀,该阀还能不能正常工作,给出合理的解释。某工程中应用的液压换向回路,将该电液换向阀 A 口通过高压软管接到液压缸的无杆腔,B 口通过高压软管接到液压缸的有杆腔,工作过程中发现活塞杆每次开始收回时冲击噪声很大、软管振动特别厉害,绘制出上述工况对应的液压原理图,并对照液压原理图、结合电液换向阀的工作原理,叙述上述现象产生的可能原因及如何改善上述现象。

讨论 5-5

图 5-23(e)所示的电液换向阀采用了两个单向节流阀作为主阀芯换向阻尼器,请阐述阻尼器的工作原理。已知阻尼器为薄壁刃口圆形结构,调节直径为 0.8 mm,供油压力为 7 MPa,试粗略绘制出该状态下阻尼器的压力—流量曲线。某工程中应用的液压换向回路,将该电液换向阀 A 口通过高压软管接到液压缸的无杆腔,B 口通过高压软管接到液压缸的有杆腔,工作过程中发现活塞杆每次开始外伸时冲击噪声很大、软管振动特别厉害,结合电液换向阀的工作原理,叙述上述现象产生的可能原因及如何改善上述现象。

二、习题

5-1 如何判断稳态液动力的方向?

5-2 液压卡紧力是怎样产生的？它有什么危害？减小液压卡紧力的措施有哪些？

5-3 说明O型、M型、P型和H型三位四通换向阀的中间位置的特点。

5-4 球式换向阀与滑阀式换向阀相比，具有哪些优点？

5-5 O型机能的三位四通电液换向阀中的先导电磁阀一般选用何种中位机能？由双液控单向阀组成的锁紧回路中换向阀又选用什么机能？为什么？

5-6 在图5-22(a)所示的液动换向阀和图5-23(b)所示电液换向阀中，主阀和先导阀各是几台肩式？T、A、P、B、T所对应的阀体环形沟槽，何处为构成阀口节流边的工作槽？

课程思政拓展阅读材料

材料一 工程机械与火神山医院

2020年1月23日，武汉市城建局召集中建三局等单位举行专题会议，2020年1月24日，武汉火神山医院相关设计方案完成；2020年1月29日，武汉火神山医院建设已进入病房安装攻坚期；2020年2月2日上午，武汉火神山医院正式交付。从方案设计到建成交付仅用10天，被誉为中国速度。中国速度的背后，离不开各种工程机械。挖掘机的发明和发展对节省人力提高工作效率发挥了巨大作用，液压挖掘机靠液压缸作业，被广泛应用于交通运输，矿山采掘等机械施工中，在提高劳动生产率方面作用显著。当前社会建设中，挖掘机已经成为工程机械施工中的主力。

正在工作的挖掘机

今天的挖掘机占绝大部分的是全液压全回转挖掘机。液压挖掘机的控制系统离不开液压多路换向阀。液压多路换向阀作为液压系统核心的控制元件，其发展主要经历了四个阶段。分别是手动换向阀、电磁换向阀、液控换向阀、电液比例换向阀。由于挖掘机行走液压系统对阀的要求低，早期的液压挖掘机通常采用手动换向阀，亦可满足其完成动作的要求，但其控制精度差、需要的操纵力较大。现在的挖掘机通常采用更智能化的电控化电液压换向阀，响应速度快，操纵轻便，减少了液压管路和泄漏点，极大的提高了液压挖掘机的控制性能。

参考资料：

[1] 挖掘机液压行走系统换向阀改造及应用方案探讨[EB/OL]．(2016-12-12)．https://www.docin.com/p-1807842364.html.

思考1：为什么现在的挖掘机大多都采用液压系统呢？

材料二 水平定向钻机液压阀定制化解决方案

非开挖施工技术是指在不开挖地表的条件下探测、检查、修复、更换和铺设各种地下设施的手段和方法。水平定向钻进是目前应用最为广

水平定向钻机

泛的非开挖技术，大吨位水平定向钻机作为非开挖技术中最为重要的施工装备，由于其载荷大、工况复杂，因而对其液压系统较小型钻机有更高的要求。

目前，国内大吨位水平定向钻机主阀制造企业仍屈指可数，而徐工液压更是铆足了创新劲，为市场带来了水平定向钻机定制化解决方案。此次研发的集成比例换向多路阀，是行业内最大吨位的水平定向钻主阀，通过高压大流量液控换向技术，实现对水平定向钻动力头推拉、旋转马达的控制，可应用于500 t推拉力以上水平定向钻机，填补了国内相关产品研发的技术空白，具有里程碑的历史意义。而另一边，XPV16系列多路阀，拥有国际先进的高精度流量控制技术。该多路阀通过采用阀前补偿技术，可适用于液控、手动、电比例、CAN总线等多种控制方式，通过采用贯通式油道设计，冲击压力超调控制等技术，压损降低14 bar，启动压力超调量小于20%，成为覆盖全系列旋挖钻机液压阀领域的全能选手。

参考资料：

徐工液压."阀"现装备制造新势力，徐工AMCA系列液压阀闪耀上海宝马展！[EB/OL].(2022-02-21).

https://mp.weixin.qq.com/s?src=11×tamp=1665631020&ver=4101&signature=T17wMt08kKXVaI0sXX8kFTDB6nM7Rqn5IbaDOC7N6p4ZKGvMssmy6UwuP2npp6yYI1nL*B6ptJ4n*U0wZeFb5HlAZC6DSpiWSvYlpT99wnlzhoxdwRlcSCIMcMhYMz0g&new=1.

思考：综合上述材料，电液换向阀和电磁换向阀有什么区别？

6　压力控制阀

压力控制阀简称压力阀。它包括用来控制液压系统压力或利用压力变化作为信号来控制其他元件动作的阀类。按其功能和用途不同可分为溢流阀、减压阀、顺序阀和压力继电器等。

6.1　压力的调节与控制

在压力阀控制压力的过程中，需要解决压力可调和压力反馈两个方面的问题。

6.1.1　调压原理

调压是指以负载为对象，通过调节控制阀口的大小（或调节液压泵的变量机构），使系统压力大小可调。在电子电路中，电压可以通过三极管等放大元件来调节；在液压阀中，可变节流口就相当于三极管的部分功能，通过节流口可以构成液压调压回路，节流能改变流量，也能改变压力，因此也称液压放大器。调压方式主要有以下四种：

1. 流量型油源并联溢流式调压

定量泵 q_0 是一种流量源（近似为恒流源），液压负载可以用一个带外部扰动的液压阻抗 Z 来描述，负载压力 p_L 与负载流量 q_L 之间的关系为 $p_L=q_LZ$。

显然，只有改变负载流量 q_L 的大小才能调节负载压力 p_L。用定量泵向负载供油时，如果将控制阀口 R_X 串联在泵和负载之间，则无论阀口 R_X 是增大还是减少，都无法改变负载流量 q_L 的大小，因此也就无法调节负载压力 p_L。只有将控制阀口 R_X 与负载 Z 并联，通过阀口的溢流（分流）作用，才能使负载流量 p_L 发生变化，最终达到调节负载压力的目的。这种流量型油源并联溢流式调压回路如图 6-1(a)所示。

2. 压力型油源串联减压式调压

如果油源换成恒压源 p_s（例如用恒压泵供油），并联式调节不能改变负载压力。这时可将控制阀口 R_X 串联在压力源 p_s 和负载 Z 之间，通过阀口的减压作用即可调节负载压力 p_L：

$$p_L=\frac{p_sZ}{(R_X+Z)}$$

或者写成：

$$p_L=p_s-\Delta p_R$$

式中：Δp_R——控制阀口 R_X 上的压差。

压力型油源串联减压式调压回路如图 6-1(b)所示。

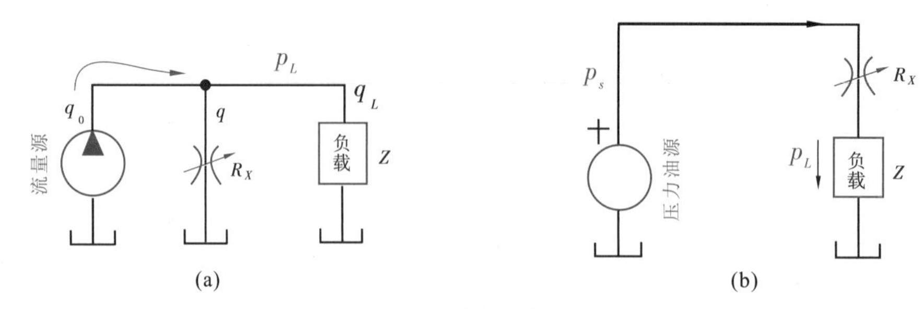

图 6-1　不同油源的调压方式

(a)流量型油源并联溢流式调压；(b)压力型油源串联减压式调压

3. 半桥回路分压式调压

图 6-2 所示为液压半桥，实质是由进、回油节流口串联而成的分压回路。为了简化加工，进油节流口多采用固定节流孔来代替，回油节流口是由锥阀或滑阀构成可调节流口[图 6-2(a)、(b)]。将负载连接到半桥的 A 口(即分压回路的中点)，通过调节回油阀口的液阻，可实现负载压力的调节。这种调压方式主要用于液压阀的先导级中。

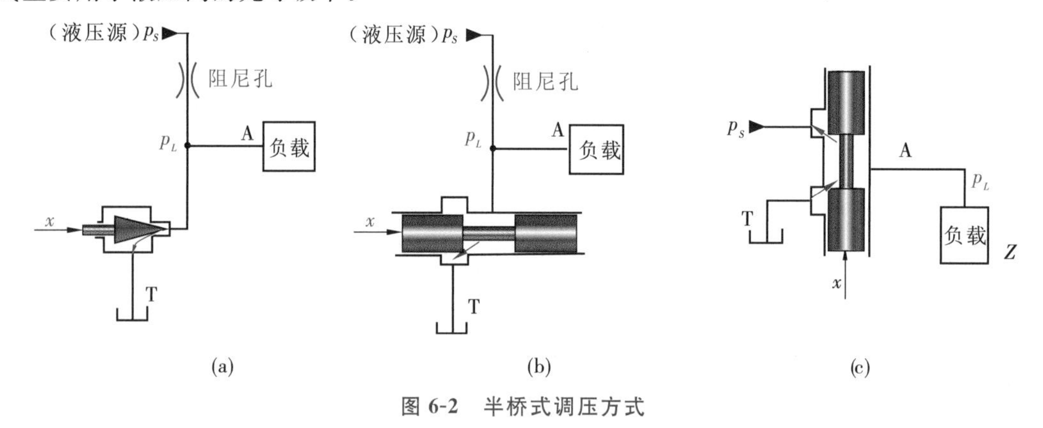

图 6-2　半桥式调压方式

(a)带一个固定节流孔的锥阀式半桥；(b)带一个固定节流孔的滑阀式半桥；(c)进、回油阀口均为可控节流口的滑阀式半桥

4. 液压泵变量调压

利用变量泵，通过调节油泵的输出流量可达到改变负载压力的目的。

6.1.2　压力的反馈控制

压力可调，是压力控制的必要条件。但压力可调，并不等于压力能够自动控制，也不等于液压系统能够稳压。在负载扰动或负载变化情况下，只有通过压力自动控制，才能实现系统的压力稳定。

液压阀压力自动控制的核心是要构造一个压力比较器。压力比较器一般是一个减法器，将代表期望压力大小的指令信号与代表实际受控压力大小的压力测量信号相减后，使其差值转化为阀口大小的控制量，通过阀口的调节使期望压力 $p_{指}$ 与受控压力 p_L 之间的误差趋于减小，这就是简单的压力负反馈过程。

构造压力反馈系统必须研究以下问题：

①代表期望压力的指令信号如何产生？

②怎样构造在实际结构上易于实现的比较(减法)器？

③受控压力 p_L 如何测量？转换成什么信号才便于比较？怎样反馈到比较器上去？

实际上，力的比较很容易实现。如图 6-3(a)所示，在一个刚体的左、右两个方向上分别作用代表指令信号的指令力 $F_{指}$ 及代表受控压力 p_L 的反馈力 F_P，其合力 ΔF 就是比较结果。比较结果用于驱动阀芯，自动调节阀口的开度，从而完成自动控制。这种由力比较器直接驱动主控制阀芯的压力控制方式称为直动型压力控制，所构成的压力控制阀称为直动式压力阀。

指令力可以通过手动调压弹簧来产生。由调压手柄调节弹簧的压缩量，改变弹簧预压缩力，即可提供不同的指令力。指令力也可以通过比例电磁铁产生。

受控压力可以通过微型测量油缸（或带活塞的测量容腔）转化成便于比较的反馈力，并应将反馈力作用在力比较器上。这里的测量油缸也称压力传感器。

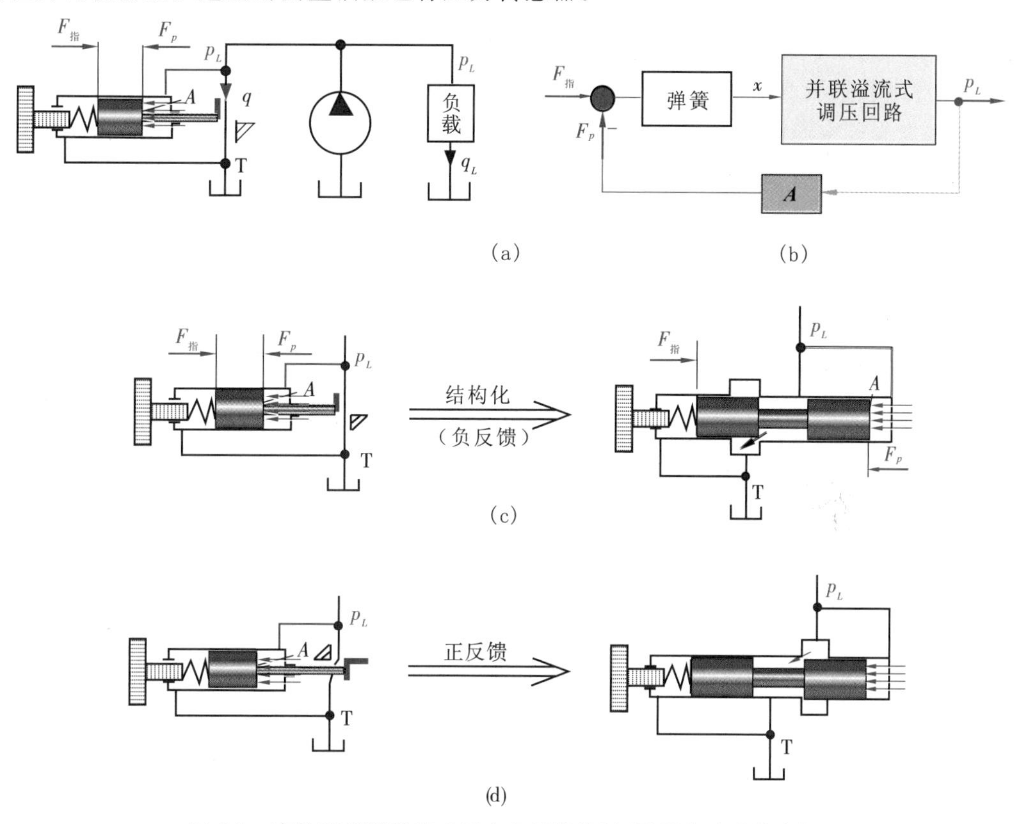

图 6-3　直动型并联溢流式压力负反馈控制（用于直动式溢流阀）

(a)调压与稳压原理图；(b)控制方框图；(c)结构化；(d)压力正反馈

当比较器驱动控制阀芯，朝着使稳压误差增大的方向运动时，系统最终将会失去稳定控制，这种现象称为正反馈[图 6-3(d)]。发现正反馈时，改变反馈力的受力方向或阀口节流边的运动方向，即可变正反馈为负反馈。

采用串联减压调压或者半桥调压，同样可以引入压力反馈控制。图 6-4 所示为串联减压调压的压力反馈控制，可用于直动式减压阀中；图 6-5 所示为半桥调压的压力反馈控制，一般用于先导级压力控制。

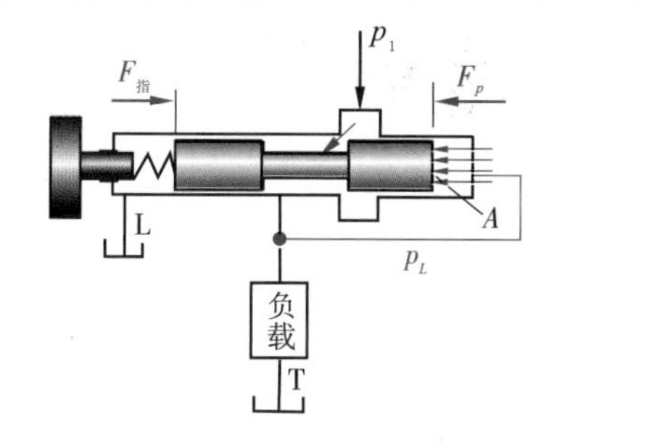

图 6-4　直动型串联减压式压力反馈控制

（用于直动式减压阀）

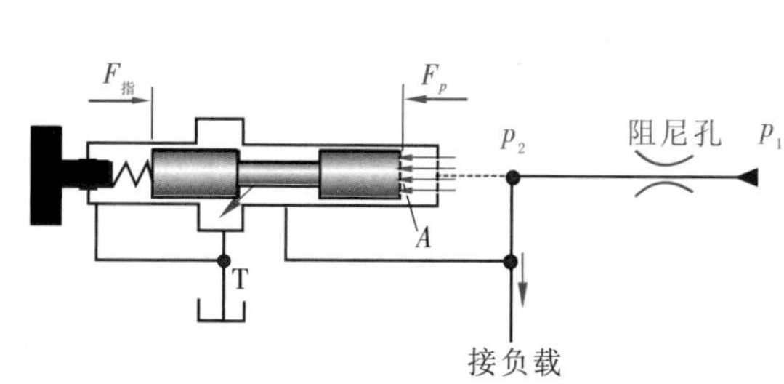

图 6-5　半桥分压式压力负反馈控制

（用作先导压力控制级）

6.1.3　先导控制

直动型压力控制中，由力比较器直接驱动控制阀芯，阀芯驱动力小（最高数十牛顿），甚至不足以克服液动力（可达数百甚至数千牛顿）。因驱动能力不足，这种控制方式导致阀芯不能做得太大，不适合用于高压大流量系统中。因为阀芯越大、压力越高，阀芯的摩擦力、卡紧力、轴向液动力也越大，比较器直接驱动变得十分困难。在高压大流量系统中一般应采用先导控制。

所谓先导型压力控制，是指控制系统中有大、小两个阀芯，小阀芯为先导阀芯，大阀芯为主阀芯，并相应形成先导级和主级两个压力调节回路。其中，小阀芯以主阀芯为负载，构成小流量半桥分压式调压回路；主阀芯以系统中的执行元件为负载，根据油源不同，具体选择并联式、串联式或油泵变量式等调节方式，构成大流量级调压回路。

图6-6(a)所示为主级并联溢流式先导型压力反馈控制，据此原理设计的液压阀称为先导式溢流阀；图6-6(b)所示为主级串联减压式先导型压力反馈控制，据此原理设计的液压阀称为先导式减压阀；图6-6(c)所示为采用液压泵变量的方式实现压力控制，通过“阀控缸”调节斜盘角度，来实现系统压力控制，恒压变量泵就是根据这一原理设计而成。

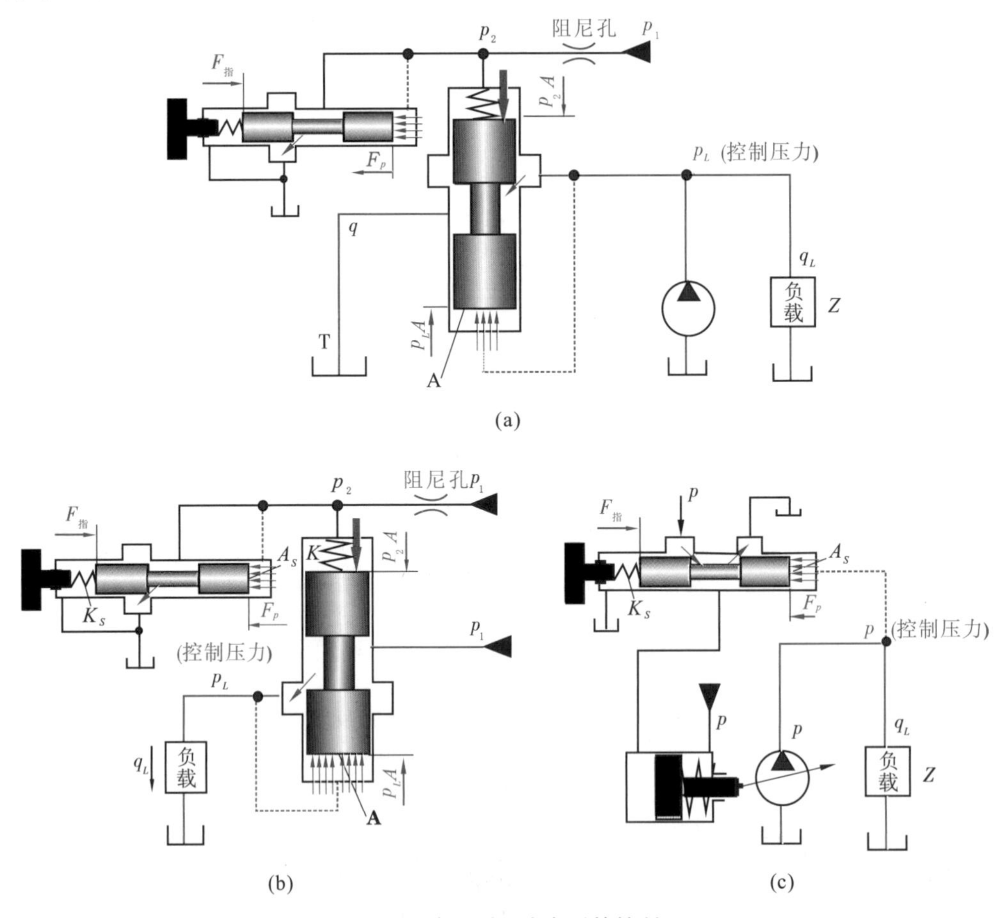

图6-6　先导型压力负反馈控制

(a)主级为并联溢流式；(b)主级为串联分压式；(c)主级为液压泵变量式

上述先导型压力反馈控制的共同特点如下：

①先导型压力负反馈控制中有两个压力负反馈回路，有两个反馈比较器和调压回路。先导级负责主级指令信号的稳压和调压；主级则负责系统的稳压。

②主阀芯(或变量活塞)既构成主调压回路的阀口,又作为主级压力反馈的力比较器,主级的测压容腔设在主阀芯的一端,另一端作用有主级的指令力 p_2A。

③主级所需要的指令信号(指令力 p_2A)由先导级负责输出,先导级通过半桥回路向主级的力比较器(即主阀芯)输出一个压力 p_2,该压力称为主级的指令压力,然后通过主阀芯端部的受压面积(可称为指令油缸)转化为主级的指令力 p_2A。

④先导阀芯既构成先导调压回路的阀口,又作为先导级压力反馈的力比较器,先导级的测压容腔设在先导阀芯的一端(有时直接用节流边作为测压面),另一端安装有作为先导级指令元件的调压弹簧和调压手柄(图 6-5)。在比例压力阀中则用比例电磁铁产生指令力。

6.2　溢　流　阀

溢流阀根据“并联溢流式压力反馈控制”原理设计而成,主要用途为:

(1)调压和稳压。如用在由定量泵构成的液压源中,用以调节泵的出口压力,保持该压力恒定。

(2)限压。如用作安全阀,当系统正常工作时,溢流阀处于关闭状态,仅在系统压力大于其调定压力时才开启溢流,对系统起过载保护作用。

溢流阀的特征是:阀与负载相并联,溢流口接回油箱,采用进口压力负反馈。

根据结构不同,溢流阀可分为直动型和先导型两类。

6.2.1　直动型溢流阀

直动型溢流阀是作用在阀芯上的主油路液压力与调压弹簧力直接相平衡的溢流阀。如图 6-7 所示,直动型溢流阀因阀口和测压面结构型式不同,形成了三种基本结构:图 6-7(a)所示阀采用滑阀式溢流口,端面测压方式;图 6-7(b)所示阀采用锥阀式溢流口,同样采用端面测压方式;图 6-7(c)所示阀采用锥阀式溢流口,锥面测压方式,测压面和阀口的节流边均用锥面充当。但无论何种结构,直动型溢流阀均是由调压弹簧和调压手柄、溢流阀口、测压面等三个部分构成。

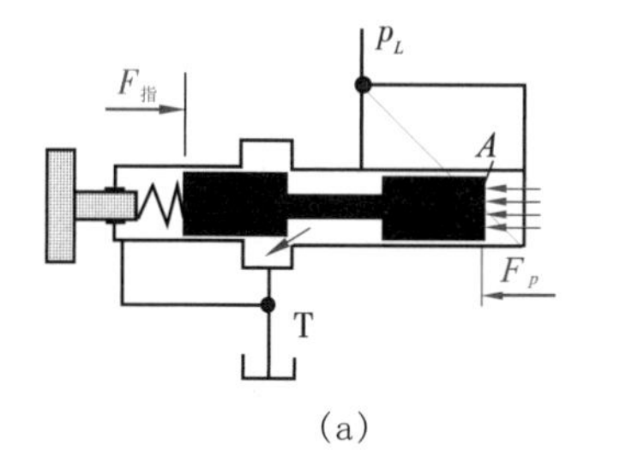

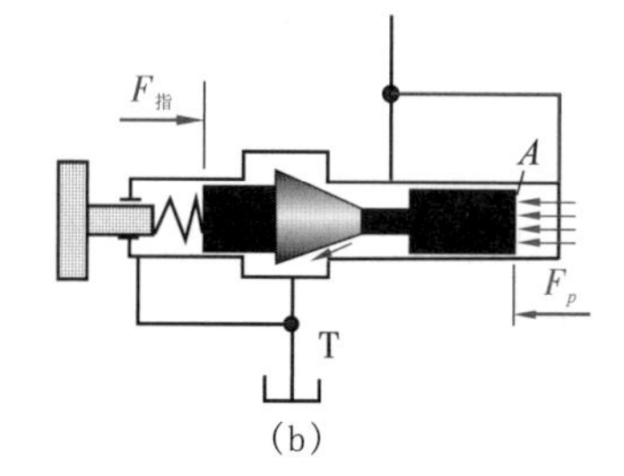

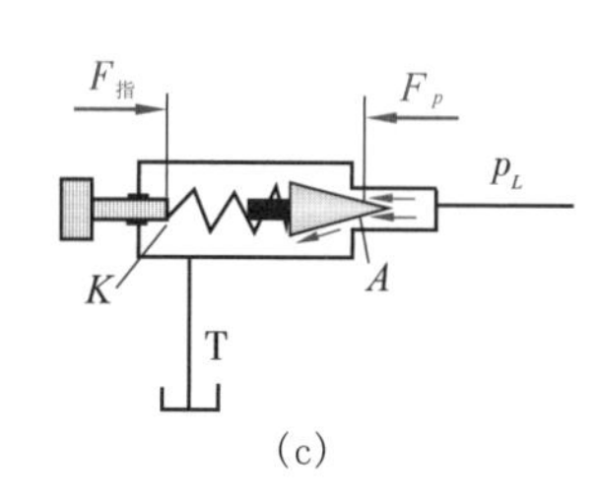

图 6-7　直动型溢流阀结构原理图

(a)滑阀节流口,端面测压;(b)锥阀节流口,端面测压;(c)锥阀节流口,锥面测压

图 6-8(a)所示为普通锥阀式直动型溢流阀的结构图,直动型溢流阀的符号如图 6-8(b)所示。图中,阀芯为锥阀结构,在弹簧的作用下压在阀座上,阀体上开有进出油口 P 和 T,油液压力从进油口 P 作用在阀芯上。当液压作用力低于调压弹簧力时,阀口关闭,溢流口无液体溢出;当液压作用力超过弹簧力时,阀芯开启,液体从溢流口 T 流回油箱,弹簧力随着开口量的增大而增大,直至与液压作用力相平衡。调节弹簧的预压力,便可调整溢流压力。

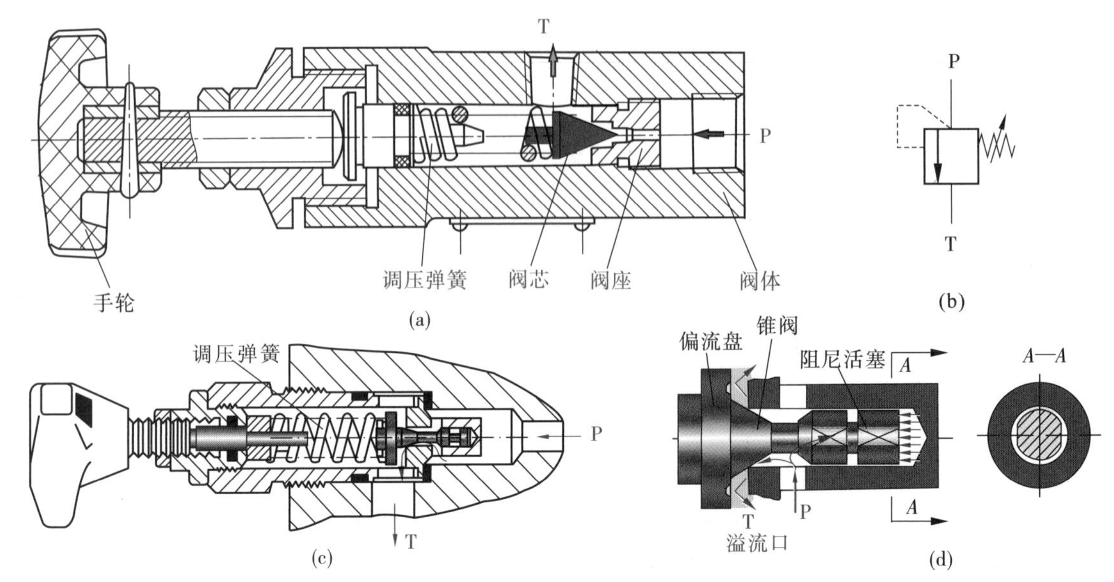

图 6-8 锥阀式直动型溢流阀

(a)普通锥阀式直动型溢流阀;(b)直动型溢流阀符号;(c)带阻尼柱塞的锥阀式直动型溢流阀;(d)带阻尼柱塞阀芯放大图

当阀芯重力、摩擦力和液动力忽略不计,令指令力(弹簧调定力)$F_{指}=Kx_0$ 时,直动式溢流阀在稳态下的力平衡方程为

$$\Delta F=F_{指}-pA=-Kx \tag{6-1}$$

即

$$p=\frac{K(x_0+x)}{A}\approx\frac{Kx_0}{A} \tag{6-2}$$

式中:p(或 p_L)——进口压力,即系统压力(Pa);

$F_{指}$——指令信号,即弹簧预压力(N);

$\Delta F_{指}$——控制误差,即阀芯上的合力(N);

A——阀芯的有效承压面积(m^2);

K——弹簧刚度(N/m);

x_0——弹簧预压缩量(m);

x——阀开口量(m)。

由式(6-1)可以看出,只要在设计时保证 $x\ll x_0$,即可使 $p=K(x_0+x)/A\approx Kx_0/A=$常数。这就表明,当溢流量变化时,直动式溢流阀的进口压力是近似于恒定的。

图 6-8(a)所示普通锥阀式直动型溢流阀结构简单,应用广泛,但阀芯弹簧质量系统是欠阻尼的,在压力自动调节过程中容易振荡和啸叫,性能不是很好。这种锥阀作为主阀的先导级使用时,可以在主阀上设计液压阻尼解决稳定性问题;如果作为独立的溢流阀使用时,可选用图 6-8(c)所示阀芯带阻尼柱塞的结构。这种溢流阀的特点为:

(1)采用锥阀溢流口端面测压方式,阀芯体积较小,惯性小,移动灵活;

(2)采用液动力补偿结构,相当于减小等效调压弹簧刚度。阀芯左端偏流盘上开有环形凹槽,当油液流过此槽时流向发生改变,形成与弹簧力相反方向的液动力。当阀芯开大时,弹簧压缩量增加,而通过的流量也增加,由此所产生的液动力增大,从而抵消了弹簧力的增量,使得阀芯开启稳定性增加。

(3)具有足够的阻尼,稳定性增加。阀芯右端设有阻尼活塞,阻尼活塞与阀体间设置了适当的间隙,使阀芯在移动时受到液压油的阻尼作用,减小了阀芯移动时的摩擦力,压力的平稳性大大增加。

此类直动式溢流阀的通径从 6 mm 到 30 mm 不等(大直径阀采用差动测压方式,减小测压面积,降低弹簧力),最高压力可达 63 MPa,最大流量可达 300 L/min,该阀在大流量下也具有较好的压力—流量特性,关键在于偏流盘上的射流力对液动力的补偿作用及采用阻尼活塞结构可提高阀的稳定性。

总地来说,直动型溢流阀结构简单,灵敏度高,但因压力直接与调压弹簧力平衡,不适于在高压、大流量条件件下工作。在高压、大流量条件下,直动型溢流阀的阀芯摩擦力和液动力很大,不能忽略,故定压精度低,恒压特性不好。

6.2.2　先导型溢流阀

先导型溢流阀有多种结构。图 6-9 所示是一种典型的三节同心结构先导型溢流阀,它由先导阀和主阀两部分组成。该阀的原理如图 6-10 所示。

图 6-9 中,锥阀 1、主阀芯上的阻尼孔(固定节流孔)5 及调压弹簧 9 一起构成先导级半桥分压式压力负反馈控制,负责向主阀芯 6 的上腔提供经过先导阀稳压后的主级指令压力 p_2。主阀芯是主控回路的比较器,上端面作用有主阀芯的指令力 p_2A_2,下端面作为主回路的测压面,作用有反馈力 p_1A_1,其合力可驱动主阀芯,调节溢流阀口的大小,最后达到对进口压力 p_1 进行调压和稳压的目的。

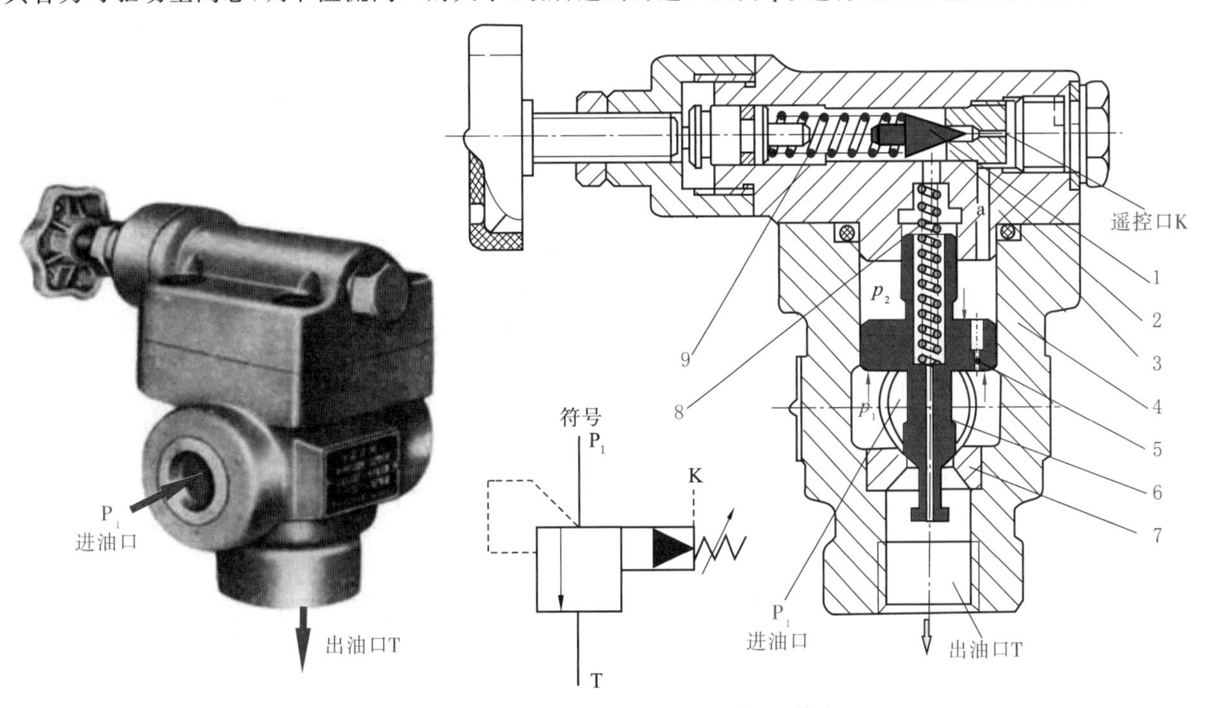

图 6-9　YF 型三节同心先导型溢流阀结构图(管式)

1—锥阀(先导阀);2—锥阀座;3—阀盖;4—阀体;5—阻尼孔;

6—主阀芯;7—主阀座;8—主阀弹簧;9—调压(先导阀)弹簧

工作时,液压力同时作用于主阀芯及先导阀芯的测压面上。当先导阀 1 未打开时,阀腔中油液没有流动,作用在主阀芯 6 上下两个方向的压力相等,但因上端面的有效受压面积 A_2 大于下端面的有效受压面积 A_1,主阀芯在合力的作用下处于最下端位置,阀口关闭。当进油压力增大到使先导阀打开时,液流通过主阀芯上的阻尼孔 5、先导阀 1 流回油箱。由于阻尼孔的节流作用,使主阀芯 6 所受到的上下两个方向的液压力不相等,主阀芯在压差的作用下上移,打开阀口,实现溢流,并维持压力基本稳定。调节先导阀的调压弹簧 9,便可调整溢流压力 p_1。

根据先导型溢流阀的原理图 6-10,当阀芯重力、摩擦力和液动力忽略不计,令导阀的指令力 $F_{指}=$

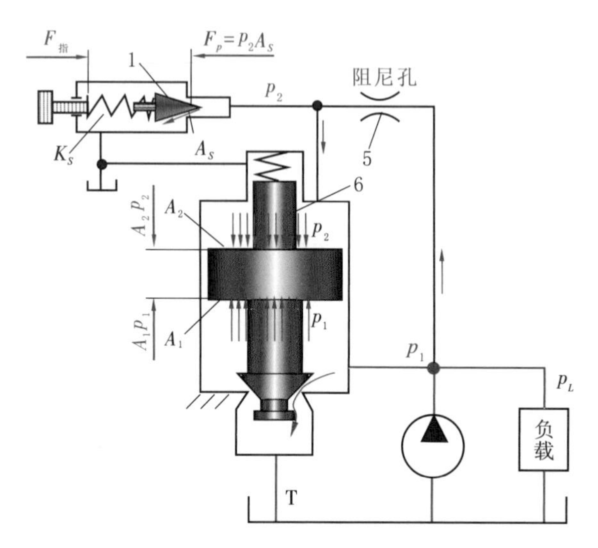

图 6-10　三节同心先导型溢流阀原理图

K_Sx_{S0}时，导阀芯在稳态状况下的力平衡方程为

$$\Delta F_S = F_{指} - p_2A_S = -K_Sx_S \tag{6-3}$$

即

$$p_2 = K_S(x_{S0}+x_S)/A_S \tag{6-4}$$

因导阀的流量极小，仅为主阀流量的 1%左右，导阀开口量 x_S 很小，因此有

$$p_2 \approx K_Sx_{S0}/A_S \quad (常数) \tag{6-5}$$

式中：p_2——先导级的输出压力，即主级的指令压力(Pa)；

$F_{指}$——先导级的指令信号，即先导阀的弹簧预压力(N)；

ΔF_S——先导级的控制误差，即先导阀芯上的合力(N)；

A_S——先导阀芯的有效承压面积(m^2)；

K_S——先导阀调压弹簧刚度(N/m)；

x_{S0}——先导阀弹簧预压缩量(m)；

x_S——先导阀阀开口量(m)。

由式(6-5)可以看出，只要在设计时保证 $x_S \ll x_{S0}$，即可使先导级向主级输出的压力 $p_2=K_S(x_{S0}+x_S)/A_S \approx K_Sx_{S0}/A_S=$常数。因此，先导级可以对主级的指令压力 p_2 进行调压和稳压。

在主阀中，当主阀芯重力、摩擦力和液动力忽略不计，令主阀的指令力 $F_{调}=p_2A_2$，主阀芯在稳态状况下的力平衡方程为

$$\begin{aligned}\Delta F &= F_{调} - p_1A_1 \\ &= p_2A_2 - p_1A_1 = K(x_0+x)\end{aligned} \tag{6-6}$$

因主阀芯弹簧不起调压弹簧作用，因此弹簧较软，弹簧力基本为 0，即

$$\Delta F = K(x_0+x) \approx 0$$

故有

$$p_1 \approx \frac{F_{调}}{A_1} = \frac{p_2A_2}{A_1}$$

代入式(6-5)后，得

$$\begin{aligned}p_1 &= K_Sx_{S0}\frac{A_2}{A_SA_1} \\ &= F_{调}\ A_2/(A_S/A_1) \quad (常数)\end{aligned} \tag{6-7}$$

式中：p_1——进口压力即系统压力(Pa)；

A_1——主阀芯下端面的有效承压面积(m^2)；

A_2——主阀芯上端面的有效承压面积(m^2)；

K——主阀弹簧刚度(N/m)；

x_0——主阀弹簧预压缩量(m)；

x——主阀阀开口量(m)。

$F_{调}$——主级的指令信号，即主阀芯上端面有效承压面积上所承受的液压力(N)；

ΔF——主级的控制误差，即主阀芯上的合力(N)。

由式(6-7)可以看出，只要在设计时保证主阀弹簧很软，且主阀芯的测压面积 A_1、A_2 较大，摩擦力和液动力相对于液压驱动力可以忽略不计，即可使系统压力 $p_1 \approx (K_S x_{S0}/A_S)A_2/A_1=$ 常数。先导型溢流阀在溢流量发生大幅度变化时，被控压力 p_1 只有很小的变化，即定压精度高。此外，由于先导阀的溢流量仅为主阀额定流量的1%左右，因此先导阀阀座孔的面积和开口量、调压弹簧刚度都不必很大。因此，先导型溢流阀广泛用于高压、大流量场合。

从图6-9可以看出，导阀体上有一个远程控制口K，当K口通过二位二通阀接油箱时，先导级的控制压力 $p_2=0$；主阀芯在很小的液压力作用下便可向上移动，打开阀口，实现溢流卸荷。若K口与另一个远离主阀的先导压力阀(此阀的调节压力应小于主阀中先导阀的调节压力)的入口连接，可实现远程调压。

图6-11所示为二节同心先导型溢流阀的结构图，其主阀芯为带有圆柱面的锥阀。为使主阀关闭时有良好的密封性，要求主阀芯1的圆柱导向面和圆锥面与阀套配合良好，两处的同心度要求较高，故

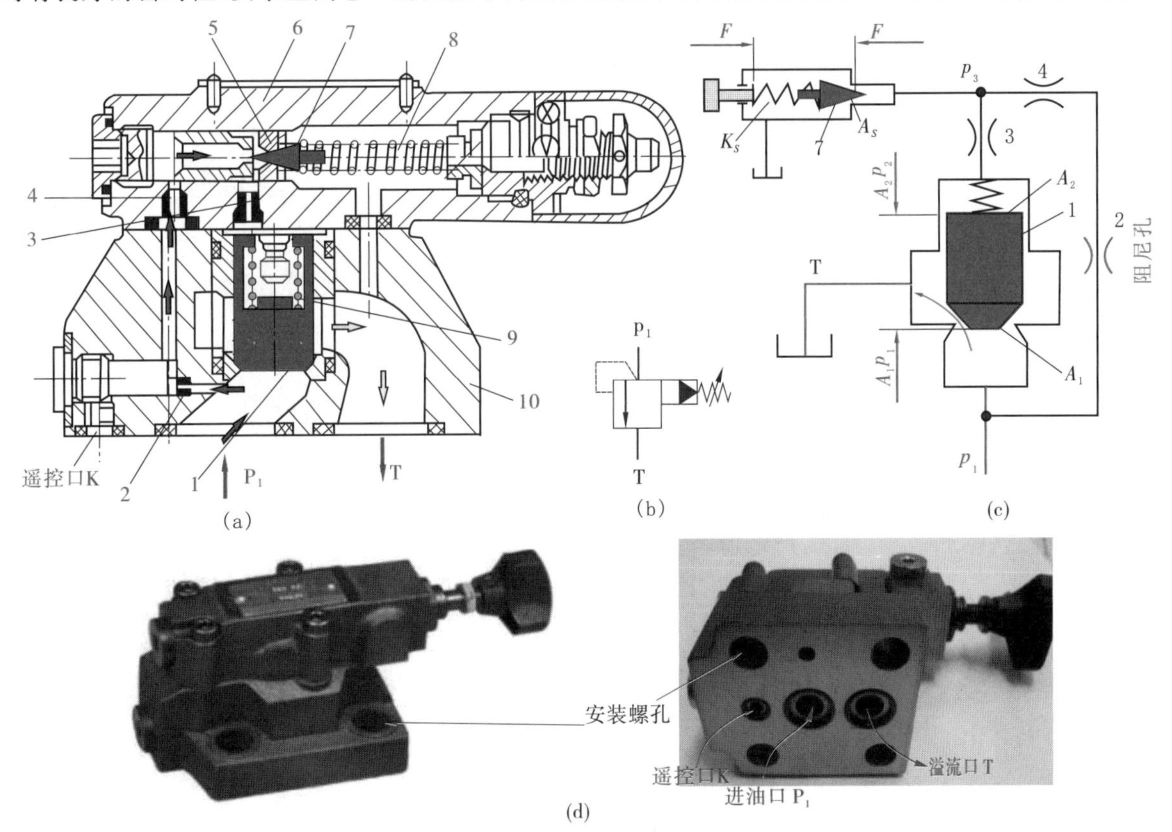

图6-11　二节同心先导型溢流阀(板式)

(a)溢流阀结构图；(b)先导式溢流阀符号；(c)二节同芯式溢流阀原理；(d)溢流阀外形与底板

1—主阀芯；2,3,4,阻尼孔；5—先导阀座；6—先导阀体；7—先导阀芯；8—调压弹簧；9—主阀弹簧；10—阀体

称二节同心。主阀芯上没有阻尼孔，而将三个阻尼孔2、3、4分别设在阀体10和先导阀体6上。其工作原理与三节同心先导型溢流阀相同，只不过油液从主阀下腔到主阀上腔，需经过三个阻尼孔。阻尼孔2和4相串联，相当三节同芯阀主阀芯中的阻尼孔，是半桥回路中的进油节流口，作用是使主阀下腔与先导阀前腔产生压力差，再通过阻尼孔3作用于主阀上腔，从而控制主阀芯开启。阻尼孔3的主要作用是提高主阀芯的稳定性，它的设立与桥路无关。

先导型溢流阀的导阀部分结构尺寸较小，调压弹簧刚度不必很大，因此压力调整比较轻便。但因先导型溢流阀要在先导阀和主阀都动作后才能起控制作用，因此反应不如直动型溢流阀灵敏。

与三节同心结构相比，二节同心结构的特点是：①主阀芯仅与阀套和主阀座有同心度要求，免去了与阀盖的配合，故结构简单，加工和装配方便。②过流面积大，在相同流量的情况下，主阀开启高度小；或者在相同开启高度的情况下，其通流能力大，因此，可做得体积小、重量轻。③主阀芯与阀套可以通用化，便于组织批量生产。

6.2.3 电磁溢流阀

电磁溢流阀是电磁换向阀与先导式溢流阀的组合，用于系统的多级压力控制或卸荷。为减小卸荷时的液压冲击，可在电磁阀和溢流阀之间加装缓冲器。

图6-12为电磁溢流阀的结构图，它是先导型溢流阀与常闭型二位二通电磁阀的组合。电磁阀的两个油口分别与主阀上腔(导阀前腔)及主阀溢流口相连。当电磁铁断电时，电磁阀两油口断开，对溢流阀没有影响。当电磁铁通电换向时，通过电磁阀将主阀上腔与主阀溢流口相连通，溢流阀溢流口全开，导致溢流阀进口卸压(即压力为零)，这种状态称之为卸荷。

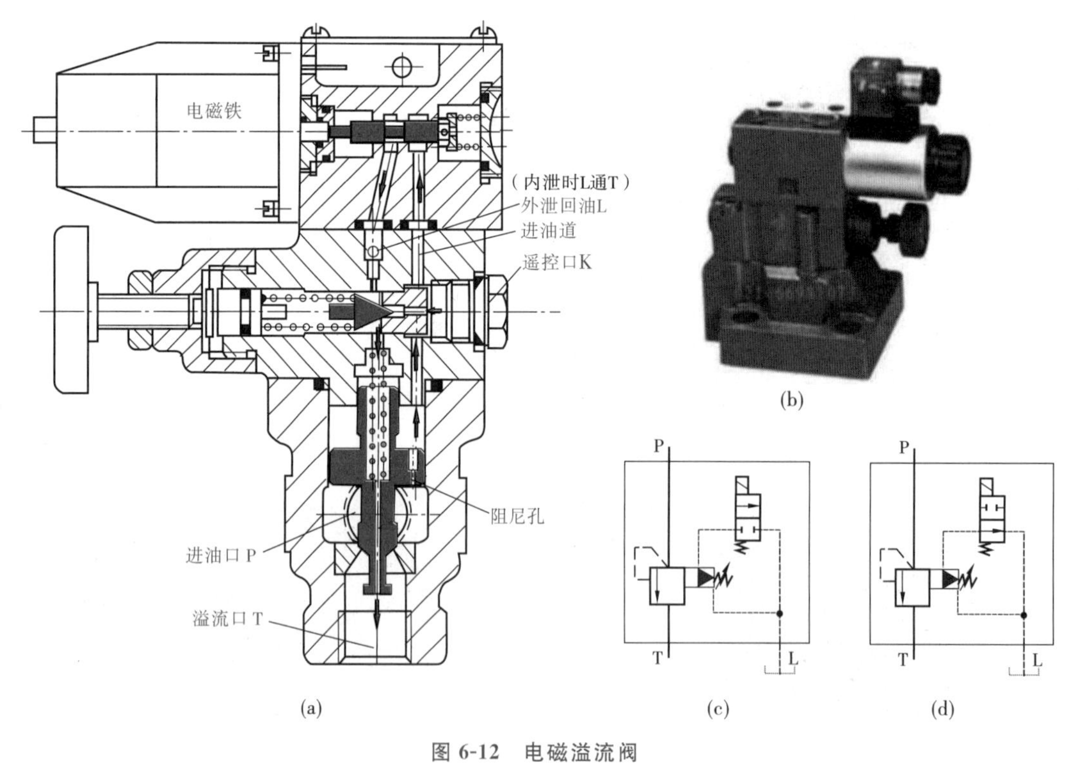

图6-12 电磁溢流阀

(a)O型机能管式电磁溢流阀；(b)板式电磁溢流阀；(c)O型机能电磁溢流阀符号；(d)H型机能电磁溢流阀符号

先导型溢流阀与常闭型二位二通电磁阀组合时称为O型机能电磁溢流阀；与常开型二位二通电磁阀组合时称为H型机能电磁溢流阀。

电磁溢流阀除应具有溢流阀的基本性能外，还要满足以下要求：

(1)建压时间短；

(2)具有通电卸荷或断电卸荷功能；

(3)卸荷时间短且无明显液压冲击。

6.2.4 溢流阀静态特性与动态特性

溢流阀的性能特性包括静态特性和动态特性。静态特性是指阀在稳态工况时的特性，动态特性是指阀在瞬态工况时的特性。

1. 静态特性

工作时，随着溢流量 q 的变化，系统压力 p 会产波动，不同的溢流阀其波动程度不同。因此一般用溢流阀稳定工作时的压力-流量特性来描述溢流阀的静态特性，又称“启闭特性”。

启闭特性是指溢流阀从开启到闭合过程中，被控压力 p 与通过溢流阀的溢流量 q 之间的关系。它是衡量溢流阀定压精度的一个重要指标。

图 6-13 所示为溢流阀的启闭特性曲线。图中 p_n($p_{指}$)为溢流阀调定压力，p_c 和 p_c'分别为直动型溢流阀和先导型溢流阀的开启压力。

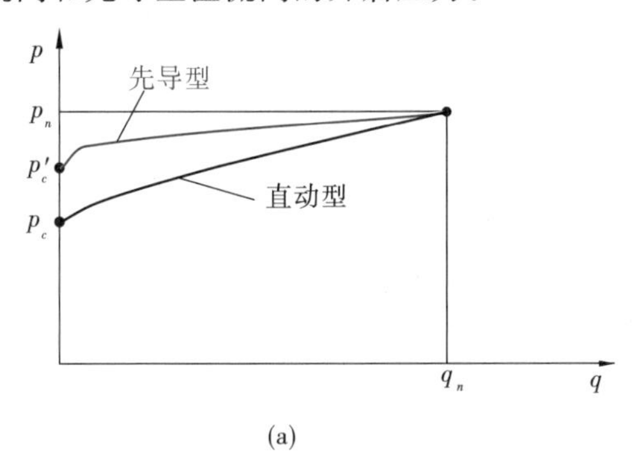

(a)

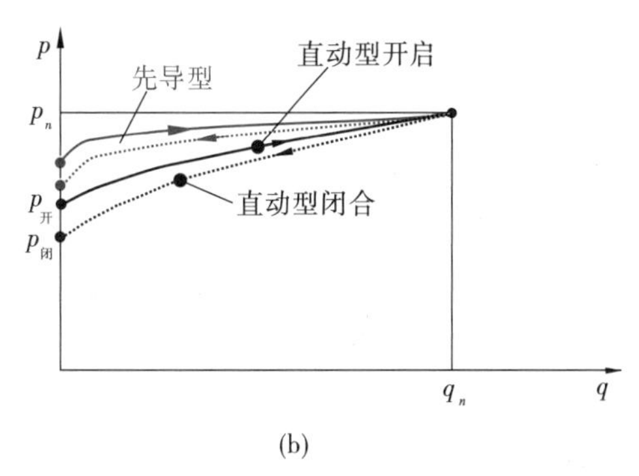

(b)

图 6-13 溢流阀的静态特性曲线

(a)溢流阀的静态特征曲线；(b)溢流阀的启闭特征性曲线

溢流阀理想的特性曲线最好是一条在 p_n 处平行于流量坐标的直线。其含义是：只有在系统压力 p 达到 p_n 时才溢流，且不管溢流量 q 为多少，压力 p 始终保持为 p_n 值不变，没有稳态控制误差(或称没有调压偏差)。实际溢流阀的特性不可能是这样的，而只能要求它的特性曲线尽可能接近这条理想曲线，调压偏差尽(p_n-p)可能小。

由图 6-13 所示溢流阀的启闭特性曲线可以看出：

①对同一个溢流阀，其开启特性总是优于闭合特性。这主要是由于在开启和闭合两种运动过程中，摩擦力的作用方向相反所致。由于阀芯在移动过程中要受到摩擦力的作用，阀口开大和关小时的摩擦力方向刚好相反，使溢流阀开启时的特性和闭合时的特性产生差异。

②先导式溢流阀的启闭特性优于直动式溢流阀。也就是说，先导式溢流阀的调压偏差(p_n-p_c')比直动式溢流阀的调压偏差(p_n-p_c)小，调压精度更高。所谓调压偏差，即调定压力与开启压力之差值。压力越高，调压弹簧刚度越大，由溢流量变化而引起的压力变化越大，调压偏差也越大。

由以上分析可知，直动型溢流阀结构简单，灵敏度高，但压力受溢流量变化的影响较大，调压偏差大，不适于在高压、大流量下工作，常作安全阀或用于调压精度要求不高的场合。先导型溢流阀中主阀弹簧主要用于克服阀芯的摩擦力，弹簧刚度小。当溢流量变化引起主阀弹簧压缩量变化时，弹簧力变化较小。因此阀进口压力变化也较小。先导型溢流阀调压精度高，被广泛用于高压、大流量系统。

除启闭特性外，溢流阀的静态性能指标还有：

(1)压力调节范围：是指调压弹簧在规定的范围内调节时，系统压力平稳地（压力无突跳及迟滞现象）上升或下降的最大和最小调定压力。

(2)卸荷压力：当溢流阀作卸荷阀用时，额定流量下进、出油口的压力差称为卸荷压力。

(3)最大允许流量和最小稳定流量：溢流阀在最大允许流量（即额定流量）下工作时应无噪声。溢流阀的最小稳定流量取决于对压力平稳性的要求，一般规定为额定流量的 15%。

2. 动态特性

溢流阀的动态特性，指主阀口通过的流量发生跃变时，阀在响应过程中所表现出的性能指标，主要有响应时间和压力超调量等。

(1)压力超调量：定义为最高瞬时压力峰值与额定压力调定值 p_n 之间的差值，用压力超调量 Δp 表示，并将 $(\Delta p/p_n)\times 100\%$ 称为压力超调率。压力超调量是衡量溢流阀动态定压误差及稳定性的重要指标，一般压力超调率要求小于 10%～30%，否则可能导致系统中元件损坏，管道破裂或其他故障。

(2)响应时间 t_1：是指从起始稳态压力 p_0 与最终稳态压力 p_n 之差的 10%上升到 90%的时间。t_1 越小，溢流阀的响应越快。

6.3 减压阀

减压阀是一种利用液流流过阀口液阻产生压力损失，使其出口压力低于进口压力的压力控制阀。按调节要求不同有：用于保证出口压力为定值的定值减压阀，用于保证进出口压差不变的定差减压阀，用于保证进出口压力成比例的定比减压阀。其中定值减压阀应用最广，这里只介绍定值减压阀。没有特别指出时，减压阀均指定值减压阀。

减压阀主要用于降低并稳定系统中某一支路的油液压力，常用于夹紧、控制、润滑等油路中。减压阀的特征是：主阀口与负载相串联，调压弹簧腔有外接泄油口，采用出口压力负反馈。

减压阀也有直动式和先导式之分，应用中以先导式减压阀为主。

6.3.1 直动式减压阀

直动式减压阀有二通型和三通型两种，二通型直动式定值减压阀的工作原理及符号如图 6-14 所示。

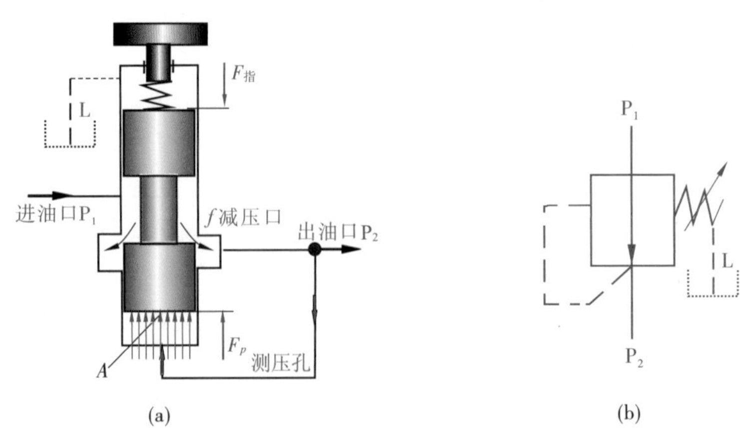

图 6-14　二通型直动式定值减压阀

(a)结构原理图；(b)图形符号

由于直动式二通型减压阀阀口流量为零时，不能正常减压（如夹紧回路），实际使用较少，一般用作定差和定比减压阀。实际应用的直动式减压阀一般为三通型减压阀，如图 6-15 所示。

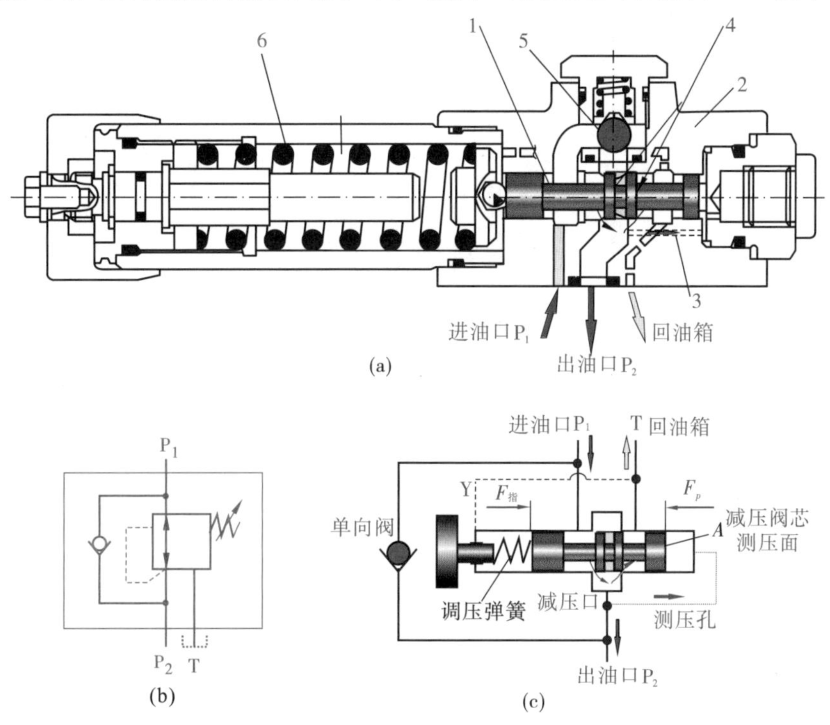

图 6-15　DR6 型直动式三通型减压阀

（a）结构图；（b）图形符号；（c）原理图

1—阀芯；2—阀体；3—测压孔；4—阀口节流边；5—单向阀；6—调压弹簧

图 6-15(a)为 DR6 型直动式三通型减压阀，工作原理如图 6-15(c)所示。

此阀兼有减压和溢流两种功能，又称为溢流减压阀。P_1 为进油口，P_2 为出油口，T 为回油口。液压油从 P_1 进入，经三台阶阀芯 1 的阀口节流边 4 减压后，从 P_2 油口流出。同时，液压油经测压孔 3 进入阀芯 1 的右腔，形成压力反馈。当系统压力不高时，调压弹簧 6 推动阀芯使之处于右端，阀芯与阀体间左侧阀口处于最大，阀进出油口压力相等；当系统压力达到阀的调定值时，阀芯右端的液压力大于左端的弹簧预紧力，阀芯向左移动，左侧阀口减小，节流作用增强，使阀的出口压力降低到调定值。

当 P_2 口接夹紧回路、流量为零时，液流经 P_1、左侧阀口，再经右则阀口流回油箱 T，形成 P_1 和 T 之间的分压，使压力 p_2 能维持与弹簧调定压力相等，因此这是个半桥回路，不会出现直动式二通型减压阀那种流量为零时不能正常减压的现象。

当油液反向流动时，P_2 为进油口，P_1 为出油口，液压油从 P_2 进入并经单向阀 5 从 P_1 流出。图 6-15(b)所示为直动式三通型单向减压阀的图形符号。

6.3.2　先导式减压阀

实际应用中的减压阀多为先导式减压阀。在先导式减压阀中，根据先导级供油的引入方式不同，有“先导级由减压出口供油式”和“先导级由减压进口供油式”两种结构形式。

先导级由减压出口供油的减压阀如图 6-16 所示，由先导阀和主阀两部分组成。

图 6-16(b)中，压力油由阀的进油口 P_1 流入，经主阀减压口 f 减压后由出口 P_2 流出。先导阀芯 3、主阀芯 1 上的阻尼孔 e（固定节流孔）及先导阀的调压弹簧 4 一起构成先导级半桥分压式压力负反

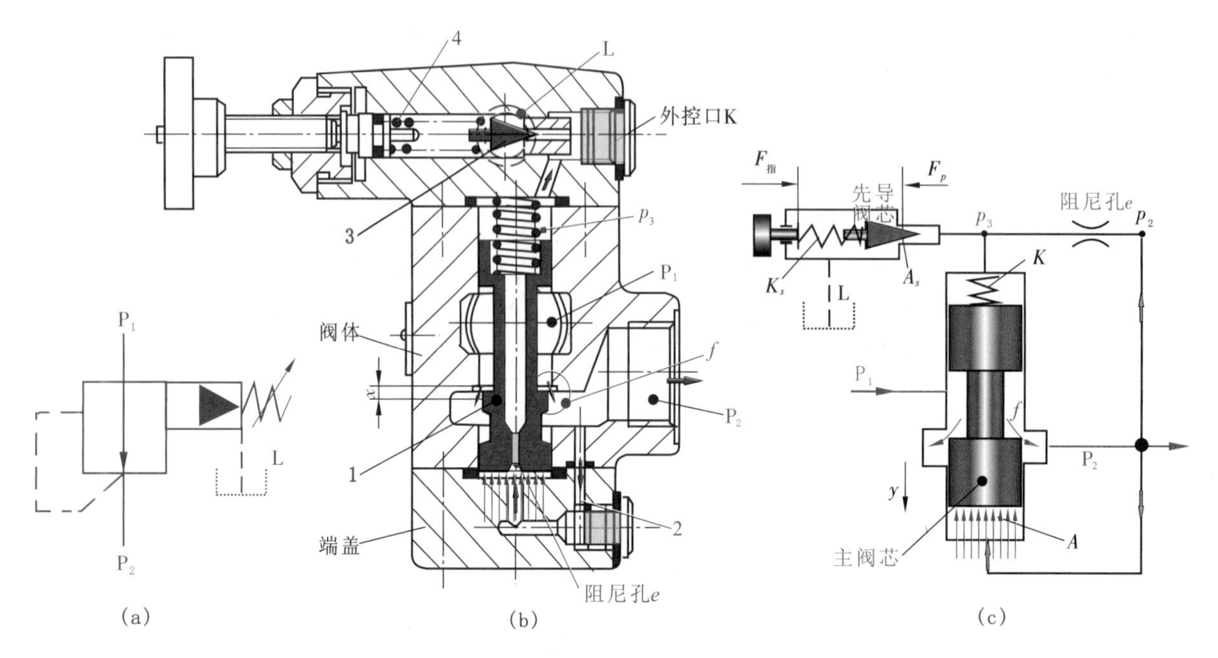

图 6-16　先导级由减压出口供油的先导式减压阀

(a)先导式减压阀符号；(b)结构图；(c)原理图

1—主阀芯；2—测压孔；3—先导阀芯；4—调压弹簧；

f—减压阀口(节流边)；P_1—进油口；P_2—出油口；L—泄油口

馈控制，负责向滑阀式主阀芯的上腔提供经过先导阀稳压后的主级指令压力 p_3。主阀芯是主控回路的比较器，端面有效面积为 A，上端面作用有主阀芯的指令力(即液压力 p_3A 与主阀弹簧力预压力 Ky_0 之和)，下端面作为主回路的测压面，作用有反馈力 p_2A，其合力可驱动阀芯，并调节减压阀口 f 的大小，最后达到对出口压力 p_2 进行减压和稳压的目的。

图 6-16(c)为先导级由减压出口供油的先导式减压阀原理图，对比图 6-16(b)、(c)可见，出口压力油经阀体与下端盖的通道流至主阀芯的下腔，再经主阀芯上的阻尼孔 e 流到主阀芯的上腔，最后经导阀阀口及泄油口 L 流回油箱。因此先导级的进口(即阻尼孔 e 的进口)压力油引自减压阀的出口 P_2，故称为先导级由减压出口供油的减压阀。

工作时，若出口压力 p_2 低于先导阀的调定压力，先导阀芯关闭，主阀芯上、下两腔压力相等，主阀芯在弹簧作用下处于最下端，减压阀口 f 开度为最大，阀不起减压作用，$p_2 \approx p_1$。当出口压力达到先导阀调定压力时，先导阀阀口打开，主阀弹簧腔的油液便由外泄口 L 流回油箱，由于油液在主阀芯阻尼孔 e 内流动，使主阀芯两端产生压力差，主阀芯在压差作用下，克服弹簧力抬起，减压阀口 f 减小，压降增大，使出口压力下降到调定的压力值，维持减压阀出口压力基本恒定。

应当指出，当减压阀出口处的油液不流动时，此时仍有少量油液通过减压阀口经先导阀和外泄口 L 流回油箱，阀处于工作状态，阀出口压力基本上保持在调定值上。

6.3.3　带流量恒定器的先导式减压阀

1. 导阀前端装有“流量恒定器”的减压阀

图 6-17 所示是一种先导级由减压进口供油的先导式减压阀(与图 6-16 不同)，而且是一种具有安全功能的先导式减压阀，主阀为滑阀结构，当 p_2 压力达到调定压力后，主阀阀口便完全关闭，如果存在使 p_2 压力增大的外负载，则 p_2 压力可以通过安全阀 4 溢流。

该阀的另一特点是，先导级进口处（导阀前端）设有“控制油流量恒定器”6，目的是使先导级流量恒定，进而提高稳压精度。

“流量恒定器”由一个固定节流孔Ⅰ和一个可变节流口Ⅱ串联而成。可变节流口借助于一个可以轴向移动的小活塞来改变可变节流口Ⅱ的过流面积，从而改变液阻，原理见图 6-17(c)。小活塞左端的固定节流孔Ⅰ，使小活塞两端出现压力差。小活塞在此压力差和右端弹簧的共同作用下而处于某一衡位置。

图 6-17 中，如果进口压力 p_1 达到调压弹簧 8 的调定值时，先导阀 7 开启，油量恒定器的小活塞前的压力为减压阀进口压力 p_1，其后的压力为先导阀的控制压力（即主阀上腔压力）p_3，由于 $p_3<p_1$，主阀芯在上、下腔压力差的作用下克服主阀弹簧 5 的力向上抬起，减小主阀开口，起减压作用，使主阀出口压力降低为 p_2。

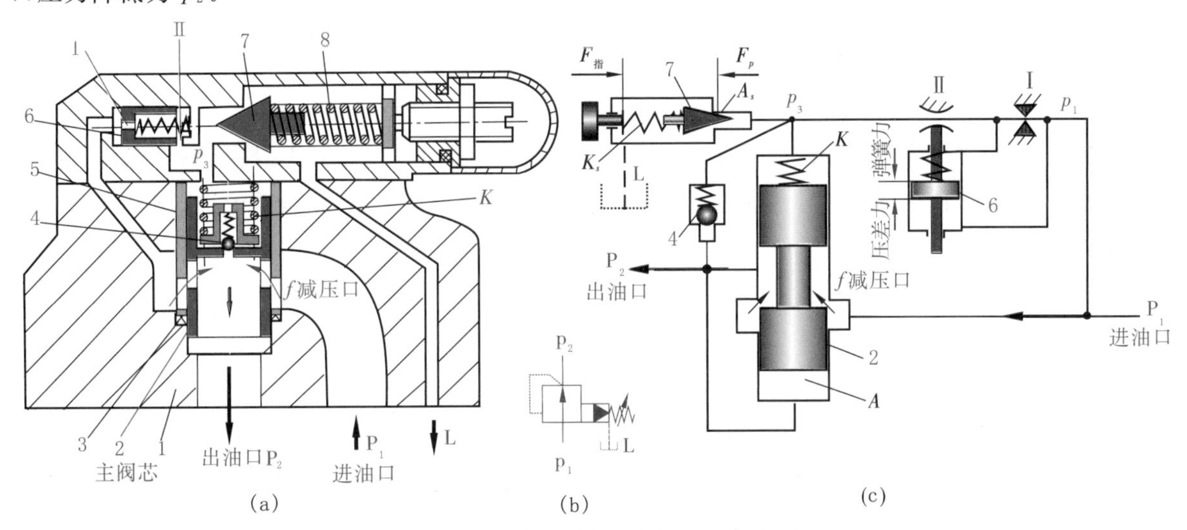

图 6-17　DR20 型带安全阀的先导式减压阀

(a)结构图；(b)先导式减压阀符号；(c)原理图

1—阀体；2—主阀芯；3—阀套；4—单向阀；5—主阀弹簧；

6—控制油流量恒定器；7—先导阀；8—调压弹簧；Ⅰ—固定节流孔；Ⅱ—可变节流口

2. 先导级供油方式的比较

先导级供油既可从减压阀的出口 P_2 引入，也可从减压阀口的进口 P_1 引入，各有其特点。

先导级供油从减压阀的出口 P_2 引入时[图 6-18(a)]，由于是经稳压后的压力，波动不大，有利于提高先导级的控制精度，但缺点是先导级的输出压力（主阀上腔压力）p_3 始终低于主阀下腔压力 p_2，为使主阀芯平衡，不得不加大主阀芯的弹簧刚度，这又会使得主级的控制精度降低。

先导级供油从减压阀的进口 P_1 引入时[图 6-18(b)]，其优点是先导级的供油压力较高，主阀上腔压力 p_3 也较高，故不需加大主阀芯的弹簧刚度，主级的控制精度可能较高。但减压阀进口压力 p_1 未经稳压，波动较大，又不利于先导级的控制。

为了减小 p_1 波动可能带来的不利影响，保证先导级的控制精度，可以在先导级进口处用一个小型“恒流器”代替原固定节流孔，通过“恒流器”的调节作用使先导级的流量及导阀开口度近似恒定，有利于提高主阀上腔压力 p_3 的稳压精度。

图 6-17(c)所示“恒流器”工作原理为：先导级以固定节流孔Ⅰ作为流量传感器，将流量转化为Ⅰ上的压力差后与弹簧力平衡，压差恒定时流量自然恒定。通过可变节流口Ⅱ，可以自动调节流量。流量大时，流量传感器（固定节流孔Ⅰ）的压差则大，该压差作用在油量恒定器的活塞上，压缩弹簧，关小

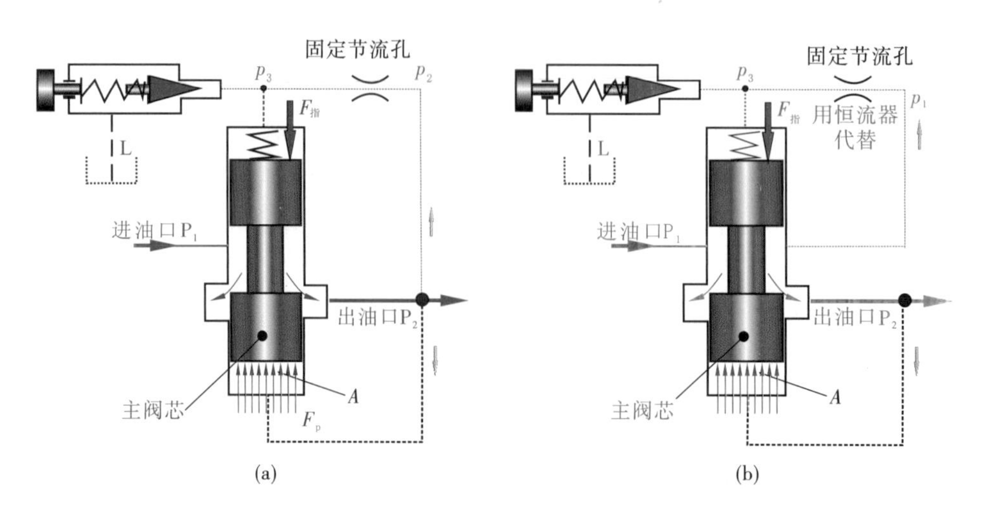

图 6-18 减压阀先导级供油方式的比较

(a)先导级供油从减压阀的出口引入;(b)先导级供油从减压阀的进口引入

可变节流口Ⅱ,将先导级的流量向减小的方向调节;反之则增大可变节流口Ⅱ,将先导级的流量向增大的方向调节,可以自动维持先导级流量稳定。因此这种阀的出口压力 p_2 与阀的进口压力 p_1 及流经主阀的流量无关。

6.4 顺 序 阀

顺序阀的作用是利用油液压力作为控制信号控制油路通断。顺序阀也有直动型和先导式之分,根据控制压力来源不同,它还有内控式和外控式之分。通过改变控制方式、泄油方式以及二次油路的连接方式,顺序阀还可用作背压阀、卸荷阀和平衡阀等。

6.4.1 直动型顺序阀

直动型顺序阀如图 6-19 所示,图 6-19(a)为实际结构图,图 6-19(c)为原理图。直动式顺序阀通常为滑阀结构,其工作原理与直动式溢流阀相似,均为进油口测压,但顺序阀为减小调压弹簧刚度,还设置了断面积比阀芯小的控制活塞 A。顺序阀与溢流阀的区别还有:其一,出口不是溢流口,因此出口 P_2 不接回油箱,而是与某一执行元件相连,弹簧腔泄漏油口 L 必须单独接回油箱;其二,顺序阀不是稳压阀,而是开关阀,它是一种利用压力的高低控制油路通断的“压控开关”,严格地说,顺序阀是一个二位二通液动换向阀。

工作时,压力油从进油口 P_1(两个)进入,经阀体上的孔道 a 和端盖上的阻尼孔 b 流到控制活塞(测压力面积为 A)的底部,当作用在控制活塞上的液压力能克服阀芯上的弹簧力时,阀芯上移,油液便从 P_2 流出。该阀称为内控式顺序阀,其图形符号如图 6-19(b)所示。

必须指出,当进油口一次油路压力 p_1 低于调定压力时,顺序阀一直处于关闭状态;一旦超过调定压力,阀口便全开(溢流阀口则是微开),压力油进入二次油路(出口 P_2),驱动另一个执行元件。

若将图 6-19(a)中的端盖旋转 90°安装,切断进油口通向控制活塞下腔的通道,并打开螺堵外控口 K,引入控制压力油,便成为外控式顺序阀,外控顺序阀阀口开启与否,与阀的进口压力 p_1 的大小没有关系,仅取决于控制压力的大小。

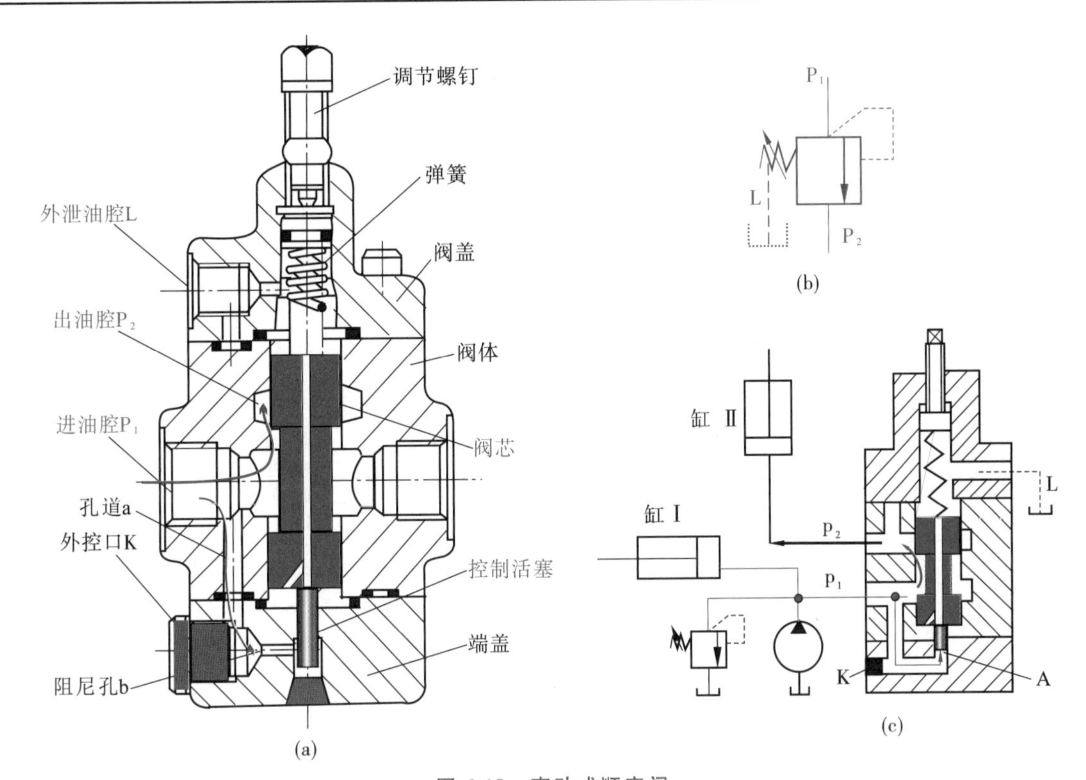

图 6-19　直动式顺序阀

(a)结构图;(b)内控式直动型顺序阀的符号;(c)原理图

6.4.2　先导式顺序阀

如果在直动型顺序阀在基础上,将主阀芯上腔的调压弹簧用半桥式先导调压回路代替,且将先导阀调压弹簧腔引至外泄口 L,就可以构成图 6-20 所示先导式顺序阀。这种先导式顺序阀的原理与先导式溢流阀相似,所不同的是二次油路即出口不接回油箱,泄漏油口 L 必须单独接回油箱。但这种顺序阀的缺点是外泄漏量过大。因先导阀是按顺序压力调整的,当执行元件达到顺序动作压力后,压力可能继续升高,先导阀口将开得很大,导致大量流量从导阀处外泄。故在小流量液压系统中不宜采用这种结构。

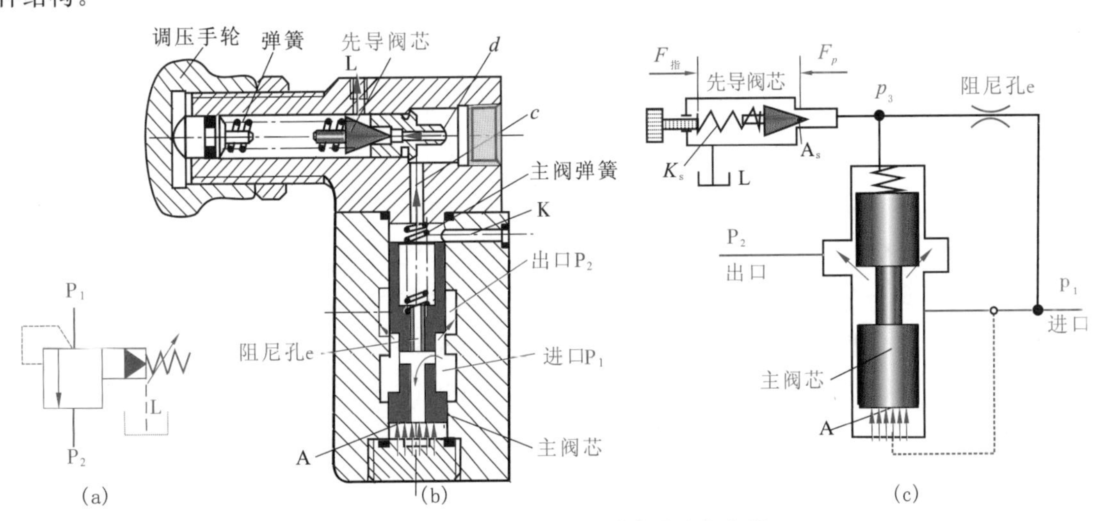

图 6-20　外泄量较大的一种先导式顺序阀

(a)先导式顺序阀符号;(b)结构图;(c)原理简图

为减少导阀处的外泄量，可将导阀设计成滑阀式，令导阀的测压面与导阀阀口的节流边分离[图 6-21(b)]。先导级设计为：

导阀的测压面与主油路进口一次压力 p_1 相通，由先导阀的调压弹簧直接与 p_1 相比较；

导阀阀口回油接出口二次压力 p_2，这样可不致产生大量外泄流量；

导阀弹簧腔接外泄口(外泄量极小)，使导阀芯弹簧侧不形成背压；

先导级仍采用带进油固定节流口的半桥回路，固定节流口的进油压力为 p_1，先导阀阀口仍然作为先导级的回油阀口，但回油压力为 p_2。

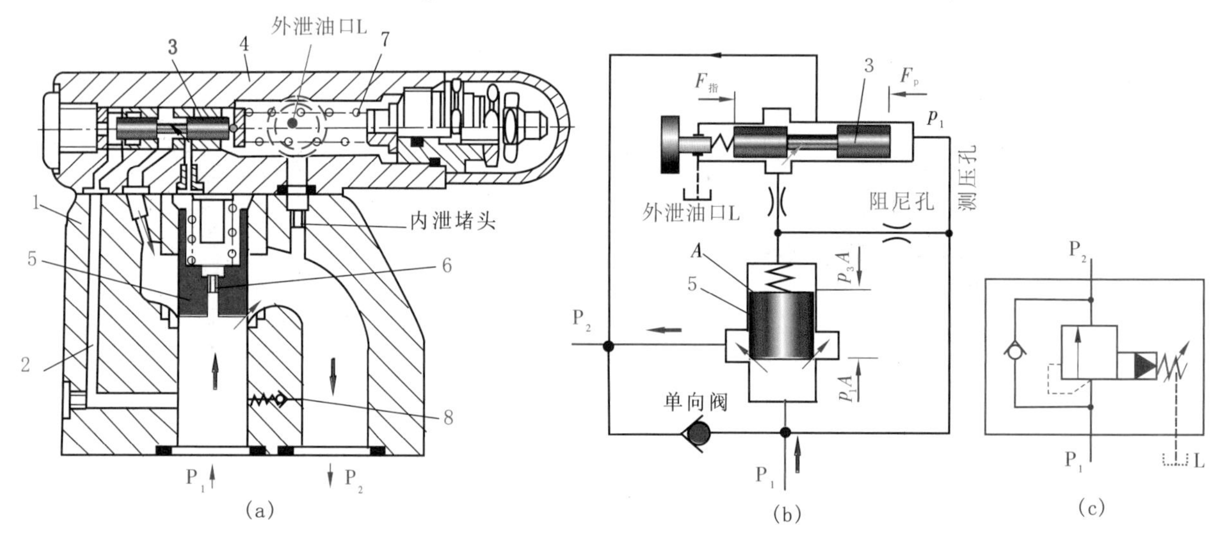

图 6-21　DZ 型先导式顺序阀

(a)结构图；(b)原理图；(c)符号图

1—主阀体；2—先导级测压孔；3—先导阀芯；4—先导阀体；

5—主阀芯；6—阻尼孔；7—调压弹簧；8—单向阀

图 6-21(a)所示的 DZ 型顺序阀就是基于上述原理设计的先导式顺序阀。主阀为单向阀式，先导阀为滑阀式。主阀芯在原始位置将进、出油口切断，进油口的压力油通过两条油路，一路经阻尼孔进入主阀上腔并到达先导阀中部环形腔，另一路直接作用在先导滑阀左端。当进口压力 p_1 低于先导阀弹簧调定压力时，先导滑阀在弹簧力的作用下处于图示位置。当进口压力 p_1 大于先导阀弹簧调定压力时，先导滑阀在左端液压力作用下右移，将先导阀中部环形腔与通顺序阀出口的油路沟通。于是顺序阀进口压力 p_1 油经阻尼孔、主阀上腔、先导阀流往出口。由于阻尼孔的存在，主阀上腔压力低于下端(即进口)压力 p_1，主阀芯开启，顺序阀进出油口沟通(此时 $p_1 \approx p_2$)。由于经主阀芯上阻尼孔的泄漏不流向泄油口 L，而是流向出油口 P_2；又因主阀上腔油压与先导滑阀所调压力无关，仅仅通过刚度很弱的主阀弹簧与主阀芯下端液压保持主阀芯的受力平衡，故出口压力 p_2 近似等于进口压力 p_1，其压力损失小。与图 6-20 所示的顺序阀相比，DZ 型顺序阀的泄漏量和功率损失大为减小。

将外控式顺序阀的出油口接通油箱，且将外泄改为内泄，即可构成卸荷阀。

当顺序阀内装并联的单向阀，可构成单向顺序阀。单向顺序阀也有内外控之分。若将出油口接通油箱，且将外泄改为内泄，即可作平衡阀用，使垂直放置的液压缸不因自重而下落。

各种顺序阀的职能符号如表 6-1 所示。

表 6-1 顺序阀的职能符号

控制与泄油方式	内控外泄	外控外泄	内控内泄	外控内泄	内控外泄加单向阀	外控外泄加单向阀	内控内泄加单向阀	外控内泄加单向阀
名称	顺序阀	外控顺序阀	背压阀	卸荷阀	内控单向顺序阀	外控单向顺序阀	内控平衡阀	外控平衡阀
职能符号								

6.5 压力继电器

压力继电器(图 6-22)是利用油液的压力来启闭电气触点的液压-电气转换元件。它在油液压力达到其调定值时,发出电信号,控制电气元件动作,实现液压系统的自动控制。

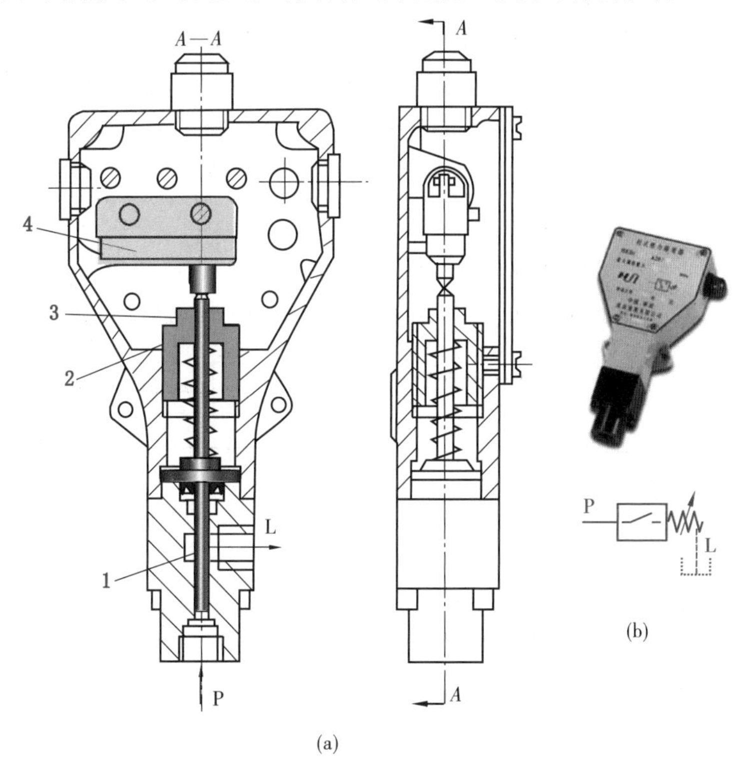

图 6-22 压力继电器

(a)结构图;(b)图形符号

1—柱塞;2—顶杆;3—调节螺钉;4—微动开关

压力继电器有柱塞式、膜片式、弹簧管式和波纹管式四种结构形式。柱塞式压力继电器的结构和图形符号如图 6-22 所示,当进油口 P 处油液压力达到压力继电器的调定压力时,作用在柱塞 1 上的液压力通过顶杆 2 的推动,合上微动开关 4,发出电信号。图中,L 为泄油口。改变弹簧的压缩量,可以调节继电器的动作压力。

6.6 压力阀在调压与减压回路中的应用

6.6.1 调压回路

在定量泵系统中，液压泵的供油压力可以通过溢流阀来调节。在变量泵系统中，用溢流阀作安全阀来限定系统的最高压力，防止过载。当系统中需要两种以上压力时，则可采用多级调压回路。

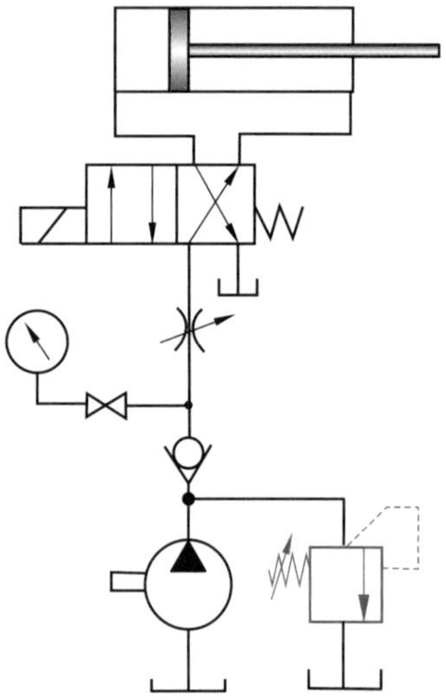

1. 单级调压回路

在图 6-23 所示的定量泵系统中，节流阀可以调节进入液压缸的流量，定量泵输出的流量大于进入液压缸的流量，而多余油液便从溢流阀流回油箱。调节溢流阀便可调节泵的供油压力，溢流阀的调定压力必须大于液压缸最大工作压力和油路上各种压力损失的总和。为了便于调压和观察，溢流阀旁一般要就近安装压力表。

图 6-23　单级调压回路

2. 双向调压回路

当执行元件正反向运动需要不同的供油压力时，可采用双向调压回路，如图 6-24 所示。图 6-24(a)中，当换向阀在左位工作时，活塞为工作行程，泵出口压力较高，由溢流阀 1 调定。当换向阀在右位工作时，活塞作空行程返回，泵出口压力较低，由溢流阀 2 调定。图 6-24(b)所示回路在图示位置时，阀 2 的出口被高压油封闭，即阀 1 的远控口被堵塞，故泵压力由阀 1 调定为较高压力。当换向阀在右位工作时，液压缸左腔通油箱，压力为零，阀 2 相当于阀 1 的远程调压阀，泵的压力由阀 2 调定。

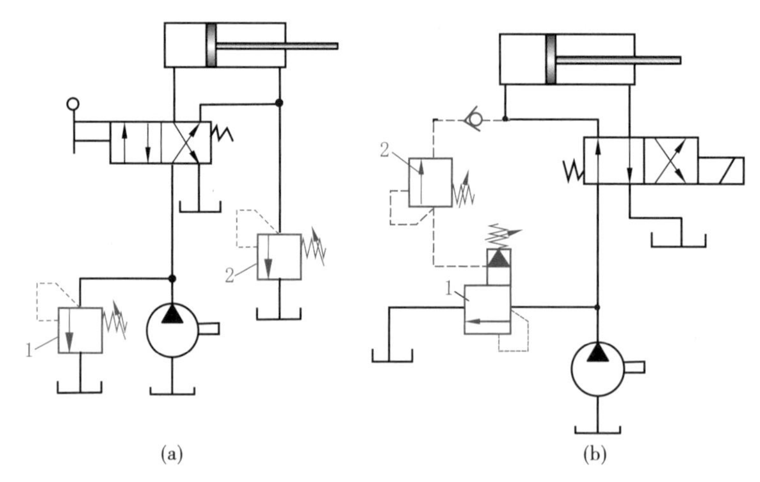

图 6-24　双向调压回路

(a)换向阀左位工作；(b)换向阀右位工作

1，2—溢流阀

3. 多级调压回路

在不同的工作阶段，液压系统需要不同的工作压力，多级调压回路便可实现这种要求。

图 6-25(a)所示为二级调压回路。图示状态下，泵出口压力由溢流阀 3 调定为较高压力，阀 2 换位后，泵出口压力由远程调压阀 1 调为较低压力。图 6-25(b)为三级调压回路。溢流阀 1 的远程控制

口通过三位四通换向阀4分别接远程调压阀2和3，使系统有三种压力调定值：换向阀在左位时，系统压力由阀2调定；换向阀在右位时，系统压力由阀3调定，换向阀在中位时，系统压力由主阀1调定。在此回路中，远程调压阀的调定压力必须低于主溢流阀的调定压力，只有这样远程调压阀才能起作用。图6-25(c)所示为采用比例溢流阀的调压回路。

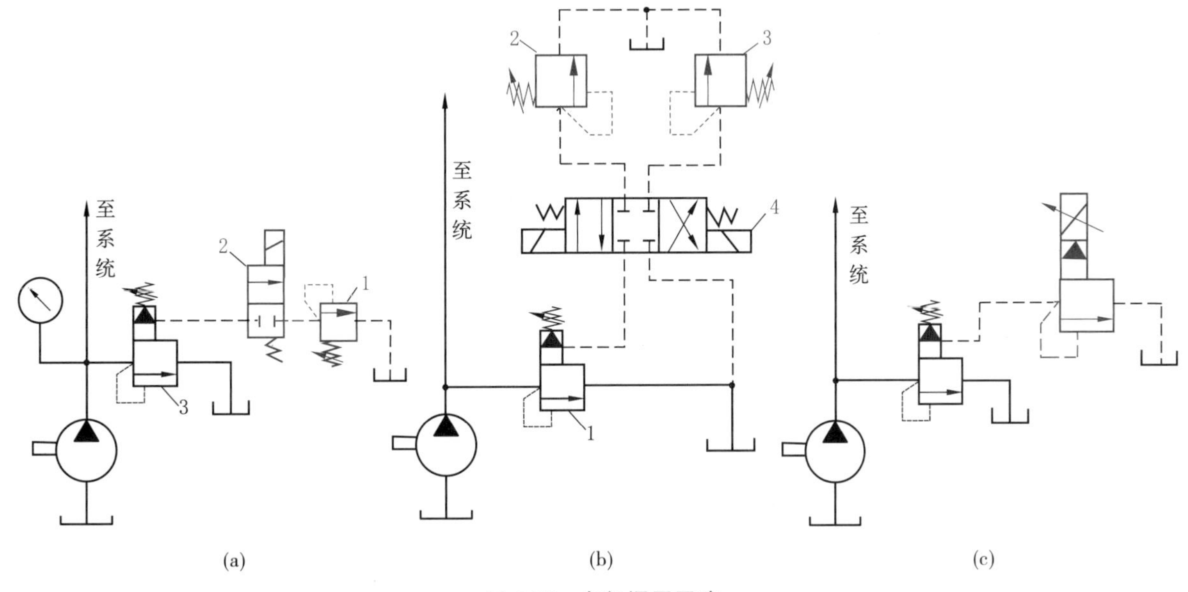

图6-25　多级调压回路

(a)二级调压回路；(b)三级调压回路；(c)比例溢流阀调压回路

1,2,3—溢流阀(远程调压阀)；4—三位四通换向阀

4. 电磁溢流阀调压-卸荷回路

液压系统工作时，执行元件短时间停止工作，不宜采用开停液压泵的方法，而应使泵卸荷(压力为零)。利用电磁溢流阀可构成调压-卸荷回路。

电磁溢流阀是由先导式溢流阀和两位两通电磁换向阀组合而成的复合阀，既能调压又能卸荷。如图6-26所示，当二位二通换向阀电磁铁断电时，电磁溢流阀可实现调压；电磁铁通电时，液压泵处于卸荷(卸压)状态。

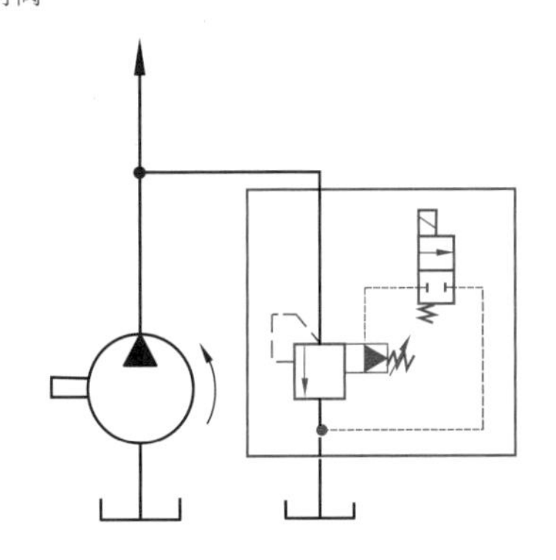

图6-26　电磁溢流阀调压-卸荷回路

6.6.2　减压回路

液压系统中的定位、夹紧、控制油路等支路，工作中往往需要稳定的低压，为此，在该支路上需串接一个减压阀[图6-27(a)]。

图6-27(b)所示为用于工件夹紧的减压回路。夹紧工作时为了防止系统压力降低(例如夹紧后进给缸空载快进)油液倒流，并短时保压，通常在减压阀后串接一个单向阀。图示状态，低压由减压阀1调定；当二通阀通电后，阀1出口压力则由远程调压阀2决定，故此回路为二级减压回路。

必须指出，应用减压阀组成减压回路虽然可以方便地使某一分支油路压力减低，但油液流经减压阀将产生压力损失，这增加了功率损失并使油液发热。当分支油路的压力较主油路压力低得多，而需要的流量又很大时，为减少功率损耗，常采用高、低压液压泵分别供油，以提高系统的效率。

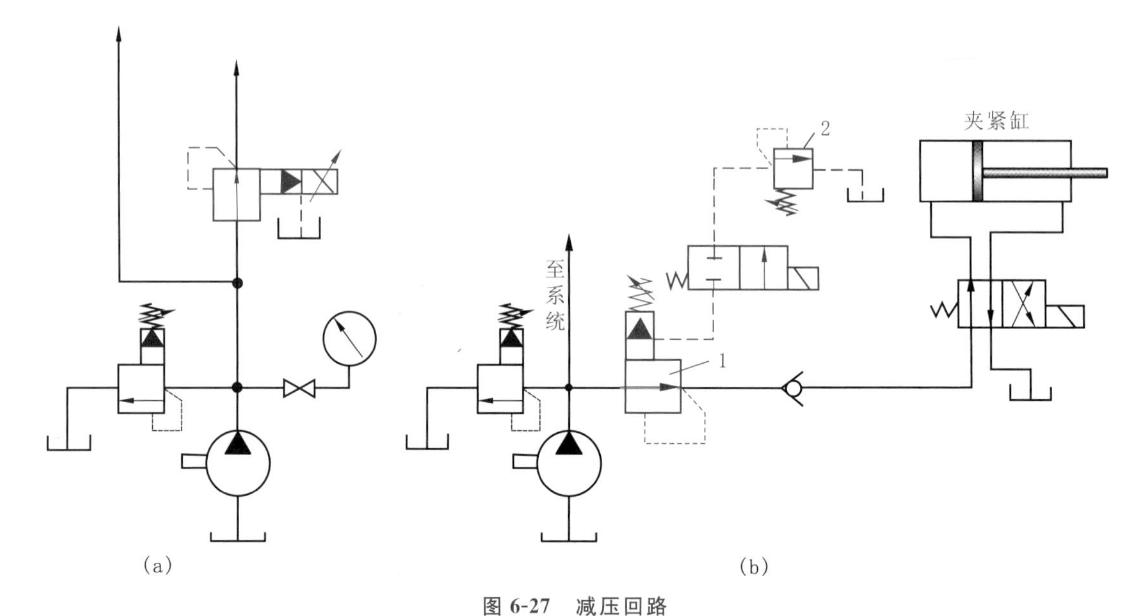

图 6-27　减压回路

(a)液压回路串接减压阀;(b)减压回路

1—减压阀;2—远程调压阀

讨论与习题

一、讨论

讨论 6-1

请设计四种不同结构的直动式(又称直动型或直控式)溢流阀,分别讲述其负反馈压力调节原理和工作特点。定性讨论:

(1)哪些因素影响所设计的溢流阀中使用到的弹簧刚度的选择;

(2)弹簧刚度对调压操作和调压性能的影响。

讨论 6-2

谈谈二节同心先导式先导式溢流阀的结构和工作原理。讨论:

如图 6-28 所示,某液压系统使用了先导型溢流阀作为主泵出口限压,系统启动后主泵出口压力表显示为 0,反复调节该阀手柄,系统压力仍无变化,请帮操作工人分析可疑故障点有哪些,并按可能性逐一给出初步判断方法。

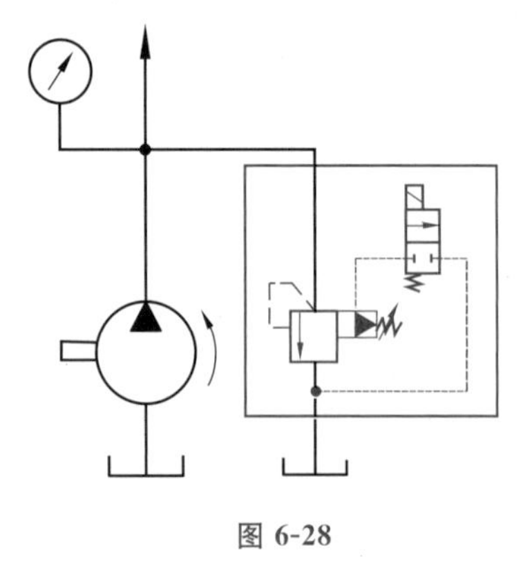

图 6-28

讨论 6-3

定量泵驱动负载与恒压变量泵驱动负载的两种液压回路中所采用的负载压力调节方式通常不同,试分别绘制简单应用回路,并对照说明各自的调压特点。

讨论 6-4

从结构、原理、符号、应用场合几个方面比较先导式溢流阀、先导式减压阀和先导式顺序阀的异同点。讨论:如果将先导式溢流阀作为先导式顺序阀使用,需要进行哪些基本改造。

讨论 6-5

谈谈 6.3 节同心先导式溢流阀的结构和工作原理。定性讨论：

固定节流孔(阻尼孔)由于受到油液污染，有效通流截面积变得比正常值略小时，该阀控制压力(进口处的实际压力)的稳态和瞬态变化趋势；

主阀芯与先导阀芯的两处弹簧各自的作用，以及它们的刚度设计的差异性和原因。

讨论 6-6

谈谈带流量稳定器先导式减压阀 DR20 型的工作原理。另行绘制出流量稳定器的原理简图，并从控制原理的角度分析其流量稳定基本原理。若液压油反向通过流量稳定器，它还能否正常工作(起流量稳定的作用)，请解释原因。

讨论 6-7

DR20 型减压阀的导阀供油使用了流量稳定器，先导式溢流阀的导阀前腔是否也可以装一个流量稳定器？试分析其可行性，如若不可行，请指出制约要素等，有理有据地阐明如何不可行；如若可行，给出原理性方案、优点和工作原理，并附上原理示意图。

讨论 6-8

谈谈先导型顺序阀的工作原理，阐述出口压力突然降低是否会导致阀口关闭而断流，如果是这样，在某个给定的出口压力突降范围内，提出一个切实可行的措施来保证阀口不至于关闭。

二、习题

6-1 分析比较溢流阀、减压阀和顺序阀的作用及差别。

6-2 给出先导型溢流阀的启闭特性曲线，并对各段曲线及拐点作出解释。

6-3 现有两个压力阀，由于铭牌脱落，分不清楚哪个是溢流阀，哪个是减压阀，又不希望把阀拆开，如何根据其特点作出正确判断？

6-4 若减压阀弹簧预调为 5 MPa，而减压阀的一次压力为 4 MPa。试问经减压后的二次压力是多少？为什么？

6-5 顺序阀是稳压阀还是液控开关？顺序阀工作时阀口是全开还是微开？溢流阀和减压阀呢？

6-7 为什么高压、大流量时溢流阀要采用先导型结构？

6-8 电磁溢流阀有何用途？

6-9 将图 6-8 所示(远程)溢流阀的 P 口通过几米长的管道与先导型溢流阀的遥控口 K 相连后即可实现远程调压，你能否在图 6-10 的基础上画出远程调压的原理简图，并作简要说明？

6-10 图 6-21 所示顺序阀的先导阀为何做成滑阀？

6-11 先导式溢流阀的阻尼孔起什么作用？如果它被堵塞会出现什么现象？如果弹簧腔不与回油腔相接，会出现什么现象？

课程思政拓展阅读材料

材料一 国产减压阀的"打法"

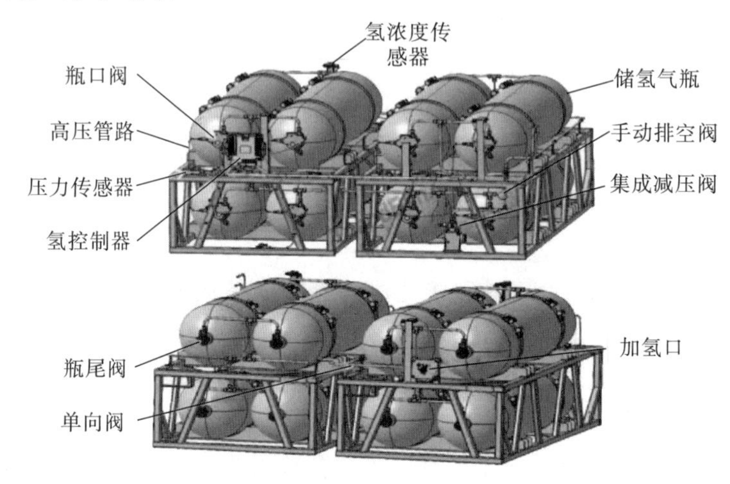

车载供氢系统结构示意图

减压阀是车载储氢系统不可或缺的核心部件之一，有密封气瓶、防止泄漏、有效控制氢气正常导通和启闭的作用，是守护燃料电池汽车安全的重要一环。但是，氢用减压阀长时间以来却主要依赖于进口，加拿大GFI、美塔特龙、美国TESCOM等外资品牌占据80%以上的市场份额。氢能阀件实现国产化替代是必然趋势，这是企业降低成本的需求，更是国家重点产业有解决供应链卡脖子问题的硬性要求。虽然国产化进程目前看"道阻且长"，但国内并不乏具有战略眼光的企业在这一赛道上落子布局。

瀚氢动力最早在2018年从事氢能减压阀产品研发与推广，目前累计装车辆已达500～600台；神通新能源35 MPa/70 MPa组合减压阀现在已经实现批量应用；富瑞阀门的35 MPa减压阀已经实现小批量应用，70 MPa减压阀正在进行第三方检测。国内企业在减压阀方面实现突破，一方面可以形成技术积累，从而占据市场制高点；另一方面，在助力用户降低产品成本的同时，避免国际市场的产业垄断，提高自主品牌市场生存能力和综合竞争力。

参考资料：

国产减压阀"打法"[EB/OL]. https://new.qq.com/rain/a/20220714A0AYV100.

思考1：为什么一定要在类似液化气瓶等容器上安装减压阀？

思考2：减压阀的工作原理是什么？

7　流量控制阀

本章主要讨论普通的流量控制阀，流量控制阀简称流量阀，包括节流阀、调速阀、溢流节流阀和分流集流阀等。

7.1　节流口的流量特性

7.1.1　节流调速及节流口的流量特性

1. 节流调速原理

图 7-1(a)所示的回路由定量泵供油，溢流阀 1 控制泵出口压力，将一个流量阀 2 串联在进油路上，通过改变节流口通流面积 A_T 的大小，来改变通过阀的流量 q，从而控制活塞的运动速度 v。用定量泵供油时，须将流量控制阀 2 与溢流阀 1 配合使用，以便将多余的流量经溢流阀排回油箱。

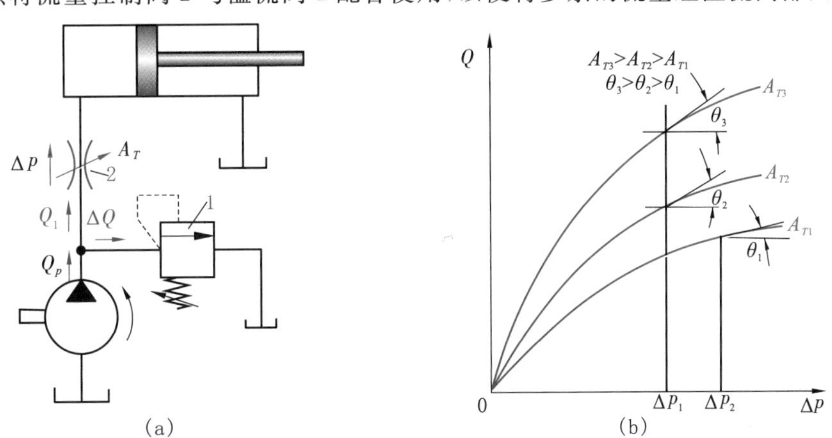

图 7-1　节流特性

(a)节流调速原理；(b)节流口的流量特性曲线

1—溢流阀；2—流量阀

2. 节流口的流量稳定性的影响因素

节流口的流量特性是指液体流经节流口时，通过节流口的流量所受到的影响因素以及这些因素与流量之间的关系。减少不利因素影响，可以提高流量的稳定性。节流口的流量特性的理论依据是节流口的流量方程，即

$$q=KA_T\Delta p^m \tag{7-1}$$

式中：A_T——节流口的通流面积(m^2)；

Δp——节流口前、后的压差(Pa)；

K——节流系数，由节流口形状、流体流态、流体性质等因素决定[对薄壁锐边孔口，$K=C_q\sqrt{2/\rho}$，

ρ 为流体密度，C_q 为流量系数；对细长孔 $K=d^2/(32\mu l)$，μ 为动力黏度，d 和 l 为孔径和孔长]；

m——由节流口形状和结构决定的指数，$0.5<m<1$，当节流口接近于薄刃式时，$m=0.5$，节流口越接近于细长孔，m 就越接近于 1。

液压系统在工作时，希望节流口大小调节好后，流量 q 要不波动。但实际上流量总会有变化，且与节流口形状、节流压差以及油液温度等因素有关。影响流量稳定性的主要因素有：

(1)节流口两端的压差变化的影响

由式(7-1)可知，当阀进出油口的压差 Δp 变化时，通过阀的流量 q 要发生变化。由于指数 m 和节流孔通流面积 A_T 的不同，节流口两端的压差 Δp 对流量阀流量 q 的影响也不一样。为进一步分析 Δp 对流量 q 影响，引入流量刚度 T：

$$T=\frac{1}{\frac{\partial q}{\partial \Delta p}}=\frac{1}{mkA_T\Delta p^{m-1}}=\frac{1}{m}\frac{\Delta p}{q} \tag{7-2}$$

流量的刚度反映了节流口在负载压力变化时保持流量稳定的能力。它定义为节流口前后压差 Δp 的变化与流量 q 的波动值的比值。节流口的流量刚度越大，流量稳定性越好，用于液压系统时所获得的负载特性也越好。

图 7-1(b)所示为节流口流量特性曲线，从图中可以看出节流口流量刚度 T 相当于特性曲线上某点的切线与横坐标的夹角 θ 的余切，即

$$T=\cot\theta \tag{7-3}$$

由图 7-1(b)及式(7-3)可得出以下结论：

刚度 T 越大，θ 越小，节流阀的流量平稳性越高。也就是说，节流口通流面积 A_T 越小，节流口两端的压差 Δp 越大，阀口结构越接近于薄壁孔(指数 m 越小)，通过节流阀的流量越平稳。

因此应尽量避免采用细长孔节流口，即避免使流体在层流状态下流动；尽可能使节流口形式接近于薄壁孔口，也就是说让流体在节流口处的流动处在紊流状态，以获得较好的流量稳定性。

(2)油温变化对流量稳定性的影响

油温升高，油液黏度会降低。对于细长孔，节流通道较长时，温度对流量的稳定性影响大。而对于薄壁孔，油的温度对流量的影响是较小的，这是由于流体流过薄刃式节流口时为紊流状态，其流量与雷诺数无关，即不受油液黏度变化的影响；节流口形式越接近于薄壁孔，流量稳定性就越好。因此，性能好的节流阀一般采用薄壁孔类节流口。

(3)节流口的形状对流量稳定性的影响

通过阀最小稳定流量的大小是衡量流量阀性能的一个重要指标。阀的最小稳定流量与节流口的水力半径有关，水力半径越大，最小稳定流量越小。从节流口的形状看，圆形好于三角形，矩形好于缝隙。

表面上看只要把节流口关得足够小，便能得到任意小的流量。但是油中不可避免有脏物，节流口开得太小就容易被脏物堵住，使通过节流口的流量不稳定。产生堵塞的主要原因是：①油液中的机械杂质或因氧化析出的胶质、沥青、炭渣等污物堆积在节流缝隙处；②由于油液老化或受到挤压后产生带电的极化分子，而节流缝隙的金属表面上存在电位差，故极化分子被吸附到缝隙表面，形成牢固的边界吸附层，因而影响了节流缝隙的大小。以上堆积、吸附物增长到一定厚度时，会被液流冲刷掉，随后又重新附在阀口上。这样周而复始，就形成流量的脉动；③阀口压差较大时容易产生阻塞现象。

防止阻塞现象，还要适当选择节流口前后的压差。因为压差太大，能量损失大，将会引起流体通过节流口时的温度升高，从而加剧油液氧化变质而析出各种杂质，造成阻塞。若压差太小，又会使节流口的刚度降低，造成流量的不稳定。

7.1.2 节流口的结构形式

节流口是流量阀的关键部位,节流口形式及其特性在很大程度上决定着流量控制阀的性能。几种常用的节流口如图 7-2 所示。

(1)针阀式节流口[图 7-2(a)]针阀作轴向移动调节节流面积,结构简单。但节流口长度大,水力半径小,易堵塞,流量受油温变化的影响也大,一般用于要求较低的场合。

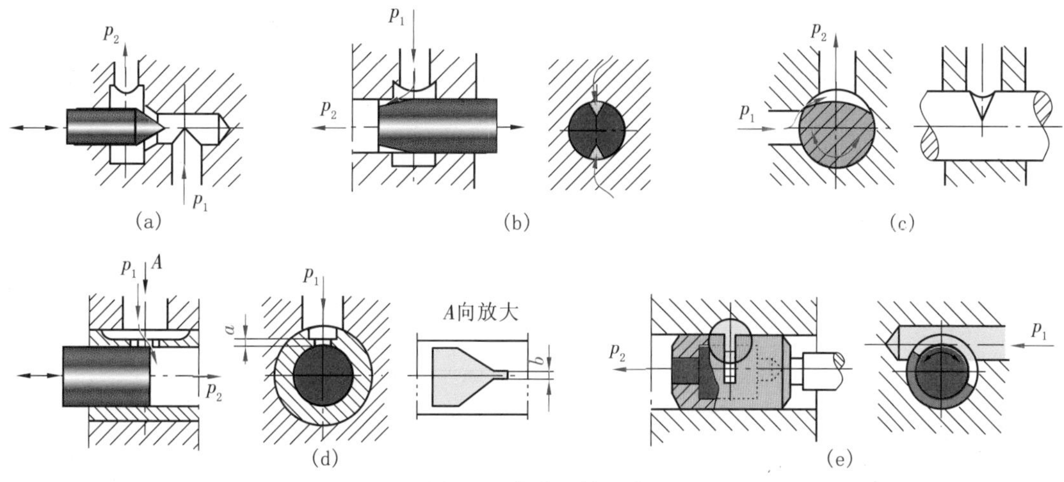

图 7-2 节流口的形式

(a)针阀式;(b)轴向三角槽式;(c)偏心式(d)轴向缝隙式;(e)径向缝隙式

(2)轴向三角槽式节流口[图 7-2(b)] 在阀芯端部开有一个或两个斜的三角槽,轴向移动阀芯改变三角槽通流面积。在高压阀中有时在轴端铣两个斜面来实现节流。轴向三角槽式节流口的水力半径较大,小流量时的稳定性较好。

(3)偏心式节流口[图 7-2(c)] 在阀芯上开一个截面为三角形(或矩形)的偏心槽,转动阀芯改变通流面积。偏心槽式结构因阀芯受径向不平衡力,高压时应避免采用。

(4)轴向缝隙式节流口[图 7-2(d)] 在套筒上开有轴向缝隙,轴向移动阀芯就可以改变缝隙的通流面积大小。这种节流口可以做成单薄刃或双薄刃式结构,流量对温度不敏感。在小流量时水力半径大,故小流量时的稳定性好,因而可用于性能要求较高的场合(如调速阀中)。但节流口在高压作用下易变形,使用时应改善结构的刚度。

(5)径向缝隙式节流口[图 7-2(e)] 阀芯上开有狭缝,油液可以通过狭缝流入阀芯内孔再经左边的孔流出,旋转阀芯可以改变缝隙的通流面积大小。这种节流口可以做成薄刃结构,从而获得较小的稳定流量,但是阀芯受径向不平衡力,故只适用于低压节流阀中。

对比图 7-2 中所示的各种形状节流口,图 7-2(a)的针阀式和图 7-2(c)的偏心式由于节流通道较长,故节流口前后压差和温度的变化对流量的影响较大,也容易堵塞,只能用在性能要求不高的地方。而图 7-2(d)所示的轴向缝隙式,由于节流口上部铣了一个槽,使其厚度减薄到 0.07～0.09 mm,成为薄刃式节流口,其性能较好,可以得到较小的稳定流量。

7.2 液压阀中的流量反馈

流量阀的节流面积一定时,节流口压差受负载变化的影响不可避免地要发生变化,由此会导致流量的波动。负载变化引起的流量波动可以通过流量反馈控制来加

以减小或消除。流量反馈控制是增大流量刚度的重要手段。

与压力反馈一样，流量反馈控制的核心是要构造一个流量比较器和流量测量传感器。流量测量传感器的作用是将不便于直接比较的流量信号转化为便于比较的物理信号，一般转化为力信号后再进行比较。用于一般流量阀的流量测量方法主要有“压差法”和“位移法”两种。

7.2.1 流量的“压差法”测量

液压阀中的流量反馈与压力负反馈相类似，可用如图 7-3(a)所示活塞 A 作为“比较单元”，弹簧预压力 $F_{指}$ 作为指令信号，并与“流量传感器”的反馈力 $\Delta p_q A$ 共同作用在力“比较单元”上，构成“流量-压差-力反馈”控制。

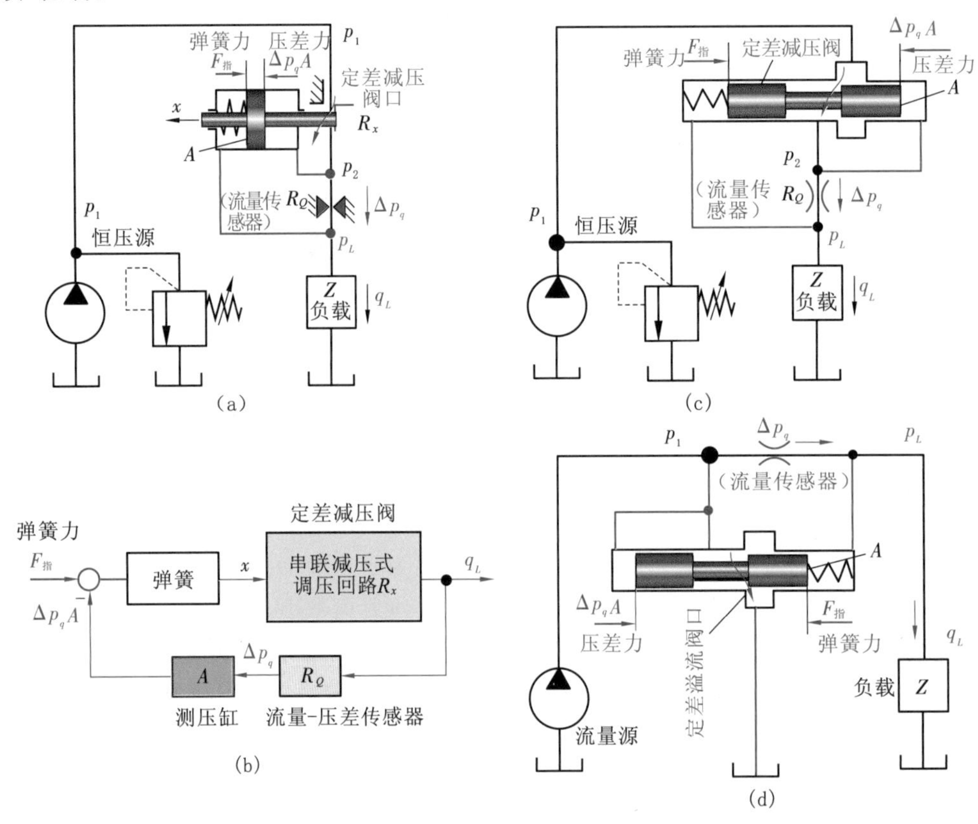

图 7-3 流量的“压差法”测量与反馈

(a)“压差法”流量传感器；(b)方框图；(c)基于压力源串联减压式调节的流量反馈；(d)基于流量源并联溢流式调节的流量反馈

“流量传感器”可认为由两部分构成：主油路串联液阻 R_Q(薄刃式节流口、节流面积 A_0 已调定)作为流量一次传感器，受控流量 q_L 通过一次传感器 R_Q 转化成压差 Δp_q；微型测压油缸 A 作为流量的二次传感器，它将一次传感器输出压差 Δp_q 转化成代表流量的力反馈信号 $\Delta p_q A$，因此液阻 R_Q 和压差测量缸 A 一起构成了“压差法”流量传感器。通过“流量传感器”与“比较单元”，利用比较误差(合力)来驱动某流量调节阀芯(阀口液阻为 R_x)，最终达到稳定流量不受负载变化影响的控制目的。这种流量测量方案简单易行，缺点是负载流量 q_L 与一次传感器的输出压差 Δp_q 之间是非线性关系。

流量阀要想补偿负载变化引起的流量波动，还须有调节阀口 R_x 及相应的调控回路，根据油源的不同，选择不同的回路形式。与压力调节相类似，流量调节控制也有“压力源串联减压式调节”和“流量源并联溢流式调节”之分。

基于“压力源串联减压式调节”的流量反馈如图 7-3(c)所示，系统由压力源供油时(例如恒压变量泵或定量泵加并溢流阀），流量调节阀口 R_x 与负载 Z 相串联，构成"R_Q-R_x-Z"串联回路，此时的流量调节阀口 R_x 称为减压阀口。当负载压力 p_L 波动引起负载流量 q_L 变化时，流量传感器 R_Q 上的压力差 Δp_q 会随之发生变化，以此为控制依据，反馈系统自动调节减压阀口 R_x 开口度，使流量传感器上压力差朝着误差减小的方向变化，从而补偿流量的波动，维持负载流量 q_L 基本恒定。据此原理设计而成的流量阀称为"调速阀"。

基于"流量源并联溢流式调节"的流量反馈如图 7-3(d)所示，系统采流量源(例如定量泵)供油，流量调节阀口 R_x 与负载 Z 相并联(此时流量传感器 R_Q 与负载 Z 串联)，此时的流量调节阀口 R_x 称为溢流口。当负载流量 q_L 因负载压力 p_L 波动而变化时，流量传感器 R_Q 会测量到压差 Δp_q 的变化，并以此为反馈控制信号，调节溢流阀口 R_x 的开口度，使流量传感器上压力差朝着误差减小的方向变化，从而补偿流量的波动，维持负载负载流量 q_L 基本恒定。据此原理设计而成的流量阀称为"溢流节流阀"。

7.2.2 流量的"位移法"测量

图 7-4(a)所示为"位移法"流量传感器。与"压差法"相反，本方法是在主油路中串联一个压差 Δp_q 基本恒定(通过与弹簧预压力平衡而恒定)，但节流面积 A_0 可变的节流口 R_Q 作为流量的一次传感器。因压差 Δp_q 基本恒定，故液阻 R_Q 及传感器位移 x_Q 将随负载流量 q_L 而变化，即 x_Q 代表流量反馈信号。根据流量公式 $q_L = KA_0\Delta p^m$，若令 $A_0 = K_0 x_Q$，则

$$q_L = (K_0 K\Delta p^m)x_Q = C_0 x_Q \tag{7-4}$$

式中：C_0、K_0、K——均为常数，即负载流量 q_L 将与传感器的位移成比例。

为了将一次传感器的位移信号转换成便于比较的力信号，再设置一个传感弹簧 K_Q 作为"位移-力"转换的二次传感器，将位移 x_Q 转化为弹簧的压缩力 F_Q，构成"流量-位移-力"反馈。这种传感器的特点是线性好，但结构复杂，常用于比例流量阀中[图 7-4(c)]。

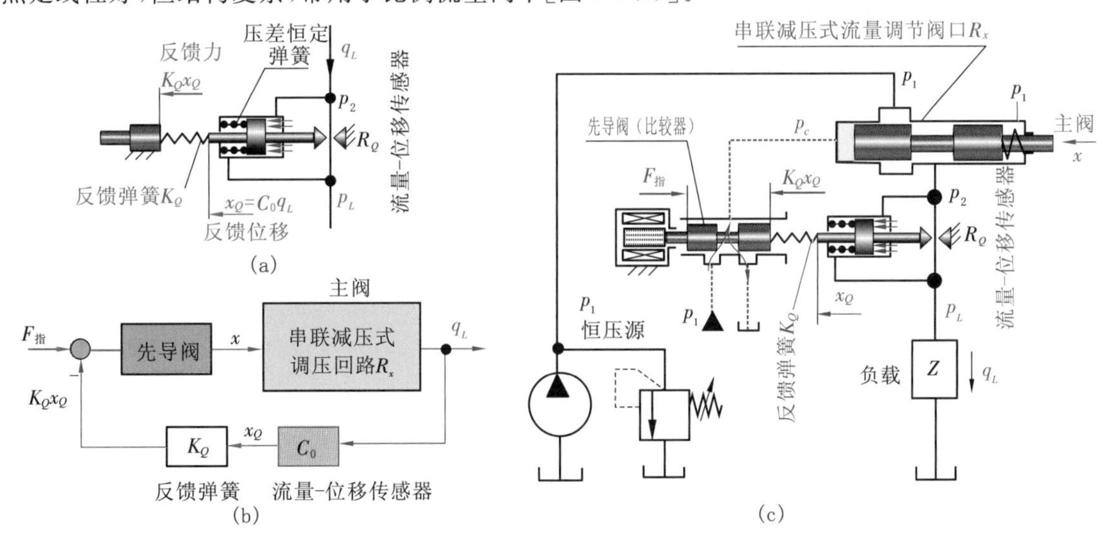

图 7-4 流量的"位移法"测量与反馈

(a)"位移法"流量传感器；(b)方框图；(c)串联型"位移法"流量负反馈结构原理图

7.2.3 采用"位移法"流量传感器的电液比例流量阀

图 7-5(a)所示为内含"流量-位移-力"反馈的电液比例流量阀，其工作原理如图 7-5(b)所示：阀的进油口 A 与恒压油源 p_1 相连接，出油口 B 与执行元件的负载腔 p_L 连接。当驱动先导阀 1 的比例电磁铁 4 无电流通过时，先导阀滑阀 1 的阀口关闭，"流量-位移"传感器 2 的阀口在复位弹簧的作用下关

闭，减压阀（主调节器）3 的节流口在复位弹簧和左右面积压差作用下关闭。

图 7-5(b)中，当比例电磁铁 4 通电时，相当于发出一个向右的指令力信号 $F_{指}$，使先导阀 1 的阀口开启，减压阀（主调节器）3 左腔经先导阀口排油，阀 3 向左移动，系统流量 q_L 增大。此时，“流量-位移”传感器 2 因流量增大向左移动，并将流量 q_L 转化成位移 x_Q，压缩反馈弹簧 5，对先导阀芯 1 右端面形成反馈力 K_Qx_Q，构成所谓“流量-位移-力”反馈。先导阀芯 1 此时充当力比较器，反馈力 K_Qx_Q 作用在阀芯 1 上与比例电磁铁的推力 $F_{指}$ 相平衡，形成“力比较”，比较结果用于推动阀芯 1、控制减压阀（主调节器）3 移动以调节系统流量的大小，这样就形成了“流量-位移-力”反馈闭环控制。流量传感器 2 具有经过特殊设计的阀口，使通过 A、B 口的流量 q_L 与其流量传感器的位移之间呈线性关系。当比例电磁铁 4 的电磁力 $F_{指}$ 减小时，反馈力推动阀芯 1 左移，控制油从 A 口经液阻 R、到达减压阀 3 的左端面，关小阀口 3，使输出流量相应减小。

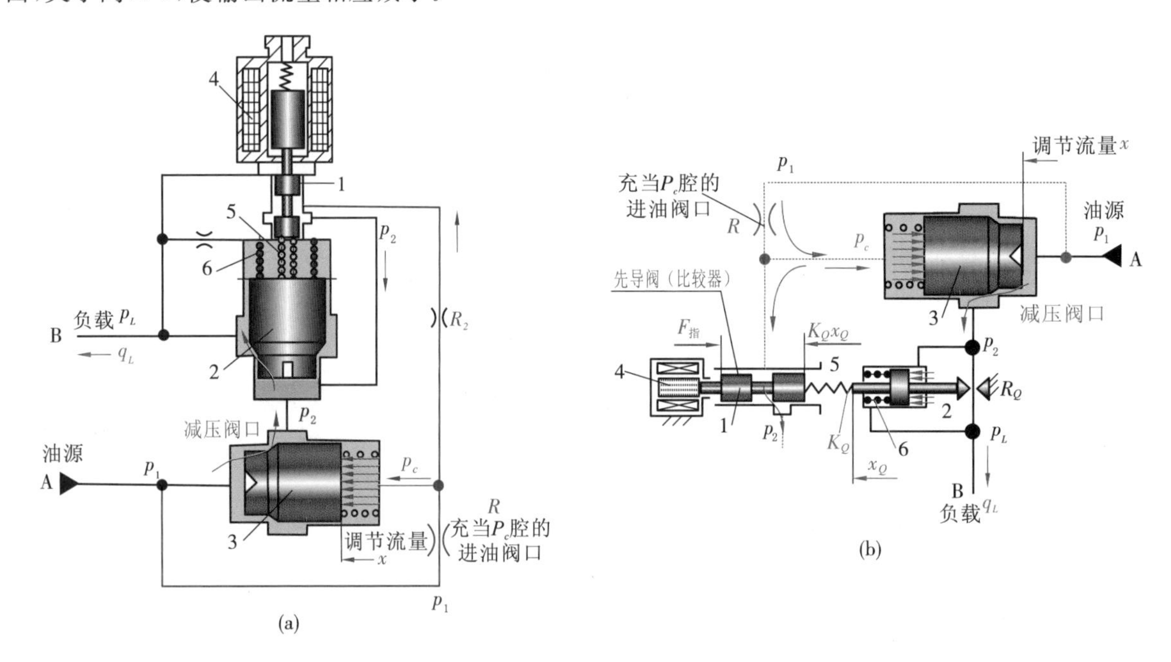

图 7-5　内含“流量-位移-力”反馈的电液比例流量阀

(a)结构原理图；(b)“流量-位移-力”反馈原理

1—先导阀（比较器）；2—“流量-位移”传感器；3—减压阀（主调节器）；4—比例电磁铁；5—反馈弹簧；6—压差恒定弹簧

当流过传感器 2 的流量变化，因传感器 2 外圈是一个使压差恒定的弹簧 6，传感器 2 的位移与流量大小成比例（流量传感器的流量转换为流量传感器阀芯位移），再经反馈弹簧 5 反馈到先导阀芯上，形成力反馈的闭环作用，调节阀芯 3，使通过阀 A、B 口的流量保持恒定。若忽略先导阀的液动力、摩擦力和自重等因素的影响，所输入的控制电流就能与通过阀的流量成正比，即实现流量 q_L 的电液比例控制。

该阀的“流量-位移-力”反馈原理与图 7-4 所示基本相同。

7.3　节　流　阀

节流阀是简易的流量控制阀，通过改变节流截面或节流长度来控制流量。节流阀没有流量反馈功能，不能补偿由负载变化所造成的速度不稳定，一般仅用于负载变化不大或对速度稳定性要求不高的场合。

按其功用节流阀分为:普通节流阀、单向节流阀、精密节流阀、节流截止阀和单向节流截止阀等;按节流口的结构形式,节流阀有针式、沉割槽式、偏心槽式、锥阀式、三角槽式、薄刃式等多种;按其调节功能,又可将节流阀分为简式和可调式两种。所谓简式节流阀通常是指在高压下调节困难的节流阀,由于其对作用于节流阀芯上的液压力没有采取平衡措施,当在高压下工作时,调节力矩很大,因而必须在无压(或低压)下调节;相反,可调式节流阀在高压下容易调节,它对作用于其阀芯上的液压力采取了平衡措施.因而无论在何种工作状况下进行调节,调节力矩都较小。

7.3.1 节流阀的结构

节流阀的结构和职能符号如图 7-6 所示。压力油从进油口 P_1 流入,经节流口从 P_2 流出。节流口的形式为轴向三角沟槽式。图 7-6(a)中,作用于节流阀芯上的力是平衡的,因而调节力矩较小,便于在高压下进行调节。当调节节流阀的手轮时,可通过顶杆推动节流阀芯向下移动。节流阀芯的复位靠弹簧力来实现,节流阀芯的上下移动改变着节流口的开口量,从而实现对流体流量的调节。图 7-6(b)是一种没有平衡措施的简式节流阀,节流口也为轴向三角槽式,但调节力矩大。

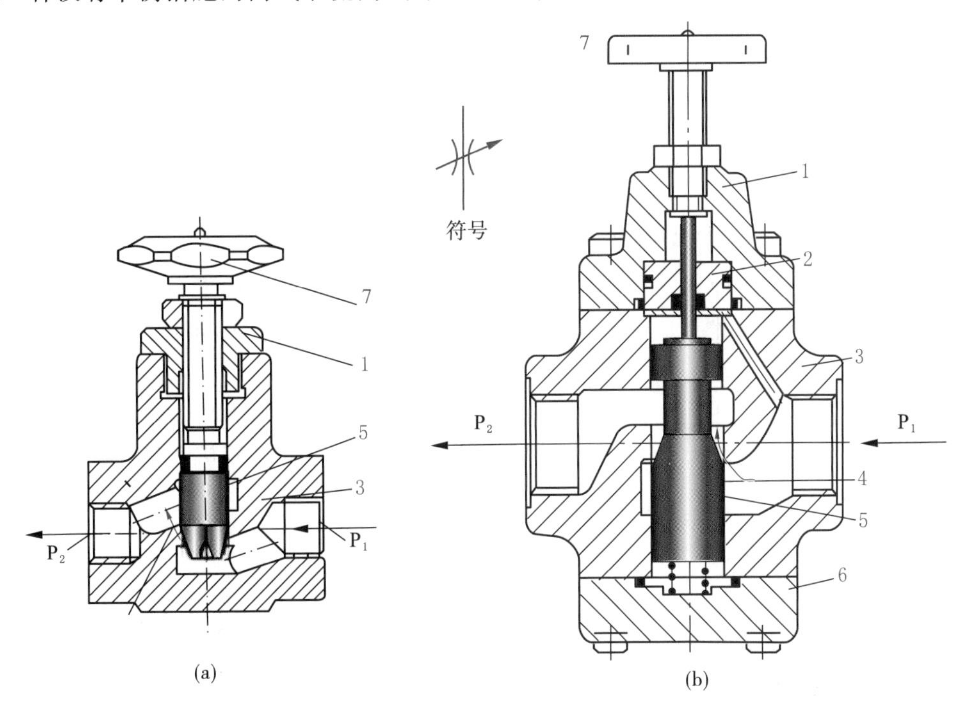

图 7-6 轴向三角槽式节流阀

(a)平衡式节流阀;(b)简式节流阀

1—顶盖;2—导套;3—阀体;4、5—阀芯;6—底盖;7—手柄

图 7-7 所示节流阀是一种具有螺旋曲线开口和薄刃式结构的精密节流阀。阀套上开有节流窗口,阀芯 2 与阀套 3 上的窗口匹配后,构成了具有某种形状的薄刃式节流孔口。转动手轮 1(此手轮可用顶部的钥匙来锁定)和节流阀芯后,螺旋曲线相对阀套窗口升高或降低,改变节流面积,即可实现对流量的调节。因而其调节流量受温度变化的影响较小。节流阀芯上的小孔对阀芯两端的液压力有一定的平衡作用,故该阀的调节力矩较小。

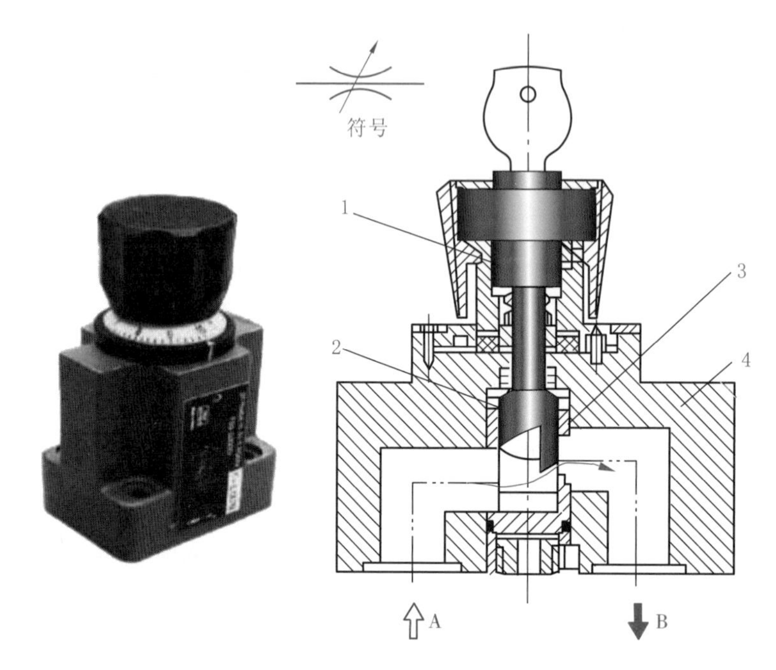

图 7-7　螺旋曲线开口式节流阀

1—手轮；2—阀芯；3—阀套；4—阀体

7.3.2　单向节流阀

图 7-8 为单向节流阀，它把节流阀芯分成了上阀芯和下阀芯两部分。当流体正向流动时［图 7-8(a)］，其节流过程与节流阀是一样的，节流缝隙的大小可通过手柄进行调节；当流体反向流动时［图 7-8(b)］，靠油液的压力把下阀芯 4 压下，下阀芯 4 起单向阀作用，单向阀打开，可实现流体反向自由流动。

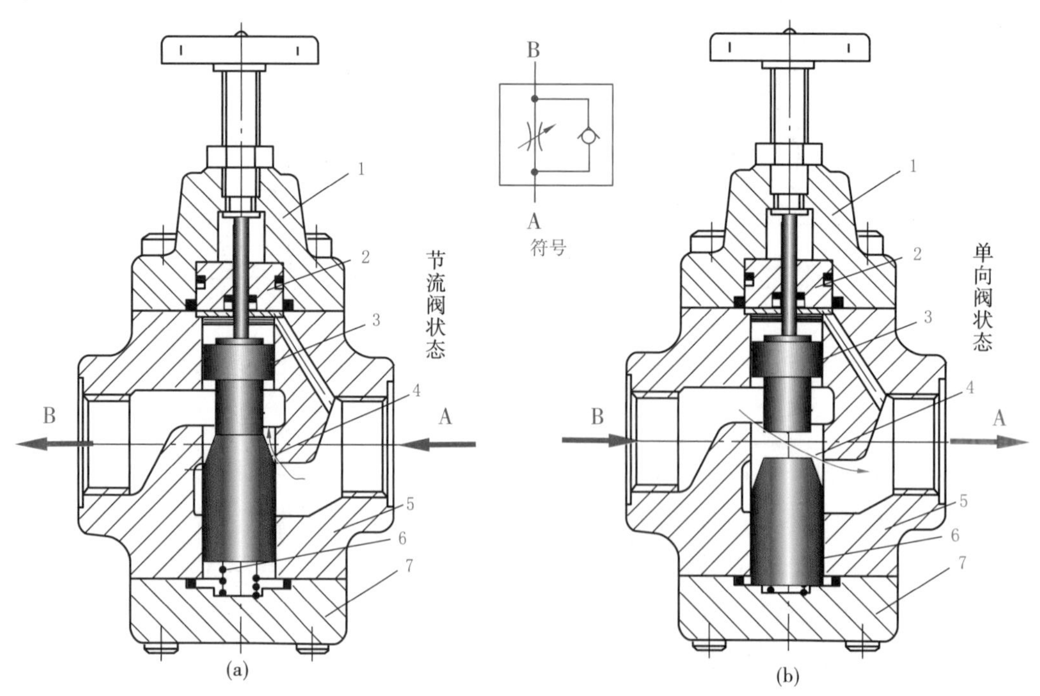

图 7-8　单向节流阀

1—顶盖；2—导套；3—上阀芯；4—下阀芯；5—阀体；6—复位弹簧；7—底座

7.4 调 速 阀

节流阀用在工作负载变化不大且对速度稳定性要求不高的场合。为解决负载变化大的执行元件的速度稳定性问题，可通过液压阀内部的流量反馈控制，使阀输出流量近似不变，这就需要调速阀。

调速阀是指具有“流量反馈”功能的流量阀。根据“串联减压式”和“并联溢流式”的差别，又分为二通调速阀和三通调速阀（溢流节流阀）两种主要类型，调速阀中又有普通调速阀和温度补偿型调速阀两种结构。节流阀适用于一般的节流调速系统，而调速阀适用于执行元件负载变化大而运动速度要求稳定的系统中，也可用于容积节流调速回路中。

7.4.1 二通调速阀

二通调速阀，简称调速阀，串联在负载和油源之间使用，有进、出二个外接油口，内部采用“压差法”进行流量测量和反馈。

图 7-9 所示二通调速阀是由定差减压阀 2 和节流阀 4 串联而成的组合阀，其工作原理及职能符号如图 7-9(b)、(c)、(d)所示。节流阀 4 充当流量传感器，节流阀口不变时，定差减压阀 2 作为流量补偿阀口，通过流量负反馈，自动稳定节流阀前后的压差，保持其流量不变；调节节流阀口时，可以改变流量的大小。

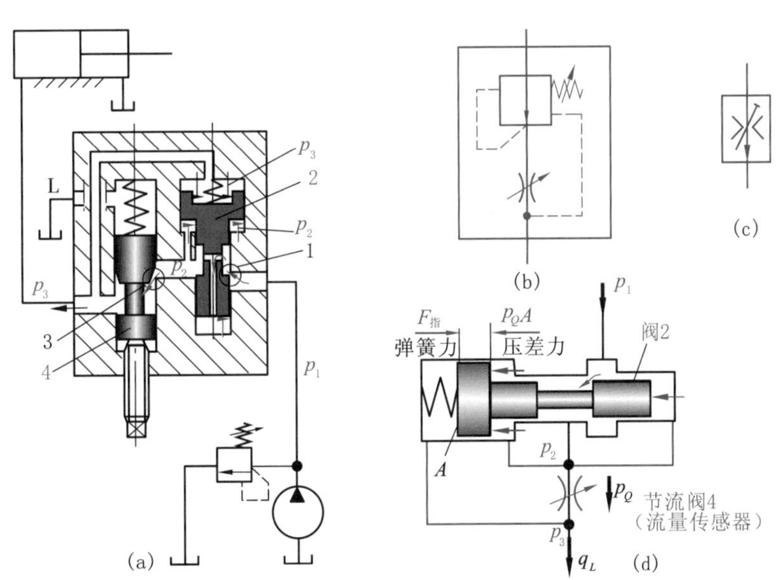

图 7-9 调速阀的工作原理和职能符号

(a)结构原理图；(b)符号；(c)简化符号；(d)反馈原理

1—减压阀口；2—定差减压阀；3—节流阀口；4—节流阀

设减压阀的进口压力为 p_1，负载串接在调速阀的出口 p_3 处。节流阀（流量-压差传感器）前、后的压力差 p_2-p_3 代表着负载流量的大小，p_2 和 p_3 作为流量反馈信号分别引到定差减压阀阀芯两端（压差-力传感器）的测压活塞上，并与定差减压阀芯一端的弹簧（充当指令元件）力相平衡，使减压阀芯平衡在某一位置。减压阀芯两端的测压活塞做得比阀口处的阀芯更粗的原因是为了增大反馈力以克服液动力和摩擦力的不利影响。

当负载压力 p_3 增大引起负载流量和节流阀的压差（p_2-p_3）变小时，作用在减压阀芯右端[（图 7-9(a)中为下端]的压力差也随之减小，阀芯右（下）移，减压阀口加大，压降减小，使 p_2 也增大，从而维持节流阀的压差(p_2-p_3)基本不变;反之亦然。这样就使调速阀的流量基本恒定(不受负载影响)。

图 7-10 为调速阀的外形和结构图。上述调速阀是先减压后节流的结构。也可以设计成先节流后减压的结构,两者的工作原理基本相同。

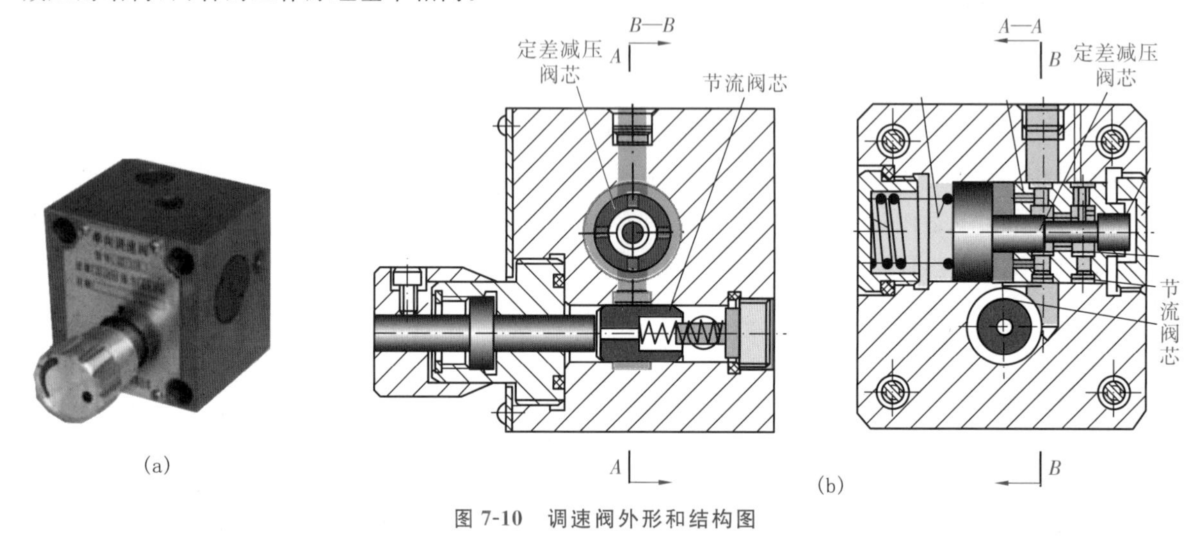

图 7-10 调速阀外形和结构图

(a)外形图;(b)结构图

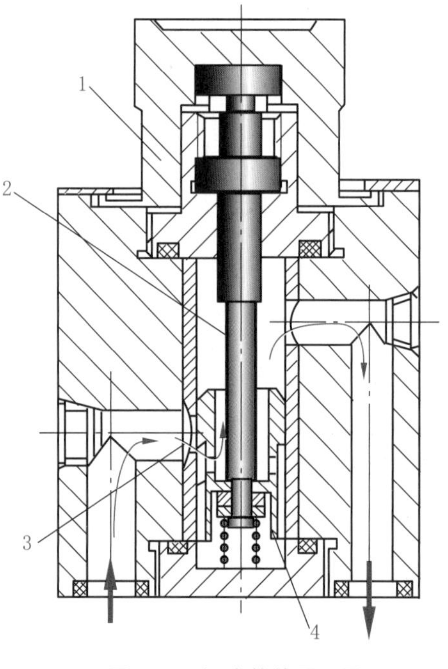

图 7-11 温度补偿原理图

1—手柄;2—温度补偿杆;3—节流口;4—节流阀芯

7.4.2 温度补偿流量阀

普通调速阀的流量虽然已能基本上不受外部载荷变化的影响,但是当流量较小时,节流口的通流面积较小,这时节流孔的长度与通流断面的水力半径的比值相对增大,因而油的黏度变化对流量变化的影响也增大,所以当油温升高后油的黏度变小时,流量仍会增大。为了减小温度对流量的影响,常采用带温度补偿的流量阀(节流阀部分带补偿)。温度补偿调速阀也是由减压阀和节流阀两部分组成。减压阀部分的原理和普通调速阀相同。节流阀部分在结构上采取了温度补偿措施,如图 7-11 所示,其特点是节流阀的芯杆 2(即温度补偿杆)由热膨胀系数较大的材料(如聚氯乙烯塑料)制成,当油温升高时,芯杆热膨胀使节流阀口关小,正好能抵消由于黏性降低使流量增加的影响。

7.4.3 三通调速阀(溢流节流阀)

三通调速阀又称溢流节流阀,也称旁通型调速阀。它采用并联溢流式流量负反馈,可以认为它是由定差溢流阀和节流阀并联组成的组合阀。其中节流阀充当流量传感器,节流阀口不变时,通过定差溢流阀的调节实现流量反馈控制,从而稳定节流阀前后的压差,保持其流量基本不变。与调速阀一样,节流阀(传感器)前后压差基本不变,调节节流阀口时,可以改变流量的大小。溢流节流阀能使系统压力随负载变化,没有二通调速阀中减压阀口的压差损失,功率损失小,是一种较好的节能元件,但流量稳定性略差一些,尤其在小流量工况下更为明显。因此溢流节流阀一般用于对速度稳定性要求相对较高,而且功率较大的进油路节流调速系统。

图 7-12 为三通调速阀,其中,用于实现流量调节的定差式溢流阀 3 的进口与节流阀 2 的进口并

联，节流阀的出口接执行元件，定差溢流阀的出口接回油箱。节流阀前后压力 p_1 和 p_2 经阀体内部通道反馈作用在定差溢流阀的阀芯两端，在溢流阀阀芯受力平衡时，压差（p_1-p_2）被弹簧力确定为基本不变，因此流经节流阀的流量基本稳定。

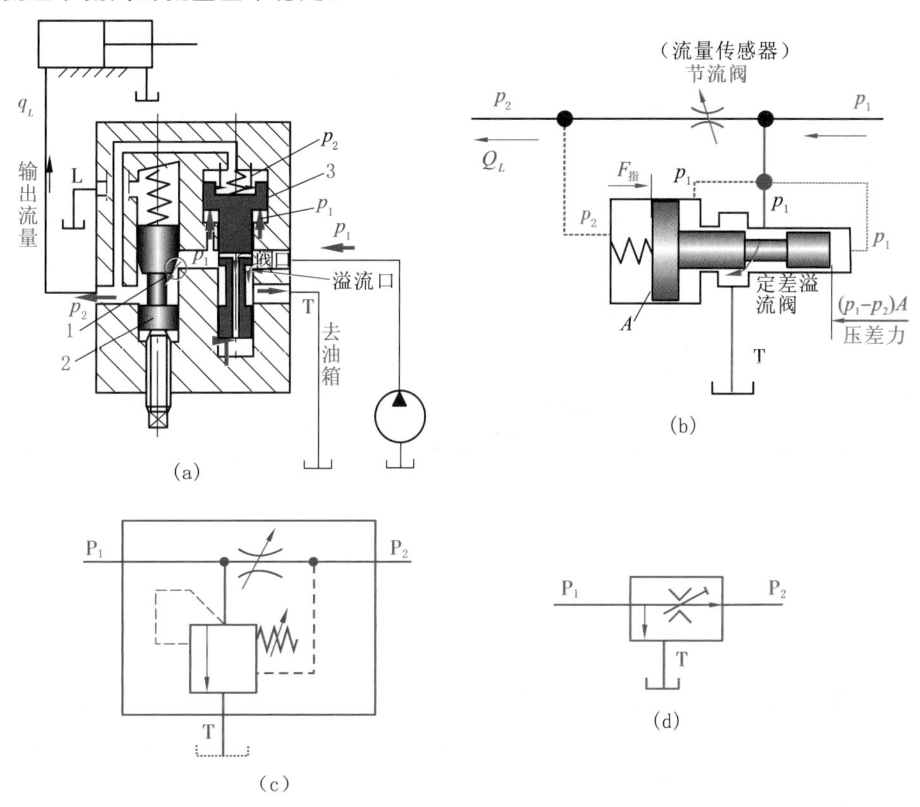

图 7-12　三通调速阀（溢流节流阀）

(a)结构图；(b)详细符号；(c)简化符号；(d)反馈原理图

1—节流阀口；2—节流阀；3—溢流阀

7.5　分（集）流阀

分（集）流阀又称为同步阀，它是分流阀、集流阀和分流集流阀的总称。

分（集）流阀的作用是使液压系统中由同一个油源向两个以上执行元件供应相同的流量（等量分流），或按一定比例向两个执行元件供应流量（比例分流），以实现两个执行元件的速度保持同步或定比关系。集流阀的作用，则是从两个执行元件收集等流量或按比例的回油量，以实现其间的速度同步或定比关系。分流集流阀则兼有分流阀和集流阀的功能，它们的图形符号如图 7-13 所示。

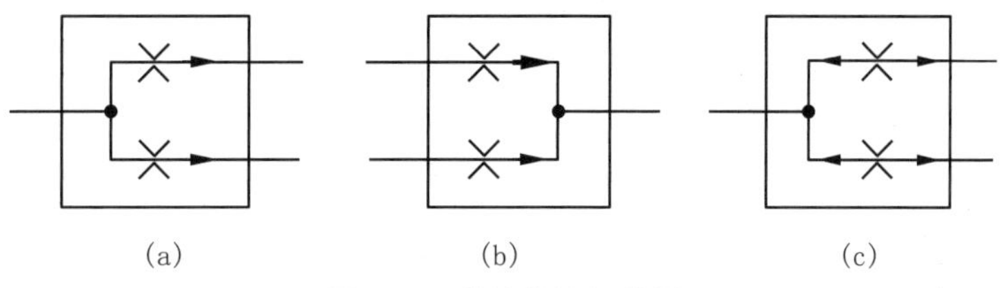

图 7-13　分流集流阀符号

(a)分流阀；(b)集流阀；(c)分流集流阀

7.5.1 分流阀

图 7-14(a)所示为等量分流阀的结构原理图，它可以看作是由两个串联减压式流量控制阀结合为一体构成的。该阀采用“流量-压差-力”反馈，用两个面积相等的固定节流孔 1、2 作为流量一次传感器，作用是将两路负载流量 q_1、q_2 分别转化为对应的压差值 Δp_1 和 Δp_2。代表两路负载流量 q_1 和 q_2 大小的压差值 Δp_1 和 Δp_2 同时反馈到公共的减压阀 6 上，形成“流量-力”比较，然后驱动减压阀芯来调节 q_1 和 q_2 大小，使之趋于相等。

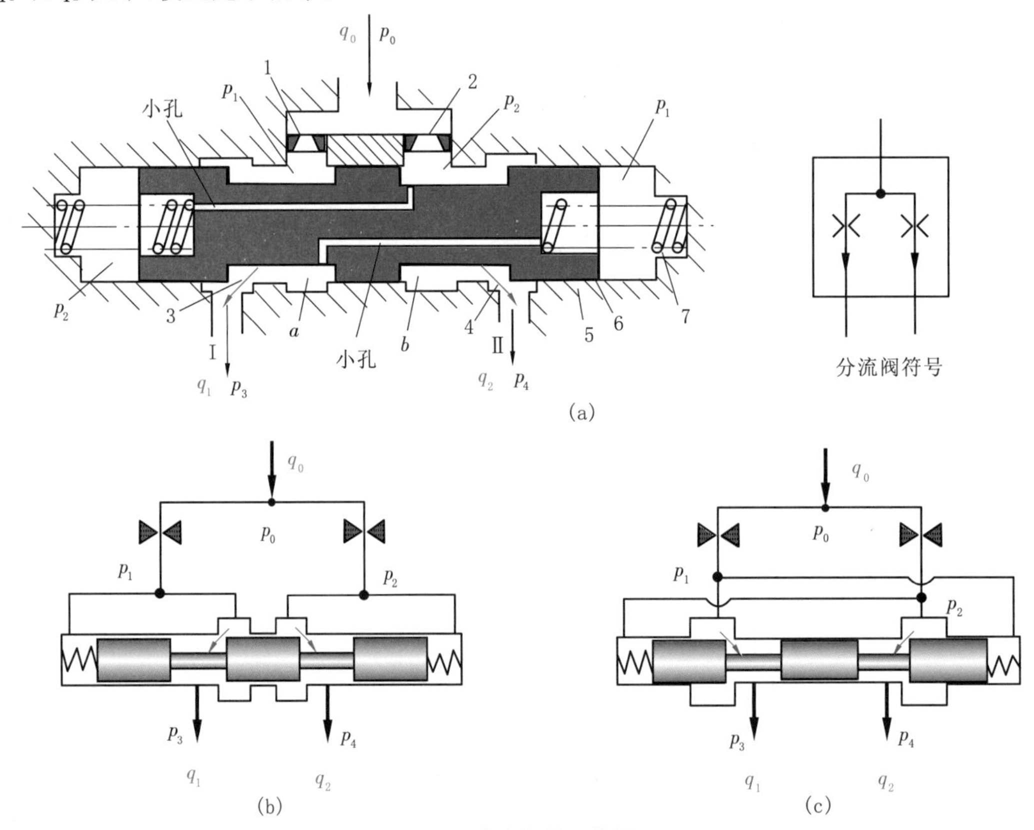

图 7-14 分流阀的工作原理

(a)分流阀的结构原理图；(b)节流边设计在内侧的分流阀；(c)节流边设计在外侧的分流阀

1,2—固定节流孔；3,4—减压阀的可变节流口；5—阀体；6—减压阀；7—弹簧

工作时，设阀的进口油液压力为 p_0，流量为 q_0，进入阀后分两路分别通过两个面积相等的固定节流孔 1、2，分别进入减压阀芯环形槽 a 和 b，然后由两减压阀口 3、4(可变节流口)调节，再经出油口 Ⅰ 和 Ⅱ 通往两个执行元件，两执行元件的负载流量分别为 q_1、q_2，负载压力分别为 p_3、p_4。如果两执行元件的负载相等，则分流阀的出口压力 $p_3=p_4$，因为阀中两支流道的尺寸完全对称，所以输出流量亦对称，$q_1=q_2=q_0/2$，且 $p_1=p_2$。当由于负载不对称而出现 $p_3\neq p_4$，且设 $p_3>p_4$ 时，q_1 必定小于 q_2，导致固定节流孔 1、2 的压差 $\Delta p_1<\Delta p_2$，$p_1>p_2$，此压差反馈至减压阀 6 的两端后使阀芯在不对称液压力的作用下左移，使可变节流口 3 增大，可变节流口 4 减小，从而使 q_1 增大，q_2 减小，直到 $q_1\approx q_2$ 为止，阀芯才在一个新的平衡位置上稳定下来。即输往两个执行元件的流量基本相等，当两执行元件尺寸完全相同时，运动速度将同步。

根据节流边及反馈测压面的不同布置，分流阀有图 7-14(b)、(c)所示两种不同的结构。

7.5.2 集流阀

图 7-15 所示为等量集流阀的原理图，它与分流阀的反馈方式基本相同，不同之处为：

(1)集流阀装在两执行元件的回油路上，将两路负载的回油流量汇集在一起回油；

(2)分流阀的两流量传感器共进口压力 p_0，流量传感器的通过流量 q_1(或 q_2)越大，其出口压力 p_1(或 p_2)反而越低；集流阀的两流量传感器共出口 T，流量传感器的通过流量 q_1(或 q_2)越大，其进口压力 p_1(或 p_2)则越高。因此集流阀的压力反馈方向正好与分流阀相反；

(3)集流阀只能保证执行元件回油时同步。

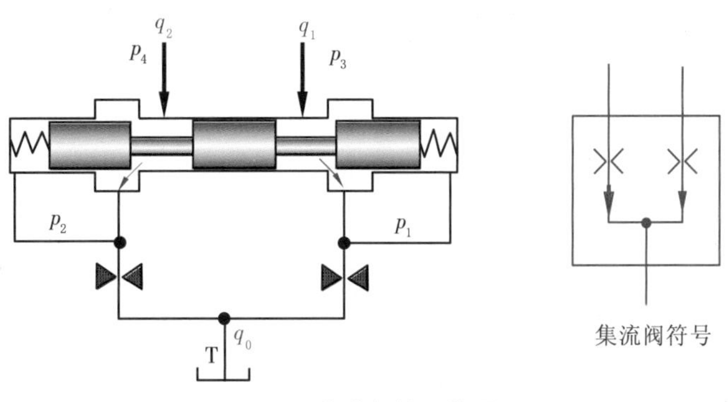

图 7-15　集流阀的工作原理

7.5.3　分流集流阀

分流集流阀又称同步阀，它同时具有分流阀和集流阀两者的功能，能保证执行元件进油、回油时均能同步。

图 7-16 为挂钩式分流集流阀的结构原理图。分流时，因 $p_0>p_1$(或 $p_0>p_2$)，此压力差将两挂钩阀芯 5、6 推开，处于分流工况，此时的分流可变节流口 3、4 是由挂钩阀芯 5、6 的内棱边和阀体的外棱边组成；集流时，因 $p_0<p_1$(或 $p_0<p_2$)，此压力差将挂钩阀芯 5、6 合拢，处于集流工况，此时的集流可变节流口是由挂钩阀芯 5、6 的外棱边和阀体的内棱边组成。

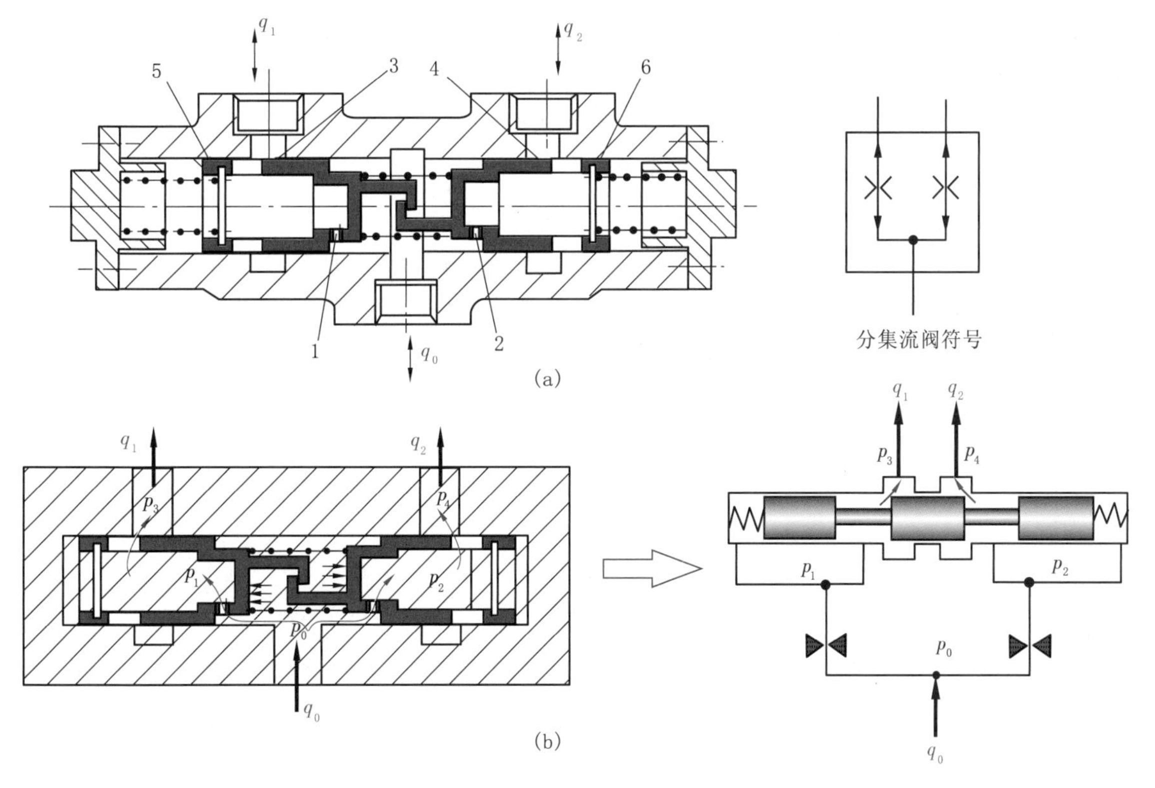

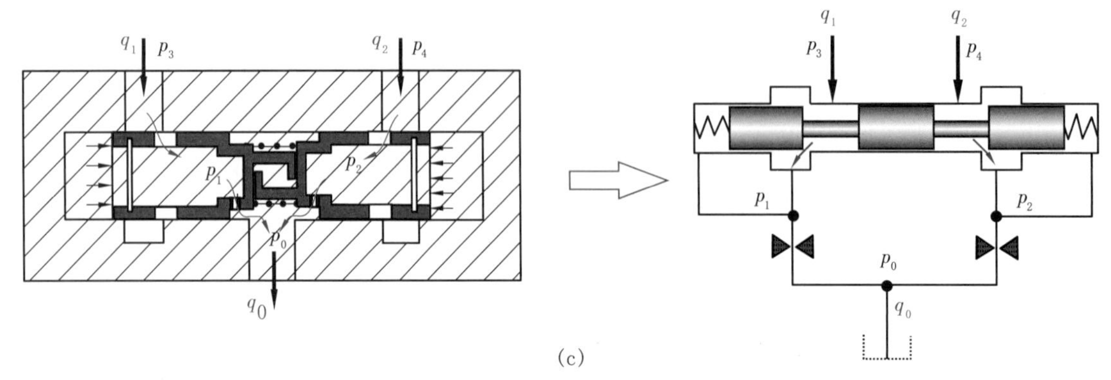

(c)

图 7-16 分流集流阀

(a)结构图;(b)分流时的工作原理;(c)集流时的工作原理

1,2—固定节流孔;3,4—可变节流口;5,6—阀芯

7.5.4 分流阀精度及影响分流阀精度的因素

分流阀的分流精度高低可用分流误差 ξ 的大小来表示

$$\xi=\frac{q_1-q_2}{q_0/2}\times 100\%$$

一般分流阀的分流精度为 2%～5%,其值的大小与进口流量的大小和两出口油液压差的大小有关。分流阀的分流精度还与使用情况有关,如果使用方法适当,可以提高其分流精度,使用方法不适当,会降低分流精度。

影响分流精度的因素有以下几方面:

(1)固定节流孔的压差太小时,分流效果差,分流精度低。压差大时,分流效果好,也比较稳定。但压差太大时又带来分流阀的压力损失大。希望在保证一定的分流精度下,压力损失尽量小一些。推荐固定节流孔的压差不低于 0.5～1 MPa。

(2)两个可变节流孔处的液动力和阀芯与阀套间的摩擦力不完全相等而产生的分流误差。

(3)阀芯两端弹簧力不相等引起的分流误差。

(4)两个固定节流孔几何尺寸误差带来的分流误差。

必须指出:在采用分流(集流)阀构成的同步系统中,液压缸的加工误差及其泄漏、分流阀之后设置的其他阀的外部泄漏、油路中的泄漏等,虽然对分流阀本身的分流精度没有影响,但对系统中执行元件的同步精度却有直接影响。

讨论与习题

一、讨论

讨论 7-1

叙述串联减压式调速阀的工作原理。如果实际操作中将该调速阀进、出油口接反了,叙述该阀将会如何调节,描述工况并解释原因。如果某回路中该阀入口压力为一定值,出口接油箱(压力近似为零大气压),叙述该阀将会如何调节,描述工况并解释原因。

讨论 7-2

叙述并联溢流式调速阀的工作原理。如果实际操作中将该调速阀进、出油口接反了，叙述该阀将会如何调节，描述工况并解释原因。如果某回路中该阀入口压力为一定值，出口接油箱(压力近似为大气压)，叙述该阀将会如何调节，描述工况并解释原因。

讨论 7-3

叙述说明分流集流阀的工作原理。给出至少两种有可能提高该阀流量控制性能(精度或响应速度)的优化方案，并对优化方案进行原理性说明。

讨论 7-4

谈谈串联减压式调速阀的工作原理。叙述该阀出口压力突然降低是否会导致瞬时流量波动。如果会出现波动，结合该阀的闭环自动控制原理和模型，对该现象进行的解释？尝试给出能减少出口流量波动范围的方法。

二、习题

7-1　在节流调速系统中，如果调速阀的进、出油口接反了，将会出现怎样的情况，试根据调速阀的工作原理进行分析。

7-2　将调速阀和溢流节流阀分别装在负载(油缸)的回油路上，能否起速度稳定作用？

7-3　溢流阀和节流阀都能做背压阀使用，其差别何在？

7-4　将调速阀中的定差减压阀改为定值输出减压阀，是否仍能保证执行元件速度的稳定？为什么？

课程思政拓展阅读材料

材料一　我国首次应用深水智能完井技术

3 月 30 日，中国海洋石油集团有限公司对外宣布，该公司在我国首个自营深水大气田“深海一号”大气田——陵水 17-2 气田作业水域，完成该气田全部 11 颗深水水下采气树的安装就位作业，这也是我国首次应用深水智能完井技术。(2021 年 3 月 31 日海南日报)

作业团队将深水智能采气树从守护船上转运至钻井平台

智能井技术是一种新兴油藏生产管理技术，通过地面控制系统，协调控制井下各产层的生产。流量控制阀是智能井系统的执行原件，是智能井的核心，一般安装在射孔上部，封隔器下部，用于选择性的开采被分隔油层，提高油井采收率。流量控制阀在工程运用中采用节点分析法和节流口流体动力学对其分析。通过控制阀的节流面积，平衡流入和有关流出压差，改变流经控制阀的流量，从而改变井下流入特性。也可通过调控某一特定产层的控制阀，对产层有选择性地生产，或是协调各产层间的生产。

参考资料：

[1] 贾礼霆，何东升，卢玲玲，杨雄，安伦，杨杰. 流量控制阀在智能完井中的应用分析[J]. 机械研究与应用，2015，28(01)：18-21. DOI：10.16576/j.cnki.1007-4414.2015.01.007.

思考：液压传动系统中实现流量控制的方式有哪几种？采用的关键元件是什么？

材料二 塔里木首个 140 MPa 国产化笼套式节流阀成功应用

塔里木油田

库车山前是中国石油在塔里木建设天然气 300 亿立方米上产的主力区域，单井特征均表现为超深、超高压、超高温，对勘探开发技术、工艺要求非常高。其中，储层平均埋深 7400 m 的克深 13 区块，其单井关井静压普遍超过 110 MPa，气藏的开发复杂程度对井口节流阀性能要求极高。这意味着，100 MPa 相当于每平方米承受 1 万吨的重量，巨大的压力让每开采 1 立方米的天然气都格外艰难。

长期以来，克深气田井口所使用的节流阀依赖于国外进口，关键技术受制于他人。在集团公司加快新疆 5000 万吨油气当量上产工程建设中，进口的节流阀价格高、购买周期长显然已不适宜气田的全面开发。“140 MPa 国产化笼套式节流阀项目”是塔里木油田重大先导性试验项目，着力解决克深气田开发过程中面临的实际问题。该项目通过不断优化密封结构设计以及完善材质配方，追求更耐压、更可靠的密封技术，实现了 213 MPa 强度试压无渗漏，创造了同类型产品动密封耐压的最高纪录。(中国人民网)

参考资料：

初梓瑞. 塔里木首个 140 兆帕国产化笼套式节流阀成功应用[EB/OL]. (2018-07-16). http://energy.people.com.cn/n1/2018/0716/c71661-30150669.html.

思考：调速阀与节流阀在结构上和性能上有何异同？各适用于什么场合？

8　液压基本回路

复杂的液压系统，总是由一些基本回路组成的。所谓基本回路，就是由一些液压元件组成的、用来完成特定功能的油路结构。本章所涉及的基本回路包括速度控制回路、调压回路、同步回路、顺序回路、平衡回路、卸荷回路等。熟悉和掌握这些基本回路的组成、工作原理及应用，是分析、设计和使用液压系统的基础。

8.1　调速回路

8.1.1　调速方法概述

在液压系统中往往需要调节液压执行元件的运动速度，以适应主机的工作需要。在不考虑油液压缩性和泄漏的情况下，液压缸的速度为

$$v=\frac{q}{A} \tag{8-1}$$

液压马达的转速为

$$n=\frac{q}{V_M} \tag{8-2}$$

式中：q——输入液压缸或液压马达的流量；

A——液压缸的有效面积(单位位移排量)；

V_M——液压马达的排量。

由式(8-1)、式(8-2)可以看出，要调节或控制液压缸或液压马达的工作速度，可以通过改变进入执行元件的流量来实现，也可以通过改变执行元件的排量来实现。对于确定的液压缸来说，通过改变其有效作用面积 A 来调速是不现实的，一般只能用改变输入液压缸流量的方法来调速。对变量马达来说，既可以用改变输入流量的办法来调速，也可通过改变马达排量的方法来调速。常用的调速回路主要有以下几种：

(1)节流调速回路：采用定量泵供油，通过改变节流元件通流面积的大小来控制流量，以调节执行元件的速度。

(2)容积调速回路：通过改变变量泵或变量马达的排量等方式来调节执行元件的运动速度。

(3)容积节流调速回路：以上两种方式联合调速。

8.1.2　定量泵节流调速回路

根据流量控制元件在回路中安放的位置不同，节流调速回路可分为进油路节流调速、回油路节流调速、旁路节流调速三种基本形式，下面以定量泵-液压缸方式为例，讨论节流调速回路的特性。

1. 进油路节流调速回路

如图 8-1(a)所示，将节流阀串联在液压泵和液压缸之间实现调速，称为进油路节流调速回路。回路中，定量泵输出的多余流量 Δq 通过溢流阀流回油箱，泵的出口压力 p_p 由溢流阀保持定值，这是进油节流调速回路能够正常工作的条件。

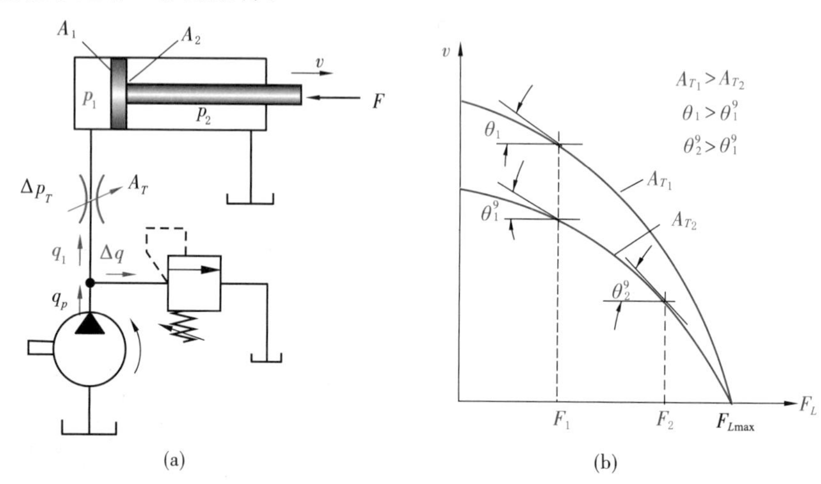

图 8-1 进油路节流调速回路

(a)回路；(b)速度负载特性曲线

(1)速度负载特性

当不考虑泄漏和油液的压缩时，活塞运动速度为：

$$v=\frac{q_1}{A_1} \tag{8-3}$$

活塞受力方程为

$$p_1A_1=p_2A_2+F \tag{8-4}$$

式中：F——外负载力；

q_1——负载流量(即节流阀流量)；

p_2——液压缸回油腔压力，当回油腔通油箱时，$p_2\approx0$。

进油路上通过节流阀的流量方程为：

$$q_1=CA_T(\Delta p_T)^m \tag{8-5}$$

式中：C——与油液种类等有关的系数；

A_T——节流阀的通流面积；

Δp_T——节流阀前后的压力差，$\Delta p_T=p_p-p_1$；

m——为节流阀的指数，当为薄壁孔口时，$m=0.5$。

将式(8-4)、式(8-5)代入式(8-1)，得到进油节流调速速度-负载特性方程：

$$v=\frac{q_1}{A_1}=\frac{CA_T}{A_1^{1+m}}(p_pA_1-F)^m \tag{8-6}$$

式(8-6)描述了执行元件的速度 v 与负载 F 之间的关系。如以 v 为纵坐标，F 为横坐标，将式(8-6)按不同节流阀通流面积 A_T 作图，可得一组抛物线，称为进油路节流调速回路的速度-负载特性曲线，如图 8-1(b)所示。

速度-负载特性曲线表明了速度随负载变化的规律，曲线越陡，说明负载变化对速度的影响越大，即速度刚性差；曲线越平缓，刚性越好。

由式(8-6)和图 8-1 可以看出，其他条件不变时，活塞的运动速度 v 与节流阀通流面积 A_T 成正比，调节 A_T 就能实现无级调速。这种回路的调速范围较大，$R_{cmax}=v_{max}/v_{min}\approx100$。当节流阀通流面积 A_T 一定时，活塞运动速度 v 随着负载 F 的增加按抛物线规律下降。但不论节流阀通流面积如何变化，当 $F=p_pA_1$ 时，节流阀两端压差为零，没有流体通过节流阀，活塞也就停止运动，此时液压泵的全部流量经溢流阀流回油箱。该回路的最大承载能力即为 $F_{max}=p_pA_1$。

(2)节流损失与溢流损失

由于存在"节流损失"与"溢流损失"，进油节流调速回路的功率损失较大，损失的功率将变为热量，使油温升高。回路的功率损失为

$$p_L=p_p\Delta q+\Delta p_Tq_1 \tag{8-7}$$

进油路节流调速回路的功率损失由两部分组成：溢流功率损失 $p_p\Delta q$ 和节流功率损失 Δp_Tq_1，Δq 为溢流阀的溢流量，$\Delta q=q_p-q_1$。

回路的输出功率与回路的输入功率之比定义为回路的效率。进油路节流调速回路的回路效率为

$$\eta=\frac{p_1q_1}{p_pq_p} \tag{8-8}$$

2. 回油路节流调速回路

如图 8-2 所示，将节流阀串联在液压缸的回油路上，借助节流阀控制液压缸的回油流量来调节其运动速度，称为回油路节流调速回路。

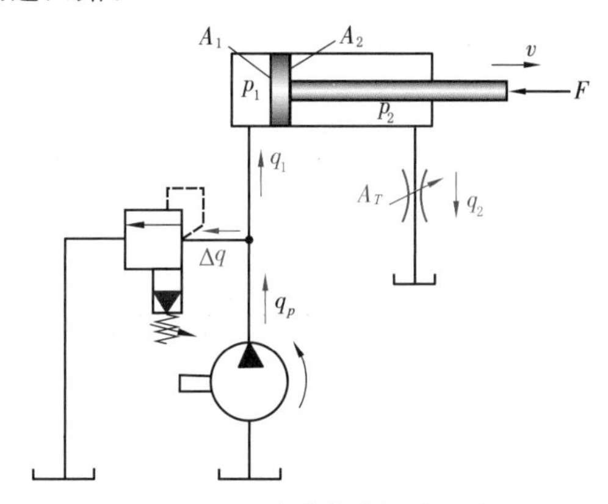

图 8-2 回油路节流调速回路

采用同样的分析方法可以得到与进油路节流调速回路相似的速度负载特性：

$$v=\frac{CA_T}{A_2^{1+m}}(p_pA_1-F)^m \tag{8-9}$$

回油节流调速同样存在"节流损失"与"溢流损失，其功率特性与进油路节流调速回路基本相同。虽然进油路和回油路节流调速的速度负载特性公式形式相似，但它们在以下几方面的性能有明显差别，在选用时应加以注意。

(1)承受负值负载的能力 所谓负值负载就是作用力的方向与执行元件的运动方向相同的负载。回油节流调速的节流阀在液压缸的回油腔能形成一定的背压，能承受一定的负值负载；对于进油节流调速回路，要使其能承受负值负载就必须在执行元件的回油路上加上背压阀。这必然会导致增加功率消耗，增大油液发热量。

(2)运动平稳性 回油节流调速回路由于回油路上存在背压，可以有效地防止空气从回油路吸入，因而低速运动时不易爬行；高速运动时不易颤振，即运动平稳性好。进油节流调速回路在不加背压阀时不具备这种特点。

(3)油液发热对回路的影响　进油节流调速回路中,通过节流阀产生的节流功率损失转变为热量,一部分由元件散发出去,另一部分使油液温度升高,直接进入液压缸,会使缸的内外泄漏增加,速度稳定性不好,而回油节流调速回路油液经节流阀升温后,直接回油箱,经冷却后再进入系统,对系统泄漏影响较小。

(4)启动性能　回油节流调速回路中若停车时间较长,液压缸回油腔的油液会泄漏回油箱,重新启动时背压不能立即建立,会引起瞬间工作机构的前冲现象,对于进油节流调速,只要在开车时关小节流阀即可避免启动冲击。

(5)进油路节流调速回路比较容易实现压力控制　因为当工作部件碰到固定挡铁后,液压缸的进油腔油压会上升到溢流阀的调定压力,利用这个压力变化值,可用来实现压力继电器发出信号,取此压力作为控制顺序动作的指令信号。而在回油路节流调速时,进油腔压力变化很小,不易实现压力控制。在固定挡铁定位的节流调速回路中,压力继电器的安装位置应与流量控制阀同侧,且紧靠液压缸。

从上面的分析可知,在承受负值负载变化较大的情况下,采用回油路节流调速较为有利,从停机后起动冲击和实现压力控制的方便性方面来看,采用进油路节流调速较为合适。

如果是单出杆液压缸,进油路节流调速回路可获得更低的速度。而在回油路调速中,回油腔中的背压力在轻载时会比供油压力高出许多,会加大泄漏,故在实际使用中,较多的是采用进油路调速,并在其回油路上加一背压阀以提高运动的平稳性。

3. 旁油路节流调速回路

把节流阀装在与液压缸并联的支路上,利用节流阀把液压泵供油的一部分排回油箱实现速度调节的回路,称为旁油路节流调速回路,如图 8-3 所示。回路中,由于溢流功能由节流阀来完成,故正常工作时,溢流阀处于关闭状态,溢流阀仅起安全阀作用,其调定压力的最大负载压力的 1.1～1.2 倍,液压泵的供油压力 p_p 取决于负载。

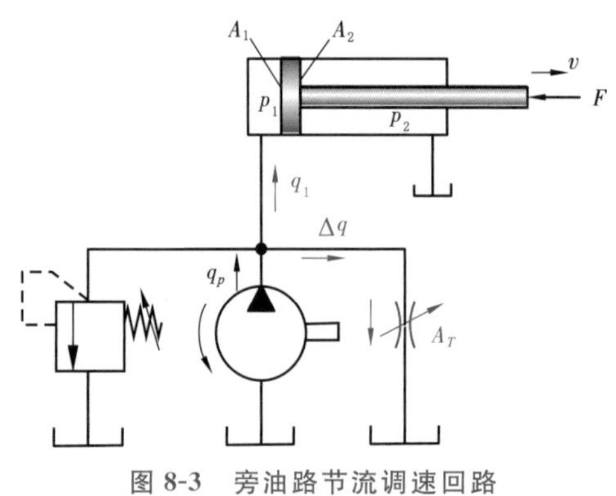

图 8-3　旁油路节流调速回路

(1)速度负载特性

考虑到泵的工作压力随负载变化,泵的输出流量 q_p 应计入泵的泄漏量随压力的变化 Δq_p,采用与前述相同的分析方法可得速度表达式为

$$v=\frac{q_1}{A_1}=\frac{q_{pt}-\Delta q_p-\Delta q}{A_1}=\frac{q_{pt}-K\dfrac{F}{A_1}-CA_T(\dfrac{F}{A_1})^m}{A_1} \tag{8-10}$$

式中:q_p——泵的输出流量;

q_{pt}——泵的理论流量;

q_1——负载流量;

Δq——通过节流阀的流量;

K——泵的泄漏系数，其余符号意义同前。

(2)节流损失

由于工作时，溢流阀并未开启，回路仅存在节流损失：

$$回路节流损失=p_1\Delta q \tag{8-11}$$

回路效率

$$\eta=\frac{q_1}{q_p} \tag{8-12}$$

旁油路节流调速回路有如下特点：

(1)旁油路节流调速刚性比进、回油路调速回路更软。

(2)当节流阀通流截面较大(工作机构运动速度较低)时，所能承受的最大载荷较小。旁油路节流调速回路适用于高速大载荷的情况。

(3)由式(8-11)和式(8-12)看出，旁路节流调速只有节流损失，而无溢流损失，因而功率损失比前两种调速回路小，效率高一些。

根据以上分析可知，旁油路节流调速回路宜用在负载变化小、对运动平稳性要求低的高速大功率场合，如牛头刨床的主运动传动系统，有时也可用在随着负载增大要求进给速度自动减小的场合。

8.1.3 改善节流调速性能的回路

采用节流阀的调速回路只适用于负载变化不大，且对速度稳定性要求不高或不要求随机调节的场合。为改善节流调速回路的性能，可选用以下回路。

1. 采用调速阀的调速回路

使用节流阀的节流调速回路，速度受负载变化的影响比较大，亦即速度负载特性比较软，变载荷下的运动平稳性比较差。为了克服这个缺点，回路中的节流阀可用调速阀来代替。根据调速阀在回路中安装的位置不同，有进油节流、回油节流和旁路节流等多种方式，如图 8-4(a)、(b)、(c)所示。它们的回路构成、工作原理同它们各自对应的节流阀调速回路基本一样。

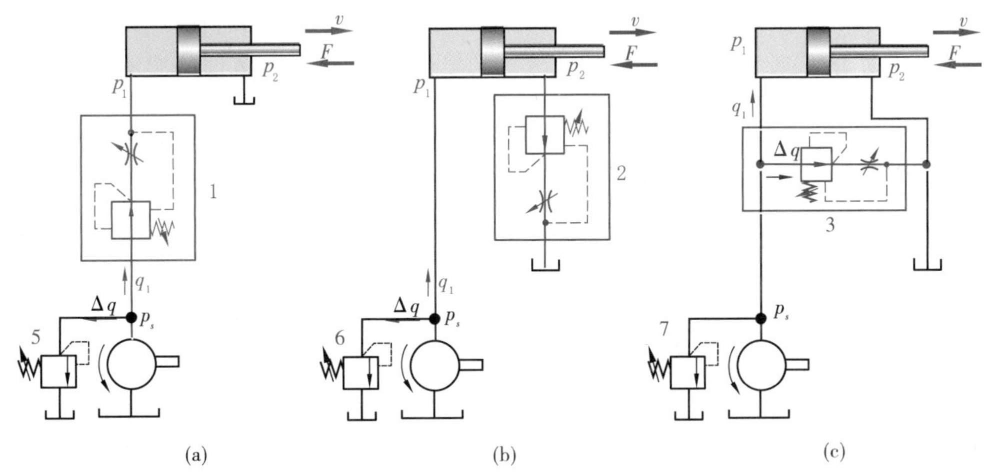

图 8-4 采用调速阀的调速回路

(a)进油节流；(b)回油节流；(c)旁路节流

由于调速阀本身能在负载变化的条件下保证节流阀进出油口间的压力差基本不变，因而使用调速阀后，节流调速回路的速度负载特性将得到改善，回路的速度刚性大为提高。旁路节流调速回路的最大承载能力也不因活塞速度的降低而减小。但所有性能上的改进都是以加大流量控制阀的工作压差，亦即增加泵的供油压力为代价的。为了保证调速阀中定差减压阀起到压力补偿作用，调速阀两端压差必须大于一定数值，中低压调速阀为 0.5 MPa，高压调速阀为 1 MPa，否则调速阀和节流阀调速回路的负载特性将没有区别。

与普通节流阀一样，调速阀仍为手动调节，不能在回路工作时实现随机调节。

2. 采用旁通型(三通)调速阀的调速回路

在图 8-5(a)中，旁通型(三通)调速阀只能用于进油节流调速回路中，液压泵的供油压力随负载而变化，因此回路的功率损失较小，效率较采用调速阀时高。旁通型调速阀的流量稳定性较调速阀差，在小流量时尤为明显，故不宜用在对低速稳定性要求较高的精密机床调速系统中。与调速阀一样，旁通型调速阀也不能实现随机调节。

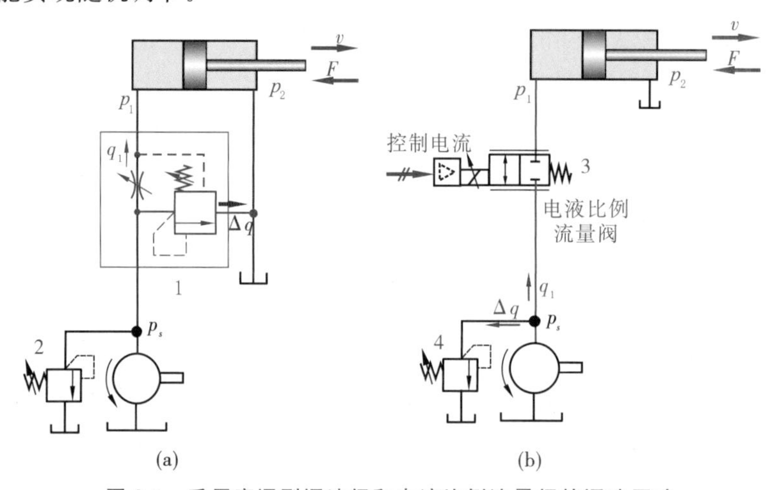

图 8-5　采用旁通型调速阀和电液比例流量阀的调速回路

(a)旁通型调速阀调速；(b)电液比例流量阀调速

3. 采用电液比例流量阀的调速回路

图 8-5(b)所示为采用电液比例流量阀的比例节流调速回路。比例流量阀替代普通流量阀调速时，由于电液比例流量阀能始终保证阀芯输出位移与输入电信号成正比，电液比例流量阀可以方便地改变输入电信号的大小，从而适时地调节流量，实现自动且远程调速。若检测被控元件的运动速度并转换为电信号，再反馈回来与输入电液比例节流阀的电信号相比较，构成回路的闭环控制，则速度控制精度更可以大大提高。

8.1.4　变量泵(马达)容积调速回路

容积调速回路可用变量泵供油，根据需要调节泵的输出流量，或应用变量液压马达，调节其每转排量以进行调速，也可以采用变量泵和变量液压马达联合调速。容积调速回路的主要优点是没有节流调速时通过溢流阀和节流阀的溢流功率损失和节流功率损失。所以发热少，效率高，适用于功率较大，并需要有一定调速范围的液压系统中。

容积调速回路按所用执行元件的不同，分为泵-缸式回路和泵-马达式回路。这里主要介绍泵-马达式容积调速回路。

1. 变量泵-定量马达式容积调速回路

图 8-6 为变量泵-定量马达式容积调速回路，这是一个带补油泵的闭式回路，马达的回油返回到泵的吸油口。回路中压力管路上的安全阀 4，用以防止回路过载，低压管路上连接一个小流量的辅助油泵 1，以补偿泵 3 和马达 5 的泄漏，其供油压力由溢流阀 6 调定。辅助泵与溢流阀使低压管路始终保持一定压力，不仅改善了主泵的吸油条件，而且可置换部分发热油液，降低系统温升。

马达作为能量转换元件，将压力转换为输出转矩 T_m，流量转换为输出转速 n_m，转换系数就是排量 V_m（每转排量），转换过程如图 8.6(b)所示。在这种回路中，液压泵转速 n_p 和液压马达排量 V_m 都为恒值，改变液压泵排量 V_p 可使马达转速 n_m 和输出功率 P_m 随之成比例地变化。马达的输出转矩 T_m 和回路的工作压力 p 都由负载转矩来决定，不因调速而发生改变，所以这种回路常被称为恒转矩调速回路，回路特性曲线如图 8-6(c)所示。值得注意的是，在这种回路中，因泵和马达的泄漏量随负载的增加而增加，致使马达输出转速下降。该回路的调速范围 $R_c \approx 40$。

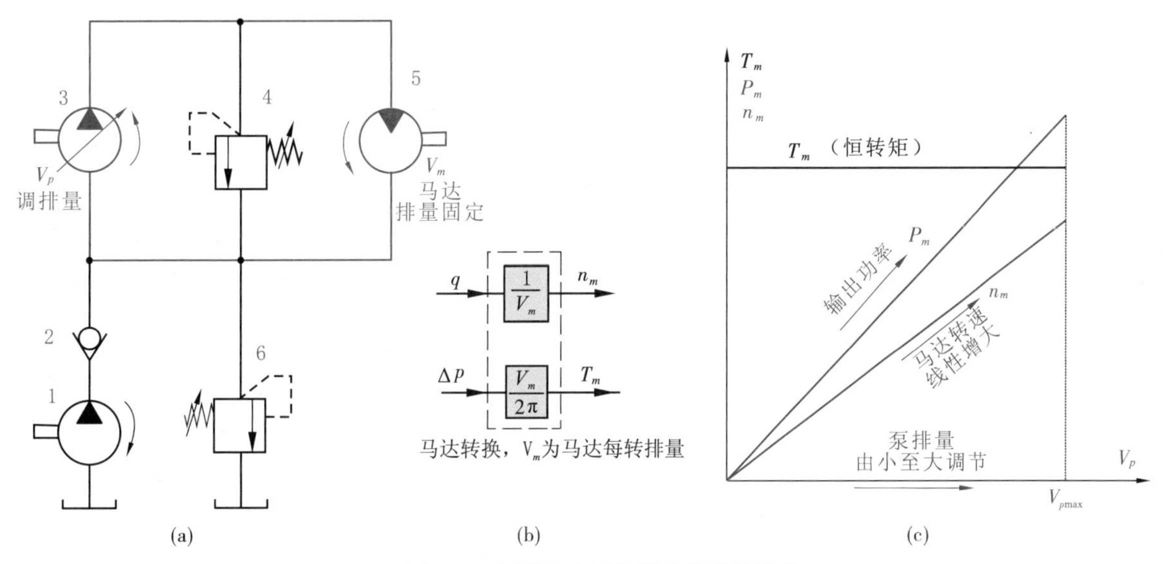

图 8-6 变量泵-定量马达容积调速回路

(a)回路；(b)转换框图；(c)特性曲线

2. 定量泵-变量马达式容积调速回路

图 8-7 为定量泵-变量马达式容积调速回路，定量泵 1 的排量 V_p 不变，变量液压马达 2 的排量 V_m 的大小可以调节，3 为安全阀，4 为补油泵，5 为补油泵的低压溢流阀。在这种回路中，液压泵转速 n_p 和排量 V_p 都是常值，改变液压马达排量 V_m 时，马达输出转矩的变化与 V_m 成正比，输出转速 n_m 则与 V_m 成反比。

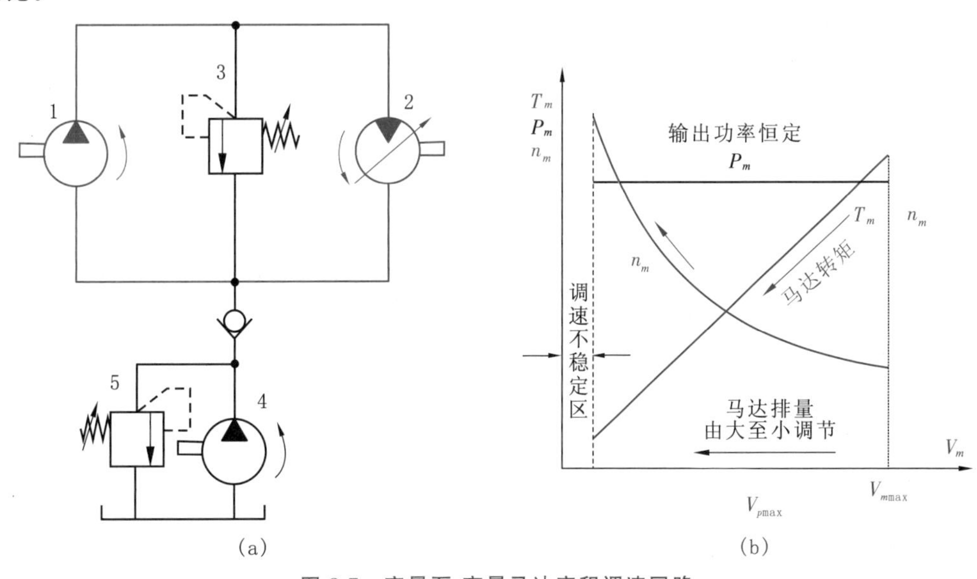

图 8-7 定量泵-变量马达容积调速回路

(a)回路；(b)特性曲线

理论上，当马达排量 V_m 趋于零时，马达输出转速 n_m 趋于无穷大；但实际上，排量 V_m 趋于零时（相当于缸的活塞面积趋于零），马达输出转矩 T_m 也趋于零，马达进入不稳定区。

马达的输出功率 P_m 和回路的工作压力 p 都由负载决定，不因调速而发生变化，这种回路常被称为恒功率调速回路。

回路的工作特性曲线如图 8-7(b)所示，这种调速回路能适应机床主运动所要求的恒功率调速的特点，但调速范围小($R_c \leqslant 3$)。同时，若用液压马达来换向，要经过排量很小的区域，这时候转速很高，反向易出故障。因此，这种调速回路目前较少单独应用。

3. 变量泵-变量马达式容积调速回路

图 8-8(a)为双向变量泵 1 和双向变量马达 2 组成的容积式调速回路。回路中各元件对称布置，改变泵的供油方向，就可实现马达的正、反向旋转，单向阀 4 和 5 用于辅助泵 3 双向补油，单向阀 6 和 7 使溢流阀 8 在两个方向上都能对回路起过载保护作用。

这种回路的调速特性曲线是恒转矩调速和恒功率调速的组合，如图 8-8(b)所示。一般机械要求低速时输出转矩大，高速时能输出较大的功率，这种回路恰好可以满足这一要求。所以当变量马达的输出转速由低向高调节时，分为两个阶段：

低速段调速　先将马达排量 V_m 固定到最大值（定量），用变量泵来调速，即调节泵排量 V_p 使其流量 q_p 逐渐增加，变量马达的转速便从最小值逐渐升高，输出功率随之线性增加，此时因马达排量最大，马达能获得最大输出转矩，此阶段属于恒转矩调速。

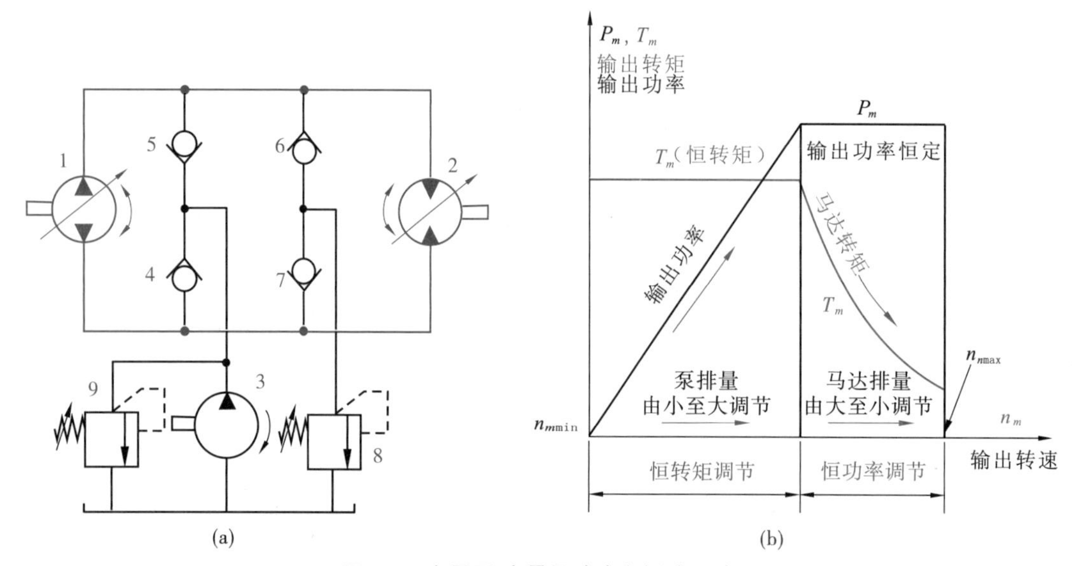

图 8-8　变量泵-变量马达容积调速回路

(a)回路；(b)特性曲线

高速段调速　将泵的排量 V_p 固定在最大值上（定量），用变量马达调速，使它的排量 V_m 由最大逐渐减小，马达转速继续升高（同时输出转矩随之降低），直至达到其允许最高转速 $n_{m\max}$ 处为止。此时因泵处于最大输出功率状态，此阶段属于恒功率调速。

因此，这种回路相当于前两种的联合调速，总的调速范围可达 100 以上。这种回路的调速范围大，并且有较高的工作效率，适用于机床主运动等大功率液压系统中。

8.1.5　自动调节容积调速回路

1. 恒功率变量泵调速回路

在图 8-9(a)中，采用恒功率变量泵供油，泵出口直接接液压缸的工作腔，泵的输出流量全部进入液压缸，泵的出口压力即液压缸的负载压力。因为负载压力反馈作用在泵的变量活塞上，与弹簧力相比较。根据恒功率变量泵的特性，负载压力增大时，泵的排量自动减小，并保持压力和流量的乘积为常数，即功率恒定，特性曲线如图 8-9(b)所示。压力机和液压挖掘机常常采用这种调速方式。

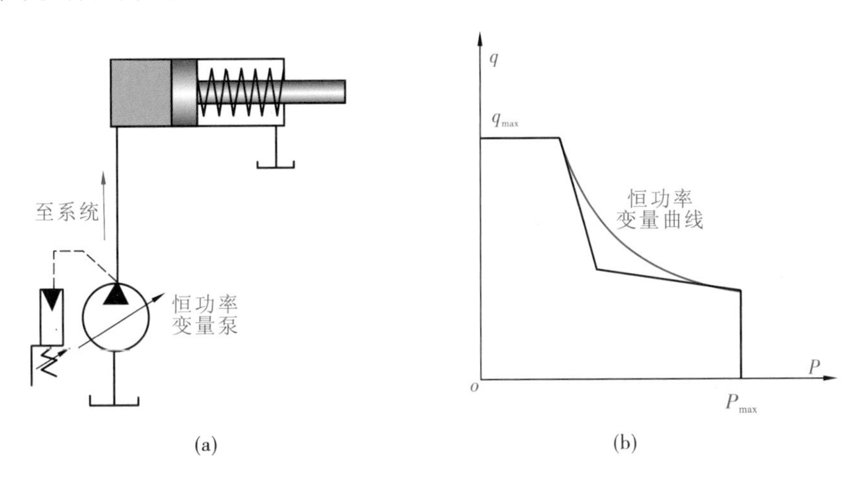

图 8-9　恒功率变量泵调速

(a)回路；(b)特性曲线

2. 采用限压式变量泵和调速阀的调速回路

这种调速回路采用限压式变量泵供油，通过调速阀来确定进入液压缸或自液压缸流出的流量，并使变量泵输出的流量与液压缸所需的流量自动相适应。这种调速没有溢流损失，效率较高，速度稳定性比手动调节容积调速回路好，流量控制的特性曲线如图 8-10(b)所示。

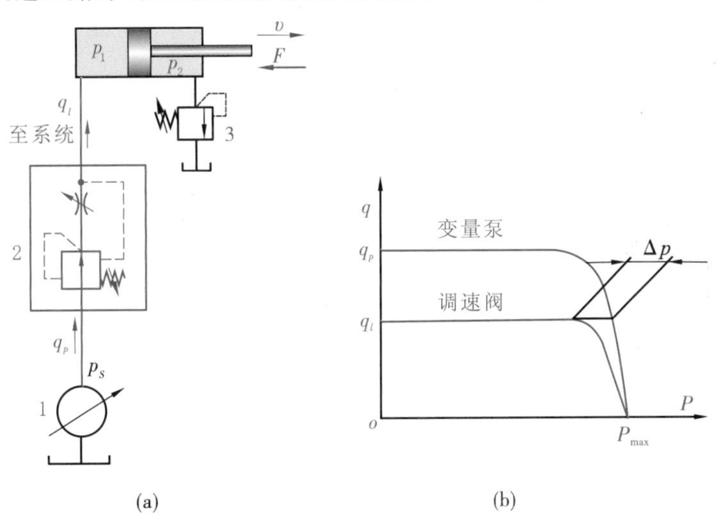

图 8-10　限压式变量泵和调速阀的调速回路

(a)回路；(b)特性曲线

1—限压式变量泵；2—调速阀；3—背压阀

这种调速回路的工作原理如图 8-10(a)所示，变量泵输出的压力油经调速阀 2 进入液压缸工作腔，回油经背压阀 3 返回油箱。改变调速阀中节流阀的通流面积 A_T 的大小，就可以调节液压缸的运动速度，变量泵的输出流量 q_p 和通过调速阀进入液压缸的流量 q_1 自相适应，优点是没有溢流损失。例如：将 A_T 减小到某一值，在关小节流开口瞬间，变量泵的输出流量还未来得及改变，出现了 $q_p > q_l$，导致泵的出口压力 p_S 增大，其反馈作用使变量泵的流量 q_p 自动减小到与 A_T 对应的 q_1；反之亦然。

如果将限压式变量泵的工作压力 p_S 调得过小时，调速阀中的减压阀将不能正常工作，输出流量会随液压缸压力增高而下降，使活塞运动速度不稳定。如果在调节限压螺钉时将 Δp 调得过大，则功率损失增大，油液容易发热。

这种调速回路中的调速阀也可以装在回油路上。

3. 差压式变量泵和节流阀的调速回路

这种调速回路采用差压式变量泵供油，通过节流阀来确定进入系统（液压缸）的流量，不但使变量泵输出的流量与液压缸所需流量自相适应，而且液压泵的工作压力能自动跟随负载压力的增减而增减。

如图 8-11 所示，在通向系统的进油路上有一个节流阀，节流阀前、后产生的压差反馈作用在叶片泵定子两侧的控制活塞（柱塞）1、2 上，用以控制变量叶片泵定子的偏心距 e 的大小，其中柱塞 1 的有效作用面积和活塞 2 的活塞杆截面面积相等。液压泵通过控制活塞的作用，来保证节流阀 3 前后压差基本不变，从而使通过节流阀的流量保持稳定。这是一种“压差-偏心量-流量”反馈控制，也就是节流阀 3 在流量反馈控制中充当流量传感器的作用，泵的流量受到节流阀 3 两端压差的控制，保证了泵的输油量 q 始终与进入液压缸的流量 q_l 相适应，控制方框图如图 8-11(b)所示。

图中溢流阀 4 为安全阀，固定阻尼 5 用于防止定子移动过快引起的振荡。改变节流阀开口大小，就可以控制进入液压缸的流量 q_1，并使泵的输出流量 q 自动与 q_1 相适应。若 $q>q_1$，泵的供油压力 p 将上升，泵的定子在控制活塞的作用下右移，偏心距 e 减小，使 q 减小至 $q\approx q_1$；反之，若 $q<q_1$，泵的供油压力 p 将下降，引起定子左移，偏心距 e 加大，使 q 增大至 $q\approx q_1$。

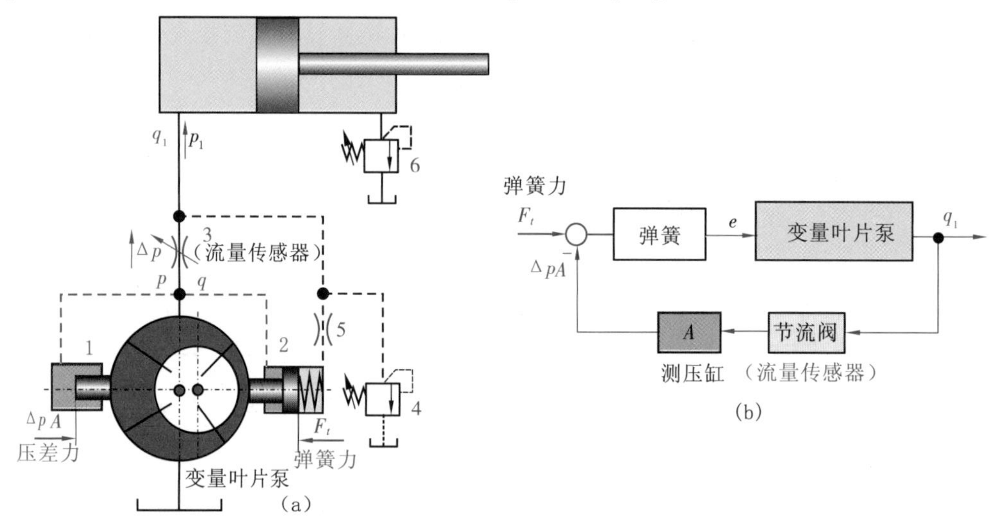

图 8-11　差压式变量泵和节流阀的调速回路

(a)差压式变量泵调速回路；(b)控制方框图

1,2—测压活塞(柱塞)；3—节流阀；4—溢流阀；5—固定阻尼；6—背压阀

这种回路中，节流阀两端的压差基本上由作用在变量泵控制活塞上的弹簧力 F_t 来确定，因此输入液压缸的流量不受负载变化的影响。此外，回路能补偿负载变化引起泵的泄漏变化，故回路具有良好的稳速特性。

由于液压泵输出的流量始终与负载流量相适应，回路不但没有溢流损失，而且节流损失较采用限压式变量泵和调速阀的调速回路小，因此回路效率高，发热小。

若用电液比例节流阀替代普通节流阀，并根据工况需要随时调节阀口大小以控制执行元件的运动速度，则泵的压力和流量能适应负载的需求。因此，该回路又称为负载敏感调速回路，特别适用于负载变化较大的场合。

8.2 快速运动回路与速度换接回路

快速运动回路的功用在于使执行元件获得尽可能大的工作速度，以提高劳动生产率并使功率得到合理的利用。实现快速运动可以有几种方法。

8.2.1 液压缸差动连接的快速运动回路

如图 8-12 所示，换向阀 2 处于原位时，液压泵 1 输出的液压油同时与液压缸 3 的左右两腔相通，两腔压力相等。由于液压缸无杆腔的有效面积 A_1 大于有杆腔的有效面积 A_2，使活塞受到的向右作用力大于向左的作用力，导致活塞向右运动。于是有杆腔排出的油液与泵 1 输出的油液合流进入无杆腔，亦即相当于在不增加泵的流量的前提下增加了供给无杆腔的油液量，使活塞快速向右运动。这种回路比较简单也比较经济，但液压缸的速度加快有限，差动连接与非差动连接的速度之比为$\frac{v_1'}{v_1}=(\frac{A_1}{A_1-A_2})$，有时仍不能满足快速运动的要求，常常要求和其他方法(如限压式变量泵)联合使用。值得注意的是:在差动回路中，泵的流量和液压缸有杆腔排出的流量合在一起流过的阀和管路应按合流流量来选择其规格，否则会产生较大的压力损失，增加功率消耗。

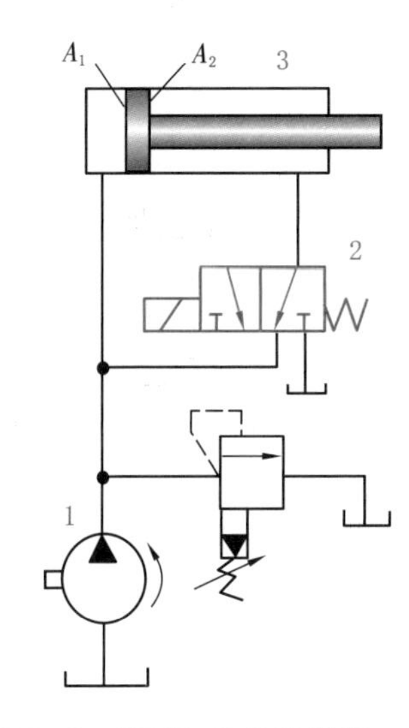

图 8-12 液压缸差动连接的快速运动回路

8.2.2 双泵供油的快速运动回路

如图 8-13 所示，由低压大流量泵 1 和高压小流量泵 2 组成的双联泵作为动力源。外控顺序阀 3 和溢流阀 5 分别设定双泵供油和小泵 2 单独供油时系统的最高工作压力。当换向阀 6 处于图示位置，并且由于外负载很小，使系统压力低于顺序阀 3 的调定压力时，两个泵同时向系统供油，活塞快速向右运动；当换向阀 6 的电磁铁通电，左位工作，液压缸有杆腔经节流阀 7 回油箱，当系统压力达到或超过顺序阀 3 的调定压力，大流量泵 1 通过阀 3 卸荷，单向阀 4 自动关闭，只有小流量泵 2 单独向系统供油，活塞慢速向右运动，小流量泵 2 的最高工作压力由溢流阀 5 调定。这里应注意，顺序阀 3 的调定压力至少应比溢流阀 5 的调定压力低 10%～20%。大流量泵 1 的卸荷减少了动力消耗，回路效率较高。这种回路常用在执行元件快进和工进速度相差较大的场合，特别是在机床中得到了广泛的应用。

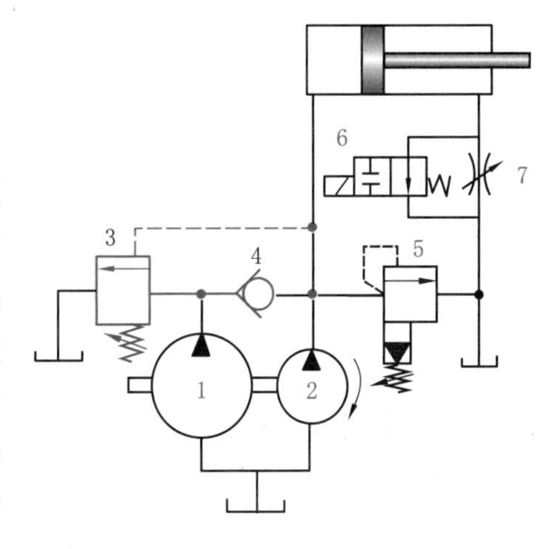

图 8-13 双泵供油的快速运动回路

8.2.3 充液快速运动回路

1. 自重充液快速运动回路

这种回路用于垂直运动部件质量较大的液压机系统。如图 8-14(a)所示，电液换向阀 1 右位接入回路，由于运动部件的自重，主缸 6 的活塞快速下降，由单向节流阀 2 控制下降速度，此时因液压泵供油不足，液压缸上腔出现负压，充液油箱 4 通过液控单向阀(充液阀)3 向液压缸上腔补油；当运动部件接触工件，负载增加时，液压缸上腔压力升高，液控单向阀 3 关闭，此时只靠液压泵供油，活塞运动速度降低。回程时，电液换向阀左位接入回路，压力油进入主缸 6 下腔，同时打开液控单向阀 3，液压缸上腔一部分回油进入充液油箱 4。为防止活塞快速下降时液压缸上腔吸油不充分，充液油箱常被充压油箱代替，以实现强制充液。

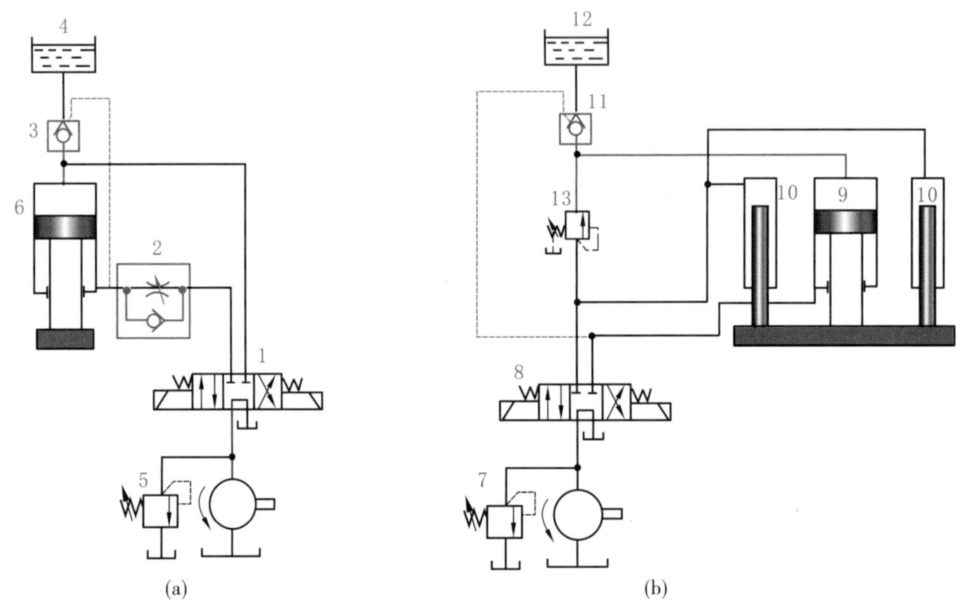

图 8-14　充液快速运动回路

(a)自重充液快速运动回路；(b)采用辅助缸的快速运动回路

1,8—电液换向阀；2—单向节流阀；3,11—液控单向阀；4,12—充液油箱；

5,7—溢流阀；13—顺序阀；6,9—主缸；10—辅助缸

2. 采用辅助缸的快速运动回路

在图 8-14(b)中，当泵向成对设置的辅助缸 10 供油时，带动主缸 9 的活塞快速向下运动，主缸 9 上腔由液控单向阀 11 从充液油箱 12 补油，直至压板触及工件后，油压上升，压力油经顺序阀 13 进入主缸，转为慢速下移。此时主缸和辅助缸同时对工件加压。主缸下腔油液经电液换向阀回油箱。回程时压力油进入主缸下腔，主缸上腔油液通过液控单向阀 11 排回充液油箱 12，辅助缸回油经换向阀回油箱。这种回路简单易行，常用于冶金机械。

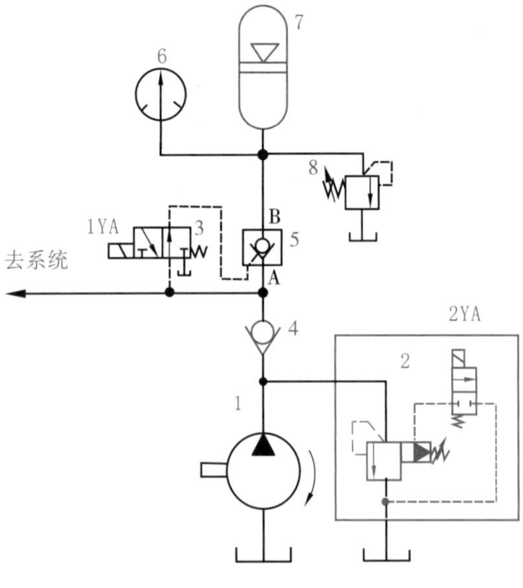

3. 采用蓄能器的快速运动回路

对于某些间歇工作且停留时间较长的液压设备(如冶金机械)，以及某些工作速度存在快、慢两种速度的液压设备(如组合机床)，常采用图 8-15 所示快速运动回路。其中定量泵可选较小的流量规格，在系统不需要流量或工作速度很低时，泵的全部流量或大部分流量进入蓄能器储存待用，要求快速运动时，由泵和蓄

图 8-15　采用蓄能器的快速运动回路

1—液压泵；2,8—溢流阀；3—换向阀；4—单向阀；

5—液控单向阀；6—电接触式压力表；7—蓄能器

能器同时向系统供油。图中所示的油源工作情况取决于蓄能器工作压力的大小。一般设定三个压力值：$p_1>p_2>p_3$，p_1 为蓄能器的最高压力，由溢流阀 8 限定；p_2 为泵开始卸荷，仅由蓄能器向系统供油的压力，由电接触式压力表 6 上限触点控制；p_3 为蓄能器停止向系统供油压力，由电接触式压力表 6 下限触点控制。

当蓄能器的工作压力 $p\geqslant p_2$ 时，电接触式压力表 6 上限触点发令，使电磁溢流阀 2 上的电磁铁 2YA 得电，液压泵 1 通过电磁溢流阀卸荷，此时液控单向阀 5 的液控口通高压油，阀 5 已经反向打开(B 至 A)，蓄能器的压力油经液控单向阀 5 向系统供油。

当蓄能器工作压力 $p<p_2$ 时，电磁铁 1YA 和 2YA 均不得电，电磁溢流阀 2 不再卸荷，液压泵和蓄能器同时向系统供油(或液压泵同时向系统和蓄能器供油)。

当蓄能器的工作压力 $p\leqslant p_3$ 时，电接触式压力表 6 下限触点发令，控制液控单向阀 5 的电磁阀 3 的电磁铁 1YA 得电，液控单向阀 5 反向不通(B 向 A 不通)，蓄能器停止向系统供油(泵可以向蓄能器充油)。

8.2.4　快、慢速换接回路

1. 用行程阀(电磁阀)的速度换接回路

在图 8-16 中，换向阀 4 右位接入回路时，液压缸活塞向左快进到预定位置，活塞杆上挡块压下行程阀 1，行程阀关闭，液压缸右腔进油，左腔油液必须通过调速阀才能流回油箱，活塞运动转为慢速工进。

换向阀左位接入回路时，压力油经单向阀 3 进入液压缸左腔，活塞快速向右返回。这种回路速度切换过程比较平稳，换接点位置准确。但行程阀的安装位置不能任意布置，管路连接较为复杂。如果将行程阀改为电磁阀，并通过挡块压下电气行程开关来操纵，也可实现快、慢速度换接，但速度换接的平稳性、可靠性相对较差。这种回路在机床液压系统中较为常见。

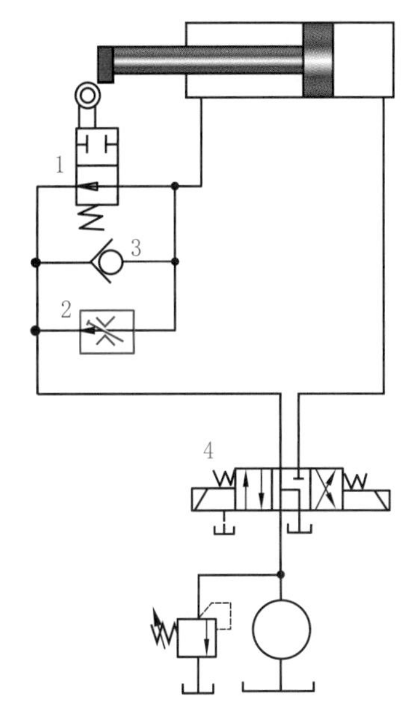

图 8-16　用行程阀的速度换接回路

1—行程阀；2—节流阀；3—单向阀

2. 液压马达串、并联双速换接回路

在液压马达驱动的行走机械(如全液压挖掘机)中，根据路况往往需要两挡速度：在平地行驶时为高速；上坡时需要输出转矩增加，转速降低。为此采用两个液压马达串联或并联，以达到上述目的。

图 8-17(a)所示为液压马达并联回路，两液压马达 1、2 主轴刚性连接在一起(一般为同轴双排柱塞液压马达)，手动换向阀 3 左位时，压力油只驱动液压马达 1，液压马达 2 空转；手动换向阀 3 右位时，液压马达 1 和 2 并联。若两液压马达排量相等，并联时进入每个液压马达的流量减少一半，转速相应降低一半，而转矩增加一倍。手动换向阀 3 实现液压马达速度的切换，不管手动换向阀处于何位，回路的输出功率相同。

图 8-17(b)所示为液压马达串、并联回路，用二位四通换向阀 7 使两液压马达 5、6 串联或并联来实现快、慢速切换。二位四通换向阀 7 上位接入回路，液压马达 5、6 并联；下位接入回路，液压马达 5、6 串联。串联时为高速；并联时为低速，输出转矩相应增加。串联和并联两种情况下回路的输出功率相同。

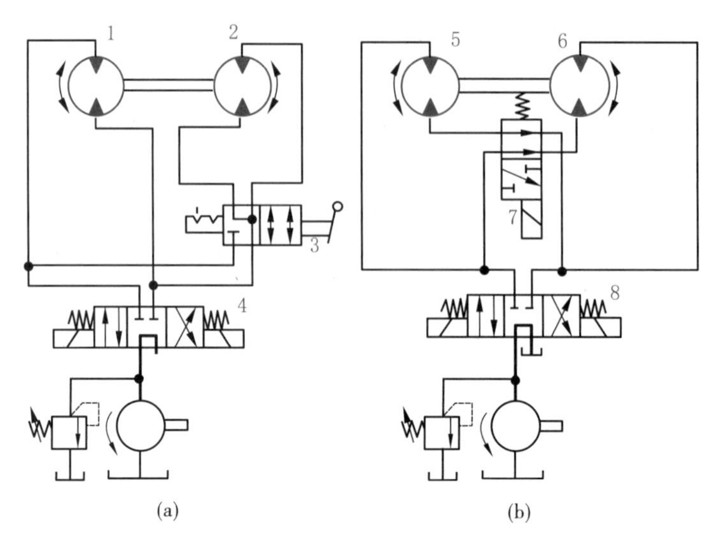

(a)　　　(b)

图 8-17　液压马达双速换接回路

(a)液压马达并联回路;(b)液压马达串、并联回路

1,2,5,6—液压马达;3—手动换向阀;7—二位四通换向阀;4,8—电磁换向阀

3. 两种慢速换接回路

某些机床要求工作行程有两种进给速度,一般第一进给速度大于第二进给速度,为实现两次工进速度,常用两个调速阀串联或并联在油路中(如图 8-18 所示),用换向阀 5、6 进行切换。图 8-18(a)所示为 1、2 两个调速阀串联来实现两次进给速度换接的回路,它只能用于第二进给速度小于第一进给速度的场合,故调速阀 2 的开口小于调速阀 1。这种回路速度换接平稳性较好。

图 8-18(b)所示为两个调速阀 3、4 并联来实现两次进给速度换接的回路,用换向阀 6 进行切换,这里两个进给速度可以分别调整,互不影响。但一个调速阀工作时另一个调速阀无油通过,其定差减压阀处于最大开口位置,因而在速度换接瞬间,通过该调速阀的流量过大,会造成进给部件突然前冲。因此这种回路不宜用在同一行程两次进给速度的换接上,只可用在速度预选的场合。执行元件还可以通过电液比例流量阀来实现速度的无级变换,切换过程平稳。

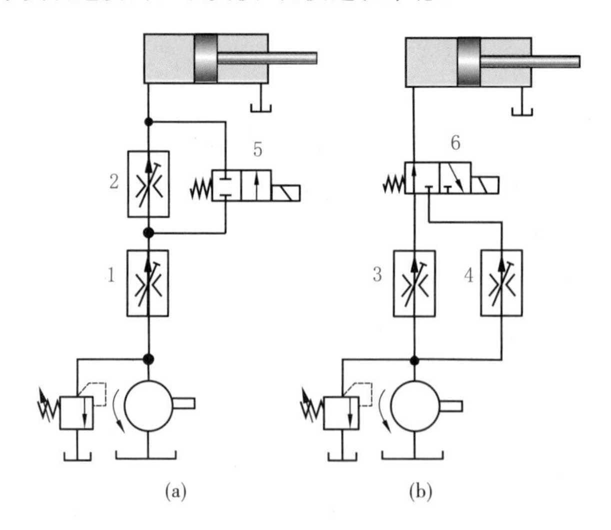

(a)　　　(b)

图 8-18　调速阀串、并联速度换接回路

(a)调速阀串联回路;(b)调速阀并联回路

8.3　同步回路

在多缸工作的液压系统中，常常会遇到要求两个或两个以上的执行元件同时动作的情况，并要求它们在运动过程中克服负载、泄漏和结构变形上的差异，维持相同的速度或相同的位移，即做同步运动。同步运动包括速度同步和位置同步两类。速度同步是指各执行元件的运动速度相同；而位置同步是指各执行元件在运动中或停止时都保持相同的位移量。下面介绍的几种同步回路，只能做到基本上同步。

8.3.1　机械同步回路

图 8-19(a)所示为液压缸机械连接的同步回路，这种同步回路是用刚性梁等机械零件在两个液压缸的活塞杆间实行刚性连接以便来实现位移的同步。图 8-19(b)是机械同步在叉车上的应用。这种同步方法简单经济，但同步精度一般不高。同时，两个液压缸的负载差异不宜过大，否则会造成卡死现象。

图 8-19　机械同步回路

8.3.2　采用流量控制阀的同步回路

图 8-20(a)所示是采用调速阀的单向同步回路。在两个并联液压缸的进(回)油路上分别串接调速阀 7 和 8，调整两个调速阀的开口大小，控制进入两液压缸或自两液压缸流出的流量，可使它们在一个方向上实现速度同步。这种回路结构简单，但调整比较麻烦，同步精度不高，不宜用于偏载或负载变化频繁的场合。

图 8-20(b)所示是采用分流集流阀的同步回路。采用分流集流阀(同步阀)代替调速阀来控制进入或流出两液压缸的流量，可使两液压缸在承受不同负载时仍能实现速度同步。回路中的单向节流阀 2 用来控制活塞的下降速度，液控单向阀 4 的作用是防止活塞停止时因两缸负载不同而通过分流集流阀 3 的内节流孔窜油。由于同步作用靠分流集流阀自动调整，使用较为方便，但效率低，压力损失大，不宜用于低压系统。

8.3.3　采用串联液压缸的同步回路

图 8-21 所示为带有补偿装置的两个液压缸串联的同步回路。当两缸同时下行时，若缸 5 活塞先到达行程端点，则挡块压下行程开关 1S，电磁铁 3YA 得电，换向阀 3 左位投入工作，压力油经换向阀 3 和液控单向阀 4 进入缸 6 上腔，进行补油，使其活塞继续下行到达行程端点。如果缸 6 活塞先到达端点，行程开关 2S 使电磁铁 4YA 得电，换向阀 3 右位投入工作，压力油进入液控单向阀控制腔，打开

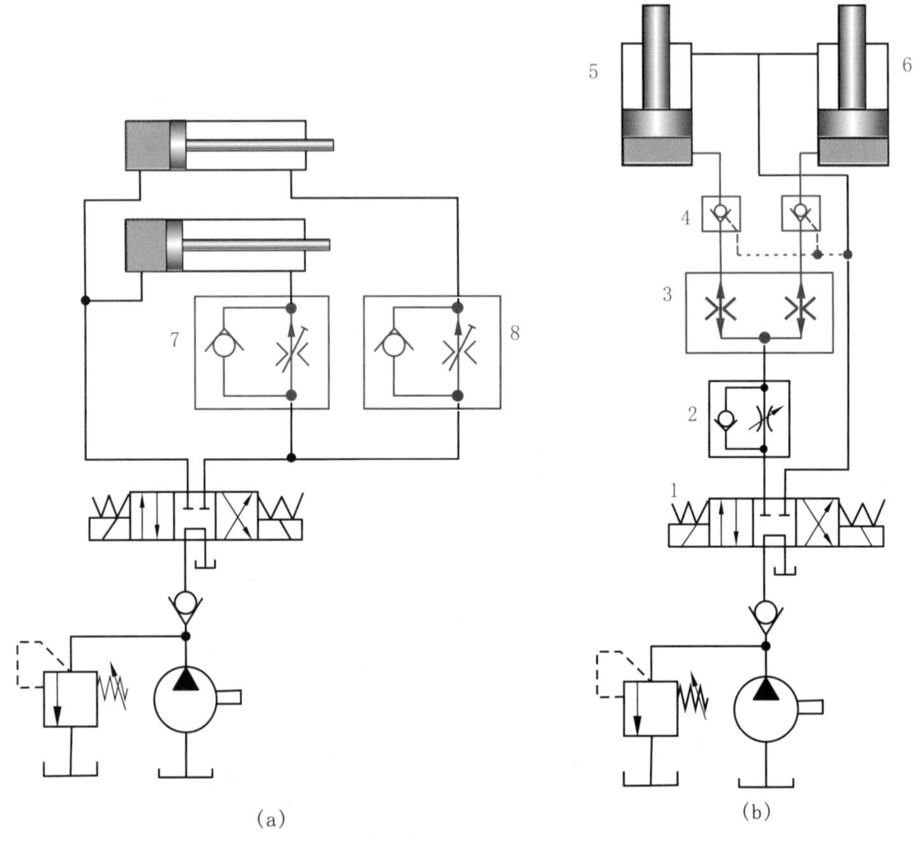

图 8-20　采用流量控制阀的同步回路

(a)采用调速阀的单向同步回路;(b)采用分流集流阀的同步回路

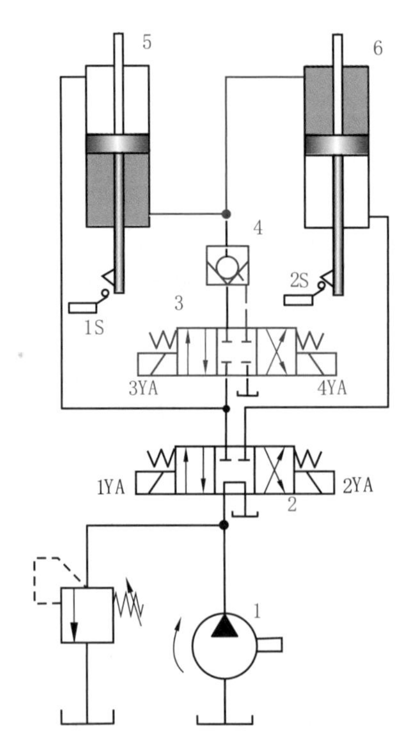

图 8-21　采用串联液压缸的同步回路

阀 4，缸 5 下腔与油箱接通，使其活塞继续下行达到行程端点，从而消除累积误差。这种回路允许较大偏载，偏载所造成的压差不影响流量的改变，只会导致微小的压缩和泄漏，因此同步精度较高，回路效率也较高。

8.3.4 同步液压马达的同步回路

图 8-22(a)所示为采用同轴等排量双向液压马达 1 作为等流量分流装置的同步回路。同步马达 1 作为配流环节，输出相同流量的油液，可实现两缸和多缸双向同步。图中的节流阀 2 用于在行程端点消除两缸位置误差。

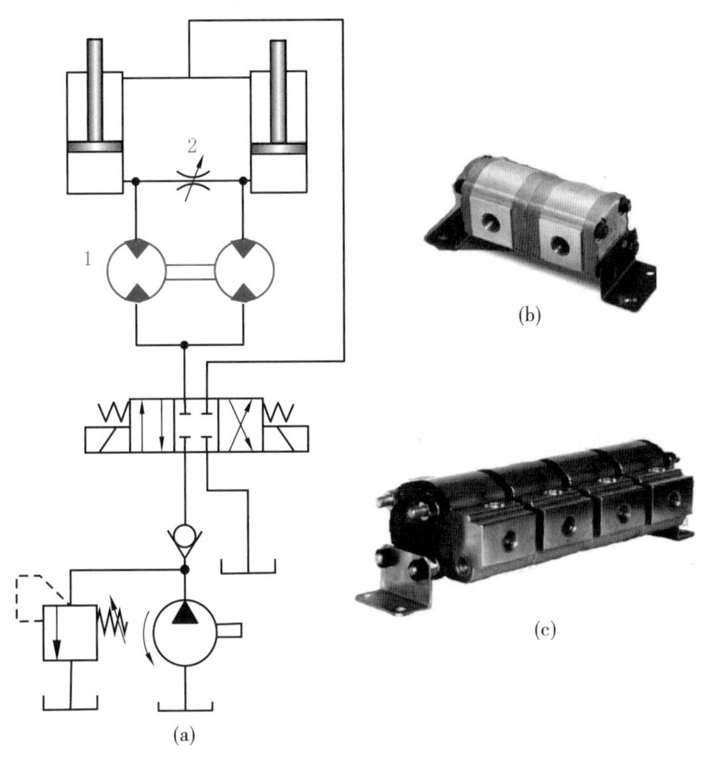

图 8-22 采用同步马达的同步回路

(a)工作原理图；(b)2 路同轴液压马达；(c)4 路同轴液压马达

图 8-22(b)、(c)分别为 2 路和 4 路同轴液压马达。这种回路的同步精度比采用流量控制阀的同步回路高，但专用的配流元件带来了系统复杂、制作成本高的缺点。

8.4 顺序回路

当用一个液压泵向几个执行元件供油时，如果这些元件需要按一定顺序依次动作，就应该采用顺序回路。如转位机构的转位和定位，夹紧机构的定位和夹紧等。根据其控制方式的不同，顺序回路分为行程控制、压力控制和时间控制三类。其中以前两种用的最多，这里只对前两种进行介绍。

8.4.1 行程控制顺序动作回路

图 8-23 是通过行程开关和电磁换向阀配合完成顺序动作的回路。操作时首先按动启动按钮，使电磁铁 1YA 得电，压力油进入液压缸 3 的左腔，使活塞按箭头①所示方向向右运动。当活塞杆上的

挡块压下行程开关6S后，通过电气联锁使1YA断电、3YA得电，液压缸3的活塞停止运动，压力油进入液压缸4的左腔，使其按箭头②所示的方向向右运动。当活塞杆上的挡块压下行程开关8S，使3YA断电、2YA得电，压力油进入缸3的右腔，使其活塞按箭头③所示的方向向左运动。当活塞杆上的挡块压下行程开关5S，使2YA断电、4YA得电，压力油进入液压缸4右腔，使其活塞按箭头④的方向返回。当挡块压下行程开关7S时，4YA断电，活塞停止运动，至此完成一个工作循环。

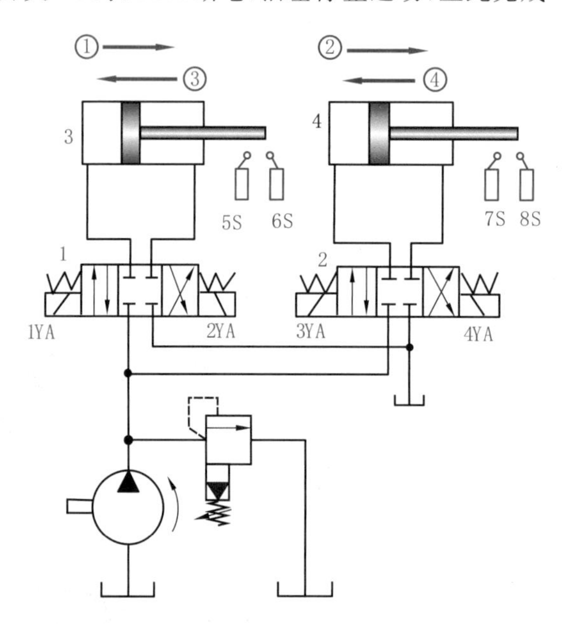

图8-23　用行程开关和电磁阀配合的顺序回路

这种顺序动作回路的优点是：调整行程比较方便，改变电气控制线路就可以改变液压缸的动作顺序，利用电气互锁，可以保证顺序动作的可靠性。

8.4.2　压力控制顺序动作回路

利用工作过程中的压力变化来使执行元件按顺序完成先、后动作，是液压系统独具的控制特性。图8-24(a)是利用压力继电器实现顺序动作的顺序回路，动作过程如下：

动作①　按启动按钮，使1YA得电，换向阀1左位工作，液压缸7的活塞向右移动，实现动作顺序①。

动作②　缸7活塞到达右行程端点后，左腔压力上升，达到压力继电器3的调定压力时发讯，使电磁铁1YA断电，3YA得电，换向阀2左位工作，压力油进入缸8的左腔，其活塞右移，实现动作顺序②。

动作③　缸8活塞到达右行程端点后，缸8左腔压力上升，达到压力继电器5的调定压力时发讯，使电磁铁3YA断电，4YA得电，换向阀2右位工作，压力油进入缸8的右腔，其活塞左移，实现动作顺序③。

动作④　缸8活塞到达左行程端点后，缸8右腔压力上升，达到压力继电器6的调定压力时发讯，使电磁铁4YA断电，2YA得电，换向阀1右位工作，缸7的活塞向左退回，实现动作顺序④。

缸7到达左端后，右端压力上升，达到压力继电器4的调定压力时发讯，使电磁铁2YA断电，1YA得电，换向阀1左位工作，压力油进入缸7左腔，自动重复上述动作循环，直到按下停止按钮为止。

在这种顺序动作回路中，为了防止压力继电器在前一行程液压缸到达行程端点以前发生误动作，压力继电器的调定值应比前一行程液压缸的最大工作压力高0.3～0.5 MPa，同时，为了能使压力继电器可靠地发出信号，其压力调定值又应比溢流阀的调定压力低 0.3～0.5 MPa。

图 8-24(b)所示为采用顺序阀控制的顺序动作回路。钻床液压系统的动作顺序为：①夹紧工件；②钻头进给；③钻头退出；④松开工件。当换向阀 11 左位接入回路时，夹紧缸 12 活塞向右运动，夹紧工件后回路压力升高到顺序阀 9 的调定压力，顺序阀 9 开启，钻孔缸 13 的活塞才向右运动进行钻孔。钻孔完毕，换向阀 11 右位接入回路，钻孔缸 13 的活塞先退到左端点，回路压力升高，打开顺序阀 10，再使夹紧缸 12 的活塞退回原位。

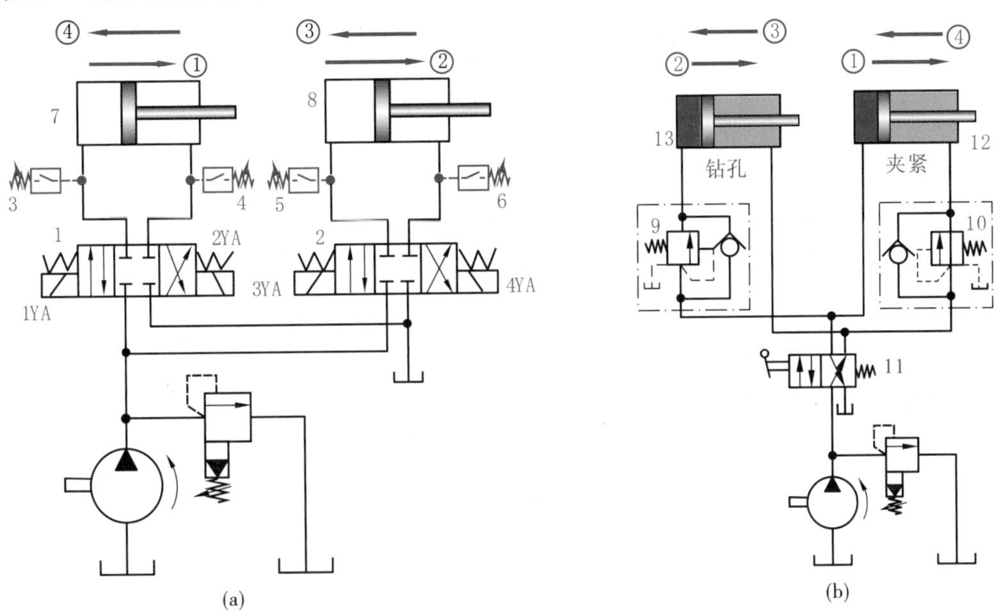

图 8-24 压力控制顺序动作序回路

(a)用压力继电器实现顺序动作的顺序回路；(b)用单向顺序阀实现顺序动作的顺序回路

1,2—电磁换向阀；3,4,5,6—压力继电器；7,8—液压缸；9,10—顺序阀；11—换向阀；12—夹紧缸；13—钻孔缸

8.5 平衡回路

为了防止立式液压缸与垂直运动的工作部件由于自重而自行下落造成事故或冲击，可以在立式液压缸下行时的回路上设置适当的阻力，产生一定的背压，以阻止其下降或使其平稳地下降，这种回路即为平衡回路。

8.5.1 采用液控单向阀的平衡回路

图 8-25(a)所示是采用液控单向阀的平衡回路。由于液控单向阀是锥面密封，泄漏小，故其闭锁性能好。回油路上的单向节流阀 4 是用于保证活塞向下运动的平稳性。假如回油路上没有节流阀，活塞下行时，液控单向阀 3 将被控制油路打开，回油腔无背压，活塞会加速下降，使液压缸上腔供油不足，液控单向阀会因控制油路失压而关闭。但关闭后控制油路又建立起压力，又将阀 3 打开，致使液控单向阀时开时闭，活塞下行时很不平稳，产生振动或冲击。

8.5.2 采用单向顺序阀的平衡回路

图 8-25(b)所示是用单向顺序阀 1 组成的平衡回路，调整顺序阀，使其开启压力与液压缸下腔有效作用面积的乘积稍大于垂直运动部件的重力。活塞下行时，由于回路上存在一定背压支承重力负

载，活塞将平稳下落；换向阀处于中位时，活塞停止运动。此处的单向顺序阀又称为平衡阀。在这种平衡回路中，顺序阀调整压力调定后，若工作负载变小，系统的功率损失将增大。另外，由于顺序阀和滑阀存在内泄，活塞不可能长时间停在任意位置，故这种回路仅适用于工作负载固定且活塞闭锁要求不高的场合。

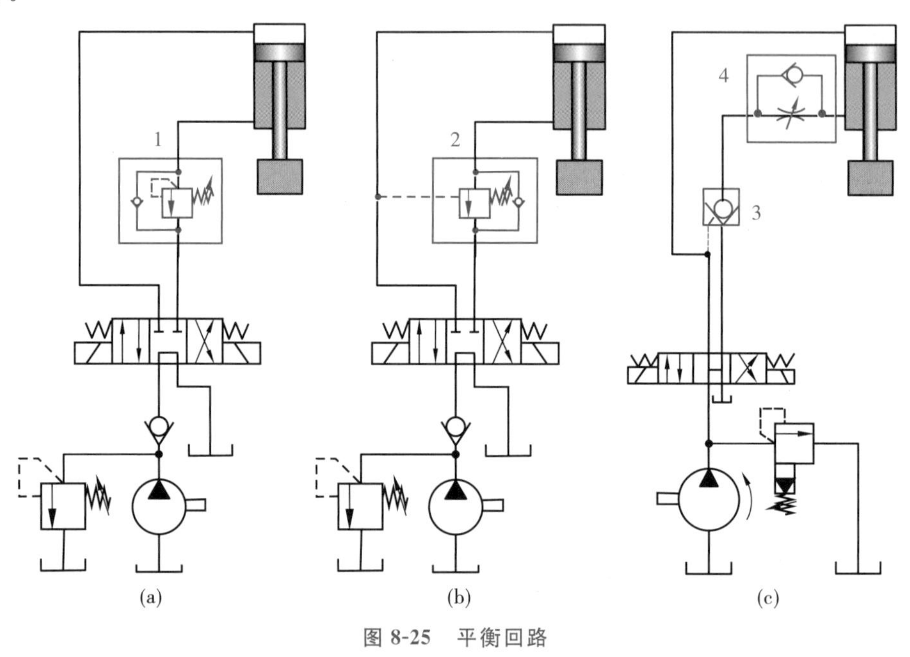

图 8-25　平衡回路

(a)采用单向顺序阀的平衡回路；(b)采用远控平衡阀的平衡回路；(c)采用液控单向阀的平衡回路

1—单向顺序阀；2—远控平衡阀；3—液控单向阀；4—单向节流阀

8.5.3　采用远控平衡阀的平衡回路

汽车起重机等工程机械液压系统中常见到图 8-25(b)所示的采用远控平衡阀 2 的平衡回路。远控平衡阀是一种特殊结构的外控顺序阀，它不但具有很好的密封性能，能起到长时间的锁闭定位作用，而且阀口大小能自动适应不同载荷对背压的要求，保证了活塞下降速度的稳定性不受载荷变化的影响。这种远控平衡阀又称为限速锁。

8.6　卸荷、保压与制动回路

8.6.1　卸荷回路

当系统中执行元件短时间工作时，常使液压泵在很小的功率下做空运转，而不是频繁启动驱动液压泵的原动机。因为泵的输出功率为其输出压力与输出流量之积，当其中的一项数值等于或接近于零时，即为液压泵卸荷。这样可以减少液压泵磨损，降低功率消耗，减小温升。卸荷的方式有两类，一类是液压泵卸荷，执行元件不需要保持压力；另一类是液压泵卸荷，但执行元件仍需保持压力。

1. 用换向阀中位机能的卸荷回路

定量泵可借助 M 型、H 型或 K 型换向阀中位机能来实现降压卸荷，如图 8-26(a)所示。当换向阀处于中位时，液压泵出口直通油箱，泵卸荷。有时因回路需保持一定的控制压力以操纵控制元件，故在泵出口安装单向阀。

2. 用电磁溢流阀的卸荷回路

图 8-26(b)所示为采用电磁溢流阀 3 的卸荷回路。电磁溢流阀是带遥控口的先导式溢流阀与二位二通电磁阀的组合。当执行元件停止运动时，二位二通电磁阀得电，溢流阀的遥控口通过电磁阀回油箱，泵输出的油液以很低的压力经溢流阀回油箱，实现泵卸荷。为防止卸荷或升压时产生压力冲击，可在溢流阀遥控口与电磁阀之间设置阻尼器。

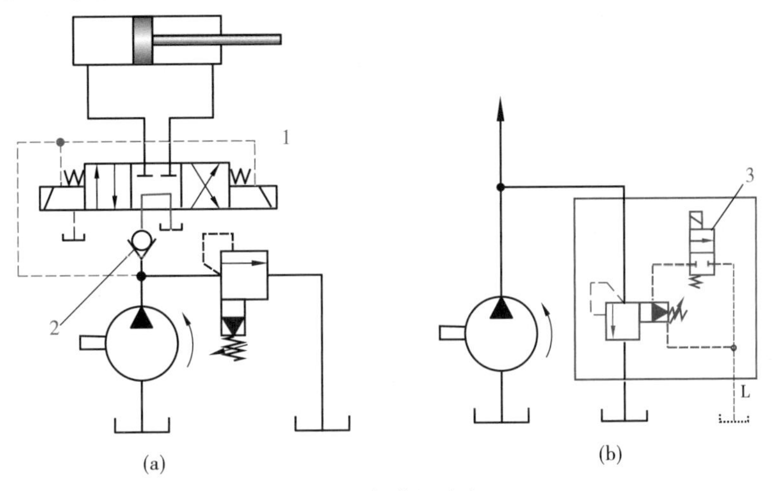

图 8-26 卸荷回路之一

(a)用换向阀中位机能的卸荷回路；(b)用电磁溢流阀的卸荷回路

3. 限压式变量泵的卸荷回路

限压式变量泵的卸荷回路为零流量卸荷，如图 8-27(a)所示。当液压缸 4 的活塞运动到行程终点或换向阀 2 处于中位时，泵 3 输出油液的压力升高，流量减小，当压力接近压力限定螺钉调定的极限值时，泵的流量减小到只补充液压缸或换向阀的泄漏，回路实现保压卸荷。系统中的溢流阀 1 作安全阀用，以防止泵的压力补偿装置的零漂和动作滞缓导致压力异常。

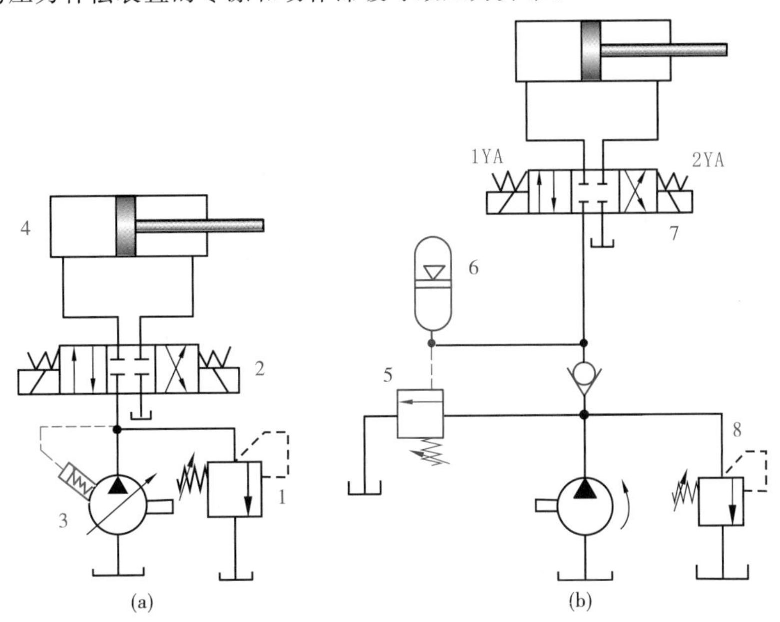

图 8-27 卸荷回路之二

(a)用限压式变量泵的卸荷回路；(b)用卸荷阀的卸荷回路

4. 用卸荷阀的卸荷回路

图 8-27(b)所示是系统中有蓄能器的卸荷回路。当电磁铁 1YA 得电时,泵和蓄能器同时向液压缸左腔供油,推动活塞右移,接触工件后,系统压力升高。当系统压力升高到卸荷阀 5 的调定值时,卸荷阀打开,液压泵通过卸荷阀 5 卸荷,而系统压力用蓄能器 6 保持,补充系统泄漏。若蓄能器 6 压力降低到允许的最小值时,卸荷阀关闭,液压泵重新向蓄能器和液压缸供油,以保证液压缸左腔的压力是在允许的范围内。图中的溢流阀 8 是当安全阀用(卸荷溢流阀是由溢流阀和单向阀组合而成的,能自动控制泵的卸荷和升压)。

8.6.2 保压回路

保压回路的功能在于使系统在液压缸不动或因工件变形而产生微小位移的工况下保持稳定不变的压力。保压回路的两个主要性能指标为保压时间和压力稳定性。

1. 自动补油保压回路

图 8-28(a)所示是采用液控单向阀 3、电接触式压力表 4 组成的自动补油保压回路,它利用了液控单向阀结构简单并具有一定保压性能的优点,避免了直接开泵保压消耗功率的缺点。换向阀 2 右位接入回路时,活塞下降加压,当压力上升到电接触式压力表 4 上限触点调定压力时,电接触式压力表发出电信号,换向阀切换成中位,泵卸荷,液压缸由液控单向阀 3 保压;当压力下降至下限触点调定压力时,换向阀右位接入回路,泵又向液压缸供油,使压力回升。这种回路保压时间长,压力稳定性高。

2. 采用辅助泵的保压回路

在图 8-28(b)所示的回路中增设一台小流量的高压辅助泵 7。当液压缸加压完毕要求保压时,由压力继电器 5 发讯,换向阀 2 处于中位,主泵 1 卸荷;同时二位二通换向阀 8 处于右位,辅助泵 7 向封闭的保压系统供油,维持系统压力稳定。由于辅助泵只需补偿系统的泄漏,可选用小流量泵,功率损失小。该回路的压力稳定性取决于溢流阀 9 的稳压性能。

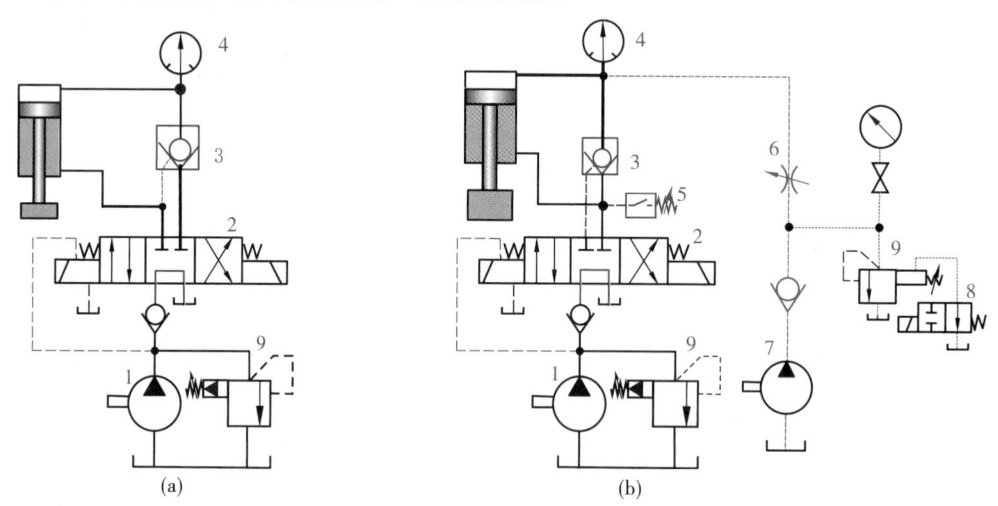

图 8-28 保压回路

(a)自动补油保压回路;(b)采用辅助泵的保压回路

1—主泵;2—换向阀;3—液控单向阀;4—电接触式压力表;5—压力继电器;

6—节流阀;7—辅助泵;8—二位二通换向阀;9—溢流阀

8.6.3 制动回路

当液压马达或液压缸主要为惯性负载(或机械部分惯性较大,如液压马达驱动上车旋转),在换向或停车过程中，惯性负载的动能会转化为液压系统的压力能，致使执行元件一腔过载、另一腔空吸，轻则产生振动噪声，重则使系统破坏。制动回路的作用在于，消耗掉转化而来的液压能，使执行元件平稳地由运动状态转换成静止状态。要求对油路中出现的异常高压和负压做出迅速反应，应使制动时间短，冲击尽可能小。

1. 液压缸制动回路

图 8-29(a)所示为采用溢流阀的液压缸制动回路。在液压缸两侧油路上设置反应灵敏的小型直动式溢流阀 2 和 4，换向阀切换时，活塞在溢流阀 2 或 4 的调定压力下实现制动。如活塞向右运动换向阀突然切换时，活塞右侧油液压力由于运动部件的惯性而突然升高，当压力超过溢流阀 4 的调定压力时，溢流阀 4 打开溢流，缓和管路中的液压冲击，同时液压缸左腔通过单向阀 3 补油。当活塞向左运动时，由溢流阀 2 和单向阀 5 起缓冲和补油作用。起缓冲作用的溢流阀 2 和 4 的调定压力一般比主油路的溢流阀 1 的调定压力高 5%～10%。

2. 液压马达制动回路

图 8-29(b)所示为采用溢流阀耗能制动的液压马达制动回路。当换向阀电磁铁失电，切断液压马达回油时，液压马达负载的动能转化为压力能，打开一腔溢流阀 8(或 10)，起到缓和管路中的液压冲击的作用；另一腔则通过单向阀 9(或 7)补油，使其不致吸空。溢流阀 6 为系统的安全阀。

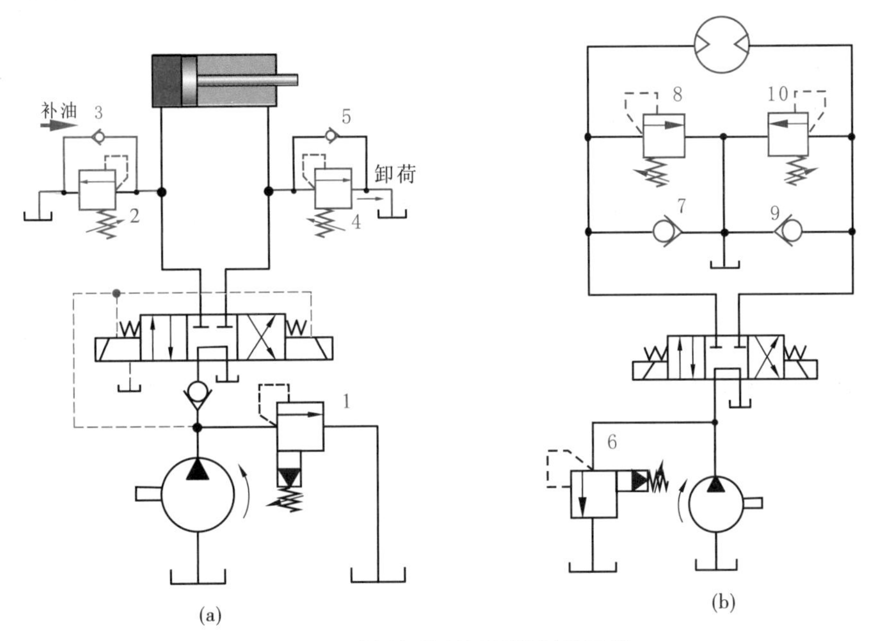

图 8-29　液压缸和液压马达制动回路

(a)液压马达制动回路；(b)路液压缸制动回路

1,2,4,6,8,10—溢流阀；3,5,7,9—单向阀

讨论与习题

一、讨论

讨论 8-1

讲述进油路节流调速回路(图 8-1)的工作原理。若要使液压缸能承受负值负载，在液压缸的回油

路上加上什么元件(请列举出三种)可实现该功能?并分别说明所列举的三种回路在实现该功能可能带来的负面影响?

讨论 8-2

讲述进油路节流调速回路(图 8-1)和回油路节流调速回路(图 8-2)工作原理,并比较工作特点的异同点。讨论这类节流调速回路与改变变量泵的排量来实现调速的差异性及优缺点。

讨论 8-3

液压马达一般用于驱动大转动惯量的负载作旋转运动,这种回路在停车时(就是旋转运动的负载停止转动时)特别容易因惯性而导致冲击、振动,甚至是管道爆破等事故。请设计两种液压马达负载作旋转运动的合理回路,要求能有效预防上述现象,并进行原理解释。

讨论 8-4

讲述变量泵—定量马达调速回路(图 8-6)工作原理。如果去掉回路中安全阀 4 可能有什么风险?若无辅助油泵 1,系统是否能长期稳定工作,为什么?为了避免工作中出现"飞车"现象(因失控而导致转速过高的一种现象),给出设备运行限制措施。

讨论 8-5

讲述两液压缸串联的同步回路(图 8-21)工作原理。如果回路中两液压缸存在较大的偏载,对系统的同步精度有何影响,为什么?试着给出与教材所叙述方案不同的解决方案。

讨论 8-6

讲述压力控制顺序动作回路[图 8-24(a)]工作原理和压力继电器工作原理。当图中压力继电器 3,4,5,6 的设定压力高于溢流阀的调定值时会发生什么现象?为什么?为了保证顺序动作的运行正常,考虑到压力波动和压力继电器中运动部件的摩擦等因素,给出压力继电器的压力设定值的合理范围。

讨论 8-7

讲述采用液控单向阀的平衡回路[图 8-25(c)]工作原理。若取消节流阀,系统工作时可能会发生什么现象,为什么?如果将图 8-25(c)中的节流阀用调速阀替换,结合回路原理和阀的工作原理分析控制效果的变化。

二、习题

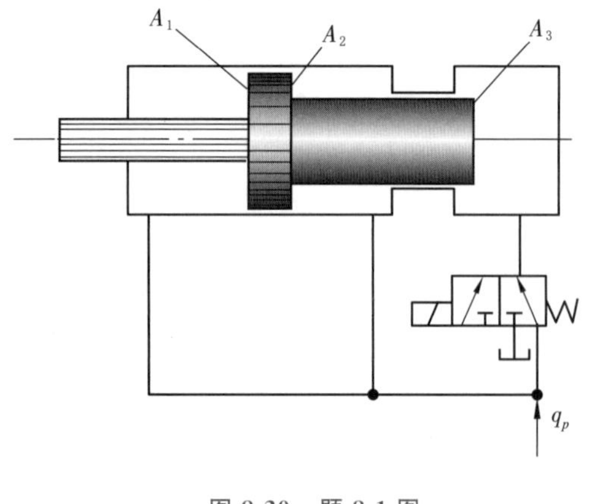

图 8-30 题 8-1 图

8-1 在图 8-30 所示的双向差动回路中,A_1,A_2 和 A_3 分别表示液压缸左、右腔及柱塞缸的有效工作面积。q_p 为液压泵输出流量。如 $A_1>A_2$,$A_2+A_3>A_1$,试确定活塞向左和向右移动的速度表达式。

8-2 在图 8-31 所示的系统中,液压缸两腔面积 $A_1=2A_2$。液压泵和阀的额定流量均为 q。在额定流量下,通过各换向阀的压力损失相同 $\Delta p=0.2$ MPa。液压缸空载快速前进时,忽略摩擦力及管道压力损失。试填写该系统实现"快进(系统最高可能达到的速度)→工进→快退→停止"工作循环的电磁铁动作顺序表,并计算:

1)空载差动快进时,液压泵的工作压力为多少?

2)当活塞杆的直径较小时,若泵无足够的高压,差动缸的推力连本身的摩擦力和元件的阻力都不能克服,因而不能使活塞运动。试分析差动连接的液压缸在这种情况下活塞两腔的压力是否相等。

8-3 图8-32所示回路中的活塞在其往返运动中受到的阻力 F 大小相等,方向与运动方向相反,试比较活塞向左和向右的速度哪个大?

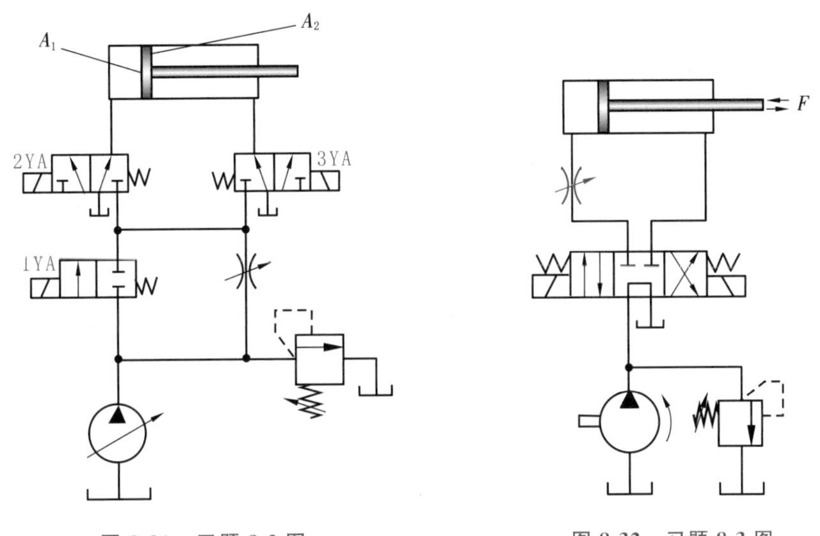

图 8-31 习题 8-2 图　　图 8-32 习题 8-3 图

8-4 图8-33所示回路中,液压泵的输出流量 $q_p=10$ L/min,溢流阀调整压力 $p_Y=2$ MPa,两个薄壁孔口型节流阀的流量系数均为 $C_d=0.67$,两个节流阀的开口面积分别为 $A_{T_1}=2\times10^{-6}$ m^2,$A_{T_2}=1\times10^{-6}$ m^2,液压油密度 $\rho=900$ kg/m^3,试求当不考虑溢流阀的调节偏差时:1)液压缸大腔的最高工作压力;2)溢流阀的最大溢流量。

8-5 图8-34所示回路为带补偿装置的液压马达制动回路。试分析图中三个溢流阀和两个单向阀的作用。

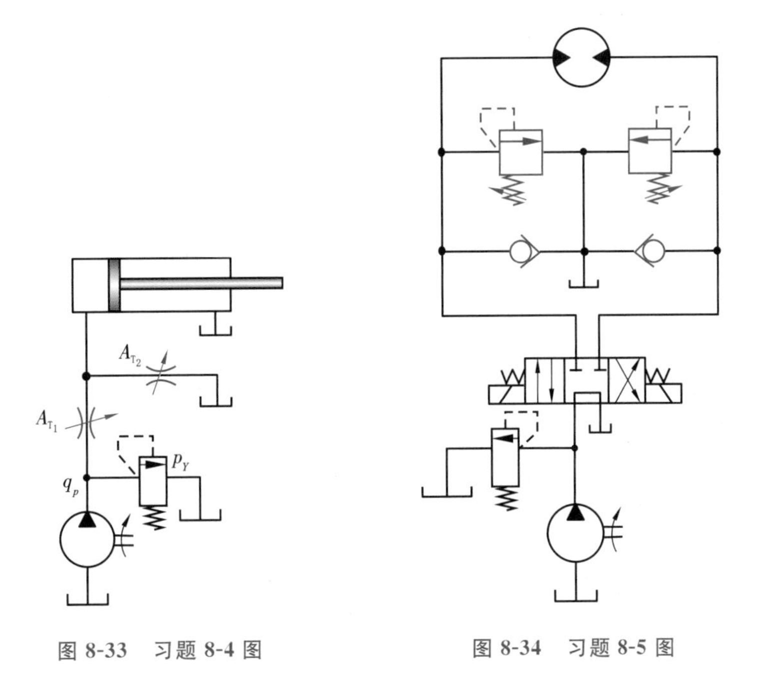

图 8-33 习题 8-4 图　　图 8-34 习题 8-5 图

8-6 图8-35所示为采用调速阀的双向同步回路,试分析该同步回路工作原理及特点。

8-7　图 8-36 所示回路中,已知两液压缸的活塞面积相同 $A=0.02\ m^2$,负载分别为 $F_1=8\times10^3$ N,$F_2=4\times10^3$ N。设溢流阀的调整压力为 $P_Y=4.5$ MPa,试分析减压阀调整压力值分别为 1 MPa,2 MPa,4 MPa 时,两液压缸的动作情况。

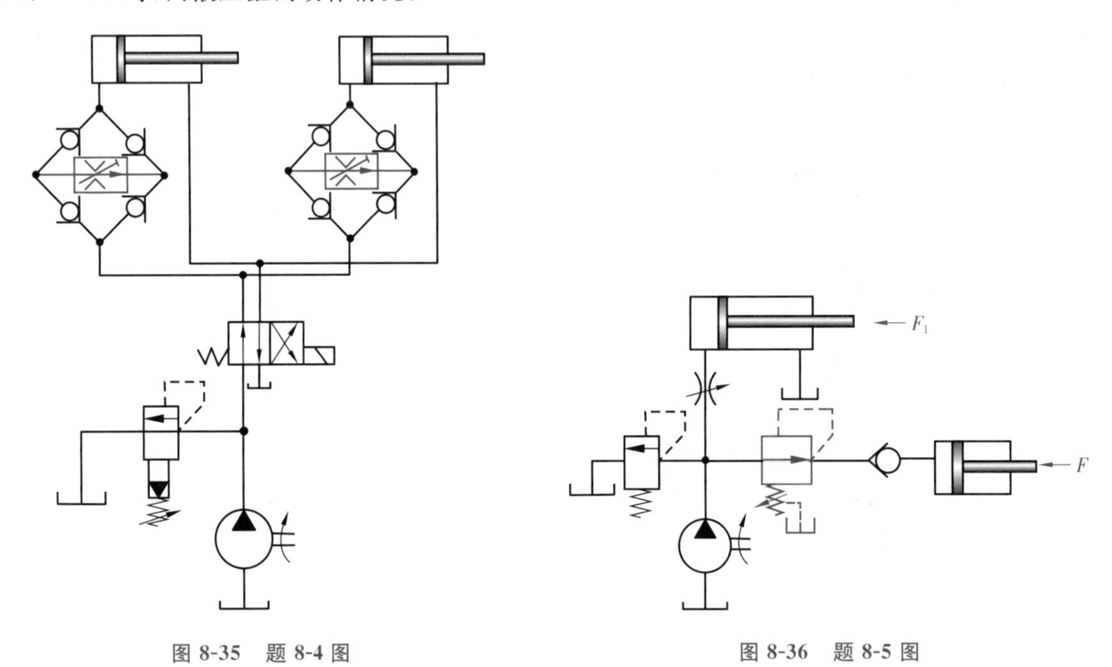

图 8-35　题 8-4 图　　　　图 8-36　题 8-5 图

8-8　试分析图 8-37 所示的平衡回路的工作原理。

8-9　在图 8-38 所示系统中。$A_1=80\ cm^2$,$A_2=40\ cm^2$,立式液压缸活塞与运动部件自重 $F_G=6000$ N,活塞在运动时的摩擦阻力 $F_f=2000$ N,向下进给时工作负载 $R=24\ 000$ N。系统停止工作时,应保证活塞不因自重下滑。试求:1)顺序阀的最小调定压力为多少? 2)溢流阀的最小调定压力为多少?

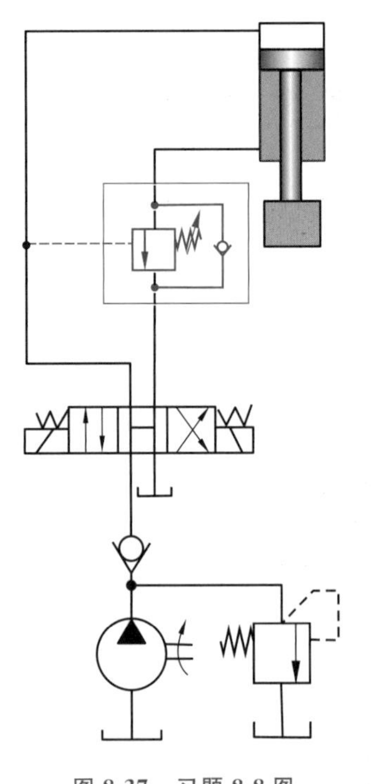

图 8-37　习题 8-8 图

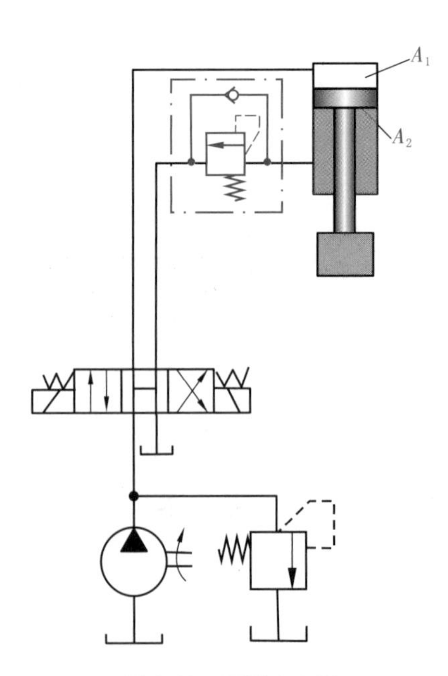

图 8-38　习题 8-9 图

8-10 如图 8-39 所示液压回路，原设计是要求夹紧缸把工件夹紧后，进给缸才能动作，并且要求夹紧缸的速度能够调节。实际试车后发现该方案达不到预想目的，试分析其原因并提出改进的方法。

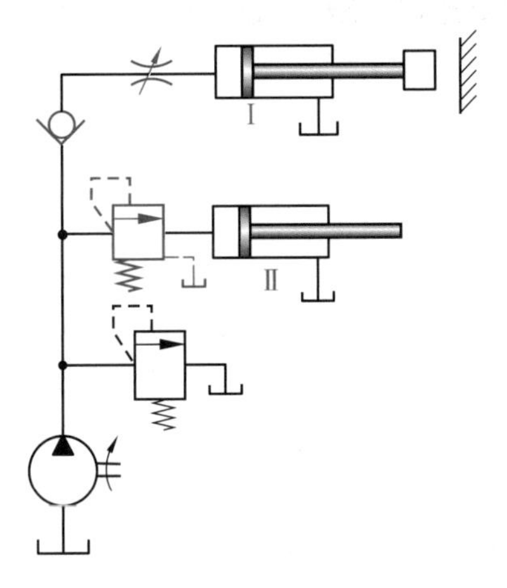

图 8-39 习题 8-10 图

9 典型液压系统及实例

液压传动技术已广泛应用于工程机械、冶金机械、矿山机械、农业机械、轻工机械、航空航天等领域。由于主机的负载特性和工作循环各不相同，相应的液压回路也有所差别。本章通过对四种典型液压系统的分析，进一步介绍了液压元件在系统中的作用和各种基本回路的组成，给出了分析液压系统的方法和步骤。

阅读一个较复杂的液压系统图，大致可按以下步骤进行：

①了解设备的工艺对液压系统的动作要求；

②以各个执行元件为中心，将系统分为若干块（以下称为子系统），了解系统中包含哪些元件；

③根据对执行元件的动作要求，逐步分析各子系统的换向回路、调速回路、压力控制回路等；

④根据液压系统中各执行元件间互锁、同步、防干扰等要求，分析各子系统之间的联系；

⑤在全面读懂系统的基础上，归纳总结整个系统有哪些特点，以加深对系统的理解。

9.1 组合机床动力滑台液压系统

组合机床是由通用部件和某些专用部件所组成的高效率和自动化程度较高的专用机床，能完成钻、镗、铣、倒角、攻螺纹等加工。动力滑台（图 9-1）是组合机床的一种通用部件，它上面安装着各种旋转刀具，通过液压传动驱动滑台按一定的动作循环完成进给运动。

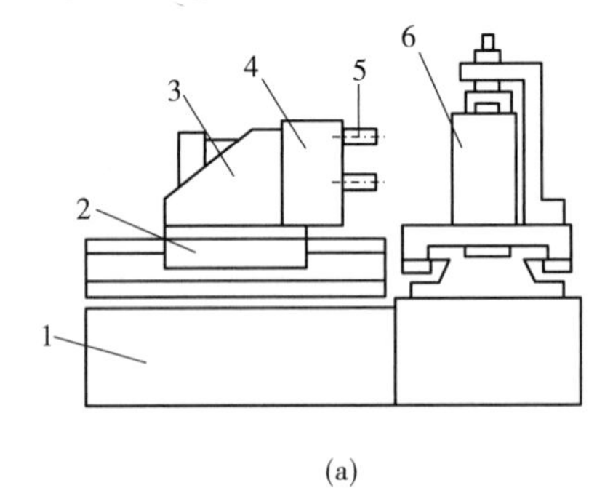

(a)

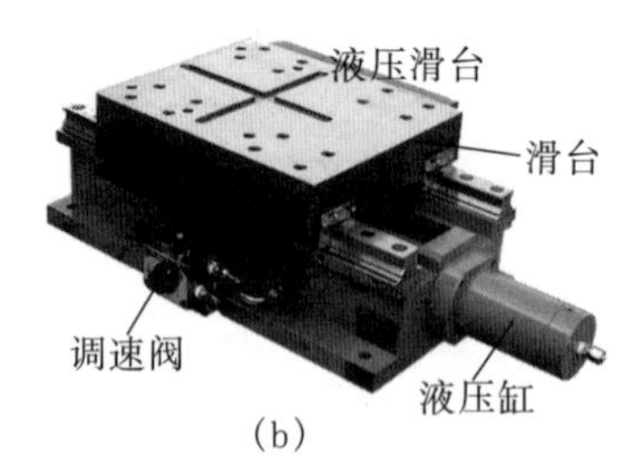

(b)

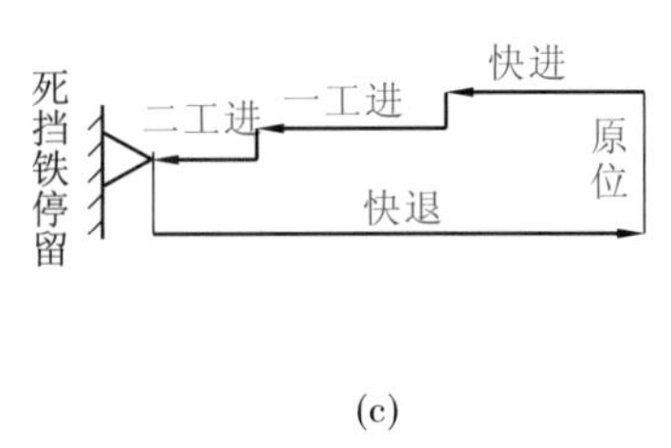

(c)

9-1 组合机床液压动力滑台及其工作循环

(a)组合机床示意图；(b)动力滑台；(c)工作循环

1—床身；2—动力滑台；3—动力头；4—主轴箱；5—刀具；6—工件

图 9-2 所示为 YT4543 型组合机床动力滑台液压系统，它可以实现多种不同的工作循环，其中一种比较典型的工作循环是：快进→一工进→二工进→死挡铁停留→快退→停止。系统中采用限压式变量叶片泵供油，并使液压缸差动联接以实现快速运动。由电液换向阀换向，用行程阀、液控顺序阀实现快进与工进的转换，用二位二通电磁换向阀实现一工进和二工进之间的速度换接。为保证进给的尺寸精度，采用了死挡铁停留来限位。实现工作循环的原理如下：

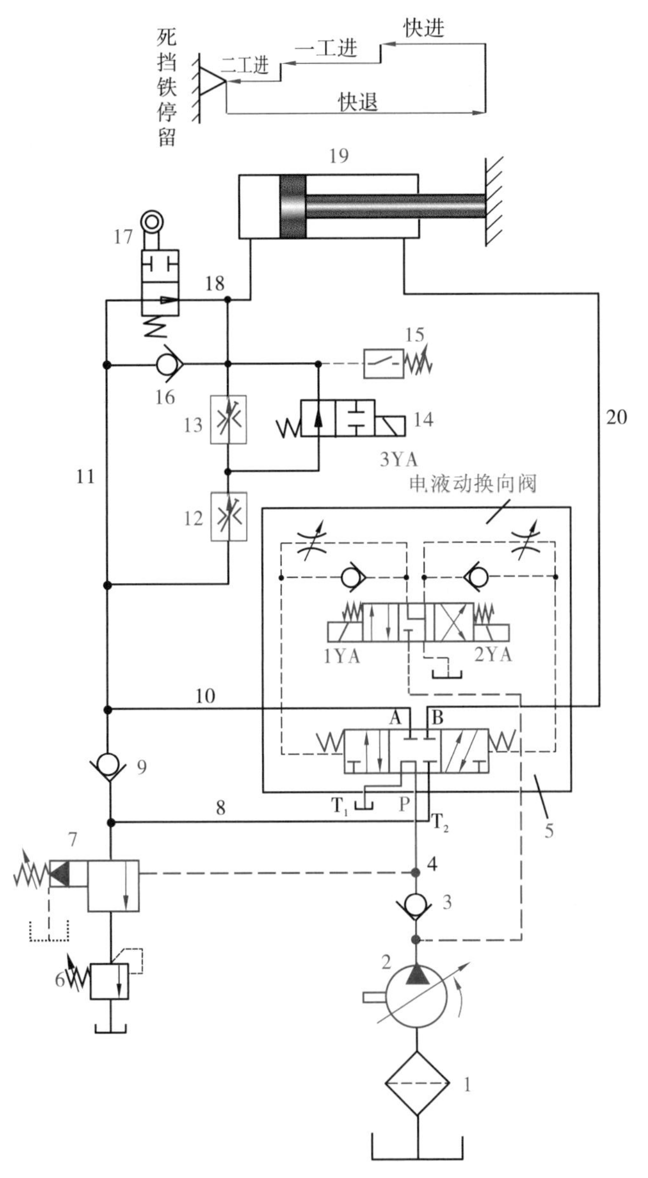

图 9-2　YT4543 型组合机床动力滑台液压系统原理图

1—过滤器；2—变量泵；3，9，16—单向阀；4，8，10，11，18，20—管路；5—电液动换向阀；6—背压阀；7—顺序阀；12，13—调速阀；14—电磁换向阀；15—压力继电器；17—行程阀；19—液压缸

1. 快进［图 9-3(a)］

按下启动按钮，三位五通电液动换向阀 5 的先导电磁换向阀 1YA 得电处于左位，在控制油路的驱动下，电液动换向阀 5 切换至左位。这时的主油路是：

缸左腔进油　限压式变量叶片泵 2→单向阀 3→管路 4→电液动换向阀 5 左位(P→A)→管路 10、11→行程阀 17→液压缸 19 左腔。

缸右腔回油　由于快进时动力滑台负载小，泵的出口压力较低，液控顺序阀 7 关闭［图 9-4(b)］，所以液压缸 19 右腔回油→管路 20→电液动换向阀 5 左位(B→T_2)→管路 8→单向阀 9→管路 11→行程阀 17→管路 18→液压缸 19 左腔。

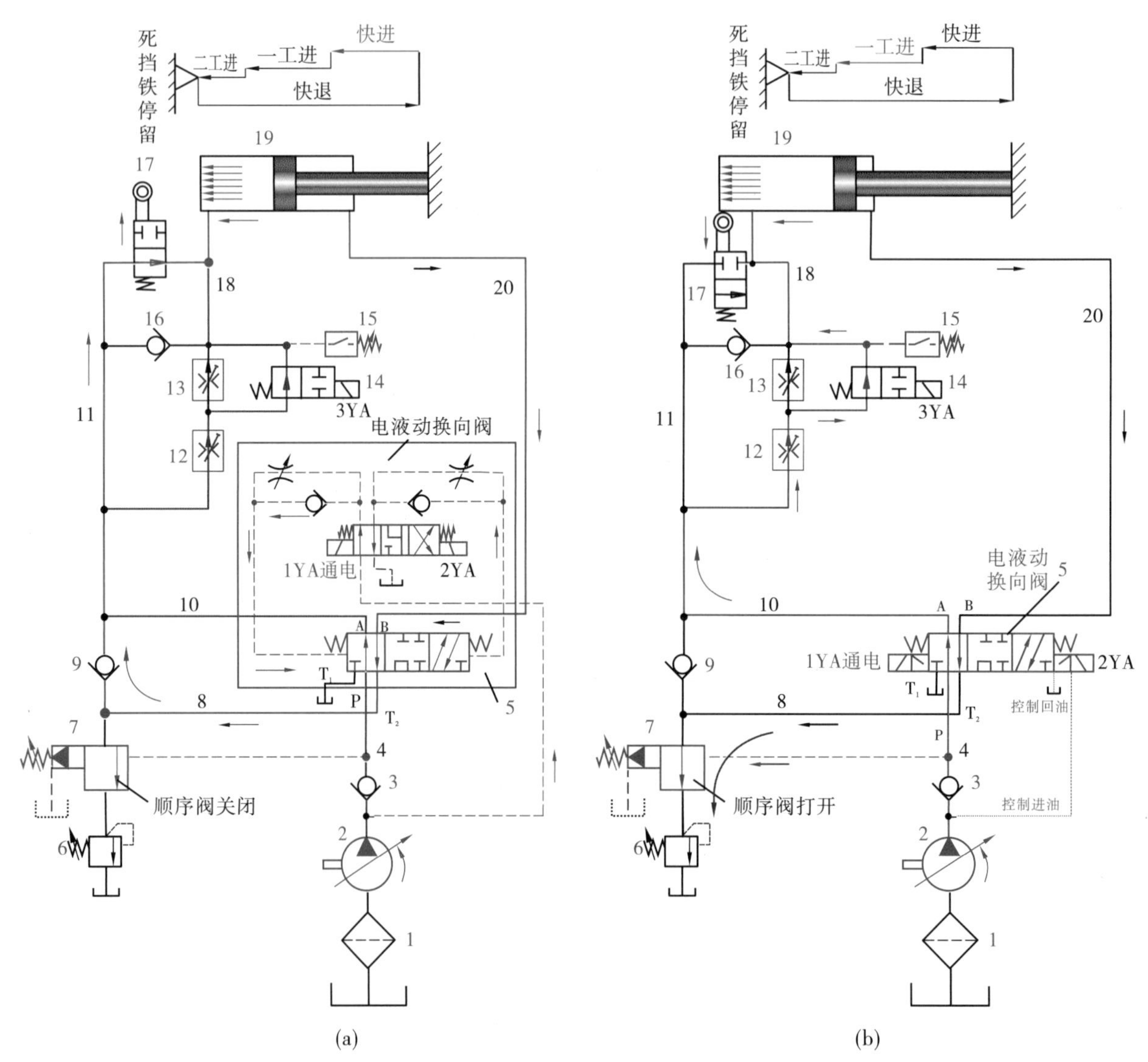

(a)　　　　　　　　　　(b)

图 9-3　动力滑台液压系统——快进与工进

(a)用电液动换向阀详细符号表示的差动连接(快进);(b)用电液动换向阀简化符号表示的一工进油路

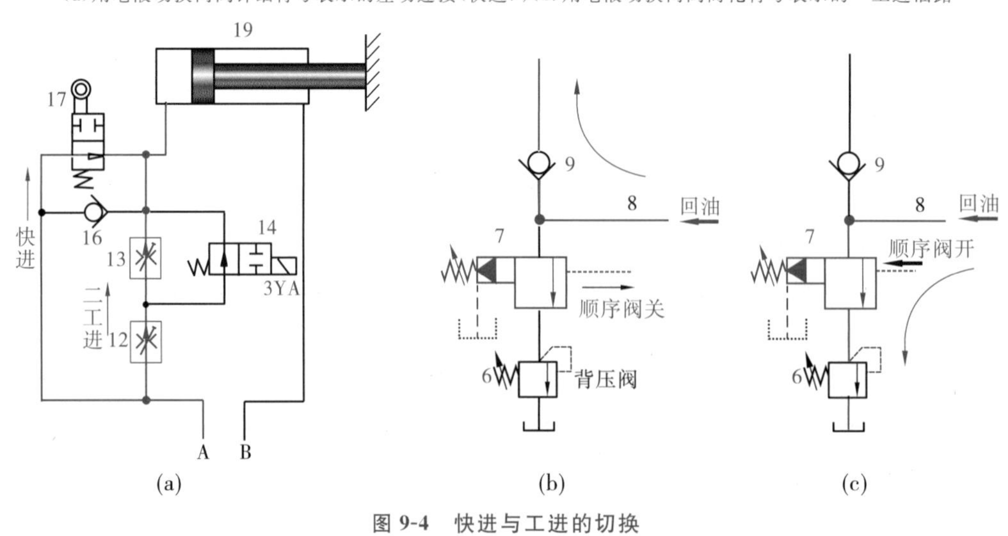

(a)　　　　(b)　　　　(c)

图 9-4　快进与工进的切换

(a)一工进与二工进的速度换接;(b)切换回油到左腔;(c)切换到回油箱

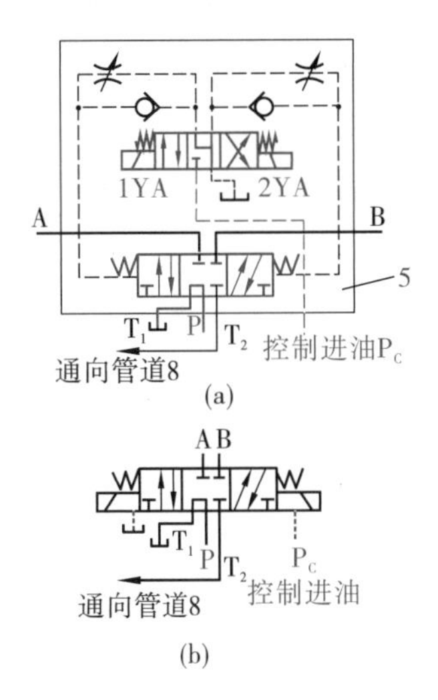

图 9-5 三位五通电液动换向阀

(a)三位五通电液动换向阀详细符号；(b)简化符号

要点分析 通过选用图 9-5 所示三位五通电液动换向阀(不是三位四通)，利用五通阀具有两个回油口 T_1、T_2，其中 T_1 直接接回油箱，T_2 通缸的左腔，形成差动连接，实现滑台向左快进(此时变量泵 2 流量最大)。

2. 第一次工进[图 9-3(b)]

快进到预定位置，滑台上的行程挡块压下行程阀 17，切断了原来进入液压缸 19 左腔的油路，进油路必须经调速阀 12 进入液压缸左腔。

与此同时，系统压力升高，将外控式顺序阀 7 打开，并关闭单向阀 9，使液压缸实现差动连接的油路切断，缸右腔回油，经顺序阀 7 和背压阀 6 回到油箱。

缸左腔进油 变量泵 2→单向阀 3→电液动换向阀 5(左位 P→A)→管路 10→调速阀 12→二位二通电磁换向阀 14→管路 18→液压缸 19 左腔。

缸右腔回 液压缸 19 右腔→管路 20→电液动换向阀 5(左位 B→T_2)→管路 8→顺序阀 7→背压阀 6→油箱。

此时，电磁铁 1YA 继续通电，电液动换向阀 5 左位仍在工作，电磁换向阀 14 的电磁铁处于断电状态。因为工作进给时油压升高，所以变量泵 2 的流量自动减小，动力滑台以一工进速度继续向左运动，进给量的大小可以用调速阀 12 调节。

要点分析

①“快进”与“工进”的切换是利用外控式顺序阀 7 控制回油的切换[图 9-4(b)、(c)]：“快进”时外控式顺序阀 7 的控制压力低，T_2 回油通缸左腔；“工进”时外控式顺序阀 7 的控制压力高，顺序阀 7 导通，T_2 回油通油箱。

②利用行程阀 17，实现节流调速的速度换接，如图 9-4(a)所示。

3. 第二次工作进给

在第一次工作进给结束时，滑台上的挡铁压下行程开关，使电磁换向阀 14 的电磁铁 3YA 得电，电磁换向阀 14 右位接入工作，切断了该阀所在的油路，经调速阀 12 的油液还须经过调速阀 13 才能进入液压缸左腔。由于调速阀 13 的开口量小于调速阀 12，进给速度降低，进给量的大小可由调速阀 13 来调节。从一工进到二工进的速度换接回路如图 9-4(a)所示。

4. 死挡铁停留

当动力滑台第二次工作进给终了碰上死挡铁后，液压缸停止不动，系统的压力进一步升高，达到压力继电器 15 的调定值时，经过时间继电器的延时，再发出电信号，使滑台退回。在时间继电器延时动作前，滑台停留在死挡铁限定的位置上。

5. 快退

时间继电器发出电信号后，2YA 得电，1YA 失电，3YA 失电，电液动换向阀 5 右位工作，这时的主油路是：

缸右腔进油 变量泵 2→单向阀 3→电液换向阀 5 右位(P→B)→管路 20→液压缸 19 右腔；

缸左腔回油 液压缸 19 左腔→管路 18→单向阀 16→管路 11→电液换向阀 5 右位(A→T_1)→油箱。

这时系统的压力较低，变量泵 2 输出流量大，动力滑台快速退回。由于活塞杆的面积大约为活塞的一半，所以动力滑台快进、快退的速度大致相等。

6. 原位停止

当动力滑台退回到原始位置时，挡块压下行程开关，这时电磁铁1YA、2YA、3YA都失电，电液动换向阀5处于中位，动力滑台停止运动，变量泵2输出油液的压力升高，使泵的流量自动减至最小。

表9-1是这个液压系统的电磁铁和行程阀的动作表(表中“+”代表电磁铁得电)。

表9-1 YT4543型组合机床动力滑台液压系统电磁铁和行程阀的动作表

	1YA	2YA	3YA	压力继电器15	行程阀17
快进	+				通
一工进	+				断
二工进	+		+		断
死挡铁停留	+		+	+	断
快退		+	±		断→通
原位停止					通

通过以上分析可以看出，为了实现自动工作循环，该液压系统应用了下列基本回路：

①调速回路：采用了由限压式变量泵和调速阀组成“容积——节流调速回路”。它既满足系统调速范围大，低速稳定性好的要求，又提高了系统的效率。进给时，在回油路上增加一个背压阀，这样做一方面是为了改善速度稳定性(避免空气渗入系统，提高传动刚度)，另一方面是为了使滑台能承受一定的与运动方向一致的切削力。

②快速运动回路[图9-4(a)]：采用限压式变量泵和差动连接两个措施实现快进，这样既能得到较高的快进速度，又不致使系统效率过低。动力滑台快进和快退速度均为最大进给速度的10倍，泵的流量自动变化，即在快速行程时输出最大流量，工进时只输出与液压缸需要相适应的流量，死挡铁停留时只输出补偿系统泄漏所需的流量。系统无溢流损失，效率高。

③换向回路：应用电液动换向阀(图9-3)实现换向，工作平稳、可靠，并由压力继电器与时间继电器发出的电信号控制换向信号。

④快速运动与工作进给的换接回路(图9-5)：采用行程换向阀实现速度的换接，换接的性能较好。同时利用换向后，系统中的压力升高使外控式顺序阀接通，系统由快速运动的差动连接转换为使回油排回油箱。

⑤工作进给的换接回路：采用了两个调速阀串联，通过电磁阀切换。

9.2 汽车起重机液压系统

汽车起重机是将起重机安装在汽车底盘上的一种起重运输设备。它主要由起升、回转、变幅、伸缩和支腿等工作机构组成，这些动作的完成由液压系统来实现。图9-6是Q_2-8型汽车起重机外形简图。这种起重机采用液压传动，最大起重量为80 kN(幅度3 m时)，最大起重高度为11.5 m，起重装置可连续回转。该机具有较高的行走速度，可与装运工具的车编队行驶，机动性好。当装上附加吊臂后(图中未表示)，可用于建筑工地吊装预制件，吊装的最大高度为6 m。

图9-7为Q_2-8型汽车起重机液压系统图。该系统液压泵工作压力为21 MPa，每转排量为40 mL，转速为1500 r/min，通过汽车发动机通过装在汽车底盘变速箱上的取力箱传动。这是一个单

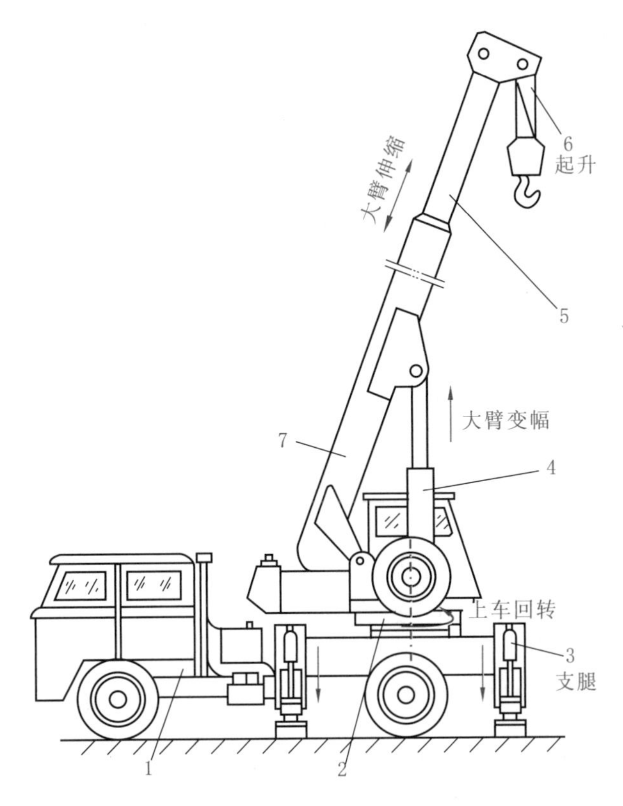

图 9-6 Q_2-8 型汽车起重机外形简图

1—载重汽车；2—回转机构；3—支腿；4—吊臂变幅缸；5—吊臂伸缩臂；6—起升机构；7—基本臂

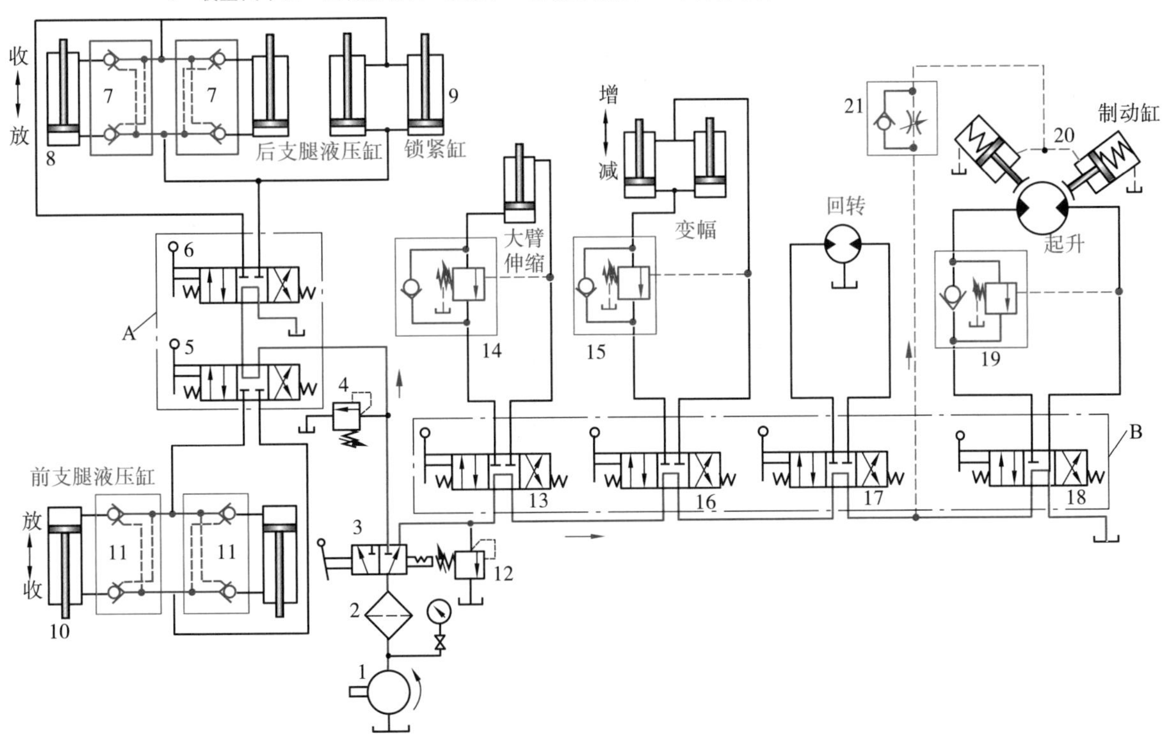

图 9-7 Q_2-8 型汽车起重机液压系统原理图

1—液压泵；2—过滤器；3—二位三通手动换向阀；4,12—溢流阀；5,6,13,16,17,18—三位四通手动换向阀；7,11—液压锁；8—后支腿缸；9—锁紧缸；10—前支腿缸；14、15,19—平衡阀；20—制动缸；21—单向节流阀

泵、开式、串联(串联式多路阀)液压系统。液压泵输出的压力油,经手动阀组 A 和手动阀组 B,输送到各个执行元件。阀 12 是安全阀,用以防止系统过载,调整压力为 19 MPa。

系统中除液压泵、过滤器、安全阀、阀组 A 及支腿部分外,其他液压元件都装在可回转的上车部分。其中油箱也在上车部分,兼作配重。上车和下车部分的油路通过中心回转接头连通。

起重机液压系统包含支腿收放、回转机构、起升机构、吊臂变幅等几个部分,各部分都具有相对独立性。

1. 支腿收放回路

由于汽车轮胎的支承能力有限,在起重作业时必须放下支腿,使汽车轮胎架空。汽车行驶时则必须收起支腿。前后各有两条支腿,每一条支腿配有一个液压缸。两条前支腿用一个三位四通手动换向阀 5 控制其收放,而两条后支腿则用另一个三位四通阀 6 控制。换向阀都采用 M 型中位机能,油路上是串联的。每一个支跟缸上都配有一个双向液压锁(图中 7、11),以保证支腿可靠地锁住,防止在起重作业过程中发生"软腿"现象或行车过程中液压支腿自行下落。

图 9-8 中,手动换向阀 6 居右位,打开锁紧装置,后支腿缸 8 的缸筒向下移动,带动后支腿伸出。

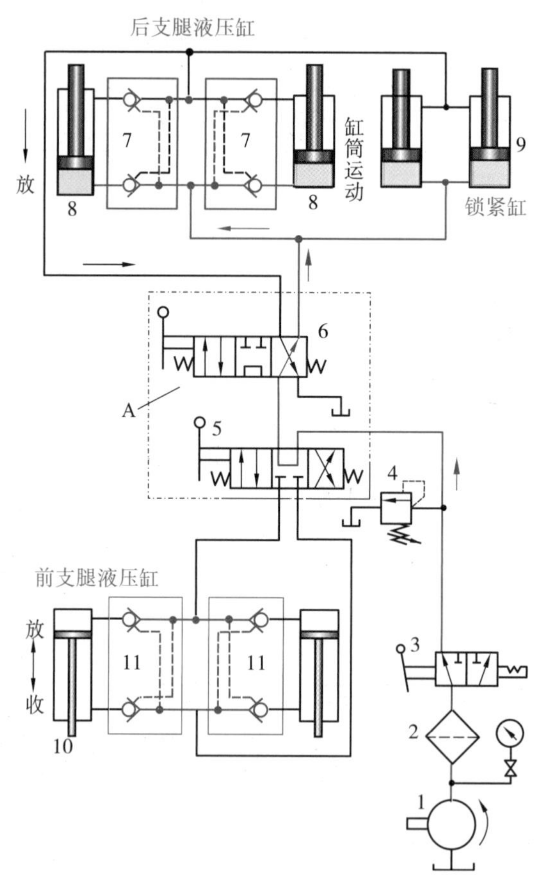

图 9-8　后支腿下放

2. 起升回路(图 9-9)

起升机构要求所吊重物可升降或在空中停留,速度要平稳、变速要方便、冲击要小、启动转矩和制动力要大,本回路中采用 ZMD40 型柱塞液压马达带动重物升降,变速和换向是通过改变手动换向阀 18 的开口大小来实现的,用液控单向顺序阀 19 来限制重物超速下降。单作用液压缸 20 是制动缸,单向节流阀 21 的作用是保证液压油先进入马达,使马达产生一定的转矩,再解除制动,以防止重物带动马达旋转而向下滑;二是保证吊物升降停止时,制动缸中的油液马上与油箱相通,使马达迅速制动。

如图 9-9(a)，起升重物时，手动阀 18 切换至左位工作，泵 1 输出的液压油经过滤器 2、阀 3 右位、阀 13、16、17 中位，阀 18 左位、阀 19 中的单向阀进入马达左腔；同时压力油经单向节流阀到制动缸 20，从而解除制动、使马达旋转。

重物下降时，手动换向阀 18 切换至右位工作，液压马达反转，回油经液控顺序阀 19，阀 18 右位回油箱，如图 9-9(b)所示。

当停止作业时，阀 18 处于中位，泵卸荷，制动缸 20 上的制动瓦在弹簧作用下使液压马达制动。

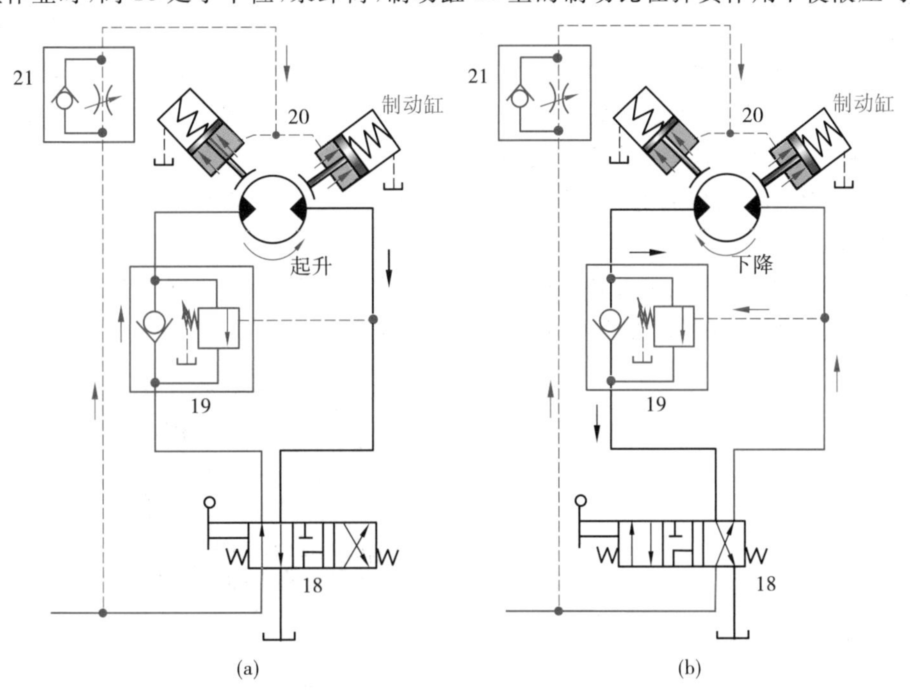

图 9-9　起升回路

(a)起升；(b)下降

3. 大臂伸缩回路

本机大臂伸缩采用单级长液压缸驱动。工作中，改变阀 13 的开口大小和方向，即可调节大臂运动速度和使大臂伸缩。行走时，应将大臂缩回。大臂缩回时，因液压力与负载力方向一致，为防止吊臂在重力作用下自行收缩，在伸缩缸的下腔(回油腔)安置了平衡阀 14，通过平衡回路提高了收缩运动的可靠性。

4. 变幅回路

大臂变幅机构是用于改变作业高度，要求能带载变幅，动作要平稳。本机采用两个液压缸并联，提高了变幅机构承载能力。向下变幅时，也设有平衡回路，回路特点与大臂伸缩油路基本相同。

5. 回转油路

回转机构要求大臂能在任意方位起吊。本机采用 ZMD40 柱塞液压马达加减速机驱动方案，回转速度1～3 r/min。由于 10 t 以下起重机回转惯性较小，一般不设缓冲装置，操作换向阀 17 可使马达正、反转或停止。对于大型液压起重机，回转回路的惯性负载较大，还应考虑缓冲制动回路。

该液压系统的特点是：

①因重物在下降时以及大臂收缩和变幅时，负载与液压力方向相同，执行元件会失控，为此，在其回油路上设置平衡阀。

②因工况作业的随机性较大、且动作频繁，所以大多采用手动弹簧复位的多路换向阀来控制各动

作。换向阀常用M型中位机能。当换向阀处于中位时，各执行元件的进油路均被切断，液压泵出口通油箱使泵卸荷，减少了功率损失。

9.3 液压机液压系统

液压机又称压力机，在调直、压装、冷冲压、冷挤压和弯曲等工艺中广泛应用的压力加工机械，它是最早应用液压传动的机械之一。压力机的类型很多，其中以四柱式液压机最为典型。主机为三梁四柱式结构，上滑块由四柱导向、上液压缸驱动，实现如图9-10所示的“快速下行→慢速加压→保压延时→快速回程及保持活塞停留在行程的任意位置”的动作循环。

顶料缸（下液压缸）布置在工作台中间孔内，驱动下滑块实现“向上顶出→向下退回”或“浮动压边下行→停止→顶出”的动作循环；薄板拉伸则要求有“液压垫上升→停止→压力回程”等动作；有时还需要压边缸将料压紧。

图9-11所示为450 kN双动薄板冲压机，它是液压机的一种，最大工作压力为450 kN，用于薄板的拉伸成型等冲压工艺，由液压缸驱动拉伸滑块和压边滑块上、下移动。

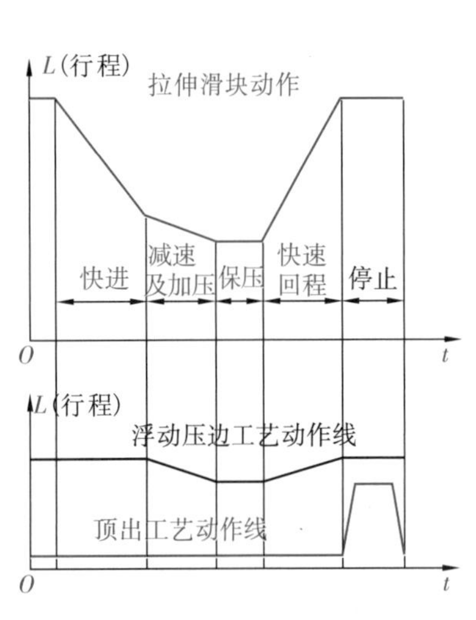

图9-10　液压机的典型工艺循环图

图9-11　双动薄板冲压机

图9-12所示为双动薄板冲压机液压系统，系统比较复杂。分析一个如此复杂的液压系统，应该把握三点：一是“油从哪里来”？二是“油到哪里去”？三是“哪些回路是对系统性能有决定性影响的主要回路”？

“油从哪里来”是首先要找出油源，找出主泵，本系统中2为主泵。液压机系统属于高压、大功率系统，因此本系统采用恒功率变量柱塞泵供油，以满足低压快速行程和高压慢速行程的要求。恒功率变量属于负载适应型容积调速，比纯节流调速效率更高。系统的最高工作压力由电磁溢流阀4的远程调压阀3调定（起安全阀作用）。

“油到哪里去？”是要找出执行元件，特别是先要找出主缸，看主缸是由哪个换向阀控制。本系统有6个液压缸，分成三组。其中拉伸缸35是主缸，4个压边缸34在拉伸过程中负责压住工件，冲压完成后，工件须由顶出缸39顶出。一般每组执行元件（缸）都需要一个换向阀控制它的换向，其中主缸由换向阀 11 控制,4 个压边缸由换向阀 18 控制,顶出缸由换向阀 44 控制。三组液压缸的换向阀都选用了电液动换向阀(11、18、44),是因为液压机系统属于高压、大流量系统,如果采用电磁换向阀,通径太小,节流损失太大,因此一般大流量系统的主回路多选用电液动换向阀。

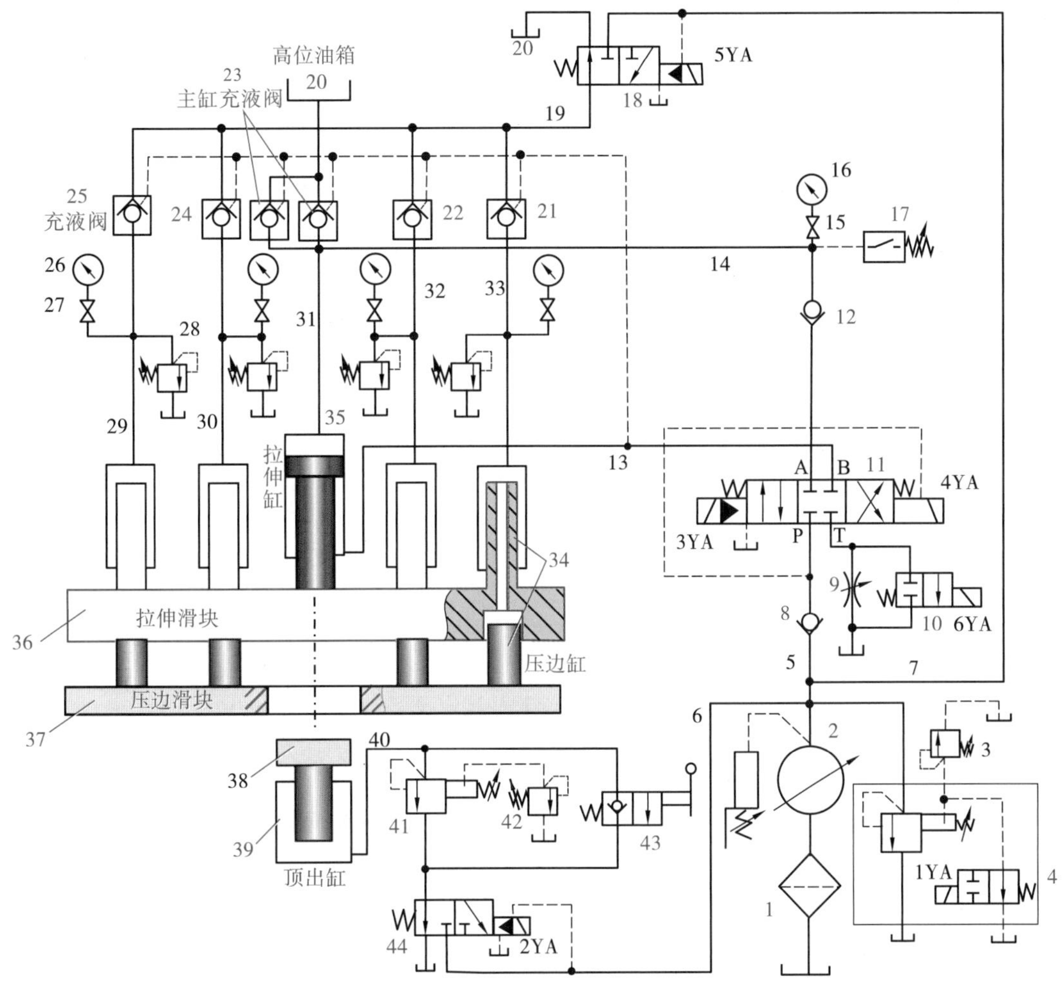

图 9-12 双动薄板冲压机液压系统

1—过滤器;2—变量泵;3,42—远程调压阀;4—电磁溢流阀;5,6,7,13,14,19,29,30,31,32,33,40—管路;8,12,21,22,23,24,25—单向阀;9—节流阀;10—电磁换向阀;11—电液动换向阀;15,27—压力表开关;16,26—压力表;17—压力继电器;18,44—二位三通电液动换向阀;20—高位油箱;28—安全阀;34—压边缸;35—拉伸缸;36—拉伸滑块;37—压边滑块;38—顶出块;39—顶出缸;41—先导溢流阀;43—手动换向阀

“双板薄动冲压机液压系统”工作原理分析如下:

1. 启动

按启动按钮,电磁铁全部处于失电状态,恒功率变量泵输出的油以很低的压力经电磁溢流阀的溢流回油箱,泵空载启动。

2. 拉伸滑块和压边滑块快速下行[图 9-13]

为了提高效率,空行程下降时,采用“充液快速运动回路”加速下行。

图 9-13 中,电磁铁 1YA、3YA 和 6YA 得电,电磁溢流阀 4 的二位二通电磁铁左位工作,切断泵的卸荷通路。同时三位四通电液动换向阀 11 的左位接入工作,泵向拉伸滑块液压缸 35 上腔供油。因阀 10 的电磁铁 6YA 得电,其右位接入工作,所以回油经阀 11 和阀 10 回油箱,使其快速下行。同时带动压边缸 34 快速下行,压边缸经二位三通电液动换向阀 18 从高位油箱补油。这时的主油路是:

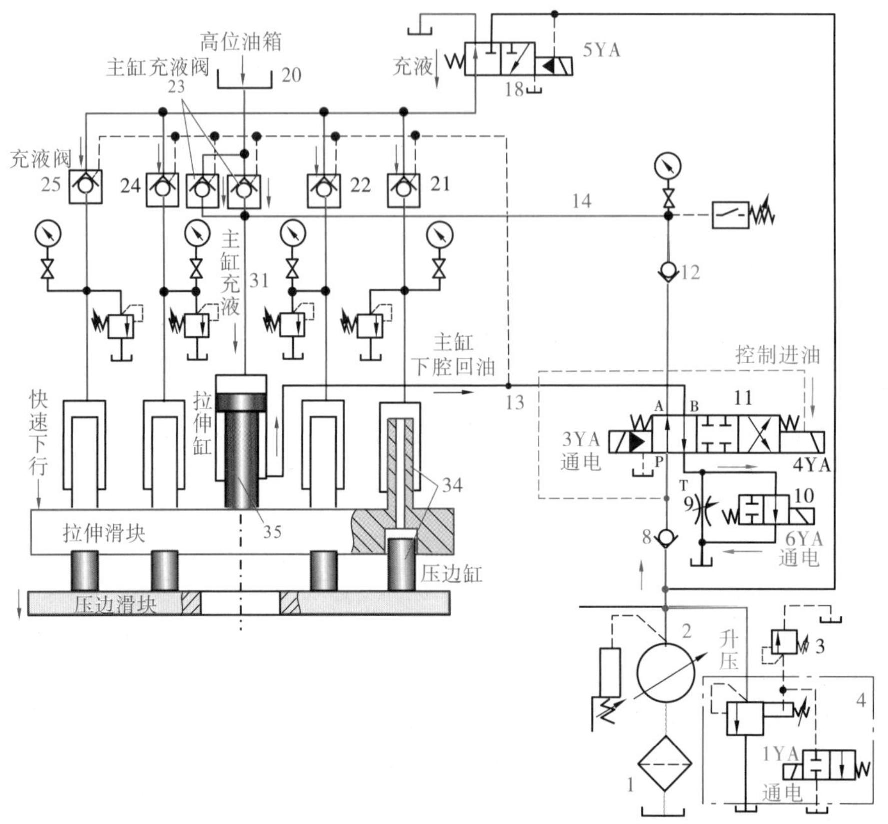

图 9-13　上缸快速下行

主缸上腔进油路:变量泵 2→单向阀 8→三位四通电液换向阀 11(左位,P→A)→单向阀 12→缸 35 上腔。

主缸下腔回油路:缸 35 下腔→电液换向阀 11(左位,B→T)→换向阀 10→油箱。

充液快速运动回路:拉伸滑块液压缸快速下行时,泵始终处于最大流量状态,但仍不能满足其需要,因而其上腔形成负压,高位油箱 20 中的油液经单向阀 23 向主缸上腔充液,同时经单向阀 21、22、24、25 向压边缸 34 充液。

3. 减速、加压[图 9-14(a)]

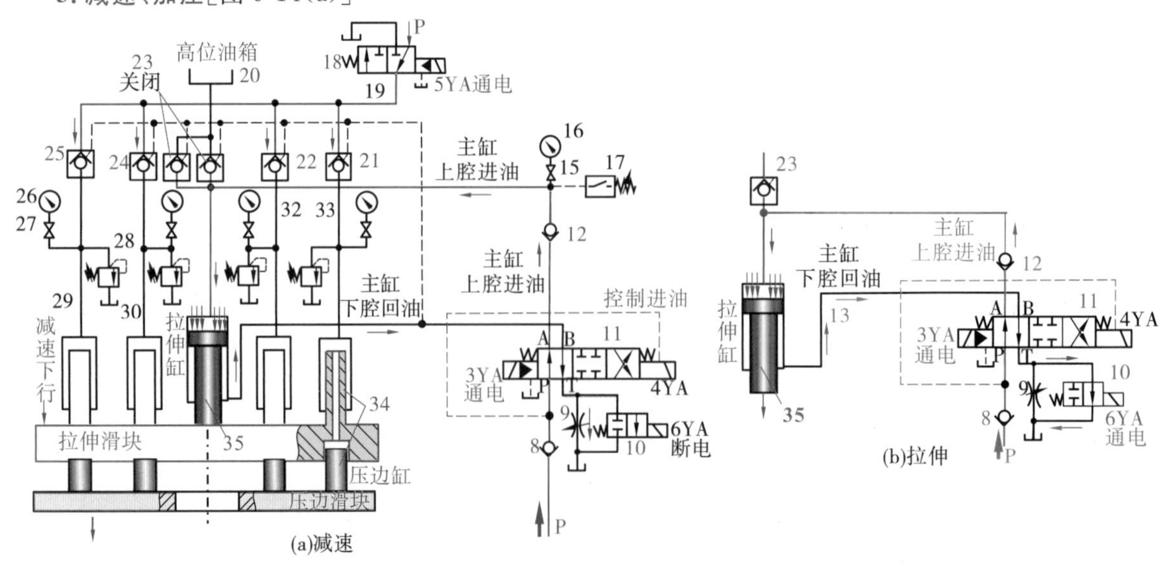

图 9-14　上缸加压下行

(a)减速、加压;(b)拉伸

在拉伸滑块和压边滑块与板料接触之前，首先碰到一个行程开关(图中未画出)并发出一个电信号，使阀 10 的电磁铁 6YA 失电，左位工作，主缸回油须经节流阀 9 回油箱，实现慢进。当压边滑块接触工件后，又一个行程开关(图中未画出)发信号，使 5YA 得电，阀 18 右位接入工作，泵 2 输出的液压油经阀 18 向压边缸 34 加压。

4. 拉伸、压紧[图 9-14(b)]

当拉伸滑块接触工件后，主缸 35 中的压力由于负载阻力的增加而增加，单向阀 23 关闭，泵输出的流量也自动减小。主缸继续下行，完成拉延工艺。在拉延过程中，泵 2 输出的最高压力由远程调压阀 3 调定，主缸进油路同上。回油路为：缸 35 下腔→管路 13→电液动换向阀 11(左位，B→T)→电磁换向阀 10 (右位)→油箱。

5. 保压[图 9-15]

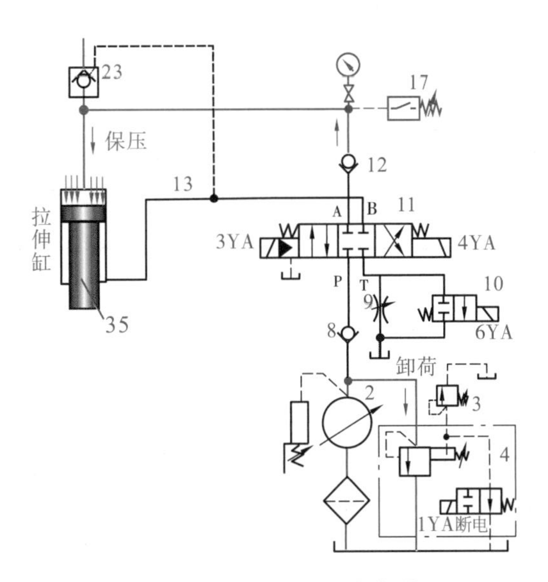

图 9-15 保压与卸荷

当主缸 35 上腔压力达到预定值时，压力继电器 17 发出信号，使电磁铁 1YA、3YA、5YA 均失电，阀 11 回到中位，主缸上、下腔以及压力缸上腔均封闭，主缸上腔短时保压，此时泵 2 经电磁溢流阀 4 卸荷。单向阀 12 和液控单向阀 23 的锥面保证了上缸上腔良好的密封性，使上缸上腔保压，保压时间由压力继电器 17 控制的时间继电器调整。

6. 快速回程

使电磁铁 1YA、4YA 得电，阀 11 右位工作，泵输出的油进入主缸下腔，同时控制油路打开液控单向阀 21、22、23、24、25，主缸上腔的油经阀 23 回到高位油箱 20，主缸 35 回程的同时，带动压边缸 34 快速回程。这时主缸的油路是：

主缸下腔进油路：泵 2→单向阀 8→阀 11 右位(P→B)→主缸 35 下腔。

主缸上腔回油路：主缸 35 上腔→阀 23→高位油箱 20。

7. 原位停止

当主缸滑块上升到触动行程开关 1S 时(图中未画出)，电磁铁 4YA 失电，阀 11 中位工作，使主缸 35 下腔封闭，主缸停止不动。

8. 顶出缸上升

在行程开关 1S 发出信号使 4YA 失电的同时也使 2YA 得电，使阀 44 右位接入工作，泵 2 输出的油经管路 6→阀 44→手动换向阀 43 左位→管路 40，进入顶出缸 39，顶出缸上行完成顶出工作、顶出压力由远程调压阀 42 设定。

9. 顶出缸下降

在顶出缸顶出工件后，行程开关4S(图中未画出)发出信号，使1YA、2YA均失电、泵2卸荷，阀44右位工作。手动换向阀43右位工作，顶出缸在自重作用下下降，回油经阀43、44回油箱。

该系统采用高压大流量恒功率变量泵供油和利用拉延滑块自动充油的快速运动回路，既符合工艺要求，又节省了能量。分析动作循环时，要分析表9-2所示电磁铁动作顺序表。

表 9-2　双动薄板冲压机液压系统电磁铁动作顺序表

拉伸滑块	压边滑块	顶出缸	电磁铁						手动换向阀
			1YA	2YA	3YA	4YA	5YA	6YA	
快速下降	快速下降		+		+			+	
减速	减速		+		+		+		
拉伸	压紧工件		+		+		+	+	
快退返回	快退返回		+			+			
		上升	+	+					左位
		下降							右位

9.4　电弧炼钢炉液压传动系统

电弧炼钢炉的结构形式很多，这里以20 t电弧炼钢炉为例，分析其液压系统。

如图9-16所示，20 t电弧炼钢炉本身由炉体和炉盖构成。炉体前有炉门，后有出钢槽，以废钢为主要原料。装炉料时，必须将炉盖移走，炉料从炉身上方装入炉内，然后盖上炉盖，插入电极就可开始熔炼。在熔炼过程中，铁合金等原料从炉门加入。出渣时，将炉体向炉门方向倾斜约12°，使炉渣从炉门溢出，流到炉体下的渣罐中。当炉内的钢水成分和温度合格后，就可打开出钢口，将炉体向出钢口方向倾斜约45°，使钢水自出钢槽流入钢水包。为满足工艺要求，电弧炼钢炉的液压传动机构由电极升降、炉门升降、炉体旋转、炉盖顶起、炉盖旋转及倾炉等六部分组成。

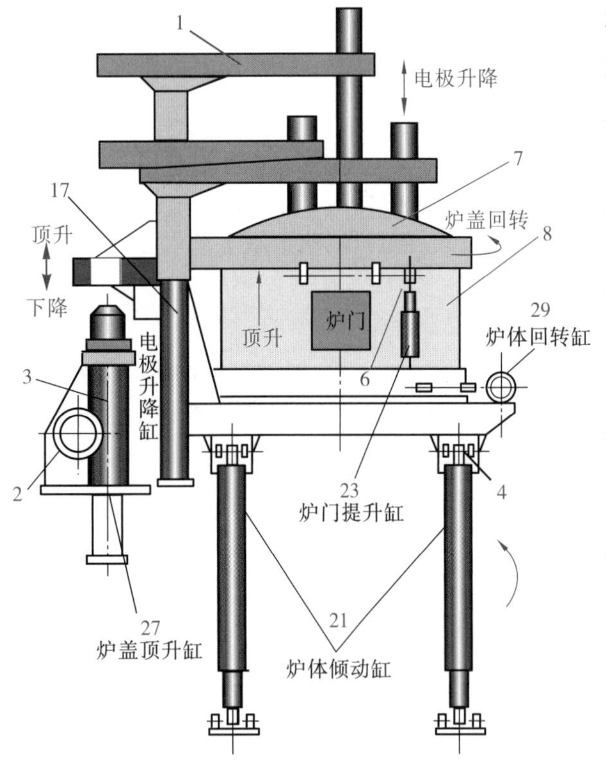

图 9-16　20 t 电弧炼钢炉

图9-17所示为电炉液压传动系统原理图。它属于多缸工作回路，系统采用乳化液作为工作介质，不易发生火灾。两台液压泵2，一台工作，另一台备用，并用蓄能器6来辅助供油，主油路压力取决于电磁溢流阀4的调压。二位四通电液阀5(作为二位二通用)为常开式，如果系统出现事故，例如高压软管破裂等，系统压力突然下降，则换向阀5立即关闭，防止工作介质大量流失。控制油路所用工作介质为矿物油。

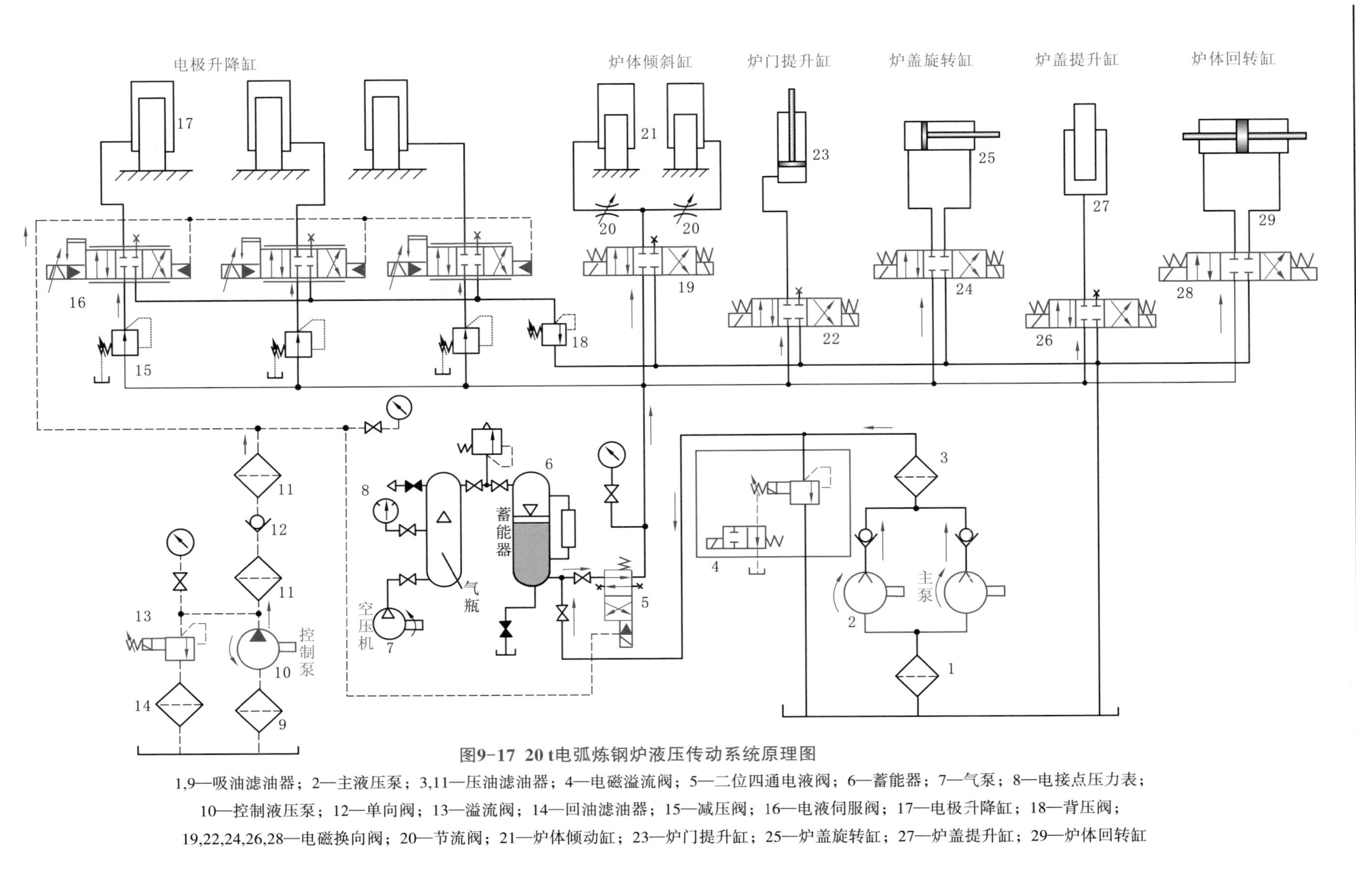

图9-17 20 t电弧炼钢炉液压传动系统原理图

1,9—吸油滤油器；2—主液压泵；3,11—压油滤油器；4—电磁溢流阀；5—二位四通电液阀；6—蓄能器；7—气泵；8—电接点压力表；10—控制液压泵；12—单向阀；13—溢流阀；14—回油滤油器；15—减压阀；16—电液伺服阀；17—电极升降缸；18—背压阀；19,22,24,26,28—电磁换向阀；20—节流阀；21—炉体倾动缸；23—炉门提升缸；25—炉盖旋转缸；27—炉盖提升缸；29—炉体回转缸

1. 换向回路

炉盖提升缸 27，炉盖旋转缸 25，炉体回转缸 29 及炉门提升缸 23 均采用三位四通 O 型中位机能的电磁换向阀的换向操作回路，没有其他特别要求，也不同时操作。

2. 炉体同步倾动回路

炉体倾动缸 21 有两个，要求同步操作。由于炉体倾斜缸均固定在炉体上，炉体重量很大，实际上是刚性同步，故采用换向阀 19 和两个节流阀 20 即可。在安装后，对两个节流阀 20 作适当调节，使流量基本相同即可。

3. 电极升降伺服控制回路

电极升降缸 17 共有三个，各自有相同的独立回路，均使用电液伺服阀 16 进行控制。一般是从电极电流取出信号(感应电压)与给定值进行比较，其差值使电液伺服阀动作。当电极电流大于给定值时，电液伺服阀使电极升降缸进油，电极提升；反之则排油，使电极下降。当电极升降缸下降排油时，要求动作稳定，故在电液伺服阀的回油上设有背压阀 18，使回油具有一定的背压，油缸下降稳定。伺服阀的控制回路所用的油由专门的控制油泵 10 来提供。减压阀 15 用于调节和稳定伺服阀的进口压力。

4. 电液伺服阀的控制油路

电液伺服阀控制油路所用油泵 10 为叶片泵，经过吸油过滤器 9 和两级压油精过滤器 11 以及单向阀 12 将低压油送到电液伺服阀的控制级。控制油压由溢流阀 13 调定。

讨论与习题

一、讨论

讨论 9-1

讨论图 9-18 所示 4000 kN 通用液压机液压系统，分析其设计特点。

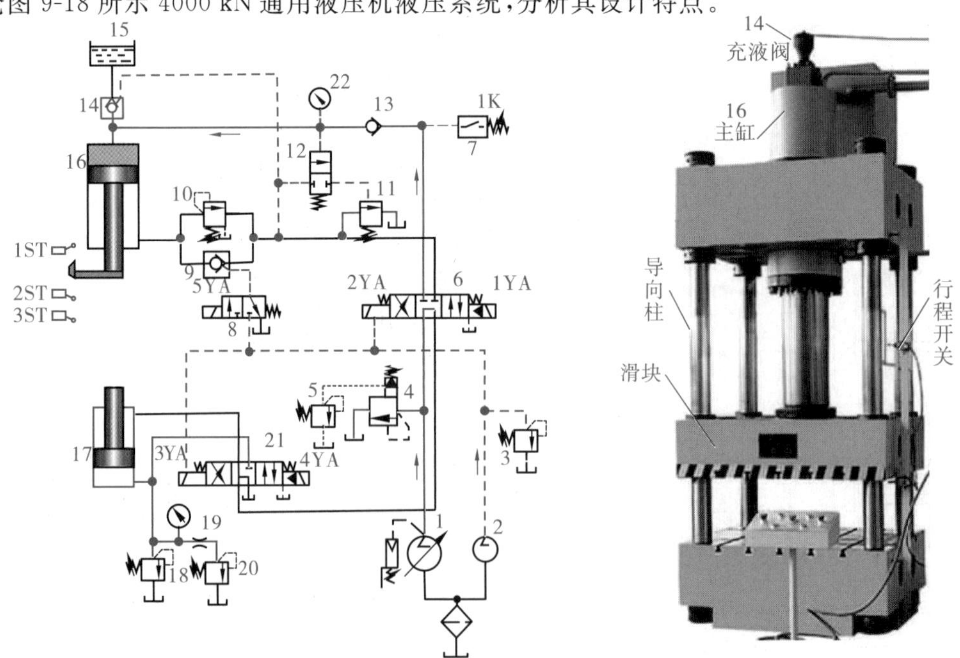

图 9-18 4000 kN 通用液压机液压系统图

1—主泵；2—辅助泵；3，4，18—溢流阀；5—远程调压阀；6，21—电液换向阀；7—压力继电器；8—电磁换向阀；9，14—液控单向阀；10，20—背压阀；11—外控顺序阀；12—液动阀；13—单向阀；15—油箱；16—主缸(上缸)；17—顶料缸(下缸)；19—节流器；22—压力表

讨论 9-2

结合图 9-7,讨论汽车起重机液压系统的改进设计,要求上车系统手动换向阀组 B 改用三位六通多路阀。

讨论 9-3

某机械手液压系统(图 9-19)设计特点分析。

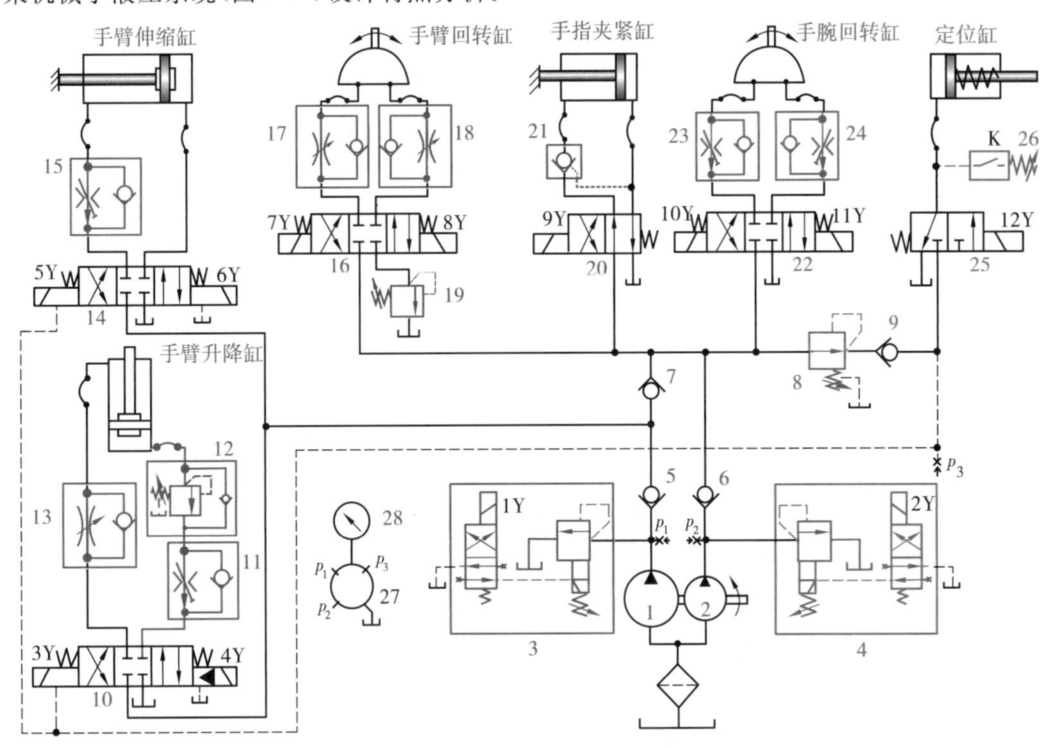

图 9-19　JS01 工业机械手液压系统图

讨论 9-4

结合图 9-17,讨论电弧炼钢炉液压系统的改进设计,要求部分回路改用锥阀系统。

讨论 9-5

结合图 9-2,讨论组合机床动力滑台液压系统的改进设计,要求简化系统,去掉二工进,调速阀改用节流溢流阀,快进改用其他方式实现。

二、习题

9-1　试写出图 9-20 所示液压系统的动作循环表,并评述这个液压系统的特点。

9-2　图 9-21 所示的压力机液压系统,能实现"快进→慢进→保压→快退→停止"的动作循环,试读懂此系统图,并写出动作循环表。

9-3　图 9-22 所示的液压系统,如按规定的顺序接受电信号,试列表说明各液压阀和两液压缸的工作状态。

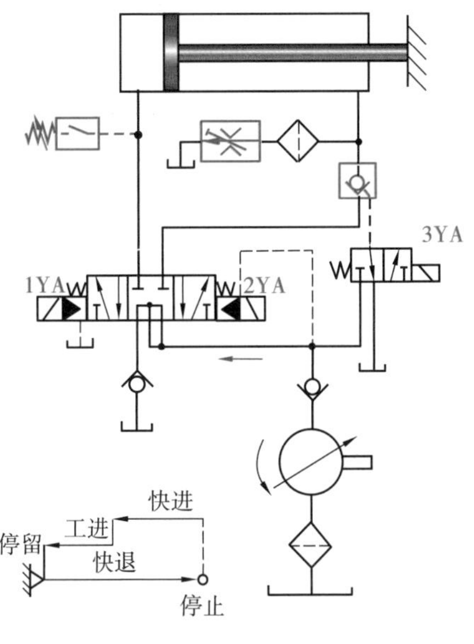

图 9-20　习题 9-1 图

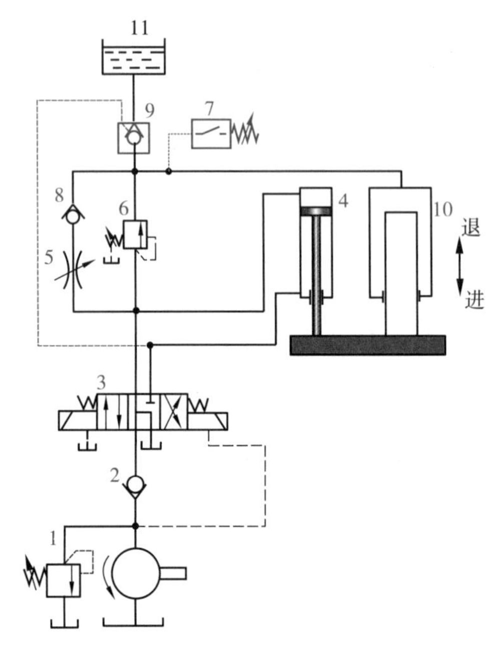

图 9-21　习题 9-2 图

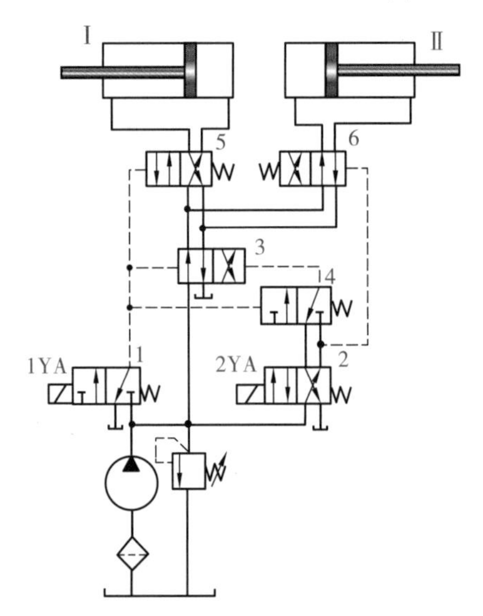

		1YA	2YA
动作顺序	1	−	+
	2	−	−
	3	+	−
	4	+	+
	5	+	−
	6	−	−

图 9-22　习题 9-3 图

10　液压传动系统的设计与计算

10.1　液压传动系统的设计步骤

液压传动系统的设计是整机设计的一部分，它除了应符合主机动作循环和性能要求外，还应当满足结构简单、工作安全可靠、效率高、经济性好、使用维护方便等条件。下面对液压系统的设计步骤予以介绍。

10.1.1　明确设计要求、工作环境，进行工况分析

1. 明确设计要求及工作环境

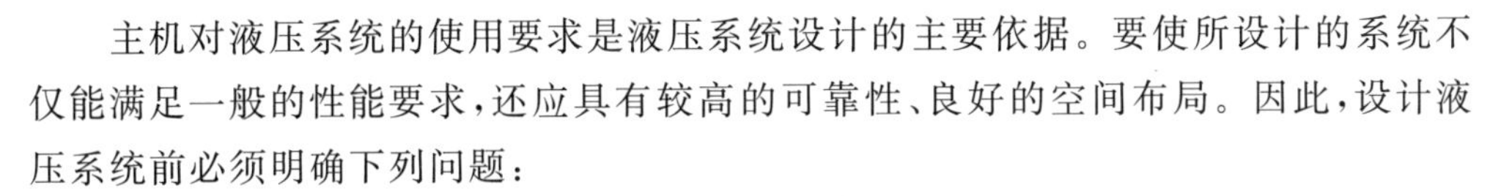

主机对液压系统的使用要求是液压系统设计的主要依据。要使所设计的系统不仅能满足一般的性能要求，还应具有较高的可靠性、良好的空间布局。因此，设计液压系统前必须明确下列问题：

(1)主机的用途、工艺流程、动作循环、技术参数及性能要求；

(2)液压系统的工作条件和工作环境；

(3)主机对液压系统的工作方式及控制与操作方式的要求；

(4)主机的总体布局、对液压装置的位置及空间尺寸的限制；

(5)经济性与成本等方面的要求。

2. 执行元件的负载、速度及工况分析

对执行元件的工况进行分析，就是查明每个执行元件在各自工作过程中的速度和负载的变化规律，通常是求出一个工作循环内各阶段的速度和负载值。内容包括：

(1)各执行元件无负载运动的最大速度(快进、快退速度)、有负载的工作速度(工进速度)范围以及它们的变化规律，并绘制速度图。

(2)各执行元件的负载是单向负载还是双向负载、是与运动方向相反的正值负载还是与运动方向相同的负值负载、是恒定负载还是变负载，负载力的方向是否与液压缸活塞杆轴线重合，必要时还应作出速度、负载随时间或位移变化的曲线图。

就液压缸而言，承受的负载主要由六部分组成，即工作负载、导向摩擦负载、惯性负载、重力负载、密封负载和背压负载。

10.1.2　液压系统方案设计，拟定液压系统原理图

1. 确定油路类型

一般具有较大空间可以存放油箱的系统，都采用开式系统，即执行元件的排油回油箱，油液经过沉淀、冷却后再进入液压泵的进口。对于行走机械和航空航天液压装

置，为减小体积和质量，可选择闭式系统，即执行元件的排油直接进入液压泵的进口。闭式系统要采用辅助泵进行补油，并借此进行冷却交换来达到冷却目的。通常节流调速系统采用开式系统，容积调速系统采用闭式系统。

2. 选用液压介质(液压油)

选用不同的液压介质，可能要采用不同的设计方案和元件。普通液压系统选用矿物油型液压油作工作介质，其中室内设备多选用汽轮机油和普通液压油，室外设备则选用抗磨液压油或低凝液压油，航空液压系统多选用航空液压油。对某些高温设备或井下液压系统，应选用难燃介质，如磷酸酯液、水-乙二醇、乳化液。液压油液选定后，设计和选择液压元件时应考虑与其相容性。

3. 选择执行元件的形式

液压传动系统采用的执行元件形式可视主机所要实现的运动种类和性质而定：

(1)若要求实现连续回转运动，选用液压马达。若转速高于 500 r/min，可直接选用高速液压马达，如齿轮马达、双作用叶片马达或轴向柱塞马达；若转速低于 500 r/min，可选用低速液压马达或高速液压马达加机械减速装置。低速液压马达有单作用连杆型径向柱塞马达和多作用内曲线马达。

(2)若要求往复摆动，可选用摆动液压缸或齿条活塞液压缸。

(3)若要求实现直线运动，应选用活塞液压缸或柱塞液压缸。如果要求双向工作进给，应选用双活塞杆液压缸；如果只要求一个方向工作、反向退回，应选用单活塞杆液压缸；如果负载力不与活塞杆轴线重合或缸径较大、行程较长，应选用柱塞缸，反向退回则采用其他方式。

选择执行元件的形式选择参见表 10-1。

表 10-1　选择执行元件的形式

运动形式	往复直线运动		回转运动		往复摆动
	短行程	长行程	高速	低速	
建议采用的执行元件的形式	活塞式液压缸	柱塞式液压缸 液压马达与齿轮/齿条或螺母/丝杠机构	高速液压马达	低速大扭矩液压马达 高速液压马达带减速器	摆动液压缸

4. 初选系统工作压力

工作压力是确定执行元件结构参数的主要依据。它的大小影响整个液压装置的尺寸和成本，乃至整个系统的性能，工作压力选得高，执行元件和系统的结构紧凑，但对元件的强度，刚度及密封性要求高，且要采用较高压力的液压泵。反之，如果工作压力选得低，就会增大执行元件及整个系统的尺寸，使结构变得庞大，所以应根据实际情况选取适当的工作压力，系统工作压力可以根据执行元件负载大小来初步选取。

5. 确定液压泵类型

(1)若系统压力 $p<21$ MPa，可选用齿轮泵、双作用叶片泵或柱塞泵；若 $p>21$ MPa，选用柱塞泵。

(2)若系统采用节流调速，选用定量泵；若系统要求高效节能，应选用变量泵。

(3)若液压系统有多个执行元件，且各工作循环所需流量相差很大，应选用多台泵供油，实现分级调速。

(4)对于不能停机的系统应考虑备用泵。

6. 选择调压、卸荷或压力控制方式

(1)溢流阀旁接在液压泵出口，在进油和回油节流调速系统中为定压阀，用以保持系统工作压力恒定；在其他场合为安全阀，用以限制系统最高工作压力。当液压系统在工作循环不同阶段的工作压力相差很大时，为节省能量消耗，应采用多级调压。

(2)为了使执行元件不工作时液压泵在很小的输出功率下工作，应采用卸荷回路。

(3)大型高压系统一般选用单独的控制油源。

(4)对垂直的重型负载，一般应采用平衡回路，以保证重物平稳下落。

7. 选择调速方式

(1)如果是工程机械，设备原动机是内燃机，可采用定量泵变转速调速，同时用多路换向阀阀口实现微调。

(2)大功率的冶金液压系统，可采用变量泵调速，多是压力适应变量调速。

(3)对于中小型液压设备，特别是机床液压系统，一般选用定量泵加节流调速。若设备对速度稳定性要求较高，则选用调速阀的节流调速回路。

8. 液压回路的拟定

初步设计时，应根据各类主机的工作特点、负载性质和性能要求，先确定对主机主要性能起决定性影响的主要回路，然后再考虑其他辅助回路。例如对于机床液压系统，调速和速度换接回路是主要回路；对于压力机液压系统，调压回路是主要回路；有垂直运动部件的系统要考虑平衡回路；惯性负载较大的系统要考虑缓冲制动回路。有多个执行元件的系统要考虑顺序动作、同步或回路隔离；有空载运行要求的系统要考虑卸荷回路等。

考虑换向控制方式时，若液压设备自动化程度较高(如轧钢液压系统)，应选用电磁换向或电液动换向。此时各执行元件的顺序、互锁、联动等要求可由电气控制系统实现。但对于行走机械，为保证工作可靠，一般选用手动换向。若执行元件较多，可选用多路换向阀。

9. 绘制液压系统原理图

液压基本回路确定以后，用一些辅助元件将其组合起来构成完整的液压系统。在组合回路时，尽可能多地去掉相同的多余元件，力求系统简单，元件数量、品种规格少。综合后的系统要能实现主机要求的各项功能，并且操作方便，工作安全可靠，动作平稳，调整维修方便。对于系统中的压力阀，应设置测压点，以便将压力阀调节到要求的数值，并可由测压点处的压力表观察系统是否正常工作。

将挑选出来的各典型回路合并、整理，增加必要的元件或辅助回路，加以综合，构成一个结构简单，工作安全可靠、动作平稳、效率高、调整和维护保养方便的液压系统，形成系统原理图。

液压系统原理图是表示液压系统的组成和工作原理的重要技术文件，它对系统的性能及设计方案的合理性、经济性具有决定性的影响。

10.1.3 液压系统的参数计算

1. 执行元件计算及参数的确定

(1)液压缸的主要尺寸确定

液压缸需要确定的主要结构尺寸是指缸的内径 D 和活塞杆的直径 d，计算和确定 D 和 d 的一般方法见液压缸部分，并按系列标准值确定 D 和 d。

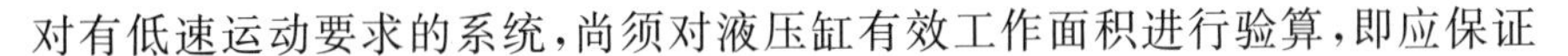

对有低速运动要求的系统，尚须对液压缸有效工作面积进行验算，即应保证

$$A \geqslant \frac{q_{\min}}{v_{\min}} \tag{10-1}$$

式中：A——液压缸工作腔的有效工作面积(m^2)；

$q_{\min}$——控制执行元件速度的流量阀最小稳定流量(m^3/s)，可从液压阀产品样本上查得；

$v_{\min}$——液压缸要求达到的最低工作速度(m/s)。

验算结果若不能满足式(10-1)，则说明按所设计的结构尺寸和方案达不到所需要的最低速度，必须修改设计。

(2)复算执行元件的工作压力

当液压缸的主要尺寸 D、d 计算出来以后，要按系列标准圆整，经过圆整的标准值与计算值之间一般都存在一定的偏差，因此，有必要根据圆整值对工作压力进行一次复算。还须看到，在按上述方法确定工作压力的过程中，没有计算回油路的背压，因此所确定的工作压力只是执行元件为了克服机械总负载所需要的那部分压力，在结构参数 D、d 确定之后，若取适当的背压估算值，即可求出执行元件工作腔的压力。

对于单杆液压缸，其工作压力 p 可按下列公式复算。

无杆腔进油工进阶段

$$p=\frac{F}{A_1}+\frac{A_2}{A_1}p_b \tag{10-2}$$

有杆腔进油阶段

$$p=\frac{F}{A_2}+\frac{A_1}{A_2}p_b \tag{10-3}$$

式中：F——液压缸在各工作阶段的最大机械总负载(N)；

A_1，A_2——液压缸无杆腔和有杆腔的有效面积(m^2)；

p_b——液压缸回油路的背压(Pa)。

(3)执行元件的工况图

各执行元件的主要参数确定之后，不但可以复算执行元件在工作循环各阶段内的工作压力，还可求出需要输入的流量和功率，这时就可以作出系统中各执行元件在其工作过程中的工况图，即执行元件在一个工作循环中的压力、流量、功率对时间或位移的变化曲线图。将系统中各执行元件的工况图加以合并，便得到整个系统的工况图。液压系统的工况可以显示整个工作循环中的系统压力、流量和功率的最大值及其分布情况，为后续设计步骤中选择元件、选择回路或修正设计提供合理的依据。对于单执行元件系统或某些简单系统，其工况图的绘制可省略，而仅将计算出的各阶段压力、流量和功率值列表表示。

2. 液压泵的计算

首先根据设计要求和系统工况确定泵的类型，然后根据液压泵的最大供油量和系统工作压力来选择液压泵的规格。

(1)液压泵的最高供油压力

$$p_p \geqslant p+\sum \Delta p_l \tag{10-4}$$

式中：p_p——液压泵的最高供油压力(Pa)；

p——执行元件的最高工作压力(Pa)；

Δp_l——进油路上总的压力损失(Pa)。

如系统在执行元件停止运动时才出现最高工作压力，则 $\sum \Delta p_l=0$；否则，须计算出油液流过进油路上的控制、调节元件和管道的各项压力损失，初算时可凭经验进行估计，对简单系统取 $\sum \Delta p_l=0.2\sim0.5$ MPa，对复杂系统取 $\sum \Delta p_l=0.5\sim1.5$ MPa。

(2)确定液压泵的最大供油量

液压泵的最大供油量为

$$q_p \geqslant k\sum q_{max} \tag{10-5}$$

式中：q_p——液压泵的最大供油量(m^3/s)；

k——系统的泄漏修正系数，一般取 $k=1.1\sim1.3$，大流量取小值，小流量取大值；

$\sum q_{max}$——同时动作的各执行元件所需流量之和的最大值(m^3/s)。

如果液压泵的供油量是按工进工况选取时，其供油量应考虑溢流阀的最小流量。

(3)选择液压泵的规格型号

液压泵的规格型号按计算值在产品样本中选取，为了使液压泵工作安全可靠，液压泵应有一定的压力储备量，通常泵的额定压力比工作压力高。泵的额定流量则宜与 p_q 相当，不要超过太多，以免造成过大的功率损失。

(4)选择驱动液压泵的电动机

驱动液压泵的电动机根据驱动功率和泵的转速来选择。

在整个工作循环中，泵的压力和流量在较多时间内皆达到最大工作值时，驱动泵的电动机功率为

$$P=\frac{p_p q_p}{\eta_p} \tag{10-6}$$

式中：η_p——液压泵的总效率，数值可见产品样本。

限压式变量叶片泵的驱动功率，可按泵的实际压力流量特性曲线拐点处的功率来计算。

在工作循环中，泵的压力和流量变化较大时，可分别计算出工作循环中各个阶段所需的驱动功率，然后求其均方根值即可。

在选择电动机时，应将求得的功率值与各工作阶段的最大功率值比较，若最大功率符合电动机短时超载 25%的范围，则按平均功率选择电动机；否则应按最大功率选择电动机。

10.1.4 液压元件的选择与液压装置的结构设计

1. 阀类元件的选择

各种阀类元件的规格型号，按液压系统原理图和系统工况提供的情况从产品样本中选取，各种阀的额定压力和额定流量，一般应与其工作压力和最大通过流量相接近，必要时，可允许其最大通过流量超过额定流量的 20%。

具体选择时，应注意溢流阀按液压泵的最大流量来选取；流量阀还需考虑最小稳定流量，以满足低速稳定性要求；单杆液压缸系统，若无杆腔有效作用面积为有杆腔有效作用面积的几倍，当有杆腔进油时，则回油流量为进油流量的几倍，此时，应以几倍的流量来选择通过的阀类元件。

2. 液压辅助元件的选择

油管的规格尺寸大多由所连接的液压元件接口处尺寸决定，只有对一些重要的管道才验算其内径和壁厚，验算公式见液压辅件。

过滤器、蓄能器和油箱容量的选择亦参考设计手册。

3. 液压泵站和液压阀站的结构设计

对于固定式的液压设备，常将液压系统的动力源，阀类元件集中安装在主机外的液压站上(图 10-1)，将油泵电机组及油箱部分称为液压泵站，将大型液压阀集成块部分称为液压阀站(图 10-2，小型则与液压泵站合并在一起)，这样能使安装与维修方便，并消除了动力源的振动与油温变化对主机工作精度的

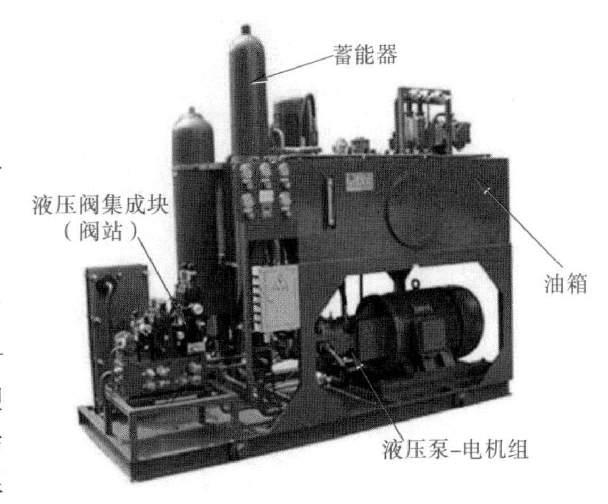

图 10-1 液压站

影响。

液压元件在液压站上的配置有多种形式可供选择。配置形式不同,液压系统的压力损失和元件类型不同。液压元件目前采用集成化配置,液压阀站的具体形式有下面三种(见第 5 章所介绍液压阀安装方式):

(1)油路板式液压阀架

油路板又称阀板,它是块较厚的液压元件安装板,板式阀类元件由螺钉安装在板的正面,管接头安装在板的侧面,各元件之间的油路全部由板内的加工孔道形成。

这种配置形式的优点是结构紧凑,油管少,调节方便,不易出故障;缺点是加工较困难,油路的压力损失较大。

图 10-2　液压阀架

(2)叠加阀式液压阀站

与一般管式、板式安装相比,其工作原理没有多大差别,但具体结构却不相同。它是自成系列的新型元件,每个叠加阀既起控制阀的作用,又起通道体的作用,因此,叠加阀式配置不需要另外的连接块,只需用长螺栓直接将各叠加阀装在底板上,即可组成所需的液压系统,如图 10-3 所示。这种配置形式的优点是结构紧凑、油管少、体积小、重量轻、不需设计专用的连接块,并且油路的压力损失很小,但叠加阀需要自成系列,互换性差。

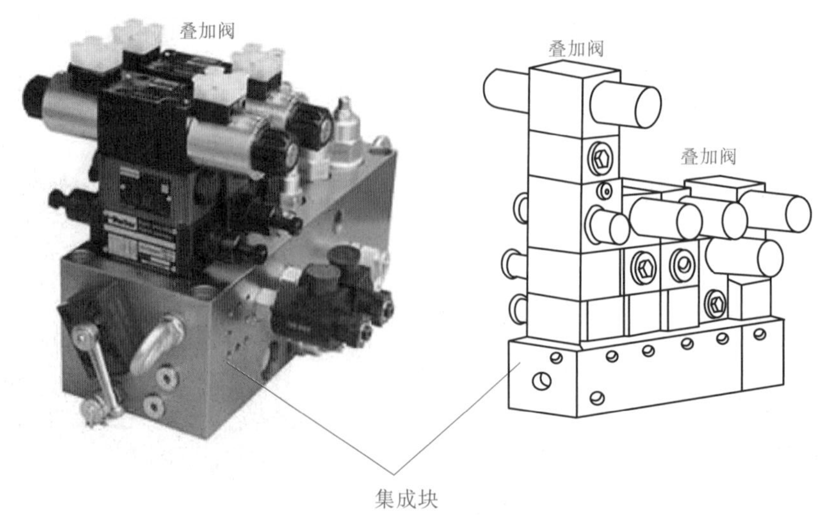

图 10-3　叠加阀式液压阀站

(3)集成块式液压阀站

集成块是一个通用化的六面体,四周除一面安装通向执行元件的管接头外,其余三面都可安装板式液压阀(图 10-4)。元件之间的连接油路由集成块内部孔道形成。液压阀站往往由多块集成块组成,如图 10-2 所示。

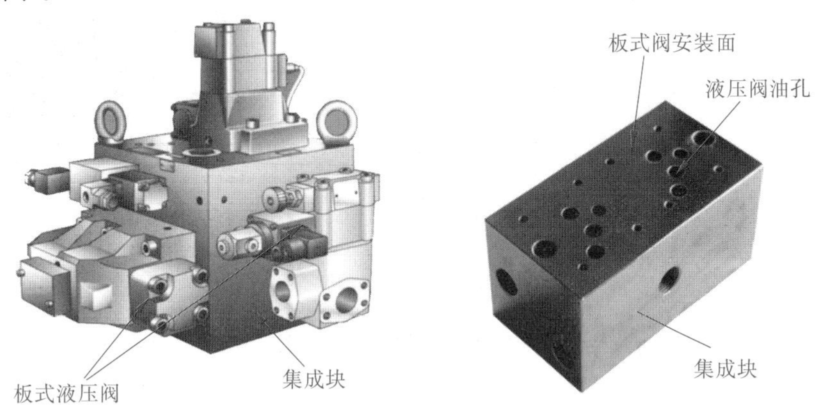

图 10-4 集成块式液压阀站

这种配置形式的优点是结构紧凑,油管少,可标准化,便于设计与制造,更改设计方便,油路压力损失小。除此以外,还有管式连接,这种连接形式多用于工程机械等,在此不再赘述。

(4)液压泵站结构设计

先要确定液压泵和电机的安装方式。一般"液压泵-电动机组"是一个组件装置,包括液压泵、电动机、泵用联轴器、传动底座及管路附件等,又称为泵组,如图 10-5 所示。

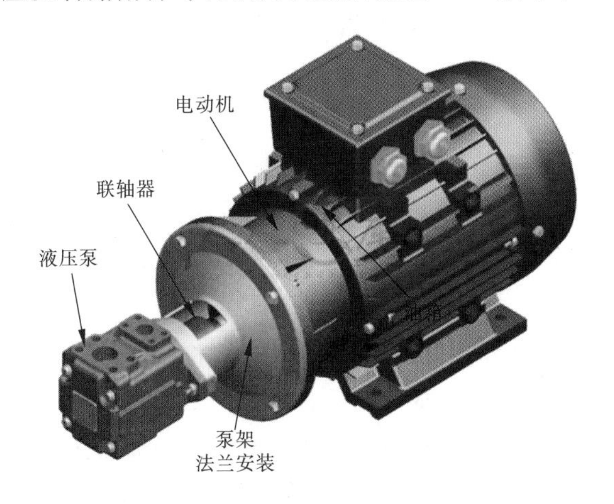

图 10-5 液压泵-电动机组

泵有法兰安装和脚架安装等方式,与电动机的安装形式有关,主要有三种:机座带底脚(脚架)、轴端无法兰(无凸缘结构);机座不带底脚、轴端带法兰(凸缘结构);机座带底脚、轴端带法兰(凸缘结构)。图 10-5 所示为机座带底脚、轴端带法兰的结构,一般用于水平放置,液压泵通过法兰式支架支承在电动机上。若泵组立式放置,则应选用机座不带底脚、轴端带法兰的结构。

由于液压泵的传动轴不能承受径向载荷和轴向载荷,但又要求泵轴与电动机轴有很高的同轴度,因此一般采用弹性联轴器的连接形式(图 10-6)。联轴器的规格按其传递的转矩最大值选取。

若选用特殊的轴端带内花键连接孔的电动机,则可选用主轴输入端为花键的液压泵,两者直接插入组装。这样即可保持两轴的同心,又可省去联轴器,使泵组的尺寸减小。

小功率泵组可以安装在油箱的上盖上(上置式),功率较大时需单独安装在专用的平台上(非上置式)。泵组的底座应具有足够的强度和刚度,要便于安装和检修,同时在合适的部位设置接油盘,以防止液压油液污染场地。

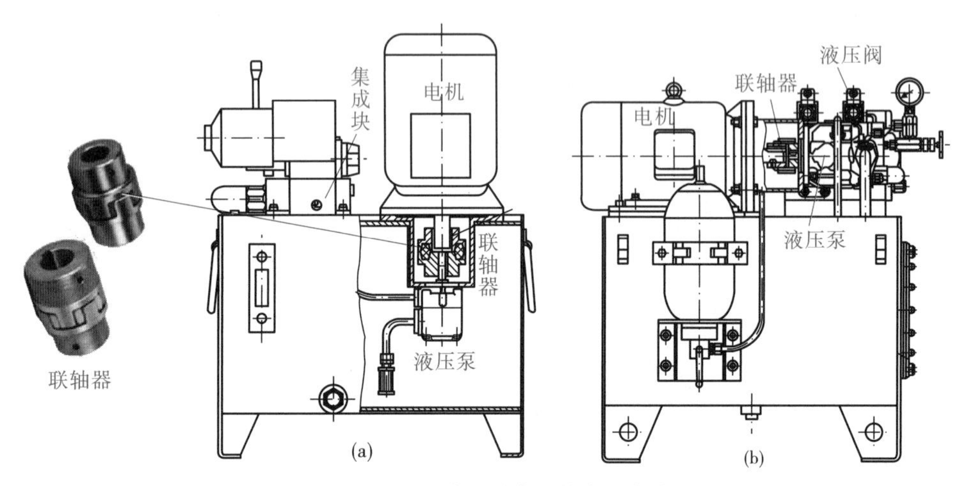

图 10-6　小型液压站电机的布置方式

(a)立式安装;(b)卧式安装

为减小噪声和振动,泵组与安装平台之间最好加弹性材料制成的防震垫。

液压泵的吸油管一般选用硬管,管路尽可能短,过流面积尽可能大,以减小吸油阻力。安装吸油管时注意液压泵有吸油高度的限制。安装非上置式泵组时,需在油箱与泵的吸油口之间加装闸阀,以便于检修。

因吸油管采用硬管,因此应在吸油口设置橡胶补偿接管(隔振喉管),起隔振、补偿作用。

10.1.5　液压系统技术性能的验算

液压系统初步设计完成之后,需要对它的主要性能加以验算,以便评判其设计质量,并改进和完善液压系统。根据液压系统的不同,需要验算的项目也有所不同,但一般的液压系统都要进行回路压力损失和发热温升的验算。

1. 系统压力损失的验算

画出管路装配草图后,即可计算管路的沿程压力损失和局部压力损失,它们的计算公式详见《液压流体力学》,管路总的压力损失为沿程损失与局部损失之和。

在系统的具体管道布置情况没有明确之前,沿程损失和局部损失仍无法计算。为了尽早地评估系统的主要性能,避免后面的设计工作出现大的反复,在系统方案初步确定之后,通常用液流通过阀类元件的局部压力损失来对管路的压力损失进行概略地估算,因为这部分损失在系统的整个压力损失中占很大的比重。

在算出系统油路的总的压力损失后,将此验算值与前述设计过程中初步选取的油路压力损失经验值相比较,若误差较大,一般应对原设计进行必要的修改,重新调整有关阀类元件的规格和管道尺寸等,以降低系统的压力损失。需要指出的是,对于较简单的液压系统,压力损失验算可以省略。

2. 系统发热温升的验算

液压系统在工作时,有压力损失、容积损失和机械损失,这些损耗的能量大部分转化为热能,使油温升高从而导致油的黏度下降,油液变质,机器零件变形,影响正常工作。为此,必须将温升控制在许可范围内。

功率损失使系统发热,则单位时间的发热量为液压泵的输入功率与执行元件的输出功率之差,一

般情况下，液压系统的工作循环往往有好几个阶段，其平均发热量为各个工作周期发热量的均值，即

$$\varphi=\frac{1}{t}\sum_{i=1}^{n}(P_{ii}-P_{oi})t_i \tag{10-7}$$

式中：P_{ii}——第 i 个工作阶段系统的输入功率(W)；

P_{oi}——第 i 个工作阶段系统的输出功率(W)；

t——工作循环周期；

t_i——第 i 个工作阶段的持续时间(s)；

n——总的工作阶段数。

液压系统在工作中产生的热量，经过所有元件、附件的表面散发到空气中去，但绝大部分是由油箱散发的，油箱在单位时间的散发热量可按下式计算

$$\varphi'=k_hA\Delta t \tag{10-8}$$

式中：φ'——油箱在单位时间的散发热量(J)；

A——油箱的散热面积(m^2)；

Δt——液压系统的温升(℃)；

k_h——油箱的散热系数[J/(m^2·℃)]，其值可查阅液压设计手册。

当液压系统的散热量等于发热量时，系统达到了热平衡，这时系统的温升为

$$\Delta t=\frac{\varphi}{k_hA} \tag{10-9}$$

按式(10-9)算出的温升值，如果超过允许数值时，系统必须采取适当的冷却措施或修改液压系统的设计。

10.1.6　绘制正式工作图和编制技术文件

所设计的液压系统经过验算后，即可对初步拟定的液压系统进行修改，并绘制正式工作图和编制技术文件。

1. 绘制正式工作图

正式工作图包括液压系统原理图、液压系统装配图、液压缸等非标准元件装配图及零件图。液压系统原理中应附有液压元件明细表，表中标明各液压元件的型号规格、压力和流量等参数值，一般还应绘出各执行元件的工作循环图和电磁铁的动作顺序表。

液压系统装配图是液压系统的安装施工图，包括油箱装配图、集成油路装配图和管路安装图等，在管路安装图中应画出各油管的走向、固定装置结构、各种管接头的形式和规格等。

2. 编制技术文件

技术文件一般包括液压系统设计计算说明书，液压系统使用及维护技术说明书，零部件目录表及标准件、通用件、外购件表等。

10.2　液压系统设计举例

某厂要设计制造一台双头车床，加工拖车上一根长轴两端的轴颈。由于零件较长，拟采用零件固定，刀具旋转和进给的加工方式。其加工动作循环是快进→工进→快退→停止。同时要求各个车削头能单独调整。其最大切削力在导轨中心线方向估计为 12000 N，所要移动的总重量估计为15000 N，工作进给要求能在 0.020～1.2 m/min 范围内进行无级调速，快速进、退速度一致，为 4 m/min，试设

计该液压传动系统。图 10-7 为该机床的外形示意图。

1. 确定对液压系统的工作要求

根据加工要求，刀具旋转由机械传动来实现；主轴头沿导轨中心线方向的“快进→工进→快退→停止”工作循环拟采用液压传动方式来实现。故拟选定液压缸作执行机构。

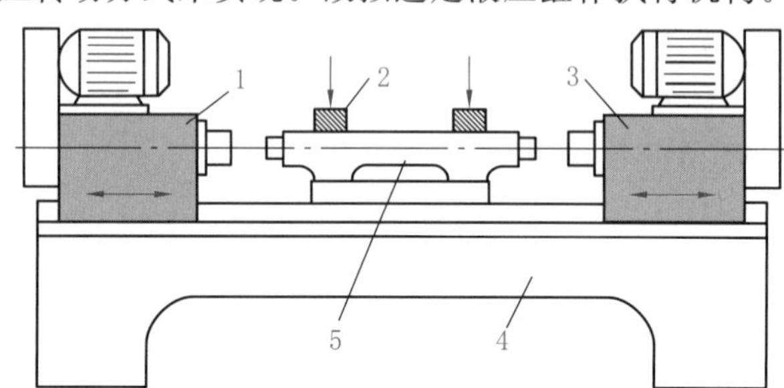

图 10-7 双头车床外形示意图

1—左主轴头；2—夹具；3—右主轴头；4—床身；5—工件

考虑到车削进给系统传动功率不大，且要求低速稳定性好，粗加工时负载有较大变化，故拟选用调速阀、变量泵组成的容积节流调速方式。

为了自动实现上述工作循环，并保证零件一定的加工长度（该长度并无过高的精度要求），拟采用行程开关及电磁换向阀实现顺序动作。

2. 拟定液压系统工作原理图

该系统同时驱动两个车削头，且动作循环完全相同。为了保证快速进、退速度相等，并减小液压泵的流量规格，拟选用差动连接回路。

在行程控制中，由快进转工进时，采用机动滑阀。使速度转换平稳，且工作安全可靠。工进终了时，压下行程开关（红色，电器开关）返回。快退到终点，压下另一行程开关，运动停止。

快进转工进后，因系统压力升高，外控式顺序阀打开，回油经背压阀回油箱，系统不再为差动连接。此处设置背压阀使工进时运动平稳，且因系统压力升高，变量泵自动减少输出流量。

两个车削头可分别进行调节。要调整一个时，另一个应停止，三位五通阀处中位即可；分别调节两个调速阀，可得到不同进给速度；同时，可使两车削头有较高的同步精度。由此拟定的液压系统原理图，如图10-8所示。

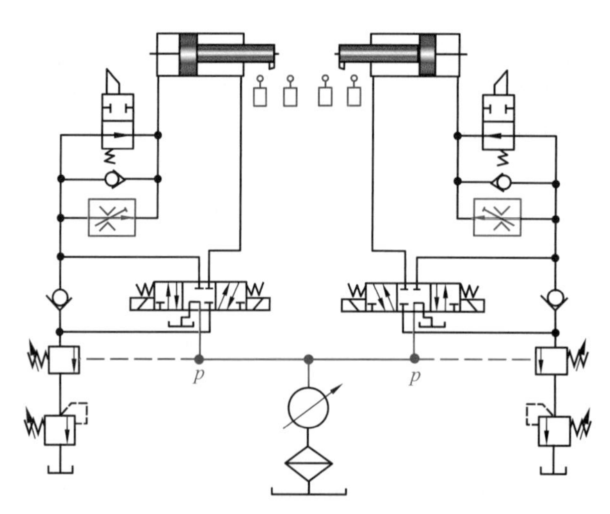

图 10-8 双头车床液压系统工作原理图

3. 计算和选择液压元件

①液压缸的计算

根据设计要求，工作负载：$F_w=12000$ N；

液压缸所要移动负载总重量：$G=15000$ N；

根据设计要求选取工进时速度的最大变化量：$\Delta v=0.02$ m/s；根据具体情况选取：$\Delta t=0.2$ s(其范围通常在 0.01～0.5 s)，则惯性力为

$$F_a=\frac{G}{g}\cdot\frac{\Delta v}{\Delta t}=\frac{15000}{9.18}\cdot\frac{0.02}{0.2}=153(\text{N})$$

其液压缸负载计算如图 10-9 所示。

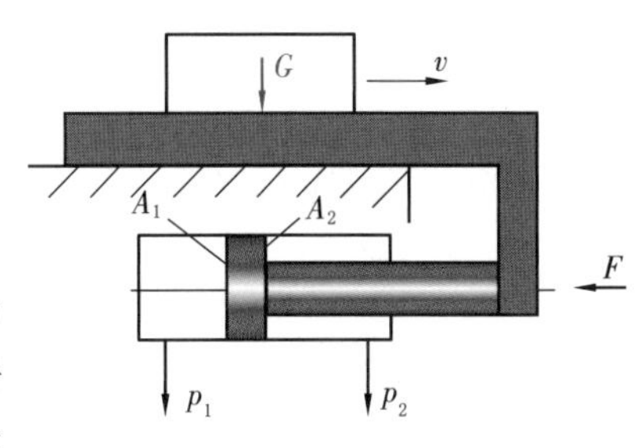

图 10-9 液压缸负载计算

②密封阻力的计算

液压缸的密封阻力通常折算为克服密封阻力所需的等效压力乘以液压缸的进油腔的有效作用面积。若选取中压液压缸，且密封结构为 Y 形密封，根据资料推荐，等效压力取 $p_{eq}=0.2$ MPa，液压缸的进油腔的有效作用面积初估值为 $A_1=80$ mm^2，则密封力为

启动时：$F_s=p_{eq}A_1=2\times10^5\times0.008=1600$ (N)

运动时：$F_s=\dfrac{p_{eq}A_1}{2}=2\times10^5\times0.008\times\dfrac{1}{2}=800$ (N)

③导轨摩擦阻力的计算

若该机床材料选用铸铁，其结构受力情况如图 10-10 所示，根据机床切削原理，一般情况下，$F_x:F_y:F_z=1:0.4:0.3$，由设计要求知，$F_x=F_w=12000$ N，则由于切削力所产生的与重力方向相一致的分力 $F_z=\dfrac{12000}{0.3}=40000$ N，选取摩擦系数 $f=0.1$，V 形导轨的夹角 $\alpha=90°$，则导轨的摩擦力为

$$F_f=\left(\frac{G+F_z}{2}\right)\cdot f+\left(\frac{G+F_z}{2}\right)\cdot\frac{f}{\sin\frac{\alpha}{2}}$$

$$=\left(\frac{15000+40000}{2}\right)\times0.1+\left(\frac{15000+40000}{2}\right)\times\frac{0.1}{\sin45°}=6640(\text{N})$$

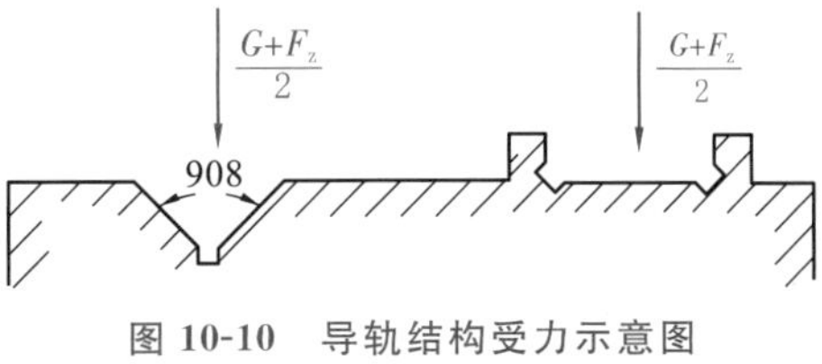

$\frac{G+F_z}{2}$　　$\frac{G+F_z}{2}$

908

图 10-10 导轨结构受力示意图

④回油背压造成的阻力计算

回油背压一般为 0.3～0.5 MPa，取回油背压 $p_b=3.0=$MPa，考虑两边差动比为 2，且已知液压缸进油腔的活塞面积 $A_1=80$ mm^2，取有杆腔活塞面积 $A_2=40$ mm^2，将上述值代入公式得

$$F_b=p_bA_2=3\times10^5\times0.004=1200(\text{N})$$

分析液压缸各工作阶段中受力情况，得知在工进阶段受力最大，作用在活塞上的总载荷

$$F=F_w+F_a+F_s+F_f+F_b=12000+153+800+6640+1200=20793\ (\text{N})$$

⑤确定液压缸的结构尺寸和工作压力

根据经验确定系统工作压力，选取 $p=3$ MPa，则工作腔的有效工作面积和活塞直径分别为

$$A_1=\frac{F}{p}=\frac{20793}{30\times10^5}=0.00693(\text{m}^2)$$

$$D=\sqrt{\frac{4A_1}{\pi}}=\frac{4\times 0.00693}{\pi}=0.094(\mathrm{m})$$

因为液压缸的差动比为2,所以活塞杆直径为

$$d=\frac{D}{\sqrt{2}}=0.7\times 0.094=0.066(\mathrm{m})$$

根据液压技术行业标准,选取标准直径

$$D=0.09\ \mathrm{m}=90\ \mathrm{mm}$$

$$d=0.063\ \mathrm{m}=63\ \mathrm{mm}$$

则液压缸实际计算工作压力为

$$p=\frac{4F}{\pi D^2}=\frac{4\times 20793}{\pi\times 0.09^2}=32.7\times 10^5(\mathrm{Pa})$$

实际选取的工作压力为

$$p=33\times 10^5(\mathrm{Pa})$$

由于左右两个切削头工作时需做低速进给运动,在确定液压缸活塞面积 A_1 之后,还必须按最低进给速度验算液压缸尺寸。即应保证液压缸有效工作面积 A_1 为

$$A_1\geqslant\frac{q_{\min}}{v_{\min}}$$

式中:$q_{\min}$——流量阀最小稳定流量,在此取调速阀最小稳定流量为50 mL/min;

$v_{\min}$——活塞最低进给速度,给定为20 mm/min。

根据上面确定的液压缸直径,液压缸有效工作面积为:

$$A_1=\frac{\pi}{4}D^2=\frac{\pi}{4}\times 0.09^2=6.36\times 10^{-3}(\mathrm{m}^2)$$

$$\frac{q_{\min}}{v_{\min}}=\frac{50}{2}\times 10^{-4}=2.5\times 10^{-3}(\mathrm{m}^2)$$

验算说明活塞面积能满足最小稳定速度要求。

⑥液压泵的计算

A. 确定泵的实际工作压力

对于调速阀进油节流调速系统,管路的局部压力损失一般取$(5\sim 15)\times 10^5$ Pa,在系统的结构布局未定之前,可用局部损失代替总的压力损失,现选取总的压力损失 $\Delta p_t=10\times 10^5$ Pa,则液压泵的实际计算工作压力

$$p_p=p+\Delta p_1=33\times 10^5+10\times 10^5=43\times 10^5(\mathrm{Pa})$$

当液压缸左右两个切削头快进时,所需的最大流量之和为

$$q_{\max}=2\times\frac{\pi}{4}d^2\times v_{\max}=2\times\frac{\pi}{4}\times 0.63^2\times 40=25(\mathrm{L/min})$$

按照常规选取液压系统的漏泄系数 $k_l=1.1$,则液压泵的流量为

$$q_p=k_l q_{\max}=1.1\times 25=27.5(\mathrm{L/min})$$

根据求得的液压泵的流量和压力,选取YBN-40 M型叶片泵。

B. 确定液压泵电机的功率

因该系统选用变量泵,所以应算出空载快速、最大工进时所需的功率,按两者的最大值选取电机的功率。

最大工进：此时所需的最大流量为

$$q_{w\max}=\frac{\pi}{4}D^2v_{w\max}=\frac{\pi}{4}\times0.9^2\times12=7.6(\mathrm{L/min})$$

选取液压泵的总效率为：$\eta=0.8$，则工进时所需的液压泵的最大功率为

$$P_w=\frac{2\times p_p q_{w\max}}{\eta}=2\times\frac{43\times10^5\times7.6}{60\times0.8}\times10^{-6}=1.36(\mathrm{kW})$$

快速空载：此时，液压缸承受以下载荷：

惯性力：$$F_a=\frac{G}{g}\cdot\frac{\Delta v}{\Delta t}=\frac{15000}{9.81}\cdot\frac{4/60}{0.2}=510(\mathrm{N})$$

密封阻力：$$F_s=\frac{p_{eq}}{2}\times\frac{\pi}{4}d^2=\frac{1}{2}\times2\times10^5\times\frac{\pi}{4}\times0.063^2=155(\mathrm{N})$$

导轨摩擦力：$$F_f=\frac{G}{2}\cdot f+\frac{G}{2}\cdot\frac{f}{\sin\dfrac{\alpha}{2}}=\frac{15000}{2}\times0.1+\frac{15000}{2}\times\frac{0.1}{\sin45^\circ}=1800(\mathrm{N})$$

空载条件下的总负载：$F_e=F_a+F_s+F_f=510+155+1800=2465(\mathrm{N})$

选取空载快速条件下的系统压力损失 $\Delta p_{el}=5\times10^5\,\mathrm{Pa}$，则空载快速条件下液压泵的输出压力为

$$p_{ep}=\frac{4\times F_e}{\pi d^2}+\Delta p_{el}=\frac{4\times2465}{\pi\times0.063^2}+5\times10^5=12.9\times10^5(\mathrm{Pa})$$

空载快速时液压泵所需的最大功率为：

$$P_e=\frac{p_{ep}q_p}{\eta}=\frac{12.9\times10^5\times27.5}{60\times0.8}\times10^{-6}=0.74(\mathrm{kW})$$

故应按最大工进时所需功率选取电机。

⑦选择控制元件

控制元件的规格应根据系统最高工作压力和通过该阀的最大流量，在标准元件的产品样本中选取。

方向阀：按 $p=43\times10^5$ Pa，$q=12.5$ L/min；选 35D-25B(滑阀机能 O 型)。

单向阀：按 $p=33\times10^5$ Pa，$q=25$ L/min；选 I-25B。

调速阀：按工进最大流量 $q=7.6$ L/min，工作压力 $p=33\times10^5$ Pa；选 Q-10B。

背压阀：调至 $p=33\times10^5$ Pa，流量为 $q=7.6$ L/min；选 B-10。

顺序阀：调至大于 $p=33\times10^5$ Pa，保证快进时不打开；$q=7.6$ L/min；选 X-B10B。

行程阀：按 $p=12.9\times10^5$ Pa，$q=12.5$ L/min；选 22C-25B。

⑧油管及其他辅助装置的选择

查 JB827 钢管公称通径、外径、壁厚、连接螺纹及推荐流量表。

在液压泵的出口，按流量 27.5 L/min，查表取管路通径为 $\phi10$；在液压泵的入口，选择较粗的管道，选取管径为 $\phi12$；其余油管按流量 12.5 L/min，查表取 $\phi8$。

对于一般低压系统，油箱的容量一般取泵流量的 3～5 倍，取 4 倍，其有效容积：

$$V_t=4q_p=4\times27.5=110(\mathrm{L})$$

在绘制液压系统装配管路图后，可进行压力损失验算。由于该液压系统较简单，该项验算从略。

由于本系统的功率小，又采用限压式变量泵，效率高，发热少，所取油箱容量又较大，故不必进行系统温升的验算。

课程思政拓展阅读材料

运—20

材料一　大国鲲鹏：运—20

“作为重要的空中运输力量，在祖国和人民最需要的时候，运20责无旁贷、冲锋在前！”在武汉抗疫行动中，驾驶运—20的特级飞行员张磊张磊第一时间驾驶运—20搭载着军队医护人员和救援物资降落在武汉天河机场，提振了人们抗击疫情的信心。这是运—20首次参与执行非战争军事行动，也是人民空军首次成体系大规模出动现役大中型运输机执行紧急空运任务。（2022年8月22日解放军报01版）

飞机以油液为工作介质，靠油压驱动执行机构完成工作。为保证液压系统工作可靠，现代飞机上大多装有至少两套相互独立的液压系统。它们分别称为公用液压系统和助力液压系统。公用液压系统用于起落架、襟翼和减速板的收放，前轮转弯操纵和燃油泵的液压马达等。助力液压系统仅用于驱动上述飞行操纵系统的助力器和阻尼舵机等。为进一步提高液压系统的可靠性，系统中还并联有应急电动油泵和风动泵，当飞机发动机发生故障时，可由应急电动油泵或伸出应急风动泵使液压系统继续工作。

参考资料：

李露. 我们在战位报告[EB/OL].（2022-08-23）. https://m.gmw.cn/baijia/2022-08/23/35972729.html.

思考1：飞机上的液压系统组成部件主要有哪些？

思考2：航空发动机被誉为飞机制造业“皇冠上的明珠”，我国在这方面还有很大进步空间。这对从事机械制造业的我们而言，是一种机会也是挑战，你怎么看？

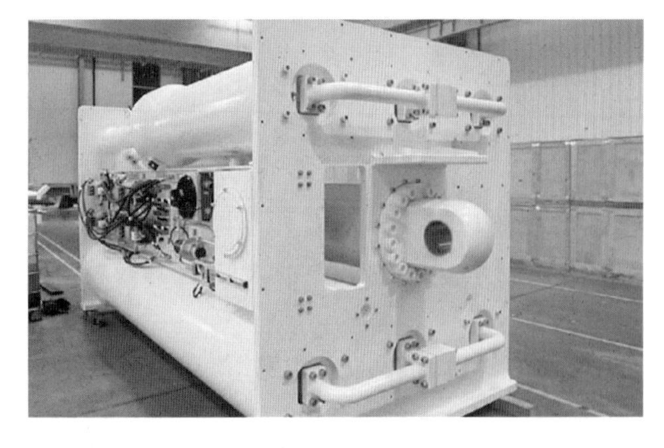

400 t主动式波浪补偿器

材料二　助力“定海神器”成功奔赴浩瀚大海

随着海洋工程产业的发展，海洋平台及海运设备从近海走向深海，越来越频繁地进行海上开采、起吊作业。然而，波浪的运动以及海运设备或海洋平台的晃动对作业带来很大的影响。波浪补偿系统可补偿海运设备或海洋平台因波浪造成的升沉运动。

恒立研发的400 t主动式波浪补偿器是目前恒立提供的载重最大的主动式波浪补偿器，也标志着恒立在高端海工产品领域的研发实力又提升了一个高度。该套系统额定载重400 t，补偿行程3000 mm，主要用于海洋风电吊机安装，水下设备安装。作为机电液一体化产品，该套波浪补偿器复杂度和集成度远超常规集成式波浪补偿器。

主要由液压缸、蓄能器、氮气瓶、液压泵站、控制阀块、动力电池包、电控模块、无线通信模块等组成。产品的设计和建造均采用业界最高标准，大量采用兼具高性能和耐腐蚀的双相不锈钢、质量轻耐腐蚀的铝合金、喷陶瓷活塞杆、喷特氟龙阀块、定制密封圈等。

产品通过传感器检测波浪的升沉，由控制器运算后，控制油缸的伸出和缩回，来补偿波浪升沉对吊装物体的影响，可大幅提高吊装作业的安全性和吊机的吊装能力。在复杂海况下，该系统也可快速响应并扩大吊重时可作业波高和风速范围，实现在恶劣工况下的安全操作，以卓越的性能逐梦万里碧波。

参考资料：

恒立. 恒立动态[EB/OL]. (2022－04－09). https://www.henglihydraulics.com/zh－CN/news/Information/400T.

思考：设计液压系统前我们要考虑哪些设计要求？

11 气压传动

11.1 气压传动系统的组成及工作原理

气压传动是以压缩空气为工作介质进行能量传递和信号传递的一门技术，广泛应用于机械、电子、冶金、石化、航空、轻工、纺织、食品、医药、包装、交通运输等各个工业部门。气压传动的工作原理是利用空压机将原动机输出的机械能转换为空气的压力能，然后在控制元件的作用下，通过执行元件把压力能转换为直线运动或回转运动形式的机械能，从而完成各种动作，并对外做功。由此可知，气压传动系统和液压传动系统类似，也是由四部分组成的，它们是：

(1)气源装置　主体部分是空气压缩机，它将原动机供给的机械能转变为气体的压力能。

(2)控制元件　用来控制压缩空气的压力、流量和流动方向，以便使执行机构完成预定的工作循环，包括各种压力控制阀、流量控制阀和方向控制阀等。

(3)执行元件　将气体的压力能转换成机械能，包括实现直线往复运动的气缸和实现连续回转运动或摆动的气马达或摆动马达等。

(4)辅助元件　保证压缩空气的净化、元件的润滑、元件间的连接及消声等所必需的部件，包括过滤器、油雾气、管接头及消声器等。

气压传动技术在提高生产效率、自动化程度、产品质量、工作可靠性和实现特殊工艺等方面显示出极大的优越性，这主要是因为气压传动与机械、电气、液压传动相比有以下特点：

1. 气压传动的优点

(1)工作介质是空气，气体不易堵塞流动通道，用过后可将其随时排入大气中，不污染环境。

(2)气动元件可靠性高、使用寿命长。电气元件可运行百万次，而气动元件可运行 2000～4000 万次。

(3)空气的特性受温度影响小，在高温下能可靠地工作，不会发生燃烧或爆炸，温度变化一般不会影响传动性能。

(4)工作环境适应性好，特别在易燃、易爆、多尘埃、强磁、辐射、振动等恶劣环境中，比液压、电子、电气传动和控制优越。

(5)空气的黏度很小(约为液压油的万分之一)，所以流动阻力小，管流压力损失小，便于集中供应和远距离输送。

(6)相对液压传动而言，气动动作迅速、反应快，一般只需 0.02～0.3 s 就可达到工作压力和速度。液压油在管路中流动速度一般为 1～5 m/s，而气体的最小流速大于 10 m/s，有时甚至达到音速，排气时还达到超音速。

(7)气体压力具有较强的自保持能力，即使压缩机停机，关闭气阀，装置中仍然可以维持一个稳定的压力；液压系统要保持压力，一般需要能源泵继续工作或另加蓄能器，而气体通过自身的膨胀性来维持承载缸的压力不变。

(8)能过载、能自动保护,结构简单、成本低、维护方便。

2. 气压传动的缺点

(1)气动装置的动作稳定性较差,外载变化时对工作速度的影响较大。

(2)噪声较大,尤其是在超音速排气时要加消声器。

(3)工作压力低,气动装置的输出力或力矩受到限制,输出力不宜大于 10~40 kN。在结构尺寸相同的情况下,气压传动装置比液压传动装置输出的力要小得多。

(4)气动装置中的信号传动速度比光、电控制速度慢,不宜于信号传递速度要求十分高的复杂线路中。

11.2 气动执行元件

气动执行元件是将压缩空气的压力能转换为机械能的装置。它包括气缸和气马达。气缸用于直线往复运动或摆动,气马达用于实现连续回转运动。

11.2.1 气缸

1. 普通气缸

除几种特殊气缸外,普通气缸其种类及结构形式与液压缸基本相同。目前最常选用的是标准气缸,其结构和参数都已系列化、标准化、通用化。QGA 系列气缸为无缓冲普通气缸,其结构如图 11-1 所示;QGB 系列气缸为有缓冲普通气缸,其结构如图 11-2 所示。

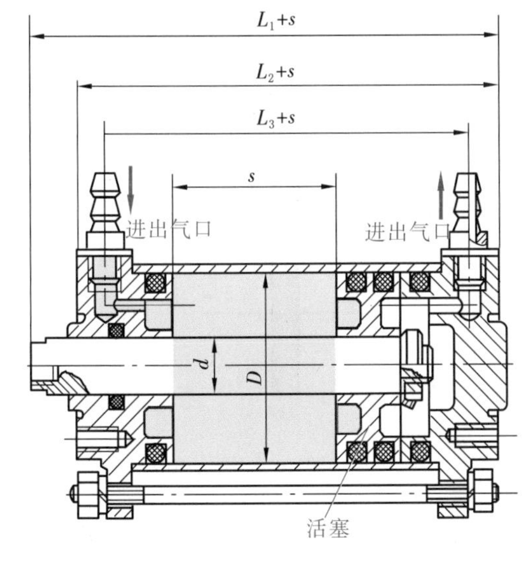

图 11-1 QGA 系列无缓冲普通气缸结构图

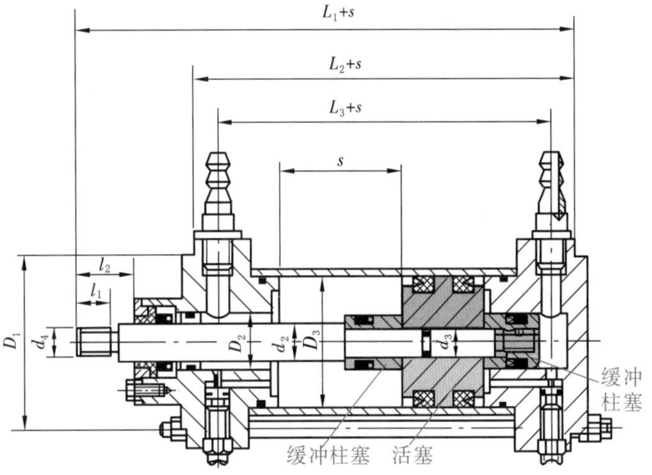

图 11-2 QGB 系列有缓冲普通气缸结构图

其他几种较为典型的特殊气缸有冲击式气缸、薄膜式气缸和气液阻尼缸等。

2. 薄膜式气缸

薄膜式气缸是一种利用压缩空气通过膜片推动活塞杆做往复直线运动的气缸。它由缸体、膜片、膜盘和活塞杆等主要零件组成。其功能类似于活塞式气缸,它分单作用式和双作用式两种,如图11-3所示。

薄膜式气缸的膜片可以做成盘形膜片和平膜片两种形式。膜片形式为夹织物橡胶、钢片或磷青铜片。常用的是夹织物橡胶,橡胶的厚度为 5～6 mm,有时也可用 1～3 mm。金属式膜片只用于行程较小的薄膜式气缸中。

薄膜式气缸和活塞式气缸相比较,具有结构简单、紧凑、制造容易、成本低、维修方便、使用寿命长、泄漏小、效率高的优点。但是膜片的变形量有限,故其行程短(一般不超过 40～50 mm),且气缸活塞杆上的输出力随着行程的加大而减小。

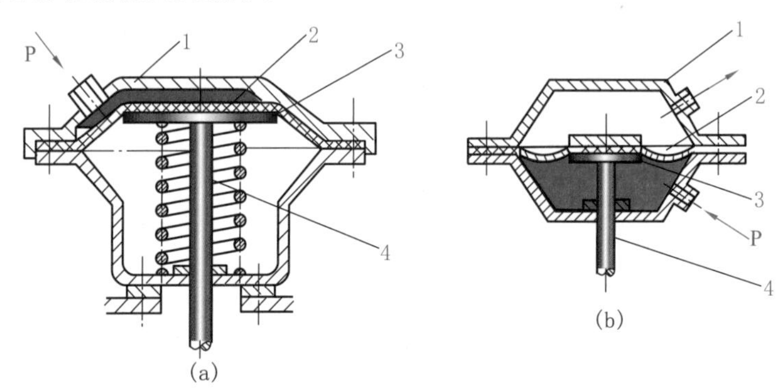

图 11-3 薄膜式气缸结构简图

(a)单作用式;(b)双作用式

1—缸体;2—膜片;3—膜盘;4—活塞杆

3. 冲击气缸

冲击气缸是一种体积小、结构简单、易于制造、耗气功率小但能产生相当大的冲击力的一种特殊气缸。与普通气缸相比,冲击气缸的结构特点是增加了一个具有一定容积的蓄能腔和喷嘴。它的工作原理如图 11-4 所示。

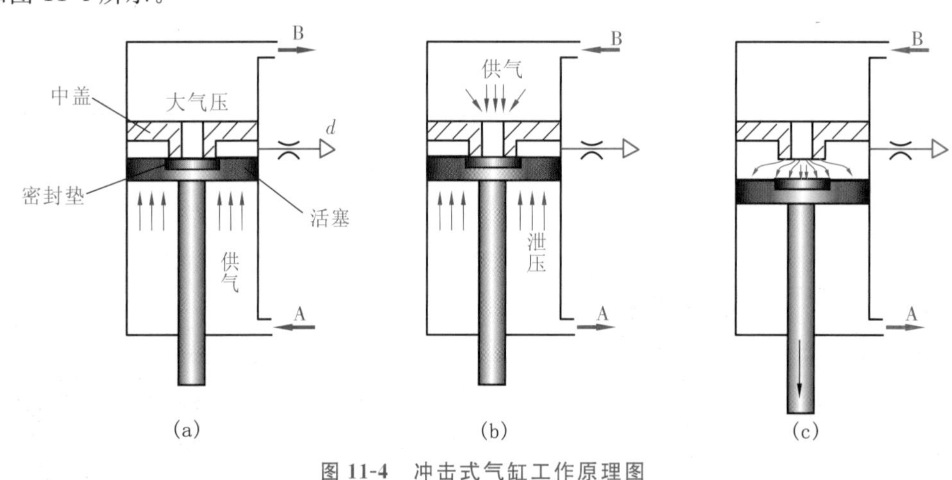

图 11-4 冲击式气缸工作原理图

(a)第一阶段;(b)第二阶段;(c)第三阶段

冲击气缸的整个工作过程可简单地分为三个阶段。第一个阶段[图 11-4(a)],压缩空气由孔 A 输入冲击缸的下腔,蓄气缸经孔 B 排气,活塞上升并用密封垫封住喷嘴,中盖和活塞间的环形空间经排气孔与大气相通。第二阶段[图 11-4(b)],压缩空气改由孔 B 进气,输入蓄气缸中,冲击缸下腔经孔 A 排气。由于活塞上端气压作用在面积较小的喷嘴上,而活塞下端受力面积较大,一般设计成喷嘴面积的 9 倍,缸下腔的压力虽因排气而下降,但此时活塞下端向上的作用力仍然大于活塞上端向下的作用力。第三阶段[图 11-4(c)],蓄气缸的压力继续增大,冲击缸下腔的压力继续降低,当蓄气缸内压力高于活塞下腔压力 9 倍时,活塞开始向下移动,活塞一旦离开喷嘴,蓄气缸内的高压气体迅速充入到活塞与中间盖间的空间,使活塞上端受力面积突然增加 9 倍,于是活塞将以极大的加速度向下运动,气体的压力能转换成活塞的动能。在冲程达到一定时，获得最大冲击速度和能量，利用这个能量对工件进行冲击做功，产生很大的冲击力。

4. 气液阻尼缸

普通气缸工作时，由于气体的压缩性，当外部载荷变化较大时，会产生“爬行”或“自走”现象，使气缸的工作不稳定。为了使气缸运动平稳，普遍采用气液阻尼缸。

气液阻尼缸是由气缸和油缸组合而成。它的工作原理见图 11-5。它是以压缩空气为能源，并利用油液的不可压缩性和控制油液排量来获得活塞的平稳运动和调节活塞的运动速度。它将油缸和气缸串联成一个整体，两个活塞固定在一根活塞杆上。当气缸右端供气时，气缸克服外负载并带动油缸同时向左运动。此时油缸左腔排油、单向阀关闭。油液只能经节流阀缓慢流入油缸右腔，对整个活塞的运动起阻尼作用。调节节流阀的阀口大小就能达到调节活塞运动速度的目的。当压缩空气经换向阀从气缸左腔进入时，油缸右腔排油，此时因单向阀开启，活塞能快速返回原来位置。

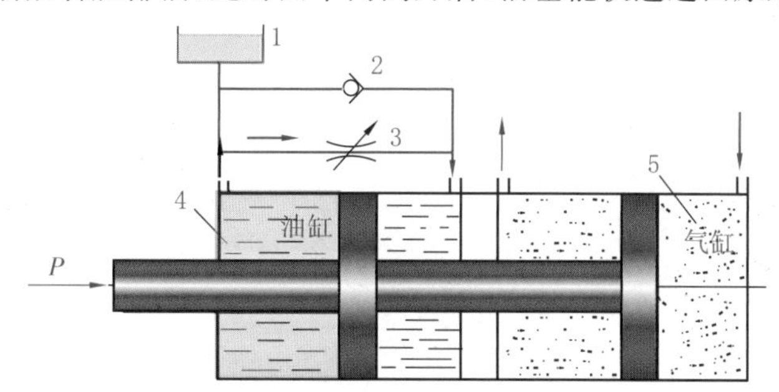

图 11-5 气液阻尼缸的工作原理图

1—油杯；2—单向阀；3—节流阀；4—油缸；5—气缸

这种气液阻尼气缸的结构一般是将双活塞杆缸作为油缸。因为这样可使油缸两腔的排油量相等，此时油箱内的油液只用来补充因油缸泄漏而减少的油量。一般用油杯即可。

11.2.2 气马达

气马达也是气动执行元件的一种，相当于电动机或液压马达，即输出力矩，拖动机构作旋转运动。

1. 气马达的分类及特点

气马达按结构形式可分为：叶片式气马达、活塞式气马达和齿轮式气马达等。最为常见的是活塞式气马达和叶片式气马达。叶片式气马达制造简单、结构紧凑，但低速运动转矩小，低速性能不好，适用于中低功率的机械，目前在矿山及风动工具中应用普遍。活塞式气马达在低速情况下有较大的输出功率，它的低速性能好，适宜于载荷较大和要求低速转矩的机械，如起重机、铰车、铰盘、拉管机等。与液压马达相比，气马达具有以下特点：

(1)具有较高的启动力矩，可以直接带负载运动，可以长时间满载工作而温升较小；

(2)工作安全，可以在易燃易爆场所工作，同时不受高温和振动的影响；

(3)可以无级调速，控制进气流量，就能调节马达的转速和功率；

(4)结构简单、操纵方便、维护容易、成本低；

(5)缺点是输出功率相对较小，最大只有 20 kW 左右，且耗气量大、效率低、噪声大。

2. 气马达的工作原理

图 11-6(a)是叶片式气马达的工作原理图。它的主要结构和工作原理与液压叶片马达相似，主要是一个径向装有 3～9 个叶片的转子，偏心安装在定子内，转子两侧有前后盖板(图中未画出)，叶片在转子的槽内可径向滑动，叶片底部通有压缩空气，转子转动是靠离心力和叶片底部气压将叶片紧压在

定子内表面上。定子内有起配流作用的半圆形的切沟(相当于叶片式液压泵的配流盘),提供压缩空气及排出废气。

当压缩空气从A口进入定子内,会使叶片带动转子逆时针旋转,产生转矩。废气从排气口C排出;而定子腔内残留气体则从B口排出。如需改变气马达旋转方向,只需改变进、排气口即可。

图11-6(b)是径向活塞式马达的原理图。压缩空气经进气口进入分配阀(又称配气阀,相当于液压马达的配流轴)后进入气缸,使密封工作容积增大,推动活塞及连杆组件运动,再使曲柄旋转。曲柄旋转的同时,带动固定在曲轴上的分配阀同步转动,使压缩空气随着分配阀角度位置的改变而进入不同的缸内,依次推动各个活塞运动,由各活塞及连杆带动曲轴连续运转。与此同时,密封工作容积减小的气缸则处于排气状态。

图11-6(c)是薄膜式气马达的工作原理图。它实际上是一个薄膜式气缸,当它做往复运动时,通过推杆端部的棘爪使棘轮转动。

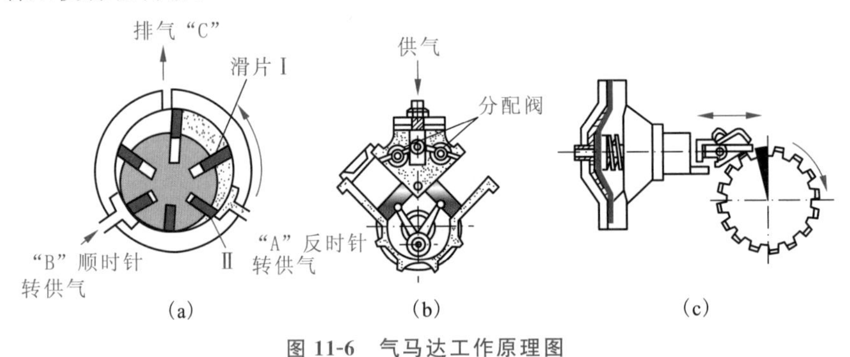

图11-6 气马达工作原理图

(a)叶片式;(b)活塞式;(c)薄膜式

表11-1列出了各种气马达的特点及应用范围,可供选择和使用时参考。

表11-1 各种气马达的特点及应用范围

型式	转矩	速度	功率	每千瓦耗气量 $Q/(m^3 \times min^{-1})$	特点及应用范围
叶片式	低转矩	高速度	由零点几千瓦到1.3 kW	小型:1.8~2.3 大型:1.0~1.4	制造简单,结构紧凑,但低速启动转矩小,低速性能不好。 适用于要求低或中功率的机械,如手提工具、复合工具传送带、升降机、泵、拖拉机等。
活塞式	中高转矩	低速或中速	由零点几千瓦到1.7 kW	小型:1.9~2.3 大型:1.0~1.4	在低速时有较大的功率输出和较好的转矩特性。启动准确,且启动和停止特性均较叶片式好,适用于载荷较大和要求低速转矩较高的机械,如手提工具、起重机、绞车、绞盘、拉管机等。
薄膜式	高转矩	低速度	小于1 kW	1.2~1.4	适用于控制要求很精确,启动转矩极高和速度低的机械。

11.3 气源装置及辅件

气源装置为气动系统提供符合要求的压缩空气,是气压传动系统的重要组成部分。由空气压缩机产生的压缩空气，必须经过降温、稳压、净化、减压等一系列处理后，才能供给控制元件和执行元件使用。而用过的压缩空气排向大气时，会产生噪声，应采取措施降低噪声，改善劳动条件和环境质量。

11.3.1　气源装置

1. 空气压缩机

气压传动系统中最常用的空气压缩机是往复活塞式的，其工作原理与阀配流柱塞泵类似，如图11-7所示。当活塞3向右运动时，气缸2内活塞左腔的压力低于大气压力，单向吸气阀9被打开，空气在大气压力作用下进入气缸2内，这个过程称为“吸气过程”。当活塞向左移动时，单向吸气阀9在缸内压缩气体的作用下而关闭，缸内气体被压缩，这个过程称为压缩过程。当气缸内空气压力增高到略高于输气管内压力后，单向排气阀1被打开，压缩空气进入输气管道，这个过程称为“排气过程”。活塞3的往复运动是由电动机带动曲柄转动，通过连杆、滑块、活塞杆转化为直线往复运动而产生的。图中只表示了一个活塞一个缸的空气压缩机，大多数空气压缩机是多缸多活塞的组合。

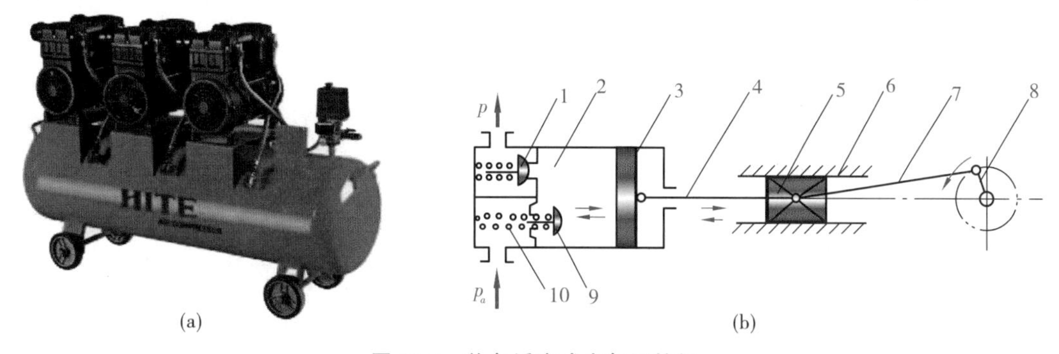

图11-7　往复活塞式空气压缩机

(a)空气压缩机外形；(b)工作原理

1—单向排气阀；2—气缸；3—活塞；4—活塞杆；5，6—十字头与滑道；7—连杆；8—曲柄；9—单向吸气阀；10—弹簧

空气压缩机的分类及选用原则：

①分类　空气压缩机类很多。如按其工作原理可分为容积式压缩机和离心式（又称速度型）压缩机，容积式压缩机的工作原理是压缩气体的体积，使单位体积内气体分子的密度增大以提高压缩空气的压力，原理与容积式液压泵类似。离心式压缩机的工作原理是提高气体分子的运动速度，然后使气体的动能转化为压力能以提高压缩空气的压力。

②选用原则　选用空气压缩机的根据是气压传动系统所需要的工作压力和流量两个参数。一般空气压缩机为中压空气压缩机，额定排气压力为1 MPa。另外还有低压空气压缩机，排气压力0.2 MPa；高压空气压缩机，排气压力为10 MPa；超高压空气压缩机，排气压力100 MPa。

2. 对压缩空气的要求

(1)要求压缩空气具有一定的压力和足够的流量。因为具有一定压力和流量的压缩空气是气动装置的动力来源，没有一定的压力就不能保证执行机构产生足够的推力；没有足够的流量，就不能满足对执行机构运动速度的要求等。总之，压缩空气没有一定的压力和流量，气动装置的一切功能均无法实现。

(2)要求压缩空气有一定的清洁度和干燥度。清洁度是指气源中含灰尘杂质及含油量要控制在很低范围内。干燥度是指压缩空气中含水量的多少，气动装置要求压缩空气的含水量越低越好。空气压缩机排出的压缩空气，虽然能满足一定的压力和流量的要求，但不能为气动装置直接使用，因为一般气动设备所使用的空气压缩机都是属于工作压力较低（小于1 MPa），用油润滑的活塞式空气压缩机。它从大气中吸入含有水分和灰尘的空气，经压缩后，空气温度均提高到 140～180 ℃，这时空气压缩机气缸中的润滑油也部分成为气态。这样油分、水分以及灰尘便形成混合的胶体微尘与杂质混在压缩空气中一同排出。如果将此压缩空气直接输送给气动装置使用，将会产生下列影响：

①混在压缩空气中的杂质能沉积在管道或气动元件通道内，增加了管道阻力，对气动元件造成阻塞，使气动系统不能稳定工作甚至失灵。

②混在压缩空气中的油蒸气可能在气动系统中形成易燃物，有引起爆炸的危险；同时，润滑油被气化后会形成一种有机酸，对气动装置有腐蚀作用，影响设备的使用寿命。

③压缩空气中的灰尘等杂质，对气动元件（如压缩机、气缸、气马达、气动换向阀等）的运动副会产生研磨作用，使这些元件因漏气而降低效率，影响使用寿命。

④压缩空气中含有的饱和水分，在一定的条件下会凝结成水，并聚集在个别管道中。在寒冷的冬季，凝结的水会使管道及附件结冰而损坏，影响气动装置的正常工作。

因此气源装置必须设置一些除油、除水、除尘，并使压缩空气干燥，提高压缩空气质量，进行气源净化处理的辅助设备。

3. 压缩空气站的设备组成及布置

压缩空气站的设备一般包括产生压缩空气的空气压缩机和使气源净化的辅助设备。图 11-8 是压缩空气站设备组成及布置示意图。

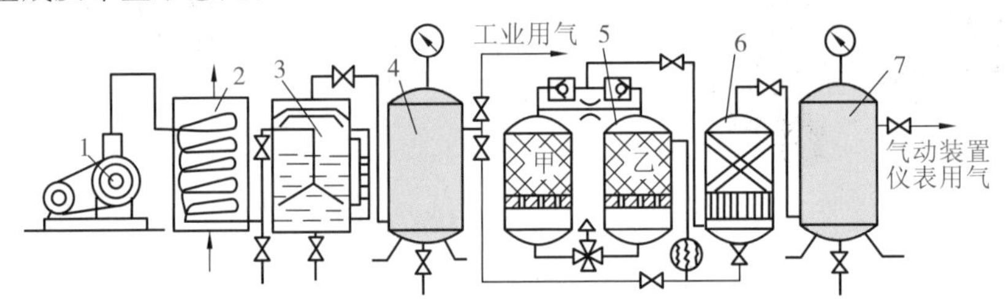

图 11-8　压缩空气站设备组成及布置示意图

1—空气压缩机；2—后冷却器；3—油水分离器；4，7—储气罐；5—干燥器；6—过滤器

在图 11-8 中，1 为空气压缩机，用以产生压缩空气，其吸气口装有空气过滤器以减小进入空气压缩机的杂质。2 为后冷却器，用以冷却压缩空气，使净化的水凝结出来。3 为油水分离器，用以分离并排出降温冷却的水滴、油滴、杂质等。4 为储气罐，用以稳定压缩空气的压力并除去部分油分和水分。5 为干燥器，用以进一步吸收或排除压缩空气中的水分和油分，使之成为干燥空气。6 为过滤器，用以进一步过滤压缩空气中的灰尘和杂质。7 为储气罐。储气罐 4 输出的压缩空气可用于一般要求的气压传动系统，储气罐 7 输出的压缩空气可用于要求较高的气动系统（如气动仪表及射流元件组成的控制回路等）。气动三大件的组成及布置由用气设备确定，图中未画出。

输出流量的选择，要根据整个气动系统对压缩空气流量的需要再加一定的备用余量，作为选择空气压缩机的流量依据。空气压缩机铭牌上的流量是自由空气流量。

11.3.2　气源净化装置

压缩空气净化装置一般包括：后冷却器、油水分离器、储气罐、干燥器、过滤器等。

1. 冷却器

后冷却器安装在空气压缩机出口处的管道上。它的作用是将空气压缩机排出的压缩空气温度由 140～170 ℃降至 40～50 ℃。这样就可使压缩空气中的油雾和水汽迅速达到饱和，使其大部分析出并凝结成油滴和水滴，以便经油水分离器排出。后冷却器的结构形式有：列管式、蛇形管式、散热片式、管套式等。冷却方式有水冷和气冷两种方式，列管式和蛇形管后冷却器的结构见图 11-9。

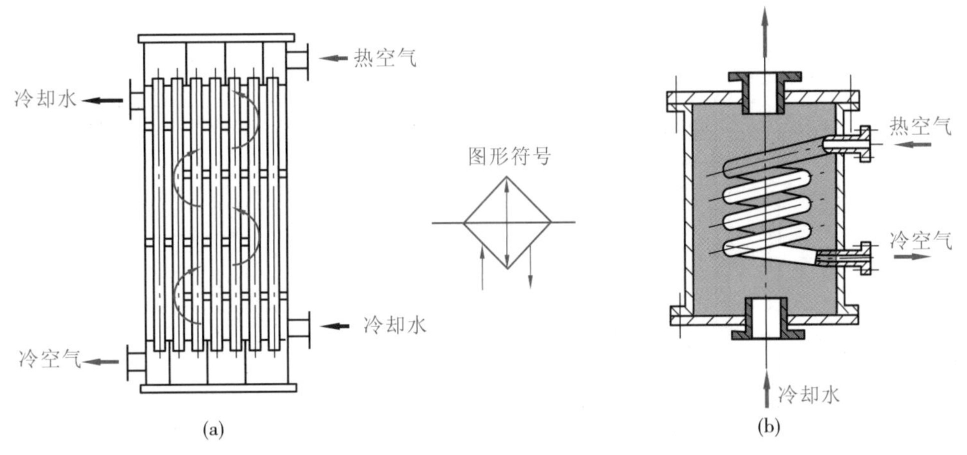

图 11-9　后冷却器

(a)列管式;(b)蛇管式

2. 油水分离器

油水分离器安装在后冷却器出口管道上，它的作用是分离并排出压缩空气中凝聚的油分、水分和灰尘杂质等，使压缩空气得到初步净化。油水分离器的结构形式有环形回转式、离心旋转式、撞击折回式、水浴式以及以上形式的组合使用等。图 11-10 所示是撞击折回并回转式油水分离器，它的工作原理是：当压缩空气由入口进入分离器壳体后，气流先受到隔板阻挡而被撞击折回向下（见图中箭头所示流向）；之后又上升产生环形回转，这样凝聚在压缩空气中的油滴、水滴等杂质受惯性力作用而分离析出，沉降于壳体底部，由放水阀定期排出。

为提高油水分离效果，应控制气流在回转后上升的速度不超过 0.3～0.5 m/s。

3. 储气罐

储气罐的主要作用是：

①储存一定数量的压缩空气，以备发生故障或临时需要应急使用；

②消除由于空气压缩机断续排气而对系统引起的压力脉动，保证输出气流的连续性和平稳性；

③进一步分离压缩空气中的油、水等杂质。

储气罐一般采用焊接结构，以立式居多，其结构如图 11-11 所示。

4. 干燥器

经过后冷却器、油水分离器和储气罐后得到初步净化的压缩空气，已满足一般气压传动的需要。但压缩空气中仍含一定量的油、水以及少量的粉尘。如果用于精密的气动装置、气动仪表等，上述压缩空气还必须进行干燥处理。

压缩空气干燥方法主要采用吸附法和冷却法。吸附法是利用具有吸附性能的吸附剂（如硅胶、铝胶或分子筛等）来吸附压缩空气中含有的水分而使其干燥；冷却法是利用制冷设备使空气冷却到一定的露点温度，析出空气中超过饱和水蒸气部分的多余水分，从而达到所需的干燥度。

吸附法是干燥处理方法中应用最为普通的一种方法，吸附式干燥器的结构如图 11-12 所示。它的外壳呈筒形，其中分层设置栅板、吸附剂、滤网等。湿空气从管 1 进入干燥器，通过吸附剂层 21、钢丝过滤网 20、上栅板 19 和下部吸附剂层 16 后，因其中的水分被吸附剂吸收而变得很干燥。然后，再经过钢丝网 15，下栅板 14 和钢丝过滤网 12，干燥、洁净的压缩空气便从干燥空气输出管 8 排出。

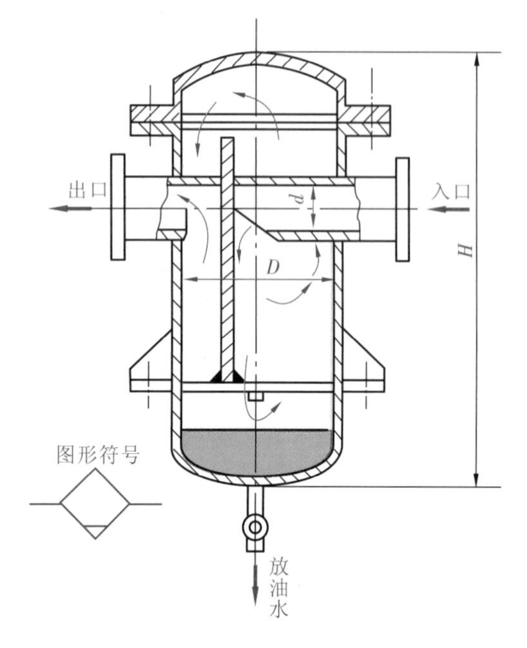

图 11-10　撞击折回并回转式油水分离器

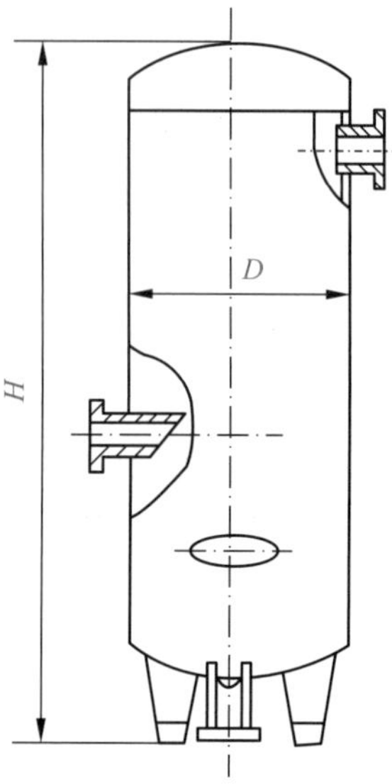

图 11-11　储气罐结构图

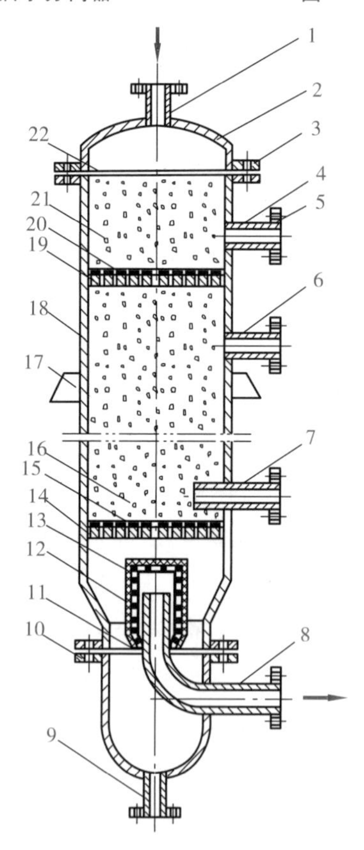

图 11-12　吸附式干燥器结构图

1—湿空气进气管；2—顶盖；3，5，10—法兰；4，6—再升空气排气管；7—再升空气进气管；8—干燥空气输出管；9—排水管；11，22—密封垫；12，15，20—钢丝过滤网；13—毛毡；14—下栅板；16，21—吸附剂层；17—支撑板；18—筒体；19—上栅板

5. 过滤器

空气的过滤是气压传动系统中的重要环节。不同的场合，对压缩空气的要求也不同。过滤器的作用是进一步滤除压缩空气中的杂质。常用的过滤器有一次性过滤器（也称简易过滤器，滤灰效率为50%～70%）；二次过滤器（滤灰效率为70%～99%）。在要求高的特殊场合，还可使用高效率的过滤器（滤灰效率大于99%）。

①一次过滤器。图11-13所示为一种一次过滤器结构简图，气流由切线方向进入筒内，在离心力的作用下分离出液滴，然后气体由下而上通过多片钢板、毛、毡、硅胶、焦炭、滤网等过滤吸附材料，干燥清洁的空气从筒顶输出。

②分水滤气器。分水滤气器滤灰能力较强，属于二次过滤器。它和减压阀、油雾器一起称为气动三联件，是气动系统不可缺少的辅助元件。普通分水滤气器的结构如图11-14所示。其工作原理如下：压缩空气从输入口进入后，被引入旋风叶子1，旋风叶子上有很多小缺口，使空气沿切线反向产生强烈的旋转，这样夹杂在气体中的较大水滴、油滴、灰尘（主要是水滴）便获得较大的离心力，并高速与存水杯3内壁碰撞，而从气体中分离出来，沉淀于存水杯3中，然后气体通过中间的滤芯2，部分灰尘、雾状水被滤心2拦截而滤去，洁净的空气便从输出口输出。挡水板4是防止气体旋涡将杯中积存的污水卷起而破坏过滤作用。为保证分水滤气器正常工作，必须及时将存水杯中的污水通过手动排水阀5放掉。在某些人工排水不方便的场合，可采用自动排水式分水滤气器。

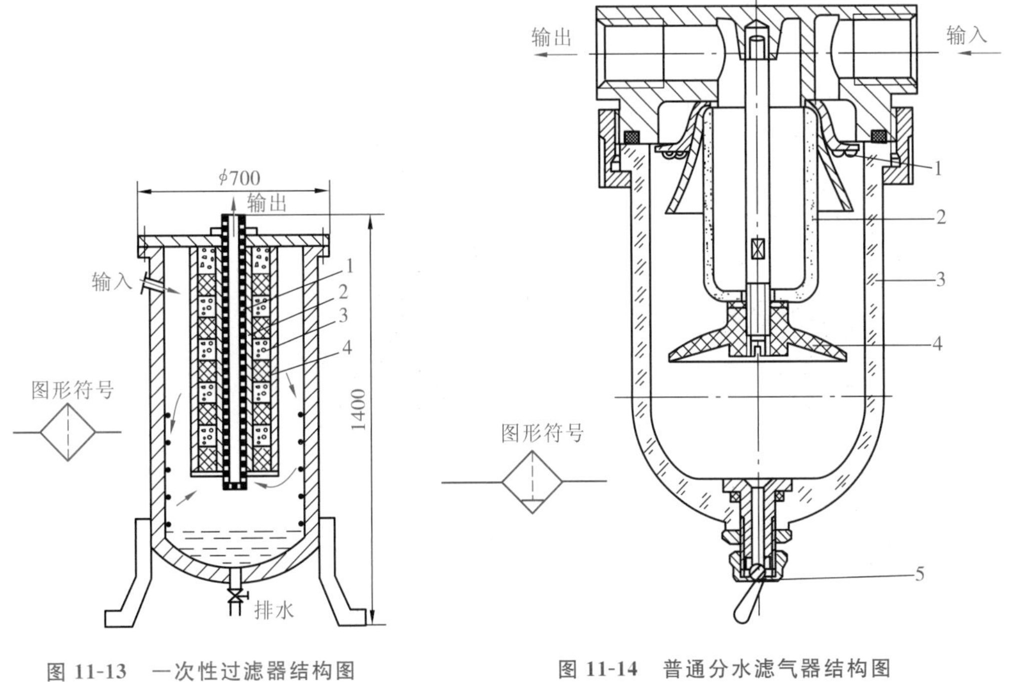

图11-13　一次性过滤器结构图

1—F10密孔网；2—280目细铜丝网；3—焦炭；4—硅胶等

图11-14　普通分水滤气器结构图

1—旋风叶子；2—滤芯；3—存水杯；4—挡水板；5—手动排水阀

存水杯由透明材料制成，便于观察工作情况、污水情况和滤芯污染情况。滤芯一般采用铜粒烧结而成。发现油泥过多，可采用酒精清洗，干燥后再装上，可继续使用。但是这种过滤器只能滤除固体和液体杂质，因此，使用时应尽可能装在能使空气中的水分变成液态的部位或防止液体进入的部位，如气动设备的气源入口处。

11.3.3 其他辅助元件

1. 管道连接件

管道连接件包括管子和各种管接头。有了管子和各种管接头，才能把气动控制元件、气动执行元件以及辅助元件等连接成一个完整的气动控制系统，因此，实际应用中，管道连接件是不可缺少的。

管子可分为硬管和软管两种。如在总气管和支气管等一些固定不动的、不需要经常装拆的地方，使用硬管。连接运动部件、临时使用、希望装拆方便的管路应使用软管。硬管有铁管、铜管、黄铜管、紫铜管和硬塑料管等；软管有塑料管、尼龙管、橡胶管、金属编织塑料管以及挠性金属导管等。常用的是紫铜管和尼龙管。

气动系统中使用的管接头的结构及工作原理与液压管接头基本相似；分为卡套式、扩口螺纹式、卡箍式、插入快换式等。

2. 油雾器

油雾器是一种特殊的注油装置。它以空气为动力，使润滑油雾化后，注入空气流中，并随空气进入需要润滑的部件，达到润滑的目的。

图 11-15 是普通油雾器(也称一次油雾器)的结构简图。当压缩空气由输入口进入后，大部分空气经出口流出，少部分空气通过喷嘴 1 下端的小孔进入阀座 4 的腔室内，在截止阀的钢球 2 上下表面形成压差，由于泄漏和弹簧 3 的作用，而使钢球处于中间位置，压缩空气进入存油杯 5 的上腔。存油杯 5 下腔油液，液面受气压作用，经吸油管 6 向上吸油，顶开单向阀 7，经节流阀 8 和管道 a，流入上方的视油器 9 内；视油器里面的油液再滴入喷嘴 1 中，被主管气流从上面小孔引射出来，雾化后从输出口输出。节流阀 8 可以调节流量，使滴油量在每分钟 0～120 滴内变化。

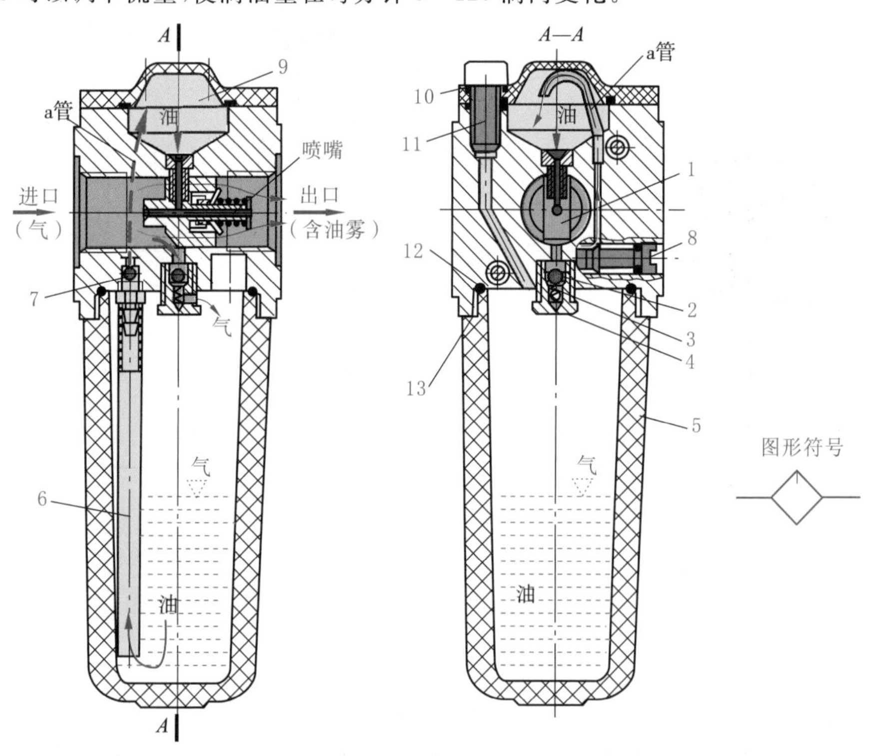

图 11-15 普通油雾器(也称一次油雾器)的结构简图

1—喷嘴；2—钢球；3—弹簧；4—阀座；5—存油杯；6—吸油管；7—单向阀；
8—节流阀；9—视油器；10，12—密封垫；11—油塞；13—螺钉

二次油雾器能使油滴在雾化器内进行两次雾化，使油雾粒度更小、更均匀，输送距离更远。二次雾化粒径可达 5 μm。

油雾器的选择主要是根据气压传动系统所需额定流量及油雾粒径大小来进行。所需油雾粒径在 50 μm 左右选用一次油雾器，若需油雾粒径更小可选用二次油雾器。

油雾器一般应配置在滤气器和减压阀之后，用气设备之前较近处。

3. 消声器

在气压传动系统之中，气缸、气阀等元件工作时，排气速度较高，气体体积急剧膨胀，会产生刺耳的噪声。噪声的强弱随排气的速度、排量和空气通道的形状而变化。排气的速度和功率越大，噪声也越大，一般可达 100～120 dB，为了降低噪声可以在排气口装消声器。

消声器就是通过阻尼或增加排气面积来降低排气速度和功率，从而降低噪声的。

气动元件使用的消声器一般由三种类型：吸收型消声器、膨胀干涉型消声器和膨胀干涉吸收型消声器。常用的是吸收型消声器，如图 11-16 所示。这种消声器主要依靠吸音材料消声。消音罩 2 为多孔的吸音材料。一般用聚苯乙烯或铜颗粒烧结而成。当消声器的通径小于 20 mm 时，多用聚苯乙烯作消音材料制成消声罩，当消声器的通径大于 20 mm 时，消音罩多用铜颗粒烧结，以增加强度。其消声原理是：当有压气体通过消声罩时，气流受到阻力、声能量被部分吸收而转化成热能，从而降低了噪声强度。

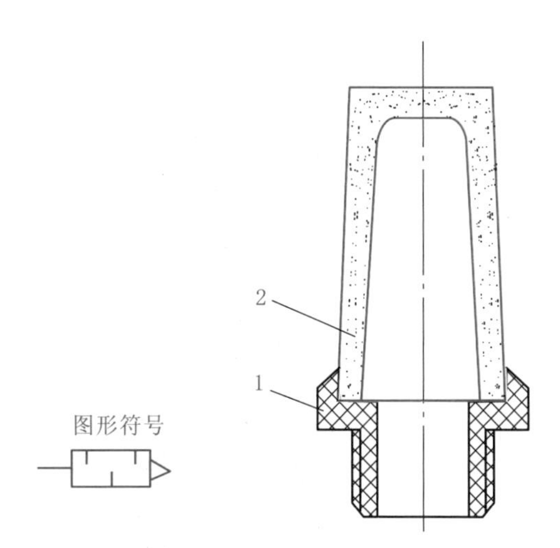

图 11-16 吸收型消声器的结构简图

1—连接螺钉；2—消声罩

吸收型消声器结构简单，具有良好的消除中、高频噪声的性能。消声效果大于 20 dB。在气压传动系统中，排气噪声主要是中、高频噪声，尤其是高频噪声，所以采用这种消声器是合适的。在主要是中低频噪声的场合，应使用膨胀干涉型消声器。

11.4 气动控制元件

在气压传动系统中，气动控制元件是控制和调节压缩空气的压力、流量和方向的各类控制阀，其作用是保证气动执行元件(如气缸、气马达等)按设计的程序正常地进行工作。

气压控制阀按作用可分为压力控制阀、流量控制阀和方向控制阀。

11.4.1 压力控制阀

1. 压力控制阀的作用及分类

气动系统不同于液压系统，一般每一个液压系统都自带液压源（液压泵）；而在气动系统中，一般来说由空气压缩机先将空气压缩，储存在储气罐内，然后经管路输送给各个气动装置使用。而储气罐的空气压力往往比各台设备实际所需要的压力高些，同时其压力波动值也较大。因此需要用减压阀（调压阀）将其压力减到每台装置所需的压力，并使减压后的压力稳定在所需压力值上。

有些气动回路需要依靠回路中压力变化实现控制两个执行元件的顺序动作，所用的这种阀就是顺序阀。顺序阀与单向阀的组合称为单向顺序阀。

所有的气动回路或储气罐为了安全起见，当压力超过允许压力值时，需要实现自动向外排气，这种压力控制阀叫安全阀（溢流阀）。

2. 减压阀（调压阀）

图 11-17 是 QTY 型直动式减压阀，工作原理为：当阀处于工作状态时，调节手柄 1，压缩弹簧 2、3 及膜片 5，通过阀杆 6 使阀芯 9 下移，进气阀口被打开，有压气流从左端输入，经阀口节流减压后从右端输出。输出气流的一部分由阻尼孔 7 进入膜片气室，在膜片 5 的下方（测压面）产生一个向上的推力，这个推力与弹簧力比较，总是企图把阀口开度关小，使其输出压力下降。当作用于膜片上的推力与弹簧力相平衡后，减压阀的输出压力便保持一定。

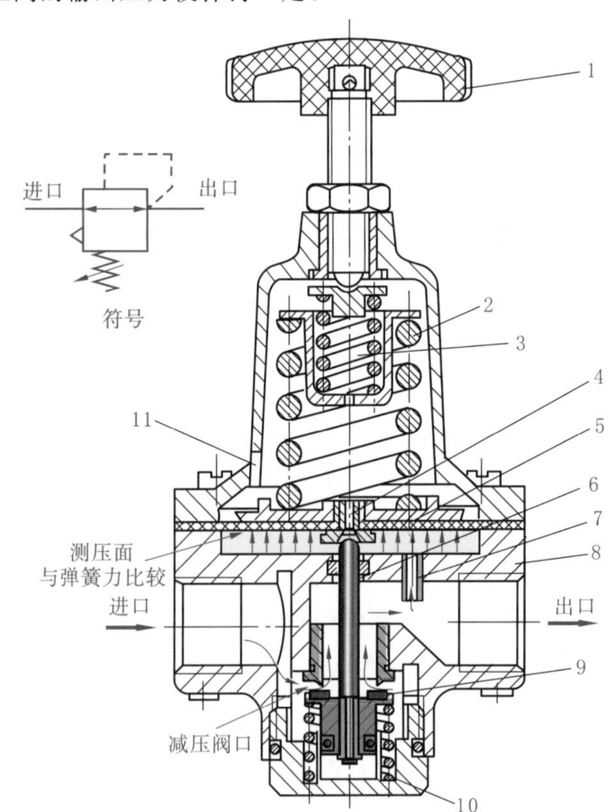

图 11-17 QTY 型减压阀结构图

1—手柄；2，3—调压弹簧；4—溢流口；5—膜片；6—阀杆；7—阻尼孔；8—阀座；9—阀芯；10—复位弹簧；11—排气孔

当输入压力发生波动时，如输入压力瞬时升高，输出压力也随之升高，作用于膜片 5 上的气体推力也随之增大，破坏了原来的力的平衡，使膜片 5 向上移动，有少量气体经溢流口 4，排气孔 11 排出。在膜片上移的同时，因复位弹簧 10 的作用，使减压阀口关小，输出压力下降，直到新的平衡为止。重

新平衡后的输出压力又基本上恢复至原值。反之，输出压力瞬时下降，膜片下移，进气口开度增大，节流作用减小，输出压力又基本上回升至原值。调节手柄 1 使弹簧 2、3 恢复自由状态，输出压力降至零，阀芯 9 在复位弹簧 10 的作用下，关闭进气阀口。这样，减压阀便处于截止状态，无气流输出。

显然，弹簧 2、3 是减压阀压力控制的指令单元，膜片 5 是压力反馈单元，控制原理与液压直动型减压阀类似。

QTY 型直动式减压阀的调压范围为 0.05～0.63 MPa。为限制气体流过减压阀所造成的压力损失，规定气体通过阀内通道的流速在 15～25 m/s 范围内。

安装减压阀时，要按气流的方向和减压阀上所示的箭头方向，依照分水滤气器→减压阀→油雾器的安装次序进行安装。调压时应由低向高调，直至规定的调压值为止。阀不用时应把手柄放松，以免膜片经常受压变形。

3. 顺序阀

顺序阀是依靠气路中压力的作用而控制执行元件按顺序动作的压力控制阀，如图 11-18 所示，它根据弹簧的预压缩量来控制其开启压力(采用进口测压方式)。当输入压力达到或超过开启压力时，顶开弹簧，于是 P 到 A 才有输出，反之 A 无输出。

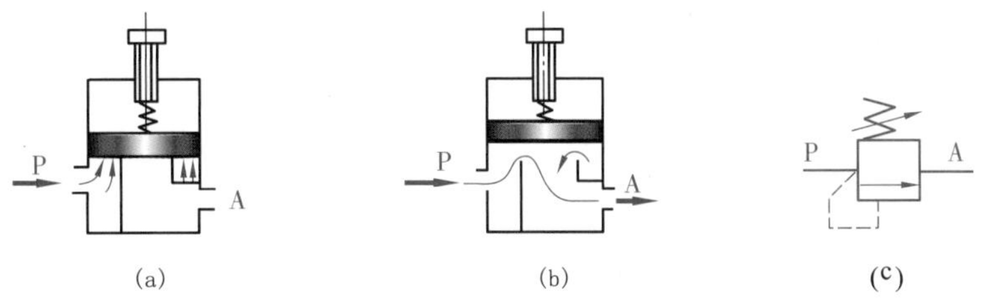

图 11-18 顺序阀工作原理图

(a)关闭状态；(b)开启状态；(c)图形符号

顺序阀一般很少单独使用，往往与单向阀配合在一起，构成单向顺序阀。图 11-19 所示为单向顺序阀的工作原理图。活塞 3 下端面为进口压力测压面，当压缩空气由左端进入阀腔后，作用于活塞 3 上的气压力超过压缩弹簧 2 作用上的力时，活塞将被顶起，压缩空气从 P 经 A 输出，见图 11-19(a)。此时单向阀 4 在压差力及弹簧力的作用下处于关闭状态。反向流动时，输入侧变成排气口，输出侧压力将顶开单向阀 4 由 O 口排气，见图 11-19(b)。

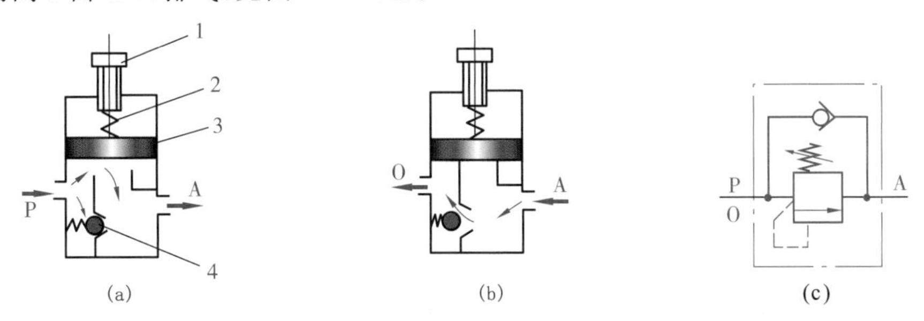

图 11-19 单向顺序阀工作原理图

(a)开启状态；(b)关闭状态；(c)图形符号

1—调节手柄；2—弹簧；3—活塞；4—单向阀

调节旋钮就可改变单向顺序阀的开启压力，以便在不同的开启压力下，控制执行元件的顺序动作。

4. 安全阀

当储气罐或回路中压力超过某调定值，要用安全阀向外放气限压，安全阀在系统中起过载保护作用。

图 11-20 所示是安全阀工作原理图。当系统中气体压力在调定范围内时，作用在活塞 3 上的压力小于弹簧 2 的力，活塞处于关闭状态[图 11-20(a)]。当系统压力升高，作用在活塞 3 上的压力大于弹簧的预定压力时，活塞 3 向上移动，阀门开启排气[图 11-20(b)]。直到系统压力降到调定范围以下，活塞又重新关闭。开启压力的大小与弹簧的预压量有关。

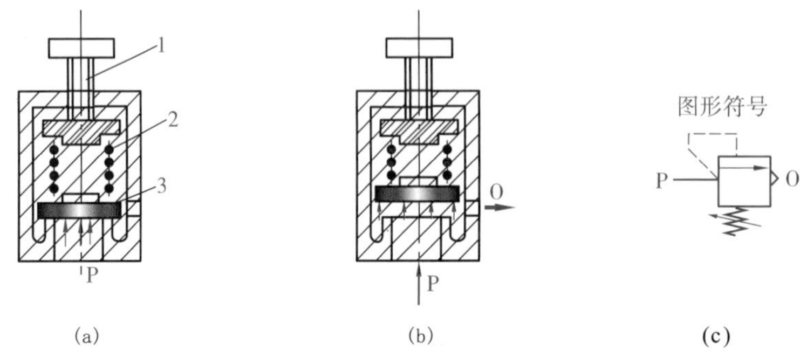

图 11-20 安全阀工作原理图

(a)关闭状态(b)开启状态;(c)图形符号

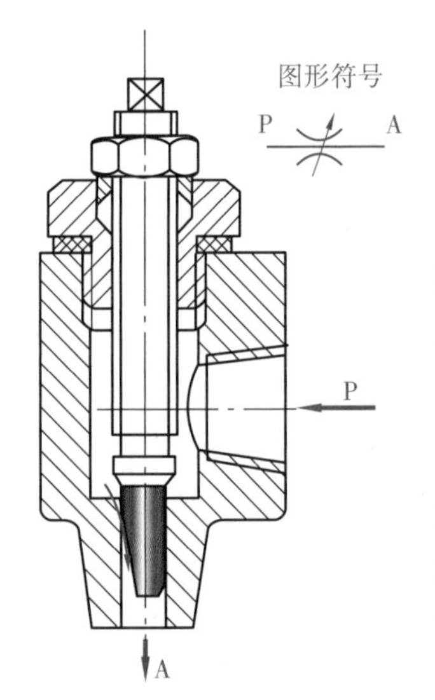

图 11-21 节流阀

11.4.2 流量控制阀

在气压传动系统中，有时需要控制气缸的运动速度，有时需要控制换向阀的切换时间和气动信号的传递速度，都需要调节压缩空气的流量来实现。流量控制阀就是通过改变阀的通流截面积来实现流量控制的元件。流量控制阀包括节流阀、单向节流阀、排气节流阀和快速排气阀等。

1. 节流阀

图 11-21 所示为圆柱斜切型节流阀的结构图。压缩空气由 P 口进入，经过节流后，由 A 口流出。旋转阀芯螺杆，就可改变节流口的开度，这样就调节了压缩空气的流量。由于这种节流阀的结构简单、体积小，故应用范围较广。

2. 单向节流阀

单向节流阀是由单向阀和节流阀并联而成的组合式流量控制阀，如图 11-22 所示。当气流沿着一个方向，例如 P→A 流动时，经过节流阀节流见[图 11-22(a)]；反方向见[图 11-22(b)]流动时，由 A→P 时单向阀打开，不节流，单向节流阀常用于气缸的调速和延时回路。

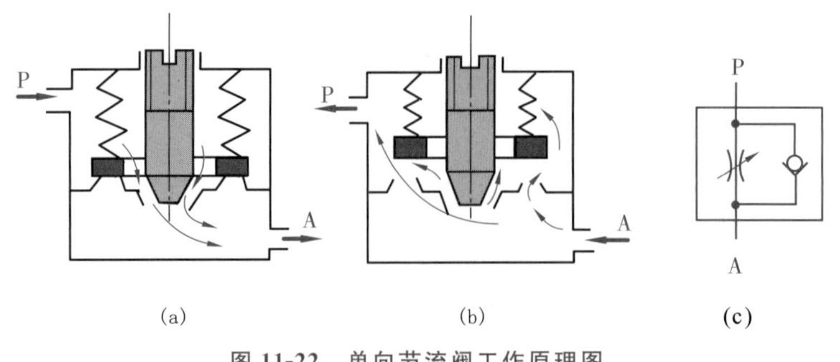

图 11-22 单向节流阀工作原理图

(a)P→A 状态;(b)A→P 状态;(c)图形符号

3. 排气节流阀

排气节流阀如图 11-23 所示，是装在执行元件的排气口处，调节进入大气中气体流量的一种控制阀。它不仅能调节执行元件的运动速度，还常带有消声器件，所以也能起降低排气噪声的作用，其工作原理和节流阀类似，靠调节节流口 1 处的通流面积来调节排气流量，由消声套 2 来减少排气噪声。

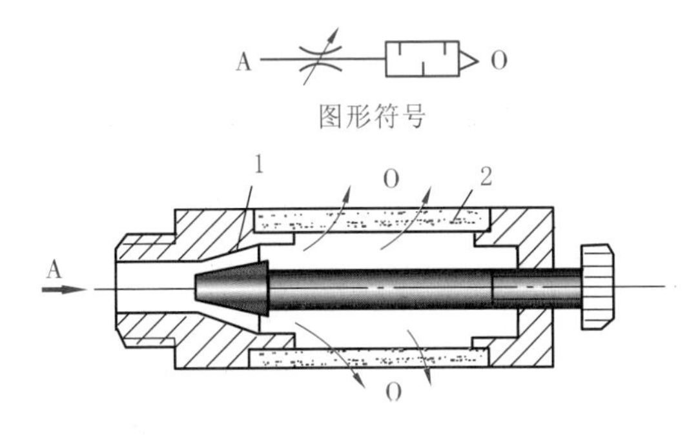

图 11-23 排气节流阀工作原理图

1—节流口； 2—消声套

应当指出，气动系统用流量控制的方法控制气缸内活塞的运动速度，比液压节流调速困难。特别是在极低速控制中，要按照预定行程变化来控制速度，只用气动很难实现。在外部负载变化很大时，仅用气动流量阀也不会得到满意的调速效果。为提高其运动平稳性，建议采用气液联动。

4. 快速排气阀

图 11-24 所示为快速排气阀工作原理图。进气口 P 进入压缩空气，并将密封活塞迅速上推，开启阀口 2，同时关闭排气口 O，使进气口 P 和工作口 A 相通[图 11-24(a)]，图 11-24(b)是 P 口没有压缩空气进入时，在 A 口和 P 口压差作用下，密封活塞迅速下降，关闭 P 口，使 A 口通过 O 口快速排气。

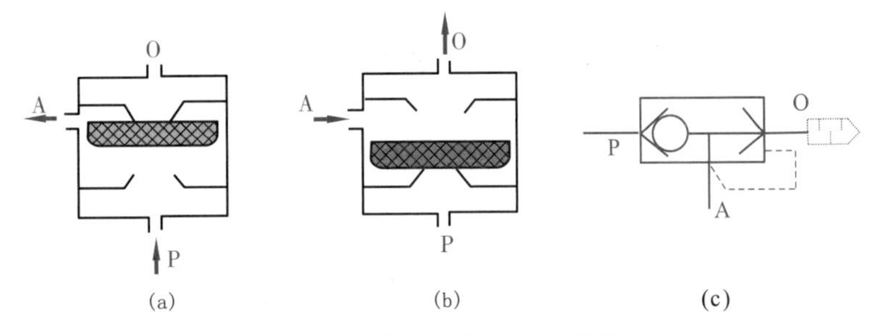

图 11-24 快速排气阀工作原理图

(a)工作状态；(b)排气状态；(c)图形符号

快速排气阀常安装在换向阀和气缸之间。图 11-25 表示了快速排气阀在回路中的应用。它使气缸的排气不用通过换向阀而快速排出，从而加速了气缸往复运动的速度，缩短了工作周期。

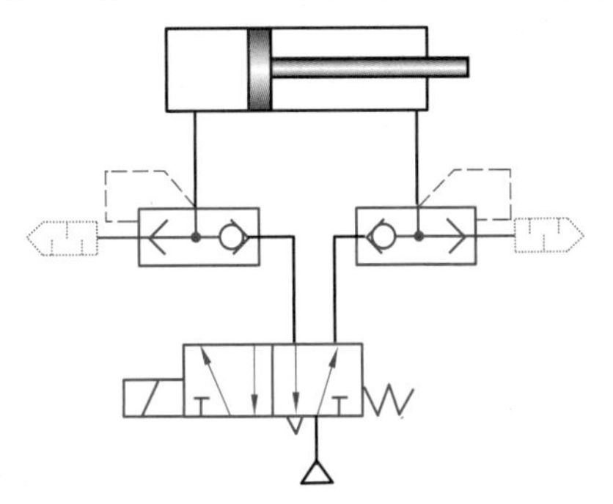

图 11-25 快速排气阀的应用回路

11.4.3 方向控制阀

方向控制阀是气压传动系统中通过改变压缩空气的流动方向和气流的通断，来控制执行元件启动、停止及运动方向的气动元件。根据方向控制阀的功能、控制方式、结构形式、阀内气流的方向及密封形式等，可将方向控制阀分为几类，见表 11-2。

表 11-2 方向控制阀的分类

分类方式	形　式
按阀内气体的流动方向	单向阀、换向阀
按阀芯的结构形式	截止阀、滑阀
按阀的密封形式	硬质密封、软质密封
按阀的工作位数及通路数	二位三通、二位五通、三位五通等
按阀的控制操纵方式分	气压控制、电磁控制、机械控制、手动控制

下面仅介绍几种典型的方向控制阀：

1. 气压控制换向阀

气压控制换向阀是以压缩空气为动力切换气阀，使气路换向或通断的阀类。气压控制换向阀的用途很广，多用于组成全气阀控制的气压传动系统或易燃、易爆以及高净化等的场合。

(1)单气控加压截止式换向阀

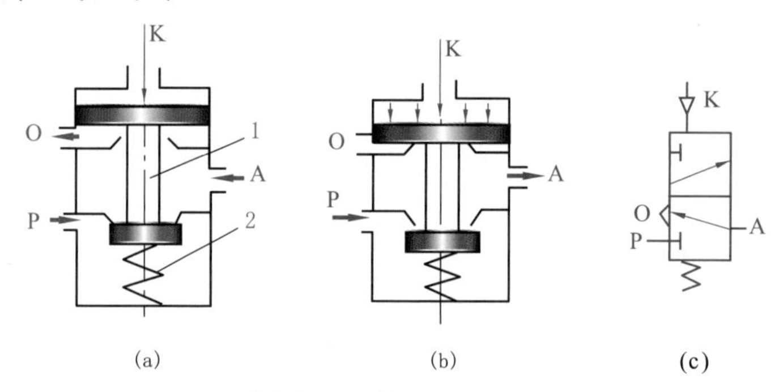

图 11-26 单气控加压截止式换向阀工作原理图

(a)常态；(b)动力阀状态；(c)图形符号

1—阀芯；2—弹簧

图 11-26 所示为二位三通单气控加压截止式换向阀的工作原理图。图 11-26(a)是无气控信号 K 时的状态(即常态)，此时，阀芯 1 在弹簧 2 的作用下处于上端位置，使阀 A 与 O 相通，A 口排气。图 11-26(b)是在有气控信号 K 时阀的状态(即动力阀状态)，由于气压力的作用，阀芯 1 压缩弹簧 2 下移，使阀口 A 与 O 断开，P 与 A 接通，A 口有气体输出。

图 11-27 所示为二位三通单气控截止式换向阀的结构图。气控换向时，气控活塞通过上阀杆推动阀芯向下移动，堵住 A 腔排气阀口，打开 A 腔进气阀口。这种结构简单、密封可靠、换向行程短，且换向力大。

(2)双气控加压式换向阀

图 11-28 所示为双气控滑阀式换向阀的工作原理图(二位五通)。图 11-28(a)为有气控信号 K_2 时阀的状态，此时阀芯停在左边，其通路状态是 P 与 A、B 与 O 相通。图 11-28(b)为有气控信号 K_1 时阀的状态(此时信号 K_2 已不存在)，阀芯换位，其通路状态变为 P 与 B、A 与 O 相通。双气控滑阀具有记忆功能，即气控信号消失后，阀仍能保持在有信号时的工作状态。

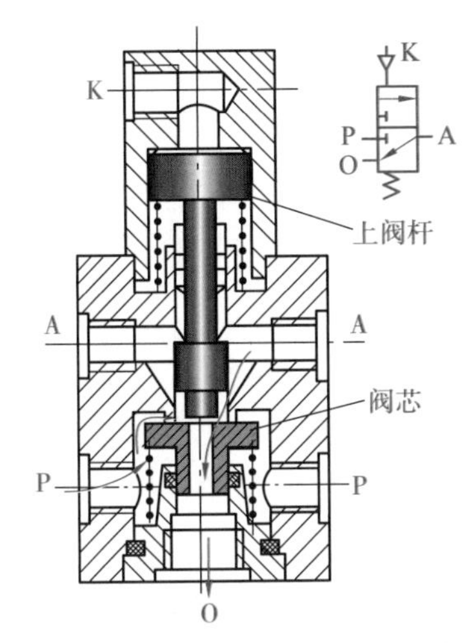

图 11-27 二位三通单气控截止式换向阀

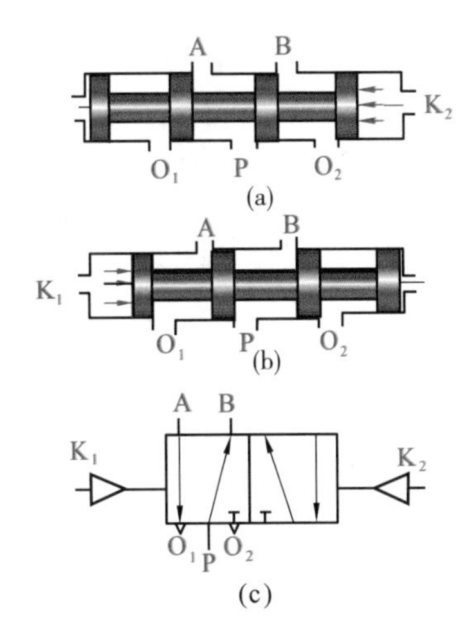

图 11-28 双气控滑阀式换向阀工作原理图

(a)阀芯停在左端;(b)阀芯停在右端;(c)图形符号

(3)差动控制换向阀

差动控制换向阀是利用控制气压作用在阀芯两端不同面积上所产生的压力差来使阀换向的一种控制方式。

图 11-29 所示为二位五通差压控制换向阀的结构原理图。阀的右腔 K_2 始终与进气口 P 相通。在没有进气信号 K 时，控制活塞 13 上的气压力将推动阀芯 9 左移，其通路状态为 P 与 A、B 与 O 相通，A 口进气、B 口排气；当有气控信号 K 时($K_1=K$)，由于控制活塞 3 的端面积大于控制活塞 13 的端面积，作用在控制活塞 3 上的气压力将克服控制活塞 13 上的压力及摩擦力，推动阀芯 9 右移，气路换向，其通路状态为 P 与 B、A 与 O 相通，B 口进气、A 口排气。当气控信号 K 消失时，阀芯 9 借右腔内的气压作用复位。采用气压复位可提高阀的可靠性。

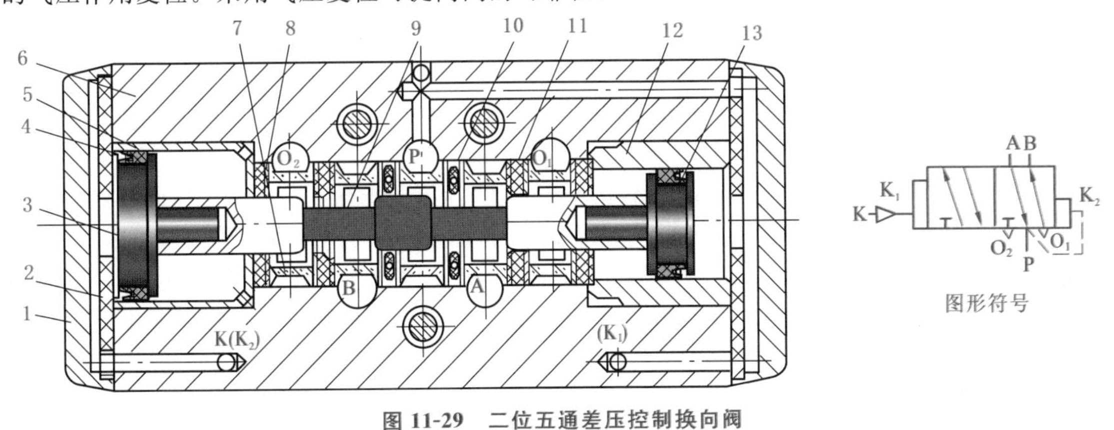

图 11-29 二位五通差压控制换向阀

1—端盖;2—缓冲垫片;3,13—控制活塞;4,10,11—密封垫;5,12—衬套;6—阀体;7—隔套;8—挡片;9—阀芯

2. 电磁换向阀

电磁换向阀是利用电磁力的作用来实现阀的切换以控制气流的流动方向，工作原理与液压电磁换向阀类似。常用的电磁换向阀有直动式和先导式两种。

(1)直动式电磁换向阀

图 11-30 所示为二位三通直动式单电控电磁阀的工作原理图。它只有一个电磁铁。图 11-30(a)为常态情况，即激励线圈不通电，此时阀在复位弹簧的作用下处于上端位置。其通路状态为 A 与 O 相通，A 口排气。当通电时，电磁铁 1 推动阀芯向下移动，气路换向，其通路为 P 与 A 相通，A 口进气，见图 11-30(b)。

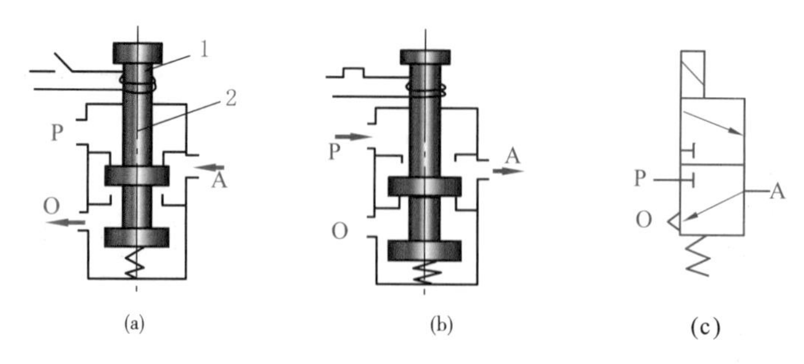

图 11-30 直动式单电控电磁阀的工作原理图

(a)断电时状态;(b)通电时状态;(c)图形符号

1—电磁铁;2—阀芯

图 11-31 为直动式双电控电磁阀的工作原理图(二位三通)。它有两个电磁铁,当线圈 1 通电、2 断电[图 11-31(a)],阀芯被推向右端,其通路状态是 P 与 A、B 与 O_2 相通。A 口进气、B 口排气。当线圈 1 断电时,阀芯仍处于原有状态,即具有记忆性。当电磁线圈 2 通电、1 断电[图 11-31(b)],阀芯被推向左端,其通路状态是 P 与 B、A 与 O_1 相通,B 口进气,A 口排气。若电磁线圈断电,气流通路仍保持原状态。

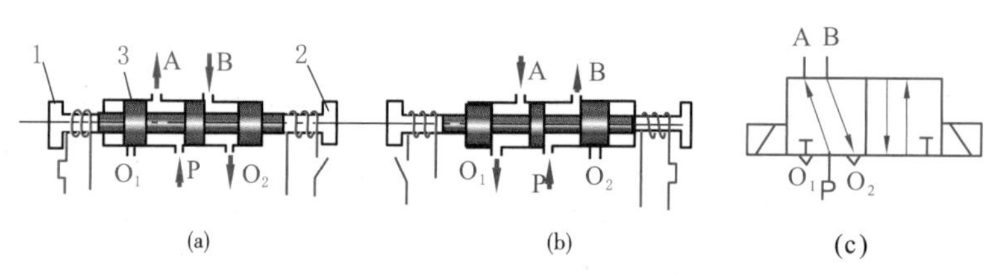

图 11-31 直动式双电控电磁阀的工作原理图

(a)常态;(b)通电状态;(c)图形符号

1,2—电磁铁;3—阀芯

(2)先导式电磁换向阀

直动式电磁阀是由电磁铁直接推动阀芯移动的,当阀通径较大时,用直动式结构所需的电磁铁体积和电力消耗都必然加大,为克服此弱点可采用先导式结构。

先导式电磁阀是由电磁铁首先控制气路,产生先导压力,再由先导压力推动主阀阀芯,使其换向。

图 11-32 所示为先导式双电控二位五通换向阀的工作原理图。当电磁先导阀 1 的线圈通电,而电磁先导阀 2 断电时[图 11-32(a)],由于主阀 3 的 K_1 腔进气,K_2 腔排气,使主阀阀芯向右移动。此时 P 与 A、B 与 O_2 相通,A 口进气、B 口排气。当电磁先导阀 2 通电,而电磁先导阀 1 断电时[图 11-32(b)],主阀的 K_2 腔进气,K_1 腔排气,使主阀阀芯向左移动。此时 P 与 B、A 与 O_1 相通,B 口进气、A 口排气。先导式双电控电磁阀具有记忆功能,即通电换向,断电保持原状态。为保证主阀正常工作,两个电磁阀不能同时通电,电路设计时应考虑互锁。

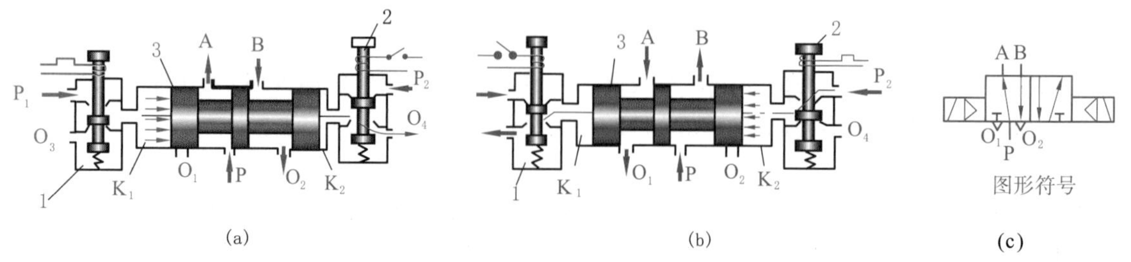

图 11-32 先导式双电控换向阀的工作原理图

(a)断电状态;(b)通电状态;(c)图形符号

1,2—电磁先导阀;3—主阀;

先导式电磁换向阀便于实现电、气联合控制，所以应用广泛。

3. 机械控制换向阀

机械控制换向阀又称行程阀，多用于行程程序控制，作为信号阀使用。常依靠凸轮、挡块或其他机械外力推动阀芯，使阀换向。

图 11-33 为二位三通机械控制换向阀的一种结构形式。当机械凸轮或挡块直接与滚轮 1 接触后，通过杠杆 2 使阀芯 5 换向。其优点是减少了顶杆 3 所受的侧向力；同时，通过杠杆传力也减少了外部的机械压力。

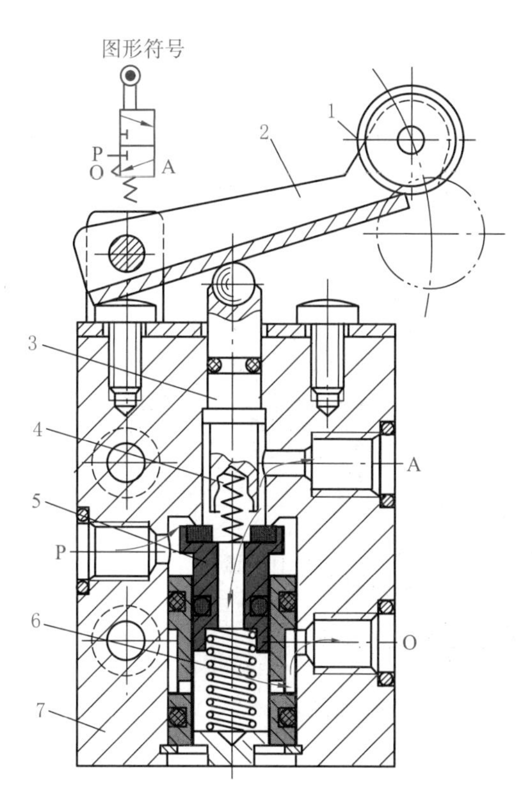

图 11-33　机械控制换向阀

1—滚轮；2—杠杆；3—顶杆；4—缓冲弹簧；

5—阀芯；6—密封弹簧；6—阀体

4. 人力控制换向阀

这类阀分为手动及脚踏两种操纵方式。手动阀的主体部分与气控阀类似，其操纵方式有多种形式，如按钮式、旋钮式、锁式及推拉式等。

图 11-34 为推拉式手动阀的工作原理和结构图。如用手压下阀芯[图 11-34(a)]，则 P 与 B、A 与 O_1 相通。手放开，而阀依靠定位装置保持状态不变。当用手将阀芯拉出时[图 11-34(b)]，则 P 与 A、B 与 O_2 相通，气路改变，并能维持该状态不变。

5. 时间控制换向阀

时间控制换向阀是使气流通过气阻（如小孔、缝隙等）节流后到气容（储气空间）中，经一定的时间使气容内建立起一定的压力后，再使阀芯换向的阀类。在不允许使用时间继电器（电控制）的场合，（如易燃、易爆、粉尘大等），用气动时间控制就显出其优越性。

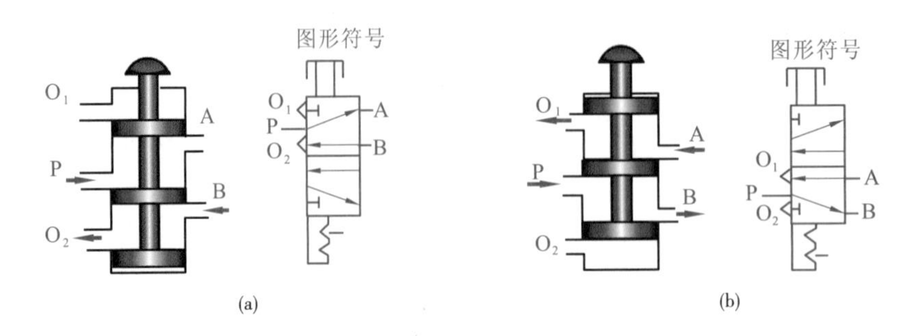

图 11-34　推拉式手动阀的工作原理

(a)下压状态;(b)常态

(1)延时阀

图 11-35 所示为二位三通常断延时型换向阀,从该阀的结构上可以看出,它由两大部分组成。延时部分 m 包括气源过滤器 4,可调节流阀 3、气容 2 和排气单向阀 1,换向部分 n 实际是一个二位三通差压控制换向阀。

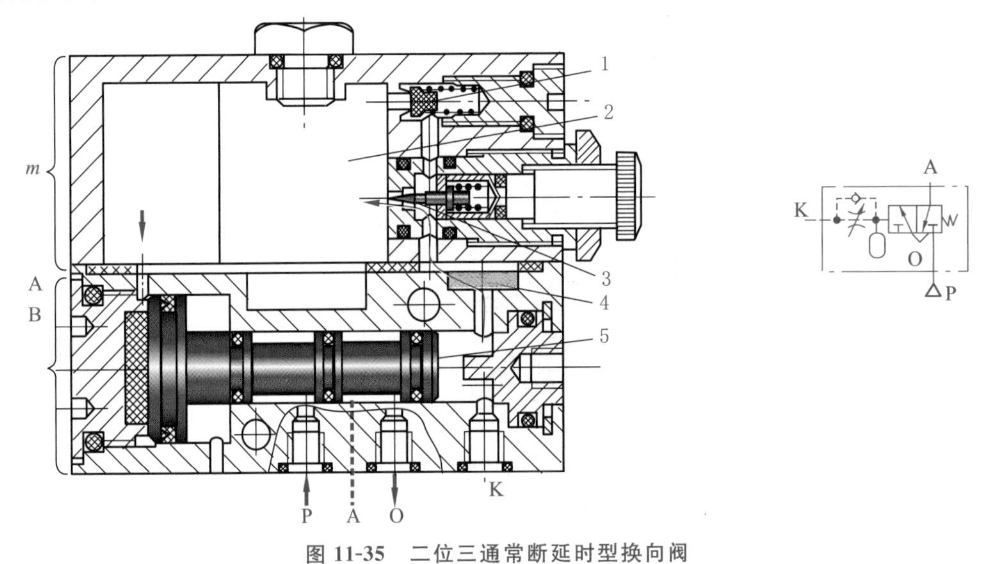

图 11-35　二位三通常断延时型换向阀

m—延时部分;n—换向部分;1—单向阀;2—气容;3—节流阀;4—过滤器;5—阀芯

当无气控信号时,P 与 A 断开,A 腔排气。当有气控信号时,从 K 腔输入,经过滤器 4,可调节流阀 3,节流后到气容 2 内,使气容不断充气,直到气容内的气压上升到某一值时,使阀芯 5 由左向右移动,使 P 与 A 接通,A 有输出。当气控信号消失后,气容内的气压经单向阀经 K 腔迅速排空。如果将 P、O 口换接,则变成二位三通延时型换向阀。这种延时阀的工作压力范围为 0～0.8 MPa,信号压力范围为 0.2～0.8 MPa。延时时间在 0～20 s。延时精度是±20%,所谓延时精度是指延时时间受气源压力变化和延时时间的调节重复性的影响程度。

(2)脉冲阀

脉冲阀是靠气流流经气阻、气容的延时作用,使压力输入长信号变为暂短的脉冲信号输出的阀类。

其工作原理见图 11-36 所示,图 11-36(a)为无信号输入的状态;图 11-36(b)为有信号输入的状态;此时滑柱向上,A 口有输出,同时从滑柱中间节流小孔不断向气室(气容)中充气;图 11-36(c)是当气室内的压力达到一定值时,滑柱向下,A 与 O 接通,A 口的输出结束状态。

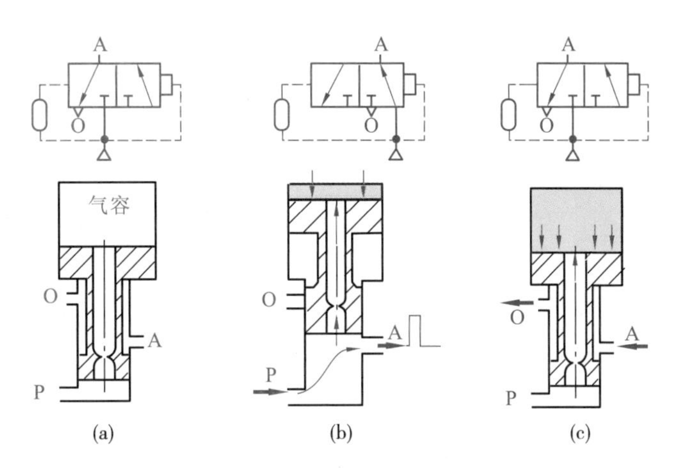

图 11-36 脉冲阀工作原理图

(a)常态;(b)有信号作用状态;(c)脉冲信号完成状态

图 11-37 为脉冲阀的结构图。这种阀的信号工作压力范围是 0.2～0.8 MPa,脉冲时间为2 s。

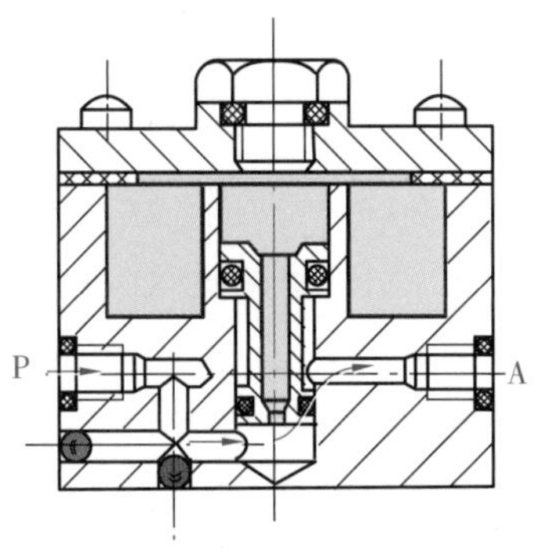

图 11-37 脉冲阀结构图

6. 梭阀

梭阀相当于两个单向阀组合的阀。图 11-38 为梭阀的工作原理图。梭阀的应用很广,多用于手动与自动控制的并联回路中。

梭阀有两个进气口 P_1 和 P_2,一个工作口 A,阀芯 1 在两个方向上起单向阀的作用。其中 P_1 和 P_2 都可与 A 口相通,但 P_1 与 P_2 不相通。当 P_1 进气时,阀芯 1 右移,封住 P_2 口,使 P_1 与 A 相通,A 口进气,见图 11-38(a)。反之,P_2 进气时,阀芯 1 左移,封住 P_1 口,使 P_2 与 A 相通,A 口也进气。若 P_1 与 P_2 都进气时,阀芯就可能停在任意一边,这主要看压力加入的先后顺序和压力的大小而定。

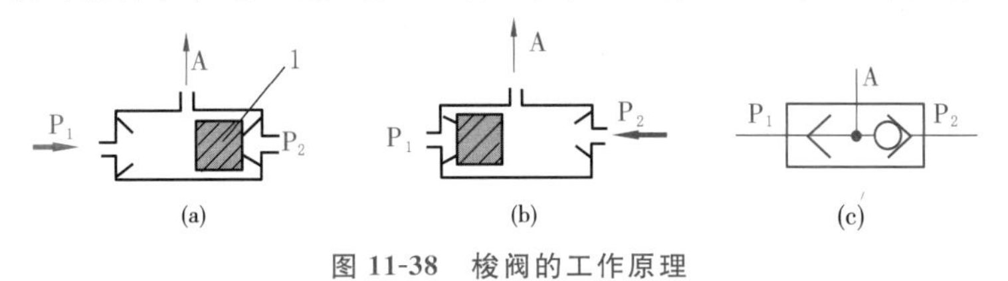

图 11-38 梭阀的工作原理

(a)P_1 口进气;(b)P_2 口进气;(c)图形符号

1—阀芯

11.5 气动回路应用设计举例

气动技术是实现工业生产自动化、数字化的方式之一,由于气压传动本身所具有的独特优点,所以应用日益广泛。

由于土木机械在加工时转速高、噪声大，木屑飞溅十分严重，在这样的条件下采用气动技术非常合适，因此土木机械普遍采用气动技术。下面以八轴仿形铣加工机床为例加以分析。

1. 八轴仿形铣加工机床简介

八轴仿形铣加工机床是一种高效专用半自动加工木质工件的机床。其主要功能是仿形加工，如梭柄、虎形腿等异型空间曲面。工件表面经粗铣、精铣、砂光等仿形加工后，可得到尺寸精度较高的木质构件。

八轴仿形铣加工机床一次可加工 8 个工件。该机床的接料盘升降、工件的夹紧松开，粗铣、精铣、砂光和仿形加工等工序都是由气动控制与电气控制配合来实现的。在加工时，把样品放在居中位置，铣刀主轴转速一般为 3000 r/min 左右，工件转速范围为 15～735 r/min。纵向进给转速根据挂轮变化为 20～1190 r/min 或 40～2380 r/min 范围内。工件转速、纵向进给运动速度的改变，都是根据仿形轮的几何轨迹变化，反馈给变频调速器后，再控制电动机来实现的。

2. 气动控制回路的工作原理

八轴仿形铣加工机床使用夹紧缸 B(共 8 只)，托盘缸(接料盘升降缸)A(共 2 只)，盖板升降缸 C，铜刀上、下缸 D，粗、精铣缸 E，砂光缸 F，平衡缸 G 共计 15 只气缸。其动作程序为：

启动→工件夹紧(缸 B)→托盘降(缸 A) | →盖板下(缸 C) | →铣刀下(缸 D)→精铣(缸 E)→粗铣 (XK1) | →平衡缸(缸 G)

(XK2) →砂光进(缸 F)→砂光退 (XK3 XK4) | →盖板上(缸 C) | →铣刀上(缸 D)→托盘升(缸 A)→工件松开(缸 B) | →平衡缸(缸 G)

该机床的气控回路如图 11-39 所示，动作过程分述如下：

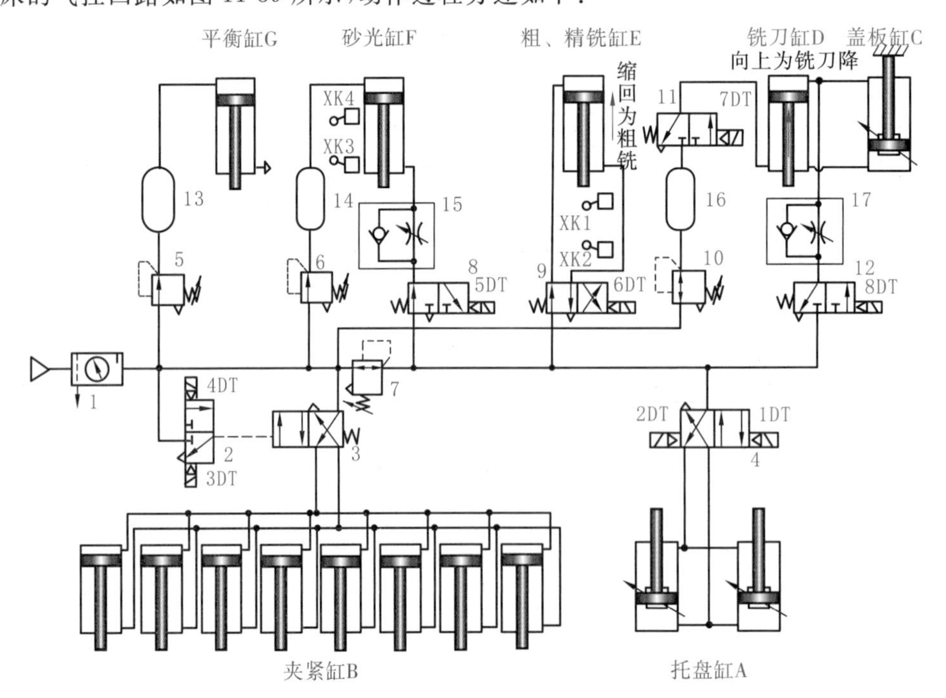

图 11-39 八轴仿形铣加工机床气控回路图

1—气动三联件；2,3,4,8,9,11,12—换向阀；5,6,7,10—减压阀；13,14,16—气容；15,17—单向节流阀

①接料托盘升降及工件夹紧(图 11-40) 按下接料托盘升按钮开关(电开关)后,电磁铁 1DT 通电,使阀 4 处于右位,A 缸无杆腔进气,活塞杆伸出,有杆腔余气经阀 4 排气口排空,此时接料托盘升起。托盘升至预定位置时,由人工把工件毛坯放在托盘上,接着按工件夹紧按钮使电磁铁 3DT 通电,阀 2 换向处于下位。此时,阀 3 的气控信号经阀 2 的排气口排空,使阀 3 复位处于右位,压缩空气分别进入 8 只夹紧气缸的无杆腔,有杆腔余气经阀 3 的排气口排空,实现工件夹紧。

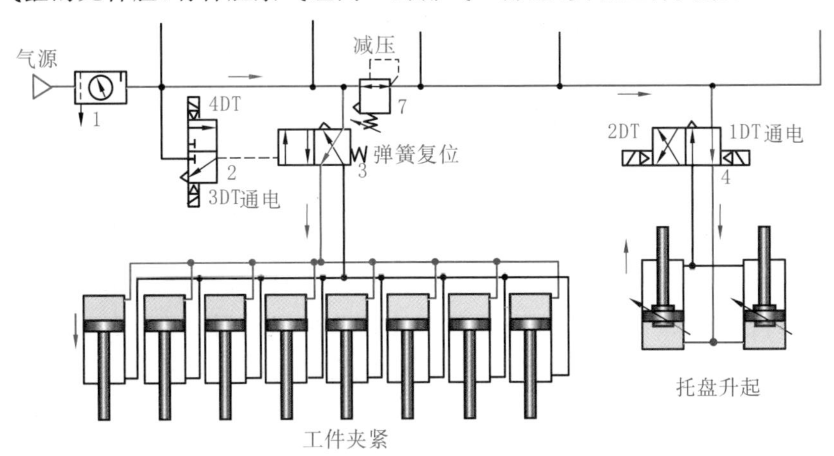

图 11-40 托盘升降及工件夹紧回路

工件夹紧后,按接料托盘下降按钮,使电磁铁 2DT 通电,1DT 断电,阀 4 换向处于左位,A 腔有杆腔进气,无杆腔排气,活塞杆退回,使托盘返至原位。

②盖板缸、铣刀缸和平衡缸的动作(图 11-41) 由于铣刀主轴转速很高,加工木质工件时,木屑会飞溅。为了便于观察加工情况和防止木屑向外飞溅,该机床有一透明盖板并由气缸 C 控制,实现盖板的上、下运动。在盖板中的木屑由引风机产生负压,从管道中抽吸到指定地点。

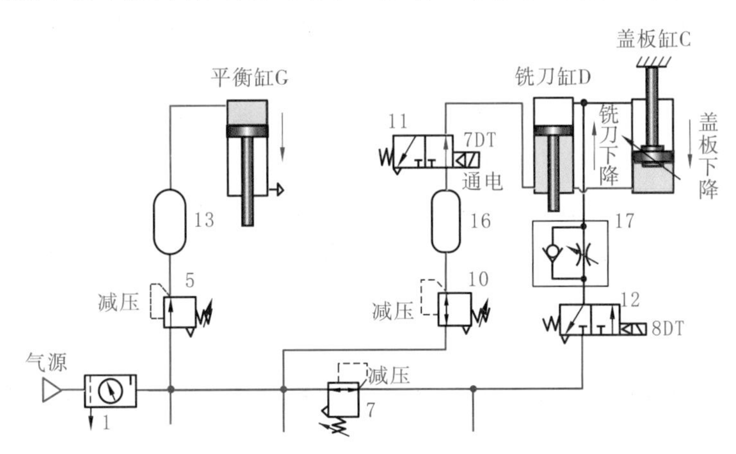

图 11-41 盖板缸、铣刀缸和平衡缸回路图

为了确保安全生产,盖板缸与铣刀缸同时动作。按下铣刀缸向下按钮时,电磁铁 7DT 通电,阀 11 处于右位,压缩空气进入 D 缸的有杆腔和 C 缸的无杆腔,D 缸无杆腔和 C 缸有杆腔的空气经单向节流阀 17、换向阀 12 的排气口排空,实现铣刀和盖板同时下降动作。

由铣刀安装示意图 11-42 可见,在铣刀下降的同时悬臂绕固定轴 O 逆时针转动,通过平衡缸 G 实现平衡。此时,G 缸无杆腔有压缩空气作用,且对悬臂产生绕 O 轴的顺时针转动力矩,因此 G 缸起平衡作用。由此可知,在铣刀缸 D 动作的同时盖板缸 C 及平衡缸 G 的动作也是同时进行的,平衡缸 G 无杆腔的压力由减压阀 5 调定。

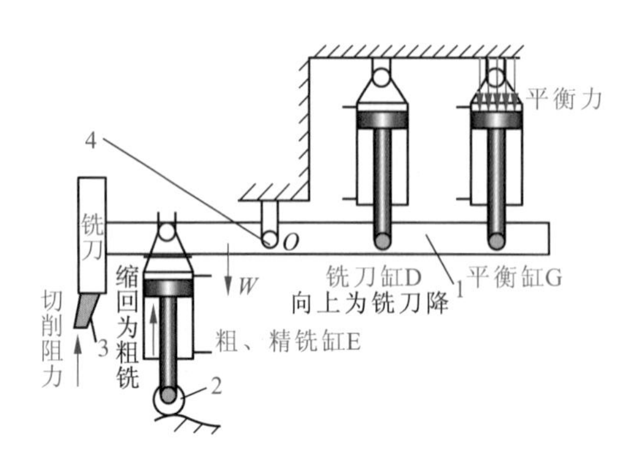

图 11-42　铣刀缸平衡缸仿形轮安装示意图

1—悬臂；2—仿形轮；3—铣刀；4—固定轴

③粗、精铣及砂光的进退　铣刀下降动作结束时，铣刀已接近工件，按下粗仿形铣按钮后，使电磁铁 6DT 通电，换向阀处于右位，压缩空气进入 E 缸的有杆腔，无杆腔的余气经阀 9 排气口排空，完成粗铣加工。由图 11-42 可知，E 缸的有杆腔加压时，由于对下端盖有一个向下的作用力，因此，对整个悬臂等于又增加了一个逆时针转动力矩 W，使铣刀进一步增加对工件的吃刀量，从而完成粗仿形铣加工工序。

同理 E 缸无杆腔进气，有杆腔排气时，对悬臂等于施加一个顺时针转动力矩，使铣刀离开工件，切削量减少，完成精加工仿形工序。

在进行粗仿形铣加工时，E 缸活塞杆缩回，粗仿形铣加工结束时，压下行程开关 XK1，6DT 通电，阀 9 换向处于左位，E 缸活塞杆又伸出，进入到精铣加工。加工完成时，压下行程开关 XK2，使电磁铁 5DT 通电，阀 8 处于右位，压缩空气经减压阀 6，气容 14 进入 F 缸的无杆腔，有杆腔余气经单向节流阀 15，阀 8 排气口排气，完成砂光进给动作。砂光进给速度由单向节流阀 15 调节，砂光结束时，压下行程开关 XK3，使电磁铁 5DT 通电，F 缸退回。

F 缸返回至原位时，压下行程开关 XK4，使电磁铁 8DT 通电，7DT 断电，D 缸、C 缸同时动作，完成铣刀上升，盖板打开，此时平衡缸仍起着平衡重物的作用。

④托盘升、工件松开　加工完毕时，按启动按钮，托盘升至接料位置。再按另一按钮，工件松开并自动落到接料盘上，人工取起加工完毕的工件。接着再放上被加工工件至接料盘上，为下一个工作循环做准备。

3. 气控回路的主要特点

(1)该机床气动控制与电气控制相结合，各自发挥自己的优点，互为补充，具有操作简便，自动化程度较高等特点。

(2)利用平衡缸对吃刀量和自重进行平衡，且具有气弹簧的作用，其柔韧性较好，缓冲效果好。

(3)砂光缸、铣刀缸和平衡缸均与气容相连，稳定了气缸的工作压力，在气容前面都设有减压阀，可单独调节各自的压力值。

(4)接料托盘缸采用双向缓冲气缸，实现终端缓冲简化了气控回路。

讨论与习题

一、讨论

讨论 11-1

讨论图 11-39 所示八轴仿形铣加工机床气控系统，分析设计特点。

讨论参考点：

(1)画出原理图，分析粗铣和精铣的控制过程及砂光的进退。

(2)分析铣刀及其刀架的平衡原理。

(3)分析气容 13、14、16 的作用。

(4)分析阀 5、6、7、10 起什么作用？

讨论 11-2

结合图 11-35，讨论延时阀的工作原理及结构特点。

讨论 11-3

结合图 11-17，讨论分析减压阀的工作原理及结构特点。

讨论 11-4

结合图 11-27 及图 11-32，讨论分析气控换向阀及电控换向阀。

讨论 11-5

结合图 11-15，讨论分析油雾器的工作原理及结构特点。

讨论 11-6

讨论气压传动系统对压缩空气有哪些质量要求？说明主要依靠哪些设备保证气压系统的压缩空气质量，并举例分析其中两种设备的工作原理。

二、习题

11-1 简述气压传动组成及特点。

11-2 简述冲压气缸的工作过程及工作原理。

11-3 气动三联件包括哪几个元件，它们的连接次序如何？为什么？

参考文献

[1] 路甬祥.液压气动技术手册[M].北京:机械工业出版社,2005.
[2] 陈奎生,高殿荣,王存堂.液压与气压传动[M].武汉:武汉理工大学出版社,2001.
[3] 丛庄远,刘震北.液压技术基本理论[M].哈尔滨:哈尔滨工业大学出版社,1989.
[4] 林建亚,何存兴.液压元件[M].北京:机械工业出版社,1988.
[5] 官忠范.液压传动系统[M].3版.北京:机械工业出版社,2004.
[6] 陆望龙.典型液压元件结构600例[M].北京:化学工业出版社,2009.
[7] 王守城,段俊勇.液压元件及选用[M].北京:化学工业出版社,2007.
[8] 周恩涛,液压系统设计元器件选型手册[M].北京:机械工业出版社,2007.
[9] 张利平.液压传动系统及设计[M].北京:化学工业出版社,2005.
[10] 雷天觉.新编液压工程手册[M].北京:北京理工大学出版社,1999.
[11] 王益群,高殿荣.液压工程师技术手册[M].北京:化学工业出版社,2010.
[12] 陈清奎,刘延俊,成红梅,等.液压与气压传动[M].北京:机械工业出版社,2017.
[13] 刘水银,李壮云.液压元件与系统[M].北京:机械工业出版社,2019.
[14] 章宏甲,黄谊.液压传动[M].北京:机械工业出版社,1996.
[15] 王孝华,赵中林.气动元件及系统的使用与维护[M].北京:机械工业出版社,1996.
[16] 官忠范.液压传动系统[M].北京:机械工业出版社,1997.
[17] 黎克英,陆祥生.叶片式液压泵和马达[M].北京:机械工业出版社,1993.
[18] 严金坤.液压元件[M].上海:上海交通大学出版社,1989.
[19] 赵月静,宁辰校.液压实用回路360例[M].北京:化学工业出版社,2008.
[20] 刘延俊.液压回路与系统[M].北京:化学工业出版社,2009.
[21] 许贤良,王传礼.液压传动系统[M].北京:国防工业出版社,2008.
[22] 刘延俊.液压与气压传动[M].北京:机械工业出版社,2003.
[23] 姜继海,宋锦春,高常识.液压与气压传动[M].北京:高等教育出版社,2002.
[24] 雷秀.液压与气压传动[M].北京:机械工业出版社,2005.
[25] 李笑.液压与气压传动[M].北京:国防工业出版社,2006.
[26] 左健民.液压与气压传动[M].北京:机械工业出版社,2005.
[27] 王守城,容一鸣.液压与气压传动[M].北京:北京大学出版社,2008.
[28] 黄志坚.液压辅件[M].北京:化学工业出版社,2008.
[29] 何存兴,张铁华.液压传动与气压传动[M].2版.武汉:华中科技大学出版社,2000.
[30] 刘银水,许福玲.液压与气压传动[M].4版.北京:机械工业出版社,2016.
[31] 黄人豪.二通插装阀控制技术[M].上海:上海实用科技研究中心,1985.
[32] 陈奎生,容芷君.Hydraulic and Pneumatic Transmission[M].武汉:武汉理工大学出版社,2003.
[33] 陈新元,傅连东,蒋林.机电系统动态仿真:基于MATLAB/SIMULINK[M].3版.北京:机械工业出版社,2019.
[34] 金晓宏,李远慧.Fluid Mechanics 流体力学(英语教学版)[M].北京:中国电力出版社,2011.